普通高等教育"十三五"规划教材

金属材料学

主　编　曹鹏军
副主编　马毅龙　陈　刚　孙建春

北　京
冶金工业出版社
2023

内 容 提 要

本书分为钢铁材料、有色金属材料和新型金属材料三大部分。钢铁材料部分主要介绍了钢的合金化原理、工程构件用钢、机器零件用钢、工具钢、不锈钢、耐热钢、铸铁；有色金属材料部分主要介绍了铝合金、铜合金、镁合金和钛合金；新型金属材料部分主要介绍了磁性材料、电阻合金、形状记忆合金等功能材料。通过对本书的学习，学生可掌握常用金属材料的化学成分、加工工艺、组织结构和力学性能之间的关系，为以后从事金属材料的研发、生产和应用打下基础。

本书可作为金属材料工程等材料类专业本科学生的教材，也可供从事材料、热加工、机械等相关专业的工程技术人员参考。

图书在版编目（CIP）数据

金属材料学／曹鹏军主编，—北京：冶金工业出版社，2018.11
（2023.8 重印）

普通高等教育"十三五"规划教材

ISBN 978-7-5024-7900-8

Ⅰ.①金…　Ⅱ.①曹…　Ⅲ.①金属材料—高等学校—教材　Ⅳ.①TG14

中国版本图书馆 CIP 数据核字（2018）第 249495 号

金属材料学

出版发行	冶金工业出版社	**电　话**	（010）64027926
地　址	北京市东城区嵩祝院北巷 39 号	**邮　编**	100009
网　址	www.mip1953.com	**电子信箱**	service@ mip1953.com

责任编辑　高　娜　宋　良　美术编辑　吕欣童　版式设计　禹　蕊
责任校对　石　静　责任印制　窦　唯
三河市双峰印刷装订有限公司印刷
2018 年 11 月第 1 版，2023 年 8 月第 3 次印刷
787mm×1092mm　1/16；17.75 印张；426 千字；270 页
定价 45.00 元

投稿电话　（010）64027932　投稿信箱　tougao@cnmip.com.cn
营销中心电话　（010）64044283
冶金工业出版社天猫旗舰店　yjgycbs.tmall.com
（本书如有印装质量问题，本社营销中心负责退换）

前　言

"金属材料学"是金属材料工程专业的一门重要专业教育核心课程。学习本课程前应修完材料科学基础、材料力学性能、热处理原理与工艺等课程。"金属材料学"是研究金属材料的成分、组织结构、加工工艺与性能之间关系的一门科学技术，它对生产、应用和开发新型金属材料起着重要的指导作用。

按照普通高等教育"十三五"规划教材的出版要求，根据多年的教学经验和体会，在参考国内外相关教材和资料的基础上，结合培养应用型、创新型人才的需要，我们编写了本书。本书较为系统地介绍了钢的合金化原理，以及工程构件用钢、机器零件用钢、工具钢、不锈钢、耐热钢、铸铁，有色金属及其合金和新型金属材料的成分、组织、热处理工艺、性能和用途等。

通过本课程的学习，学生可初步掌握金属材料的合金化原理，金属材料的化学成分、加工工艺、组织结构与性能之间的关系及其变化规律；掌握常用碳钢、合金钢、铸铁，有色金属合金的牌号、成分、热处理工艺、组织、性能和用途，能够根据工件的具体服役条件和使用性能要求，合理地进行选材和制定热处理工艺，初步具备新型金属材料研究开发的能力。

本书共9章，由重庆科技学院冶金与材料工程学院曹鹏军教授担任主编，并负责统稿，学院有关教师参编。第1~3章由曹鹏军教授编写，第4章由周安若副教授编写，第5章由孙建春副教授编写，第6章由仵海东副教授编写，第7章由范培耕副教授编写，第8章由陈刚副教授编写，第9章由马毅龙副教授编写，研究生武伟同学参与全书文字整理工作。

本书在编写过程中，得到了重庆科技学院冶金与材料工程学院、冶金工业出版社的大力支持，在此表示衷心的感谢。另外，本书的编写还参考了国内外相关教材和资料，编者向其作者和出版社一并表示诚挚的谢意。

　　由于编者水平有限，经验不足，书中难免存在不足之处，敬请同行和广大读者批评指正。

编　者

2018 年 4 月

目　　录

1 钢的合金化原理

1.1 钢中的合金元素

1.1.1 概述

合金元素是指为了获得所要求的组织结构、物理性能、化学性能和力学性能而特别添加到钢中的化学元素，所获得的钢称为合金钢。

碳素钢中加入合金元素可以改善钢的使用性能和工艺性能，使合金钢得到碳钢所不具备的优良性能或特殊性能。在使用性能方面，在低温下有较高韧性，在高温下有较高的硬度、持久强度以及抗氧化性，在酸、碱、盐介质中有良好的耐蚀性等。在工艺性能方面，可改善其淬透性、可焊性、抗回火稳定性、切削加工性等。这主要是由于各种合金元素的加入改变了钢的内部组织、结构。例如，合金元素与铁相互作用，改变了 α 固溶体和 γ 固溶体的相对稳定性，使在高温时才稳定存在的奥氏体组织可在室温下成为稳定组织。

目前，钢中常用合金元素有第二周期中 B、N，第三周期中 Al、Si，第四周期中 Ti、V、Cr、Mn、Co、Ni、Cu，第五周期中 Nb、Mo、Zr，第六周期中 W 以及稀土元素等。

一般当钢中合金元素总含量小于或等于 5% 时，称为低合金钢；合金元素总含量在 5%~10% 范围内，称为中合金钢；合金元素总含量超过 10% 称为高合金钢。

在冶炼时由于所用原材料以及冶炼方法和工艺操作等所带入钢中的化学元素，称为杂质。例如，硅、锰由脱氧剂带入；硫、磷由原料带入，并且在炼钢时除不净而被保留下来；钢液中不可避免地含有微量气体——氧气、氮气、氢气，这些元素在钢中有一定溶解度而保留下来。杂质元素存在往往会影响钢的性能，如硫使钢产生热脆现象，磷使钢产生冷脆现象，氢在钢中形成白点，导致钢的氢脆。这样，同一化学元素既可能作为杂质又可能作为合金元素，若属前者，则影响钢的质量；若属于后者，则改善钢的组织和性能。例如，硫因为在钢中形成硫化物夹杂，降低钢的韧性，特别是横向韧性以及抗层状撕裂性，所以希望其含量越低越好，但是在易切削钢中的硫含量高达 0.3%（质量分数），并适当提高锰含量以形成 MnS 夹杂而提高钢的切削性能；磷虽可恶化钢的冷脆性，但在易切削钢中（$w(P)=0.12\%$）可提高钢的切削性，在汽车钢板及奥氏体沉淀硬化不锈钢中，磷用来提高钢的强度；钴是高速钢、马氏体时效钢等超高强度钢中重要的合金元素，但在反应堆中的结构材料，如不锈钢中，则严格限制其含量（$w(Co)<0.1\%$），因放射性钴半衰期很长，不利于人身防护。

1.1.2　钢的分类和编号

1.1.2.1　钢的分类

对钢进行分类是为了满足各方面的要求。按照不同的目的，分类原则是互不相同的。例如，按用途分类可满足使用者的要求，按金相组织和化学成分分类可便于检验和研究工作，按冶金方法分类有利于钢铁企业的管理等。当然，各种分类方法之间是有重复的。

目前，国际上比较通用的分类方法有两种：（1）按化学成分分类（GB/T 13304.1—2008、ISO4948-1）；（2）按主要质量等级和主要性能或使用特性分类（GB/T 13304.2—2008.ISO4948-2）。

A　按用途分类

（1）结构钢。结构钢主要用于承受负荷的结构件，根据其使用的地点场合又可分为以下两类：

1）工程构件用钢。工程构件用钢用于建筑、桥梁、钢轨、车辆、船舶、电站、石油、化工等大型钢结构件或容器，其体积较大，一般需要进行焊接，通常不进行热处理。但对于特殊要求的结构钢，一般是在钢厂内进行正火或调质热处理。一些要求可靠性高的焊接构件，焊后在现场进行整体或局部去应力退火。这类钢材很大一部分是以钢板和各类型钢供货，其使用量很大，多采用碳素结构钢、低合金高强度钢和微合金钢。

2）机器零件用钢。机器零件用钢用于制造各种机器零件，如各种轴、盘、杆类零件，齿轮、轴承、弹簧等，这类钢材需经过机械加工或其他形式的加工后使用，一般要通过热处理进行强韧化以充分发挥钢材的潜力。需要指出的是，结构钢也有按其使用的部门行业来分类的，例如造船用钢、飞机用钢、汽车用钢、石油用钢、汽轮机用钢、农机用钢、矿用钢等。当然，这种分类反映了各个使用部门、行业对结构材料要求的特点，但同时也造成了钢种的重复分类；而且，过细的分类也不利于各个部门行业的交流与沟通，限制了某些性能优异钢种的推广和应用。

（2）工具钢。按不同的使用目的和性质，工具钢又可分为刃具钢、量具钢、冷作模具钢、热作模具钢、耐冲击工具用钢等。

（3）特殊性能钢。特殊性能钢是指除了要求力学性能之外，还要求具有其他一些特殊性能的钢，如不锈耐酸钢、耐热钢（包括抗氧化钢和热强钢）、耐磨钢、低温用钢、无磁钢等。

B　按金相组织分类

（1）按平衡组织分类。按平衡组织可以分为亚共析钢（铁素体+珠光体）、共析钢（珠光体）、过共析钢（珠光体+渗碳体）和莱氏体钢（珠光体+渗碳体）。

（2）按正火组织分类。按正火组织可以分为珠光体钢、贝氏体钢、马氏体钢、奥氏体钢。但应注意，这种分类方法与钢材尺寸有关，因而是有条件的。通常是以小于25mm直径的圆钢，奥氏体化后在静止空气中冷却所得到的组织为准。这是因为正火空冷的冷却速度随钢材尺寸的不同会改变。

（3）按加热冷却时是否发生相变分类。按相变组织可以分为铁素体钢、奥氏体钢、半铁素体或半马氏体的复相钢。

C　按化学成分分类

（1）碳素钢。碳素钢按碳含量又可分为低碳钢（$w(C)<0.25\%$）、中碳钢（$w(C)=0.25\%\sim0.60\%$）、高碳钢（$w(C)>0.6\%$）和超高碳钢（$w(C)>1.0\%$）等。

（2）合金钢。按合金元素含量可分为低合金钢（$w(Me)\leqslant5\%$）、高合金钢（$w(Me)>10\%$）和中合金钢（$w(Me)=5\%\sim10\%$）；按主要合金元素的名称可分为铬钢、锰钢、铬镍钢、铬锰硅钢等。

（3）按冶金质量分类。按冶金质量主要以杂质元素 S、P 的限制含量来划分，见表 1-1。

表 1-1　不同质量钢中杂质元素 S、P 的限制含量（质量分数）　　　（%）

种　类	S(不大于)			P(不大于)		
	优质钢	高级优质钢	特技优质钢	优质钢	高级优质钢	特技优质钢
碳素结构钢	0.035	0.030	0.020	0.035	0.030	0.025
合金结构钢	0.035	0.025	0.015	0.035	0.025	0.025

需要说明的是，上述钢分类中有关碳含量或合金元素的含量界限并不是绝对的，根据实际应用会有适当的变化。例如，实际使用中由于各类中合金钢和高合金钢又包括特殊性能钢，如不锈钢、工具钢、耐热钢等，而合金钢中又可以以主要合金元素命名，如铬钢、铬镍钢、锰钢、硅锰钢等，因此，在诸多文献中将中合金钢和高合金钢统称为合金钢。此外，Ti、Zr、Nb、V、B、RE（稀土）等元素当其质量分数小于 0.1% 时，就能显著影响钢的组织和性能，因此，这类钢又被称为微合金化钢。

D　按冶炼方法分类

根据冶炼方法和设备的不同，钢材可以分为转炉钢、电炉钢（包括电弧炉钢、感应炉钢）、真空感应炉钢、电渣炉钢等，平炉炼钢已趋淘汰。

根据钢液的脱氧程度不同，碳素钢又分为沸腾钢、镇静钢、半镇静钢，合金钢一般都是镇静钢。

除了上述分类方法之外，还可按工艺特点分为铸钢、渗碳钢、易切削钢、调质钢等。这些分类方法在实际工作中都能遇到，而且经常是几种分类方法重叠使用。

另外，在讲到具体钢的牌号时，有时还要涉及钢的成型方法和外形。按成型方法可分为锻钢、铸钢、热轧钢和冷拉钢四大类，按外形可分为型材、板材、管材和金属制品四大类。

图 1-1 所示为钢按化学成分和显微组织的分类图，该图将按成分或用途进行的分类与按组织的分类对应起来。可见，成分和组织两种分类方法有一定的对应关系，如低碳钢对应于铁素体组织，耐磨钢对应于奥氏体组织，而不锈钢对应于铁素体（F）、奥氏体（A）、马氏体（M）、双相（A-F）和沉淀硬化不锈钢等。

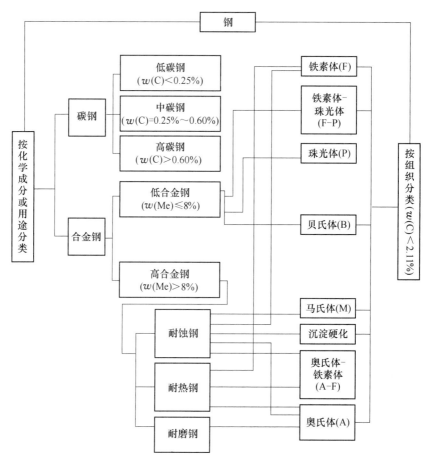

图 1-1　钢按化学成分和显微组织的分类图

1.1.2.2　钢的编号方法

我国现行的钢铁材料表示方法，是按国家标准（GB/T 221—2008）规定，采用数字、化学元素符号和作为代号的汉语拼音字母相结合的编排方法。钢铁产品的名称和表示符号见表1-2。

表 1-2　钢铁产品的名称和表示符号

名　称	汉字	符号	名　称	汉字	符号	名　称	汉字	符号
炼钢用生铁	炼	L	电磁纯铁	电铁	DT	轧辊用铸钢	轧辊	ZU
铸造用生铁	铸	Z	电工用冷轧取向高磁感硅钢	取高	QG	桥梁钢	桥	Q
球墨铸铁用生铁	球	Q	（电讯用）取向高磁感硅钢	电高	DG	锅炉钢	锅	G
脱碳低磷粒铁	脱粒	TL	碳素工具钢	碳	T	焊接气瓶用钢	焊瓶	HP
含钒生铁	钒	F	塑料模具钢	塑模	SM	车辆大梁用钢	梁	L
耐磨生铁	耐磨	NM	滚珠轴承钢	滚	G	机车车轴用钢	机轴	JZ
碳素结构钢	屈	Q	焊接用钢	焊	H	管线用钢	管线	L

名　称	汉字	符号	名　称	汉字	符号	名　称	汉字	符号
低合金高强度钢	屈	Q	钢轨钢	轨	U	沸腾钢	沸	F
耐候钢	耐候	NH	冷镦钢	铆螺	ML	半镇静钢	半	b
保证淬透性钢	淬透性	H	锚链钢	锚	M	灰铸铁	灰铁	HT
易切削非调质钢	易非	YF	地质钻探钢管用钢	地质	DZ	球墨铸铁	球铁	QT
热锻用非调质钢	非	F	矿用钢	矿	K	可锻铸铁	可锻	KT
易切削钢	易	Y	船用钢	船	国际符号	耐热铸铁	热铁	RT
电工热轧硅钢	电热	DR	多层压力容器用钢	高层	gC	高级	高	A
电工用冷轧无取向硅钢	无	W	锅炉与压力容器用钢	容	R	特级	特	E

（1）碳素结构钢和低合金结构钢。这类钢分为通用钢和专用钢两类。

通用结构钢的表示方法，是由屈服强度的第一个字母 Q、屈服强度数值、质量等级、脱氧方法符号 4 个部分按顺序组成，其中质量等级有 A、B、C、D 4 个等级。例如，碳素结构钢 Q235AF，表示屈服强度不低于 235MPa 的 A 级沸腾钢。低合金高强度结构钢 Q345C、Q345D 分别表示屈服强度不低于 345MPa 的 C 级和 D 级镇静钢。

专用结构钢一般采用通用结构钢牌号加表 1-2 中的产品用途符号表示。例如，压力容器用钢 Q345R，焊接气瓶用钢 Q295HP，锅炉用钢 Q390G，桥梁用钢 Q420Q 等。

（2）优质碳素结构钢。优质碳素结构钢的牌号用两位数字表示，为以平均万分数表示的碳的质量分数。例如，10 钢、20 钢、45 钢分别表示平均 $w(C) = 0.10\%$、0.20%、0.45% 的优质碳素钢，平均 $w(C) = 0.08\%$ 的沸腾钢表示为 08F。$w(Mn) = 0.70\% \sim 1.20\%$ 的优质碳素钢应将锰元素标出，如 30Mn 表示平均 $w(C) = 0.30\%$、$w(Mn) = 0.70\% \sim 1.20\%$ 的钢。

沸腾钢和半镇静钢在牌号尾部分别加以符号"F"和"b"，镇静钢一般不标符号。高级优质碳素结构钢在其牌号尾部加"A"，特优钢在牌号后加"E"。专用钢在其符号尾部加用途符号，与碳素结构钢相同。

（3）碳素工具钢。碳素工具钢以符号 T（碳）标识，其后为以名义千分数表示的碳的质量分数，含锰量较高的碳素工具钢应将锰元素标出，高级优质钢末尾加"A"。例如，T8Mn 表示平均 $w(C) = 0.80\%$、$w(Mn) = 0.40\% \sim 0.60\%$ 的碳素工具钢。

（4）合金结构钢。合金结构钢按含碳量、合金元素化学符号及含量的顺序表示。含碳量以平均万分数表示的碳的质量分数表示，合金元素以平均质量分数表示。若合金元素的平均质量分数小于 1.5%，仅标明元素符号而不注明含量；若合金元素质量分数等于或大于 1.5%、2.5%、3.5%…，则相应地以 2、3、4…表示。例如，45Mn2 表示平均 $w(C) = 0.45\%$、$w(Mn) = 1.40\% \sim 1.80\%$ 的合金结构钢。40Cr 表示平均 $w(C) = 0.40\%$、$w(Cr) = 0.80\% \sim 1.10\%$ 的合金结构钢；若为含硫、磷量较低（$w(S)$、$w(P) \leq 0.025\%$）的高级优质钢，则在牌号后面加符号"A"，如 12CrNi3A 等。

另外，对有些合金结构钢，为表示其用途，在牌号前面再附以字母。如滚动轴承钢在牌号前面加"滚"字的汉语拼音字首"G"，后面的数字表示铬的含量，以平均千分数表示的质量分数表示，如 GCr9、GCr15 等。

需要说明的是，加入 Mo、V、Ti、Nb、B、N、RE 等合金元素时，虽然其质量分数远小于 1%，但仍应在钢号中标明此合金元素。例如，20MnVB 表示 $w(C)=0.20\%$、$w(Mn)=1.0\%\sim1.3\%$、$w(V)=0.07\%\sim0.22\%$、$w(B)=0.001\%\sim0.005\%$ 的合金结构钢。

有些合金元素如 Mn、Si、Cr、Ni 等，虽然在钢中的质量分数也小于 1%，但它们不是作为主要合金元素加入的，通常将其看作是钢中的残留元素，这些元素在牌号中不予标出。

（5）合金工具钢。合金工具钢的含碳量是以名义千分数表示的碳的质量分数表示的，这与合金结构钢是有区别的，而且当钢中的 $w(C)>1.0\%$ 时，不再标出含碳量，高速钢平均 $w(C)<1.0\%$ 时也不标出；其合金元素的表示方法与合金结构钢相同。例如，5CrNiMo 钢的 $w(C)=0.5\%\sim0.6\%$，Cr12MoV 钢的 $w(C)=1.2\%\sim1.4\%$；9SiCr 表示平均 $w(C)=0.9\%$，平均 $w(Si)$、$w(Cr)<1.5\%$ 的低合金工具钢；高速钢 W18Cr4V 表示平均 $w(C)=1\%$、$w(W)=18\%$、$w(Cr)=4\%$、$w(V)=1\%$。

（6）特殊性能钢。特殊性能钢与合金工具钢的表示方法基本相同。牌号前面的数字表示以名义万分数表示的碳的质量分数，如 95Cr18 表示 $w(C)=0.90\%\sim1.00\%$；但 $w(C)\leqslant0.08\%$ 者，在牌号前加"0"，如 022Cr12、06Cr13Al 等；022Cr12 表示 $w(C)=0.03\%$，$w(Cr)=11\%\sim13.5\%$ 的不锈钢，06Cr13Al 表示 $w(C)=0.08\%$，$w(Cr)=11.5\%\sim14.5\%$、$w(Al)=0.1\%\sim0.3\%$ 的不锈钢。

钢中主要合金元素的含量以质量分数表示。例如，12Cr18Ni9 表示 $w(C)=0.15\%$，$w(Cr)=17.00\%\sim19.00\%$、$w(Ni)=8.00\%\sim10.00\%$ 的不锈钢。

1.1.3　合金元素在钢中的作用

钢中的合金元素不仅与铁和碳相互作用形成铁基固溶体和各类碳化物，同时它们之间以及非金属元素还可以形成金属间化合物和非金属夹杂物。为此，通过探讨合金元素的这些相互作用并依此对它们进行分类，可以明确钢中合金元素的存在形式、分布状态以及合金钢中的组成相类型。

1.1.3.1　合金元素与铁的相互作用

钢中的合金元素对 α-Fe、γ-Fe 和 δ-Fe 的相对稳定性及同素异构转变温度 A_3 和 A_4 均有极大的影响。在 γ-Fe 中，有较大溶解度并稳定 γ 相的元素称为奥氏体形成元素；在 α-Fe 中，有较大溶解度并使 α 相稳定的元素称为铁素体形成元素。它们对铁的多晶型转变的影响可分为两大类。

（1）扩大 γ 相区——γ 相稳定化元素。Mn、Ni、Co、C、N、Cu 等合金元素使 A_3 温度降低，A_4 温度上升，即扩大了 γ 相区。合金元素的这种作用包括以下两种情况：

1）开启 γ 相区。与 γ-Fe 无限互溶的元素有 Ni、Mn、Co。图 1-2 所示为这几种元素与铁形成的二元合金相图。可以看出，随着合金元素 Ni、Mn、Co 含量的增加，某一定成分的铁基合金不仅在高温和低温出现了 $\delta+\gamma$ 和 $\alpha+\gamma$ 两个两相区，同时 γ 相的存在温度区间扩大，即使 γ 相区扩大；甚至当 Ni、Mn、Co 等元素加入一定量后，γ 相区扩大到室温以下，使 α 相区消失。这类合金元素被称为（完全）开启 γ 相区的元素。

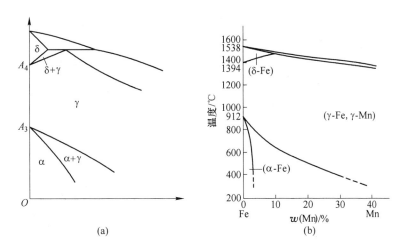

图 1-2 合金元素开启 γ 相区类型
（a）Fe-Me 相图示意图；（b）Fe-Mn 二元相图

2）扩展 γ 相区。与 γ-Fe 有限互溶的元素有 C、N、Cu 等，其作用是扩展 γ 相区，如图 1-3 所示。C、N、Cu、Zn 等虽然扩大了 γ 相区，但因为它们与铁之间能形成稳定的化合物，如铁与碳形成 Fe_3C，因此，其扩大 γ 相区的作用有限而不能扩大到室温，故这类元素被称为扩展 γ 相区的元素。

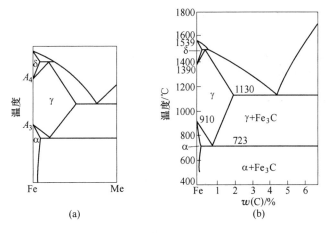

图 1-3 合金元素扩展 γ 相区类型
（a）Fe-Me 相图示意图；（b）Fe-C 二元相图

（2）缩小 γ 相区——α 相稳定化元素。这类合金元素的作用与前面几种元素相反，它们缩小 γ 相区，即倾向于促进铁素体的形成而使其稳定化，故被称为铁素体形成元素。这类元素的作用也有两种情况：

1）封闭 γ 相区。这类元素使 A_3 温度升高，A_4 温度降低，并在一定含量处汇合，γ 相区被 α 相区封闭，在相图上形成 γ 相区圈，如图 1-4 所示。这类元素包括 Cr、V、Ti、Mo、W、Al、P、Sn、Sb、As 等，其中 V 和 Cr 与 α-Fe 有限互溶。

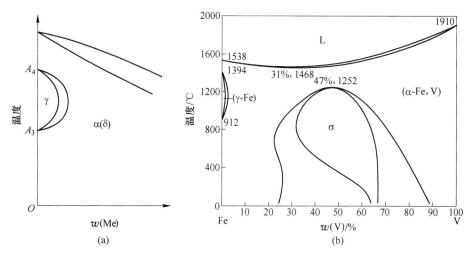

图 1-4　合金元素封闭 γ 相区类型
（a）Fe-Me 相图示意图；（b）Fe-V 二元相图

2）缩小 γ 相区。合金元素 B、Zr、Nb、Ta、S 属于缩小 γ 相区的元素。这类元素与铁形成的二元相图如图 1-5 所示，这些元素使 γ 相区缩小，但因为有稳定的化合物形成，因而不能完全封闭 γ 相区，故被称为缩小 γ 相区的元素。

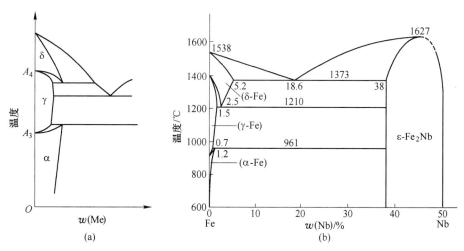

图 1-5　合金元素缩小 γ 相区类型
（a）Fe-Me 相图示意图；（b）Fe-Nb 二元相图

1.1.3.2　铁基固溶体的形成规律

钢中合金元素与铁相互作用，从而扩大或缩小 γ 相区，将对合金的组织和性能产生重大影响。但是，合金元素扩大或缩小 γ 相区的能力则与它们在 α-Fe 和 γ-Fe 中的固溶度有关。

合金元素加入钢中，原子尺寸较大的可与铁（α-Fe 或 γ-Fe）形成置换固溶体，而原子尺寸比铁小得多的元素如 C、N、B 等可与铁形成间隙固溶体。合金元素在铁中的固溶度见表 1-3。不同合金元素在铁中的固溶度与其在元素周期表中的位置有关。

表 1-3　合金元素在铁中的固溶度　　　　　　　　　（%）

合金元素		Ti	V	Cr	Mn	Co	Ni	Cu	Mo	W	C	N
固溶度	α-Fe (BBC)	≈7 (1340℃)	无限	无限	≈3	76	10	0.2	37.5 (1450℃)	33 (1540℃)	0.02	0.1
	γ-Fe (FCC)	0.68	≈1.4	12.8	无限	无限	无限	8.5	≈3	3.2	2.06	2.8

（1）置换固溶体。铁基置换固溶体的形成规律遵循 Hume-Rothery 所总结的一般经验规律，即组元在置换固溶体中的固溶度取决于以下三个条件：

1）点阵类型。若溶剂与溶质的点阵相同，所形成置换固溶体的固溶度就大；若溶剂与溶质的点阵不同，所形成置换固溶体的固溶度则较小。

2）原子尺寸。当组元之间形成无限或有限固溶体时，溶质与溶剂的原子半径差应不大于 15%；对铁基无限固溶体而言，两者之差不大于 8%。

3）电子结构，即组元在元素周期表中的相对位置。

合金元素的点阵结构、电子结构和原子半径见表 1-4。其中，部分合金具有同素异构转变，表中仅列出其面心立方和体心立方结构。可见，Ni、Co、Mn 与 γ-Fe 的点阵结构、原子半径和电子结构相似，可形成无限置换固溶体，具有扩大 γ 相区的作用；而 Cu 虽然和 γ-Fe 的点阵结构、原子半径相近，但在 Cu 的电子结构因素中，要考虑 3d 层和 4s 层。因此，Cu 与 Fe 只形成有限固溶体。

表 1-4　合金元素的点阵结构、电子结构和原子半径

合金元素		点阵结构	电子结构	原子半径/nm
3d	Ti	BCC	2	0.145
	V	BCC	3	0.136
	Cr	BCC	5	0.128
	Mn	BCC/FCC	5	0.131/0.131
	Fe	BCC/FCC	6	0.124/0.127
	Co	FCC	7	0.126
	Ni	FCC	8	0.124
	Cu	FCC	10	0.128
4d	Mo	BCC	5	0.137
5d	W	BCC	4	0.138

注：原子半径是配位数 12 的数值；电子结构是 d 层电子数。

Cr、V 和 α-Fe 的点阵结构、原子半径和电子结构相似，可形成无限置换固溶体；Mo、W 虽然与 α-Fe 的点阵相同，但原子尺寸相差较大，只能形成有限置换固溶体；而 Ti 与 α-Fe 的点阵虽然相同，但原子尺寸相差接近 15%，故也只能形成有限置换固溶体。

需要指出的是，上述铁基固溶体的形成规律是对 Fe-Me 二元系合金而言。对于多元体系，由于合金元素之间的交互作用，固溶体的形成规律要复杂得多。

（2）间隙固溶体。当溶质元素的原子半径与溶剂元素的原子半径之比小于 0.59 时，

易形成间隙固溶体。间隙固溶体是有限固溶体。铁的间隙固溶体是 Fe 与较小原子尺寸的间隙元素所组成的。表 1-5 列出了一些间隙元素的原子半径值。

表 1-5　间隙元素的原子半径

元　素	Fe	B	C	N	O	H
原子半径/nm	0.124	0.091	0.077	0.071	0.063	0.046

决定溶质元素在间隙固溶体中固溶度的主要因素有：

1）溶剂金属的晶体结构。由于 α-Fe 与 γ-Fe 属于不同的点阵结构，故同一间隙溶质元素在其中的固溶度是不同的。C、N 元素在 γ-Fe 中的固溶度大于 α-Fe 中的固溶度（表 1-5）。

2）间隙元素的原子尺寸。间隙元素的固溶度随其原子尺寸的减小而增大，常见间隙元素的固溶度按 B、C、N、O、H 的顺序增大。氮具有比碳更小的原子半径，因此氮在 α-Fe、γ-Fe 中的最大固溶度更高。

3）溶剂晶格的间隙位置。铁的面心立方晶格（γ-Fe）间隙大于体心立方晶格（α-Fe）间隙。间隙原子在固溶体中通常优先占据的位置，对 α-Fe 为八面体间隙，对 γ-Fe 为八面体或四面体间隙。

对于铁的 BCC、FCC 和 HCP 晶体结构，其八面体间隙能够容纳的最大球半径分别为 $0.154r_M$、$0.410r_M$、$0.412r_M$，四面体间隙能够容纳的最大球半径分别为 $0.291r_M$、$0.220r_M$、$0.222r_M$。碳、氮原子的半径分别为 0.077nm 和 0.071nm，因此，碳、氮原子在 α-Fe 中并不占据比较大的四面体间隙，而是位于八面体间隙中更为合适。这是因为原子进入间隙位置后使相邻两个铁原子移动而引起的晶格畸变比较小。对四面体间隙来说，有四个相邻铁原子，移动四个相邻铁原子则产生更高的畸变能。所以，四面体间隙对于碳、氮原子来说，并不是最有利的位置。

1.1.3.3　合金元素与碳的相互作用

加入钢中的合金元素，除了可以与铁形成铁基固溶体外，还可以和钢中的碳相互作用，形成各种各样的碳化物。钢中的合金元素按其与碳的亲和力大小，可分为碳化物形成元素和非碳化物形成元素两大类。

碳化物形成元素有 Ti、Zr、Nb、V、W、Mo、Cr、Mn、Fe 等（按过渡族金属元素形成碳化物的稳定性程度由强到弱的次序排列）。此外，碳化物形成元素可进一步划分为强碳化物形成元素（Ti、Zr、Nb、V）、中等强度碳化物形成元素（W、Mo、Cr）和弱碳化物形成元素（Mn、Fe）三类。

非碳化物形成元素有 Ni、Co、Cu、Si、Al、N、P、S 等。在钢中，它们基本都溶于铁素体和奥氏体中，或形成其他化合物。

（1）碳化物的稳定性。碳化物在钢中的相对稳定性取决于合金元素与碳的亲和力的大小，即取决于合金元素的 d 层电子数。合金元素的 d 层电子数越少，它与碳的亲和力就越大，所形成的碳化物在钢中就越稳定。部分合金元素的 d 层电子数见表 1-6。

钢中各种碳化物的相对稳定性对于碳化物的形成和转变、溶解、析出和聚集以及长大都有着极大的影响。强碳化物形成元素所形成的碳化物最稳定；弱碳化物形成元素所形成的碳化物稳定性较差，易于溶解和析出，并有较大的聚集长大速度。

（2）碳化物的类型。碳化物的晶格类型与所加入合金元素的原子半径有关。表 1-6

同时列出了碳元素原子半径与过渡族金属元素原子半径的比值（r_C/r_{Me}）。依据这一比值可将碳化物分为以下两类：

1）当 $r_C/r_{Me}<0.59$ 时，形成具有简单晶体结构的碳化物间隙相，也可称为简单间隙碳化物。这类碳化物的特点是硬度高、熔点高、稳定性高，一般加热时不易溶解进入奥氏体，因而可阻止加热过程中奥氏体晶粒的长大，从而细化晶粒。另外，这类碳化物在回火过程中析出可起二次硬化作用，并可用于提高耐热钢的热强性。W、Mo、V、Ti 等的碳化物属于间隙相，如 TiC、VC 为面心立方结构，W_2C、Mo_2C 为密排六方结构。对 VC 来说，r_C/r_V 为 0.57，因而 VC 具有比较简单的不同于组元晶格的面心立方结构，其中钒原子占据晶格的正常位置，而碳原子则规则地分布在面心立方晶格的间隙之中。

表 1-6　合金元素的 d 层电子数及 r_C/r_{Me} 和 r_N/r_{Me} 的比值

第四周期	Ti	V	Cr	Mn	Fe
3d 电子数	2	3	5	5	6
r_C/r_{Me}	0.53	0.57	0.60	0.60	0.61
r_N/r_{Me}	0.50	0.52	0.56	0.54	0.56
第五周期	Zr	Nb	Mo	第六周期	W
4d 电子数	2	4	5	5d 电子数	4
r_C/r_{Me}	0.48	0.53	0.56	r_C/r_{Me}	0.55
r_N/r_{Me}	0.43	0.49	0.52	r_N/r_{Me}	0.51

2）当 $r_C/r_{Me}>0.59$ 时，形成具有复杂晶体结构的碳化物，也可称为复杂间隙碳化物。这类碳化物的硬度、熔点和稳定性比第一类碳化物间隙相低，加热时易溶解进入奥氏体中。Cr、Mn、Fe 形成的碳化物，如 $Cr_{23}C_6$（复杂立方）、Cr_7C_3（复杂六方）和 Fe_3C（正交晶系）等都具有复杂的晶体结构。

Fe_3C 是钢铁材料中的一种基本组成相，称为渗碳体。Fe_3C 中的铁原子可以被其他金属原子（如 Mn、Cr、Mo、W 等）所置换，形成以间隙化合物为基的固溶体，如 $(Fe,Mn)_3C$、$(Fe,Cr)_3C$ 等，一般把它们称为合金渗碳体。

此外，当加入的一种合金元素（如 Cr、W、Mo 等）能在钢中形成几种碳化物时，所形成的碳化物类型主要取决于合金元素与碳的原子数量比值（平衡条件下）。但是，当钢中同时含有几种碳化物形成元素时，其形成规律与碳含量有关。若碳含量有限，则强碳化物形成元素优先与碳结合，弱碳化物形成元素溶入固溶体；随碳含量增加，弱碳化物形成元素也将形成碳化物。例如，在含 Cr、W 等元素的合金钢中，随着碳含量的增加，依次形成 M_6C 型碳化物，如 Fe_4W_2C 以及 $Cr_{23}C_6$、Cr_7C_3 和 Fe_3C。钢中常见碳化物的类型及其基本特性见表 1-7。

表 1-7　钢中常见碳化物的类型及其基本特性

类型	碳化物	硬度 HV	熔点/℃	在钢中溶解的温度范围/℃	含有此类碳化物的钢种
M_3C	Fe_3C	900~1050	≈1650	Ac_1 至 950~1000	碳钢
	$(Fe,Me)_3C$[①]	稍大于 900~1050		Ac_1 至 1050~1200	低合金钢

类型	碳化物	硬度 HV	熔点/℃	在钢中溶解的温度范围/℃	含有此类碳化物的钢种
$M_{23}C_6$	$Cr_{23}C_6$	1000~1100	1550	950~1100	高合金工具钢及不锈钢、耐热钢
M_7C_3	Cr_7C_3	1600~1800	1665	高于950，直到熔点	少数高合金工具钢
M_2C	W_2C			回火时析出，高于 650~700 时转变为 M_6C	高合金工具钢，如高速钢、Cr12MoV、3Cr2W8V 等
	Mo_2C				
M_6C	Fe_3W_3C	1200~1300		1150~1300	高合金工具钢，如高速钢、Cr12MoV、3Cr2W8V 等
	Fe_3Mo_3C				
MC	VC		2830	高于1100~1150	钒的质量分数大于 0.3% 的合金钢
	NbC	1800~3200	3500	几乎不溶解	几乎所有含铌、钛的钢
	TiC		3200		

① Me 是指 Mn、Cr、Mo、W、V 等碳化物形成元素。

（3）碳化物的溶解度。钢中往往同时存在着多种碳化物形成元素，形成含有多种合金元素的复合碳化物。在满足碳化物的点阵类型、合金元素的尺寸因素和电化学因素三个条件时，各碳化物之间彼此能够完全互溶（即碳化物种的金属原子可以任意地彼此互相置换），如 TiC-VC，TiC-ZrC 等；否则，碳化物间有限溶解，如 Fe_3C 中可溶入一定量的 Cr、W、V 等。

（4）碳氮化物。除了碳化物外，钢在冶炼时会形成铁或其他合金元素的氮化物。碳化物和氮化物可互相溶解，形成碳氮化物，如 Ti(C,N)、V(C,N) 等。和碳化物一样，碳氮化物也具有高硬度、高脆性和高熔点，对钢的性能有明显的影响。

根据过渡族金属元素与氮的亲和力的大小，可将氮化物形成元素分为强氮化物形成元素（Ti、Zr、Nb、V）、中等强度氮化物形成元素（W、Mo）和弱氮化物形成元素（Cr、Mn、Fe）。由于氮原子比碳原子小，因此氮原子半径和金属原子半径之比均小于 0.59，所以氮化物一般都是间隙相，呈简单密排结构。

需要说明的是，铝不是过渡族金属，钢中的 AlN 不是间隙相，氮原子不在铝点阵的间隙位置。

当钢中有多种合金元素共存时，会出现多种碳化物、氮化物或碳氮化物并存的状态。一般根据其与碳或氮结合力的强弱分为以下几种情况：

（1）强碳化物形成元素优先与碳结合，形成自己的碳化物，然后才是较弱的碳化物形成元素形成较弱的碳化物。强碳化物形成元素形成的碳化物比较稳定，其溶解稳定性比较高，而溶解速度较慢，析出后聚集长大速度也较慢。

（2）较弱的碳化物形成元素的存在会降低强碳化物在钢中的稳定性；反之，强碳化物形成元素也能部分溶于较弱的碳化物，并提高其在钢中的稳定性。

（3）在含有多种碳化物形成元素的钢中，铬能阻止 MC 型碳化物的形成，延迟 M_2C 型碳化物的出现。例如，在高钨钢中，铬能阻止 WC 生成；在铬-钼-钒钢中，铬的质量分数大于 3% 就能阻止 VC 生成，推迟 Mo_2C 析出。

（4）不同的碳化物形成元素还可以改变碳化物析出的形状。如钒钢的马氏体回火时，VC 析出呈片状，当钒钢中加入铬以后，VC 在回火马氏体中呈短粒状析出，后者的形态具有较好的强化效果。

1.1.3.4　合金元素之间的相互作用

合金元素之间以及合金元素与铁之间的相互作用，可形成各种金属间化合物。由于金属间化合物各组元间保持着金属键的结合，所以金属间化合物仍然保持着金属的特点。合金钢中常见的金属间化合物有 σ 相、AB_2 相（拉弗斯相）和 B_3A（有序相）。金属间化合物具有与各组元不同的、独特的晶体结构和物理化学性质，它对奥氏体不锈钢、马氏体时效钢和许多高温合金的强化都有较大的影响。

（1）σ 相。在低碳的高铬不锈钢、铬镍奥氏体不锈钢及耐热钢中都会出现 σ 相，如 $Cr_{46}Fe_{54}$ 等。σ 相具有较复杂的点阵结构，属于硬脆相，具有高硬度。伴随着 σ 相的出现，钢和合金的塑性和韧性显著降低，脆性增大。

在二元系中形成 σ 相的条件是：原子尺寸差别不大（小于 12%）；钢和合金的"平均族数"（或 s 层+d 层的电子浓度）在 5.7~7.6 之间。

（2）AB_2 相（拉弗斯相）在含钨、钼、铌、钛复杂成分的耐热钢中均会出现 AB_2 相，如 $TiFe_2$、WFe_2 等。AB_2 相具有较高的稳定性，可使持久强度长时间保持在较高的水平，是现代耐热钢中的类强化相。

AB_2 相的晶体结构有三种类型：$MgCu_2$ 型复杂立方点阵、$MgZn_2$ 型复杂六方点阵和 Mg-Ni_2 型复杂六方点阵。在元素周期表中的任何两族金属元素，只要其原子半径之比 $r_A : r_B = 1.2 : 1$ 时，都能形成 AB_2 相。

（3）B_3A 相（有序相）。B_3A 相有序相介于无序固溶体和化合物之间的过渡状态，是耐热钢和耐热合金中重要的强化相，如 Ni_3Al、Ni_3Ti 和 Fe_3Al 等。

一般而言，在钢中存在碳的条件下，碳化物形成元素在钢中先形成碳化物，只有当其含量超过生成碳化物所需的量后，才能形成金属间化合物。

1.1.3.5　合金元素与非金属元素的相互作用

铁及合金元素生成的氧化物、硫化物、硅酸盐等一般都不具有金属性或金属性极弱。正常金属生产的碳化物、氮化物也不具有金属性，例如 CaC_2、AlN 等。在钢中，这些非金属相称为非金属夹杂物，它们常常有着复杂的成分、结构与性能，并随钢中的化学成分和一系列冶炼过程的条件不同而变化。通常可以把钢中常遇到的非金属夹杂物分为以下几类：

（1）氧化物。氧化物有简单类型的，如 FeO、MnO、TiO_2、SiO_2、Al_2O_3、Cr_2O_3、FeO 和 MnO 等；也有复杂类型的，如 $MgO \cdot Al_2O_3$、$MnO \cdot Al_2O_3$ 等。氧化物的特点是性脆易断裂，一般无可塑性，只有 FeO 和 MnO 有低的可塑性。所以，这些氧化物在钢材轧锻以后，沿加工方向呈链状分布。

（2）硫化物。钢中常见的硫化物有 MnS、FeS 等，它们具有高的可塑性，热加工时沿钢材加工方向强烈地伸长。

（3）硅酸盐。硅酸盐成分复杂，是钢中最常见的一类非金属夹杂物。硅酸盐夹杂物有易变形的，如 $2MnO \cdot SiO_2$、$MnO \cdot SiO_2$，等，它们与硫化物相似，沿加工方向伸长，呈线段状；也有不易变形的，如各种不同配比的 Al_2O_3、SiO_2 和 FeO 等，它们与氧化物相似，沿加工方向呈链状分布。定量评级时，脆性硅酸盐以氧化物评级，而塑性硅酸盐则以硫化物评级。还有一类硅酸盐夹杂物，经加工后是不变形的，以点（球）状形式存在，称为点状不变形夹杂物，如 SiO_2、$CaO \cdot SiO_2$ 等。

此外，AlN 也是一种非金属夹杂物，呈密排六方点阵，不属于间隙相，熔点为 1870℃，在钢中有高的稳定性，只有在 1100℃ 以上才大量溶于基体，在较低温度下又重新析出。有时利用 AlN 的弥散析出以改善钢的性能，此时 AlN 不应当被看作是非金属夹杂物。

非金属夹杂物对钢的质量有重要影响，这种影响不仅和夹杂物的成分、数量有关，而且和它的形状、大小特别是分布状况有关。

当非金属夹杂物具有低的熔点（如 FeS）或能生成低熔点共晶物，而且沿晶界连续分布时，将引起热脆性，对钢的性能特别有害。为了防止热脆性，可以加入适量的锰，以形成高熔点的硫化物 MnS，同时要改善其分布。无塑性的非金属夹杂物在钢进行热加工时可能引起发裂或其他缺陷，塑性的非金属夹杂物在变形后将增加钢的各向异性。非金属夹杂物在结构钢中可能引起韧性、塑性和疲劳强度的降低，还会降低钢的耐蚀性和耐磨性，并影响钢的淬透性，钢中存在氧化物和硅酸盐这类非金属夹杂物将使其切削性恶化。因此，非金属夹杂物差不多总是被看作是有害的。

1.1.3.6　合金元素与晶界的相互作用

以上所述讨论了各类合金钢中可能出现的相及其形成规律与特性，这些相都是化学元素之间的相互作用。而化学元素与晶体缺陷（空位、位错、晶界等）之间的相互作用，则会出现空位与溶质金属形成的亚稳集团、碳原子与位错结合的柯氏气团以及溶质原子在晶界的偏聚，即所谓晶界吸附现象。据此，可以把合金元素划分为表面活性（偏聚）元素与非表面活性元素。下面着重讨论偏聚元素在晶界的吸附问题。

从结构学角度考虑，晶界是一个排列疏松的区域，较溶剂原子大或小的溶质原子将从晶内迁移到晶界；从弹性应变能角度考虑，这种迁移将会使体系的能量降低，达到亚稳状态。此外，晶内及晶界的原子组态不一样，从电子因素考虑的有关能量也会不同，晶界吸附也可能降低体系能量。目前对限制晶内固溶度的各项能量还难以定量估算，一般可以采用综合反映这些能量的实验数据——最大固溶度来衡量晶界吸附趋势。在一般相图中，最大固溶度越小，则晶界吸附的倾向越大。例如，在铁中固溶度很小的硼和稀土元素应该偏聚在晶界。

从热力学角度考虑，不仅要考虑过程的内能变化，也要分析熵的变化。很明显，溶质原子在晶内的组态数要大于晶界的组态数，也就是前者的组态熵要大于后者。基于这种分析，可以导出晶界处溶质浓度（c_g）与温度的近似关系为

$$c_g = c_i \exp\left(\frac{E}{RT}\right)$$

式中，c_i 为晶内溶质平均浓度；E 为溶质与晶界的结合能，为正值。温度越高，则 c_g 越小，终将趋近于 c_i。

从动力学角度考虑，溶质原子从晶内迁向晶界或者逆向流动，也就是晶界吸附的形成与分解，需要扩散，也即需要一定的时间才能达到该温度的亚稳平衡状态。利用这个动力学因素，也可以控制 c_g。

上述三个概念不断地得到实验结果的验证和发展，并可用来解释金属材料中的一些现象。

已知 Zr、Ti、P、B、Sn、C、N、Re 等元素都能产生吸附现象，因此，这些元素也可以被称为表面活性（偏聚）元素。除了晶界吸附外，这些元素在位错处也会产生偏聚，如溶质原子在刃型位错处的吸附，形成 Cotttrell 气团；溶质原子在层错附近形成的吸附，形成铃木气团；溶质原子在螺型位错处的吸附，形成 Snoek 气团。

偏聚现象对钢的组织和性能都会产生较大影响，是由于晶界扩散、晶界断裂、晶界腐蚀、相变形核等都与此有关。例如，不锈钢的晶间腐蚀是由于碳向晶界偏聚并与铬形成特殊碳化物而降低了晶界附近区域的铬含量所致；合金钢的回火脆性是由于磷、锡等杂质元素在晶界上的吸附造成的硼钢中的硼原子在奥氏体晶界上吸附，大大提高了钢的淬透性；碳原子等某些元素在晶体界面上或缺陷处偏聚，产生了浓度起伏，有利于相变形核优先发生，即非均匀形核；在板条马氏体中，大部分碳原子并不是真正在固溶体中，而是偏聚在位错中，因而钢的强韧性好，等等。

另外，值得指出的是，钢中个别元素如铅、铍及铜等，当其含量超过其溶解度以后，将以游离状态呈细小分散的颗粒形式存在于钢中；碳有时也以自由状态即石墨的形式存在。

综上所述，合金元素究竟以何种形式存在，主要取决于合金元素的种类、含量、冶炼方法和热处理过程等。此外，还与其他元素的存在有关。

1.2 合金元素对铁碳相图及钢热处理的影响

1.2.1 合金元素对铁碳相图的影响

合金元素对铁碳相图的影响包括以下几个方面：

（1）改变奥氏体相区位置。奥氏体形成元素均使奥氏体存在的区域扩大，其中开启 γ 相区的元素如 Ni、Mn 含量较多时，可使钢在室温下得到单相奥氏体组织，如 12Cr18Ni9 奥氏体不锈钢和 ZGMn13 高锰钢等，图 1-6(a) 所示为合金元素 Mn 对奥氏体范围的影响。

铁素体形成元素均使奥氏体存在的区域缩小，其中封闭 γ 相区的元素如 Cr、Ti、Si 等超过一定含量时，可使钢在室温获得单相铁素体组织，如 10Cr17Ti 高铬铁素体不锈钢等，图 1-6(b) 所示为合金元素 Cr 对铁素体范围的影响。

（2）改变共析转变温度。扩大 γ 相区的元素使铁碳相图中的共析转变温度降低，缩小了 γ 相区的元素则使其上升（图 1-7）。合金元素对 Ac_1 和 Ac_3 临界点的影响可用经验公式表示如下：

$$Ac_1(℃) = 910 - 203C^{1/2} - 15.2Ni + 44.7Si + 104V + 31.5Mo + 13.1W$$

$$Ac_3(℃) = 723 - 10.7Mn - 16.9Ni + 29.1Si + 16.9Cr + 290As + 6.38W$$

公式中的加减号也反映了铁素体形成元素和奥氏体形成元素的不同影响，元素符号则表示该元素的含量。

（3）改变 S 和 E 等临界点的含碳量。几乎所有合金元素都使共析点（S）和共晶点（E）的含碳量降低，即使 S 点和 E 点左移。

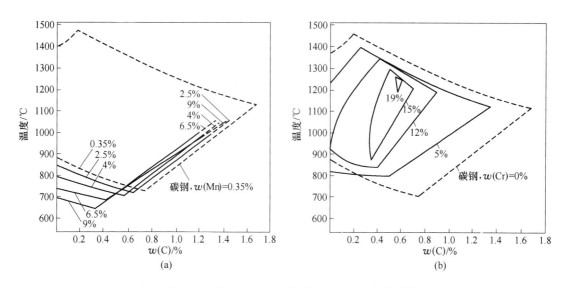

图 1-6   合金元素 Mn、Cr 对奥氏体和铁素体范围的影响

（a）Mn 对奥氏体范围的影响；（b）Cr 对铁素体范围的影响

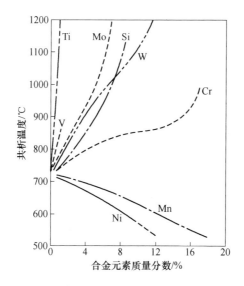

图 1-7   合金元素对共析转变温度的影响

S 点左移意味着共析体的含碳量减少，也就是说，在钢中碳的质量分数不到 0.77% 时，就会变为过共析而析出二次渗碳体，这样，合金钢加热至略高于 A_1 时，所得到的奥氏体的含碳量总是比碳钢低。例如，钢中铬的质量分数为 12% 时，其共析体碳的质量分数为 0.4%。合金元素对共析体含碳量的影响如图 1-8 所示。

E 点左移意味着出现莱氏体的含碳量降低，如高速钢中碳的质量分数仅为 0.77%，但已有莱氏体组织存在。

由此可见，要判断一个合金钢是亚共析钢还是过共析钢，不能单纯根据 Fe-C 二元相图，而应根据 Fe-C-X 三元相图和多元铁基合金系相图来进行分析。

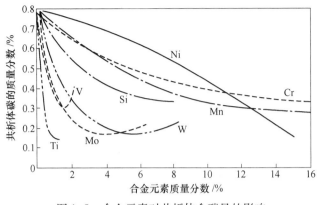

图 1-8　合金元素对共析体含碳量的影响

1.2.2　合金元素对钢热处理的影响

合金元素对钢热处理的影响主要表现为对钢在加热、冷却和回火过程中的相变机制及显微组织的影响。

1.2.2.1　合金元素对退火钢加热转变的影响

合金钢加热时的奥氏体化过程大体上和碳钢相同，即包括奥氏体的形核与长大、碳化物的溶解、奥氏体成分均匀化。合金元素影响加热时奥氏体形成的速度和奥氏体晶粒的大小。

（1）对奥氏体形成速度的影响。在一般加热速度下，高于 Ac_1 温度时，奥氏体是通过碳化物溶解及 $\alpha \rightarrow \gamma$ 扩散型转变形成的。奥氏体量的增加依赖于碳化物的溶解及碳和铁原子的扩散。合金元素对碳化物稳定性及碳在奥氏体中扩散的影响，直接控制着奥氏体的形成速度。

Cr、Mo、W、V 等中强碳化物形成元素和强碳化物形成元素与碳的亲和力大，形成难溶于奥氏体的合金碳化物，显著减慢奥氏体的形成速度。一般来说，合金元素形成碳化物的倾向越强，其碳化物越难溶解，奥氏体形成速度越慢。Co、Ni 等部分非碳化物形成元素因增大碳在奥氏体中的扩散系数而加速奥氏体的形成。Al、Si 等合金元素对碳在奥氏体中的扩散影响不大，故对奥氏体形成速度无显著影响。

此外，合金钢的奥氏体成分均匀化过程包括碳和合金元素的均匀化。由于合金元素的扩散系数仅相当于碳的 1/1000～1/10000，因此，合金钢的奥氏体成分均匀化需要比碳钢更高的加热温度与较长的保温时间。

（2）对奥氏体晶粒大小的影响。多数合金元素都有阻止奥氏体晶粒长大的作用，但影响程度不同。V、Ti、Nb、Zr 等强碳化物元素和适量 Al 强烈阻碍晶粒长大，它们的碳化物或氮化物熔点高，高温下稳定，不易聚集长大，能强烈阻碍奥氏体晶粒长大；W、Mo、Cr 等中强碳化物形成元素也阻碍晶粒长大，其影响程度中等；Si、Ni、Cu 等非碳化物形成元素对奥氏体晶粒长大影响不大；Mn、P、C、N、O、B 等元素含量在一定限度以下时促进晶粒长大。

合金元素（除 Mn 外）阻止奥氏体晶粒长大所带来的好处就是合金钢在加热时不易过

热。同时，它对钢的细晶强韧化也有良好的影响。

1.2.2.2　合金元素对过冷奥氏体转变的影响

钢的过冷奥氏体等温转变图通常呈"C"形，故称为 C 曲线。不同合金成分的 C 曲线形状是不同的。按照合金元素不同的影响，可分为如下三类：

（1）非碳化物形成元素 Ni、Si 和弱碳化物形成元素 Mn，大致保持碳钢的 C 曲线形状，只是使 C 曲线向右作不同程度的移动。

（2）非碳化物形成元素 Co 不改变 C 曲线形状，但使 C 曲线向左移。

（3）碳化物形成元素不仅使 C 曲线右移，并且改变 C 曲线的形状。

合金元素的不同作用使 C 曲线出现了不同形状，大致有以下五种类型：

（1）只有一个过冷合金奥氏体最不稳定的鼻子区，如 Ni、Si、Mn（图 1-9（a））。

（2）出现两个过冷合金奥氏体最不稳定的鼻子区，这类元素有 Cr、Mo、W、V 等，如 GCr15、42CrMo 是典型例子（图 1-9（b））。

（3）只有珠光体转变区，如 Cr 元素，不锈钢 20Cr13 是一个典型例子（图 1-9（c））。

（4）只有贝氏体转变区，这类元素有 W、Mo 等元素，如 34CrNi3Mo（图 1-9（d））。

（5）无珠光体、贝氏体转变区，这类元素有 Ni、Mn，如不锈钢 12Cr18Ni9（图 1-9（e））。

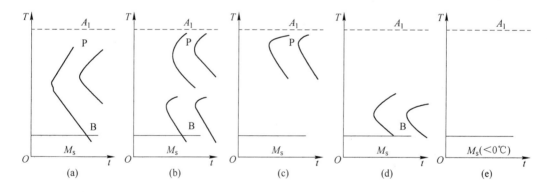

图 1-9　合金元素对钢 C 曲线形状的影响
（a）Ni、Si、Mn；（b）Cr、Mo、W、V；（c）Cr；（d）W、Mo；（e）Ni、Mn

除 Co 外，几乎所有合金元素都增大过冷奥氏体的稳定性，推迟奥氏体向珠光体组织的转变，使 C 曲线右移，如图 1-10 所示。

C 曲线右移意味着提高了钢的淬透性。淬透性表示钢在淬火时获得马氏体的能力。钢中常用的提高淬透性的合金元素有 B、Mn、Mo、Cr、Ni、Si 等，添加少量的 B（$w(B) = 0.001\% \sim 0.003\%$）就会对淬透性有显著提高，如图 1-11 所示。

必须指出，加入的合金元素只有完全溶于奥氏体时才能提高淬透性。如果未完全溶解而以碳化物形式存在，则碳化物会成为珠光体形成时的核心，促进珠光体的形成，反而降低钢的淬透性。

另外，两种或多种合金元素的同时加入，比单个元素对淬透性的影响要强得多，如铬锰钢、铬镍钢等，故目前淬透性好的钢，多采用"多元少量"的合金化原则。

若合金钢的淬透性好，则可用较缓和的淬火冷却介质（如油），或采用分级淬火、等

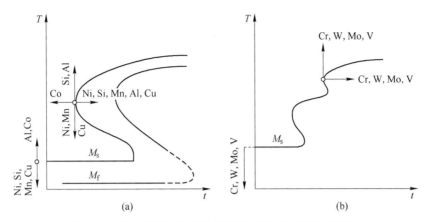

图 1-10 合金元素对奥氏体等温转变图（C 曲线）的影响

（a）非碳化物形成元素；（b）碳化物形成元素

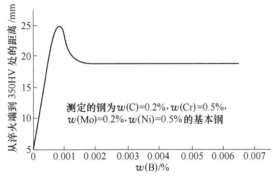

图 1-11 硼对钢淬透性的影响

温淬火工艺，以减少工件的变形和开裂倾向；可增加大截面工件的淬透层深度，从而获得较高的、沿截面均匀分布的力学性能；某些高合金钢（如高速钢、马氏体不锈钢）还可空冷淬火。

钢在淬火、正火或退火时，过冷奥氏体可能发生三种转变，即珠光体、贝氏体或马氏体转变，合金元素将对各类转变产生以下影响：

（1）合金元素对珠光体和贝氏体转变的影响。在合金元素充分溶于奥氏体的情况下，除 Co 外，所有常用合金元素都能推迟过冷奥氏体向珠光体的转变。Ni、Mn 等扩大 γ 相区的元素降低 A_1 点，使珠光体转变移向较低温度；而 Cr、W、Mo、V、Si、Al 等缩小 γ 相区的元素提高 A_1 点，使珠光体转变移向高温。

贝氏体转变时，只有碳原子作短程扩散，合金元素几乎没有扩散。所以，合金元素的作用主要是影响了相变驱动力和碳的扩散能力，从而影响贝氏体转变。除 Co 和 Al 加速贝氏体转变外，其他合金元素都延缓贝氏体的形成。其中，Mn、Cr、Ni、Si 的影响最为显著，而 W、Mo、V 等元素的影响很小。

（2）合金元素对马氏体转变的影响。除 Co、Al 外，多数合金元素都使 M_s 点和 M_f 点下降。中碳钢中，C、Mn、Si、Ni、Cr、Mo、W 等元素含量与 M_s 温度间的关系可用如下经验公式表示（元素符号代表该元素的质量分数）：

$$M_s(\text{℃}) = 539 - 423C - 30.4Mn - 12.1Cr - 17.7Ni - 7.5Mo$$

可见，碳含量对 M_s 点影响最大。M_s 和 M_f 转变温度与碳含量的关系如图 1-12(a) 所示。M_s 点和 M_f 点的下降，使淬火后钢中残留奥氏体量增多。残留奥氏体量过多时，钢的硬度和疲劳抗力降低。因此，必须进行冷处理（冷至 M_f 点以下），以使其转变为马氏体；或进行多次回火，这时残留奥氏体因析出合金碳化物会使 M_s 点，M_f 点上升，并在冷却过程中转变为马氏体或贝氏体（即发生所谓二次淬火）。

另外，合金元素还会影响马氏体的形态。钢中常见的马氏体形态有两种板条状和片状。板条马氏体的亚结构为位错，片状马氏体为孪晶。合金元素如 Mn、Ni、Cr、Mo（降低 M_s）和 Co（升高 M_s），可不同程度地增加形成孪晶马氏体的动力。图 1-12(b) 所示为 M_s 与钢中含碳量的关系图。一般地，板条马氏体是在 M_s 温度较高的中低碳钢（$w(C) < 0.6\%$）中产生，而在 M_s 温度较低的高碳钢（$w(C) > 1.0\%$）中产生片状马氏体。但是，在不同资料中，板条马氏体过渡到片状马氏体的碳含量界限并不一致，这与淬火速度有关。

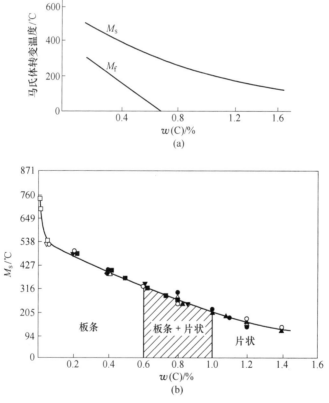

图 1-12　含碳量对马氏体转变的影响
（a）M_s 和 M_f 转变温度与含碳量的关系；（b）M_s 与钢中的含碳量及其马氏体形态的关系

1.2.2.3　合金元素对淬火钢回火转变的影响

钢淬火后，获得马氏体和残余奥氏体两种亚稳相。合金元素对淬火钢回火的影响主要有以下三个方面：

（1）提高耐回火性。合金元素在回火过程中推迟马氏体的分解和残留奥氏体的转变（即在较高温度才开始分解和转变）；提高铁素体的再结晶温度，使碳化物难以聚集长大。因此，合金元素能提高钢对回火软化的抗力，即提高了钢的耐回火性。

提高耐回火性作用较强的合金元素有 V、Si、Mo、W、Ni、Co 等。图 1-13 所示为钼对 $w(C) = 0.35\%$ 钢回火抗力的影响。可见，对于相同含碳量的合金钢和碳钢，在达到相同硬度的情况下，合金钢的回火温度应比碳钢高，回火时间也应增长，这对消除残余应力有利，因而合金钢的塑性、韧性较碳钢好；而在相同温度回火时，合金钢的强度、硬度较碳钢高。

（2）产生二次硬化与二次淬火。Mo、W、V 等较强碳化物形成元素含量较高的高合金钢在回火时，硬度不是随着回火温度的升高而单调降低，而是到达某一温度（约4000℃）后反而开始提高，并在另一更高温度（一般为550℃左右）达到峰值（图 1-13），这就是回火过程中的二次硬化现象。二次硬化与回火析出物的性质有关，当回火温度低于450℃时，钢中析出合金渗碳体；在450℃以上渗碳体溶解，钢中开始析出弥散稳定的难熔碳化物 Mo_2C、W_2C、VC 等，产生弥散强化，而且这些难熔碳化物与 α 相保持共格关系；若继续升高温度，由于碳化物的长大，弥散度减小，共格性被破坏，共格畸变消失，从而使硬度迅速下降。

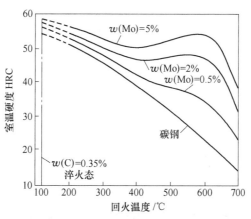

图 1-13　钼对 $w(C) = 0.35\%$ 钢的回火抗力和二次硬化的影响

此外，在某些高合金钢淬火组织中，残留奥氏体量较多，且十分稳定，当加热到500~600℃时仍不分解，仅是析出一些特殊碳化物，但由于特殊碳化物的析出，使奥氏体中碳及合金元素含量降低，提高了 M_s 点温度，故在随后的回火冷却过程中出现残留奥氏体转变为马氏体的二次淬火现象。马氏体的二次淬火也可导致二次硬化。

（3）对回火脆性的影响。钢在淬火后需要进行回火，目的是降低脆性，提高韧性，稳定组织。但是在钢的回火过程中，其韧性并不是单调地上升，而是在 250~350℃ 之间和450~650℃ 之间出现了两个低谷。也就是说，在这两个温度范围内回火，韧性非但没有升高，反而显著降低，这一现象称为钢的回火脆性。钢的回火脆性分为两类，分别称为第一类回火脆性和第二类回火脆性。

第一类回火脆性出现在 250~350℃ 回火的马氏体中，并伴随着韧性和延性的降低。这一脆性也被称为低温回火脆性、不可逆回火脆性、回火马氏体脆性或350℃脆性，它具有以下特征：

1）这类脆性是不可逆的，如将已经出现回火脆的钢再加热到更高的温度回火，可以将脆性消除，如果在脆性温度范围内再次回火将不再产生这种脆性；脆性的产生与回火后的冷却速度无关；脆性的表现特征为晶界脆断。

2）这种脆性不仅发生在普通碳素钢中，还发生在合金钢中。

一般认为第一类回火脆性产生的原因有两个：1）钢在 250~350℃ 回火时，Fe_3C 薄膜在原奥氏体晶界上或马氏体板条间形成，削弱了晶界强度；2）P、S、Bi 等杂质元素容易发生内吸附现象，偏聚于晶界，降低了晶界的结合强度。

合金元素对该类回火脆性有一定影响。一般认为，Mn、Cr、Ni 促进脆性，Mo、Ti、V、Al 可改善脆性，Si 可有效地推迟脆性温度区。

第二类回火脆性是当钢在 450~650℃ 加热或冷却时缓慢通过这一温度区间出现的一类回火脆性。一般也称为高温回火脆性。第二类回火脆性是可逆的，即当钢发生脆性后，可以在合适的工艺条件下重新处理消除脆性，但如果在回火后采用缓冷的方法，仍然可以再次发生脆性，所以第二类回火脆性是可逆的。第二类回火脆性是在回火后缓冷时产生的，回火后快冷可抑制脆性的产生，脆性的表现特征也是晶界脆断。

对于第二类回火脆性产生的原因，一般认为是钢在 450~650℃ 回火时，杂质元素 P、Sb、As 和 Sn 等偏于晶界，或 N、P、O 等杂质元素偏聚于晶界，形成网状或片状化合物，降低了晶界强度。高于回火脆性温度回火，使杂质元素扩散离开了晶界，或促使化合物分解。快冷的作用是抑制杂质元素的扩散。

合金元素对第二类回火脆性影响很大。一般认为，P、Sn、B、S、As、Bi 等杂质元素是引起回火脆性的根源，称为脆化剂；Mn、Ni、Cr、Si 等元素促进了钢的回火脆性，这些元素与杂质元素共同存在时才会产生回火脆性现象，它们促进了杂质元素的偏聚，所以是偏聚的促进剂；Cr 本身不偏聚，但促进其他元素偏聚，因此可称为助偏剂；Mo、W、Ti 等元素可有效地抑制其他元素偏聚，钢中加入适当的 Mo 或 W（$w(Mo)=0.5\%$，$w(W)=1\%$）也可基本上消除这类脆性；稀土元素也能抑制回火脆性的产生。

1.3　合金元素对钢性能的影响

1.3.1　合金元素与钢的强韧化

钢中加入合金元素，即钢的合金化，其主要目的是使钢具有更优异的性能。对于结构钢而言，首先是提高其力学性能，即既要保证钢具有高的强度，又要保证钢具有足够的韧性。然而，材料的强度和韧性常常是一对矛盾，增加强度往往要牺牲钢的塑性和韧性，反之亦然。因此，各种钢铁材料在其发展过程中均受这一矛盾因素的制约。

1.3.1.1　钢的强化机制与合金元素的作用原理

通常，能使材料强度（主要是屈服强度）提高的过程称为强化。金属的强度一般是指金属材料对塑性变形的抗力，材料发生塑性变形所需要的应力越高，强度也就越高。由于钢铁材料的实际强度与大量位错运动的难易程度密切相关，其力学本质是材料的塑性变形抗力。因此，为了提高钢铁材料的强度，就要提高钢铁材料的塑变抗力。这样，强化机制的基本出发点就是制造障碍以阻碍位错的运动。从这一基本点出发，强化途径主要有四种方式，即固溶强化、细晶强化、第二相强化和形变强化，其强化原理如图1-14所示。同时，通过对这四种方式加以单独或综合运用，便可以有效地提高钢的强度。这些强化技术的实质是通过引入各种缺陷（点、线、面及体缺陷等）来阻碍位错运动，使材料难以产生塑性变形而提高强度。

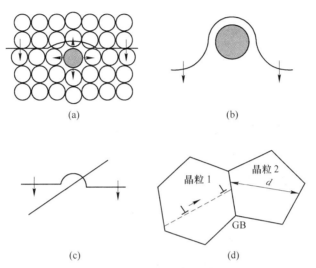

图1-14 强化方式示意图（图中箭头表示位错运动的方向）
（a）固溶强化；（b）第二相强化；（c）形变（或应变）强化；（d）细晶强化

A 固溶强化

通过合金化（加入合金元素）形成固溶体，使金属材料得到强化的方式称为固溶强化。合金元素的固溶强化效果一般可表示为

$$\Delta R_{eL} = K_i C_i^n$$

式中，R_{eL}为屈服强度；K_i为系数；C_i为固溶度；n为强化指数。对于C、N原子，$n=0.33\sim2.00$；对于Mo、Si、Mn等置换原子，$n=0.5\sim1.0$。

固溶强化是通过固溶原子使基体金属的晶格发生畸变，从而在基体中产生弹性应力场，弹性应力场与位错的交互作用将增加位错运动的阻力，使金属材料得到固溶强化。合金元素对低碳铁素体强度和塑性的影响如图1-15所示。

固溶强化一般遵循如下规律：（1）对同一合金系，固溶体浓度越高，则强化效果越好；（2）对同一种固溶体，强度随着浓度增加呈曲线关系升高，浓度较低时强度升高较快，以后渐趋平缓，大约在摩尔分数为50%时达到极大值；（3）在固溶强化的同时，合金的塑性将降低；（4）采用多元少量的合金化原则，其强化效果较少元多量好，并且能将强化效果保持到较高温度。

对奥氏体固溶强化而言，间隙原子（如C、N）强化效果最好，铁素体形成元素（如W、Mo、V、Si）次之，奥氏体形成元素（如Mn、Co、Ni）最弱。对铁素体固溶强化而言，间隙原子对铁素体基体的固溶强化效果最好，但对塑性、韧性的削弱也很显著；置换原子对铁素体基体的固溶强化效果比较小。

从图1-15可以看出，硅、锰的固溶强化效应较大，但当$w(Si)>1.1\%$、$w(Mn)>$

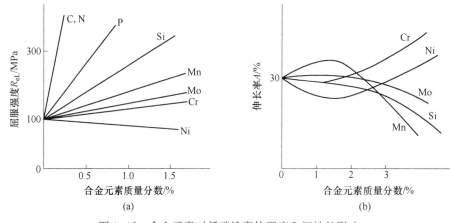

图 1-15   合金元素对低碳铁素体强度和塑性的影响

1.8%时，钢的塑韧性有较大的降低。碳、氮的固溶强化效应最大，多元复合时，其作用认为是可以叠加的，所以，其一般形式是

$$\Delta R_{eL} = \sum_{i=1}^{n} K_i C_i^{ni}$$

式中，R_{eL} 为屈服强度；C_i 为固溶度。

间隙溶质原子的强化效应远比置换式溶质原子强烈，其强化作用相差 10~100 倍。碳和氮是强烈的间隙固溶强化元素。研究表明，$w(C) = 1\%$ 将使钢的强度增加 5500MPa。但是，由于碳和氮在钢中的溶解度非常有限（碳在 723℃时的最大溶解度为 0.02%，氮在 590℃时的最大溶解度为 0.1%），使固溶强化作用受到限制。这样，置换式溶质原子的固溶强化效果不可忽视，如 Mn、Si、Cr、Ni、Mo、W 等。各元素的强化作用可以叠加，尤其是硅、锰的强化作用更大。

但是，需要注意的是，固溶强化还会带来其他性能的变化，例如，降低伸长率和冲击韧度，降低材料的加工性，提高钢的韧脆转变温度等。一般地，固溶强化效果越好，则塑性韧性降低越多，所以，对溶质的浓度需要加以控制。

B   细晶强化

随着晶粒细化，晶界增多，材料强度升高的现象称为细晶强化，也叫晶界强化。由于晶界的存在，引起在晶界处产生弹性变形不协调和塑性变形不协调现象。这两种不协调现象均会在晶界处诱发应力集中，以维持两晶粒在晶界处的连续性。其结果是在晶界附近引起二次滑移，使位错密度迅速增加，形成加工硬化微区，进而阻碍位错运动。这种由于晶界两侧晶粒变形的不协调性而在晶界附近诱发的位错称为几何上需要的位错。同时，由于晶界的存在，使滑移位错难以直接穿越晶界，从而破坏了滑移系统的连续性，阻碍了位错的运动。归根结底，因为晶界的存在使位错运动受阻，从而达到了强化目的。晶粒越细化，晶界数量就越多，其强化效果也就越好。

Hall-Patch 关系式是描述细晶强化的一个极为重要的表达式，其形式为

$$\sigma_y = \sigma_0 + k d^{-\frac{1}{2}}$$

式中，σ_y 为屈服强度；σ_0 为派纳力或摩擦阻力；k 为晶界对变形的影响系数，与晶界结

构有关；d 为基体晶粒的平均直径。

根据上述 Hall-Patch 关系式可知，从合金化的角度来达到细晶强化的途径有两个：一是利用合金元素改变晶界的特性，提高 k 值，为此，可向钢中加入表面活性元素，如 C、N、Ni 和 Si 等，以使其在 α-Fe 晶界上偏聚，提高晶界阻碍位错运动的能力；二是利用合金元素细化晶粒，通过减小晶粒尺寸来增加晶界数量，常用的方法是向钢中加入 Al、Nb、V、Ti 等元素，形成难熔的第二相质点，阻碍奥氏体晶界移动，间接细化铁素体或马氏体晶粒。

细晶强化的效果不仅与晶粒大小有关，还与晶粒的形状和第二相颗粒的数量和分布有关，若要取得较好的强化效果，应防止第二相颗粒不均匀分布，以及形成网状、骨骼状、粗大块状或针状等不利的形状。

因此，从细化晶粒的角度出发，希望所形成的第二相质点稳定性高，不易聚集长大。为此，向钢中加入的是强碳化物或强氮化物形成元素（如 Al、V、Ti、Nb、Zr 等），这也是钢微合金化的一个重要着眼点。

除了合金化途径外，控制金属的凝固、热处理以及塑性加工等过程也是细化晶粒的重要手段。例如，正火、反复快速奥氏体化等是热处理方法，锻造、控制轧制等属于塑性加工法，而形变热处理则是热处理相变与热加工形变两者的结合。在实际的钢铁材料生产中，晶粒的细化往往是多种措施的综合作用结果。

细晶强化不但可以提高强度，而且还能改善钢的塑性和韧性，是一种极为重要的强化机制，也是金属材料最为常用的强韧化方法之一。这是因为细晶材料在发生塑性变形时各个晶粒变形比较均匀，可以承受较大变形量。

值得指出的是，尽管在现代钢铁材料的生产中，细化晶粒与组织具有极其重要的地位，但是，高温下晶界的弱化却使细晶强化这一方法受到了限制，即当材料使用温度超过晶内与晶界的等强温度时，细化晶粒将不能达到强化的目的。

C 形变强化

金属材料在冷变形（再结晶温度以下进行的塑性变形）过程中强度逐渐升高的现象称为形变强化，也叫加工硬化。由于这种强化机制是基于形变过程中位错的增殖而使位错密度增加所导致的位错滑移困难，故形变强化也叫做位错强化。

形变强化遵循以下规律：（1）随着变形量增加，强度提高而塑性和韧性降低；（2）形变强化的效果十分明显，强度增值较大，但是，形变强化受材料塑性限制，当变形量达到一定程度后，材料将发生断裂；（3）形变强化可以通过再结晶退火消除，使材料的组织和性能基本上恢复到冷变形之前的状态。

形变强化效果可用下式表示：

$$\tau = aGb\rho^{1/2}$$

式中，τ 为切应力；a 为常数，取值 0.2；G 为切变模量；$\boldsymbol{b}$ 为柏氏矢量；ρ 为位错密度。

从形变强化的位错机制出发，钢的合金化应着眼于使塑性变形时位错易于增加，或易于分解，以提高钢的加工硬化能力。在这方面，已知奥氏体层错能对于位错强化机制有着重大影响。层错能越低，越有利于位错扩展和形成层错，使滑移困难，导致钢的加工硬化趋势增大。例如，高锰钢和高镍钢都是奥氏体钢，但加工硬化趋势相差很大。高镍钢易于变形加工，而高锰钢难以变形加工，造成这种性能差异的原因乃是由于镍和锰对奥氏体层错能的影响不同所致。

从合金化的角度来看，Ni、Cu 和 C 等元素使奥氏体的层错能提高，而 Mn、Cr、Ru 和 Ir 则降低奥氏体层错能。例如，在高锰钢中就充分利用了锰的合金化效应：一方面锰扩大了奥氏体相区，保证获得单相奥氏体；另一方面锰降低了层错能，使材料具有强烈的加工硬化效应，满足了耐磨性要求。

生产上一般对不易通过热处理强化的低碳钢、纯铁、Cr-Ni 奥氏体不锈钢、防锈铝、纯铜等金属材料，可采用冷轧、拔、挤等形变工艺来达到强化；而对可通过热处理强化的钢，则采用热处理相变的办法，如通过淬火处理实现强化。

D 第二相强化

第二相强化是指在金属基体（通常是固溶体）中还存在另外的一个或几个相，这些相的存在使金属的强度得到提高。第二相的强化效果与第二相的性质、数量、大小、形状和分布均有关系，还与第一相与基体相的晶体学匹配情况、界面能、界面结合状况等有关。

影响第二相强化效果的因素有以下三种：

（1）沉淀相的体积比。沉淀相的体积比越大，强化效果越显著。

（2）第二相弥散度。第二相弥散度越大，强化效果越好。一般第二相呈等轴状且细小均匀地弥散分布时，强化效果最好；当第二相粗大、沿晶界分布或呈粗大针状时，不但强化效果不好，还会使合金明显变脆。

（3）硬质点。对位错运动阻力越大的硬质点，其强化效果也越大。

第二相强化效果可表示为

$$\Delta \tau_c = A f^{1/2} r^{1/2}$$

式中，$\Delta \tau_c$ 为切应力增量；A 为常数；f 为第二相的体积分数；r 为第二相颗粒半径。

第二相粒子可以有效地阻碍位错运动。一般来说，运动着的位错遇到滑移面上的第二相粒子时，是采取切过还是绕过机制，取决于第二相粒子的性质等因素。

如果第二相粒子的特点是可变形并与母相具有共格关系，那么，位错会采取切过的方式通过第二相粒子。这种强化方式与淬火或固溶处理后的脱溶沉淀和时效析出密切相关，故有"沉淀强化"或"时效强化"之称。如果第二相粒子不参与变形，与基体有非共格关系，当位错遇到第二相粒子时，只能绕过并留下位错圈。这类第二相粒子一般是人为加入的，不溶于基体，故有"弥散强化"之称。

不管如何，只有位错通过第二相粒子，滑移变形才能继续进行。这一过程需要消耗额外的能量，故需要提高外加应力，材料因此而造成强化。

第二相强化机制比较复杂，往往要考虑第二相的性质、大小、数量、形态以及分布等方面的影响，这方面除了涉及热处理工艺参数的直接影响外，还涉及合金元素的影响，合金元素的作用主要是为形成所需要的第二相粒子提供成分条件。

弥散强化是钢中常见的强化机制，例如，淬火回火钢及球化退火钢都是利用碳化物作弥散强化相，对于珠光体这类聚集体组织而言，其强化行为不仅取决于第二相的性质、形态和尺寸，同时也与各相间的相界及其位向关系有关，一般比较复杂而难以被精确描述。总而言之，细化组织有利于提高强度，因此，为了达到强化目的，需向钢中加入一些增加过冷奥氏体稳定性的元素，如 Cr、Mn、Mo 等，使 C 曲线右移，在同样冷却条件下，可以得到片间距细小的珠光体，同时还可起到细化铁素体晶粒的作用，从而达到强化的目的。

E 合金元素对强化有效性的影响

合金钢的强化与韧化往往是相互对立与矛盾的，在提高合金钢强度的同时，往往使其韧性降低。合金钢在淬火回火时，存在着两个相反的影响钢强度的因素：一方面，由于马氏体分解而产生弱化（软化）；另一方面，碳化物颗粒的弥散沉淀析出又导致强化。钢在淬火回火后的强化有效性取决于强化和弱化的综合效果。图 1-16 所示为碳化物形成元素对钢进行合金化后马氏体回火时，强化和弱化两个矛盾因素的相对关系。可以看出，如果回火温度由 T_1 提高到 T_2，则弥散强化所产生的强度提高为 $|+\Delta R_{eLP}|$（曲线 2），大于固溶体的弱化 $|-\Delta R_{eL}|$（曲线 1），那么钢强度的总变化将出现强度上升的峰值（曲线 3）。可以理解，当回火温度从 T_1 提高到 T_2 时，如果弥散强化量小于固溶强化，即 $|+\Delta R_{eLP}|$ $<|-\Delta R_{eL}|$，则强度的变化曲线不会出现峰值，只是回火过程的强度弱化比较缓慢。

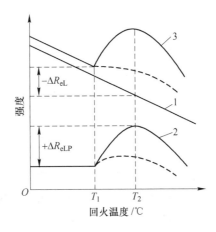

图 1-16 回火过程中强化和弱化的演变
1—M 分解；2—弥散析出；3—综合效应

对于合金钢而言，特别是具有弥散质点的合金钢，其强化和弱化的作用与形成弥散相的合金元素含量有很大关系。所以，强化有效性取决于形成弥散相的合金元素。图 1-17 所示为钒含量对 40 钢淬火回火后硬度的影响示意图。可以看出，$w(V)=0.25\%$ 时，由于 $|+\Delta R_{eLVC}| \approx |-\Delta R_{eLM}|$，所以在 $500\sim600$℃回火时相应的曲线几乎是水平线；当钒的含量继续增加，$|+\Delta R_{eLVC}| > |-\Delta R_{eLM}|$ 时，出现二次硬化峰。为了保证钢回火时强化大于弱化，各种元素有一个临界值，即最小含量，这种最小含量取决于含碳量和形成碳化物类型。例如，在 $w(C)=0.1\%\sim0.15\%$ 的钢中，出现强化峰值的合金元素最小含量为 $w(V)=0.1\%\sim0.2\%$，$w(Nb)=0.08\%\sim0.12\%$，$w(Cr)=2.5\%\sim3.0\%$。对于 $w(C)=0.4\%$ 的钢，则钒的最小含量为 $w(V)=0.35\%$。

1.3.1.2 钢的韧化途径与合金元素的作用原理

材料韧化的目的是防止脆性断裂。脆性断裂的发生除与材料因素有关外，还与工作温度、工作应力大小、加载速率、零件内部缺陷等因素有关。一般来说，工作温度越低，工作应力越大，内部缺陷越严重，越易发生脆性断裂。对于金属材料而言，韧化的途径包括：（1）减少诱发微孔的组成相，如减少沉淀相数量；（2）提高基体塑性，从而可增大裂纹在基体上扩展的能量消耗；（3）增加组织的塑性形变均匀性，以减少应

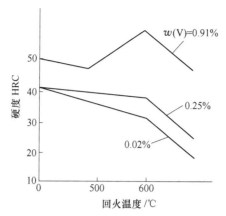

图 1-17 钒含量对 40 钢淬火回火后硬度的影响

力集中；（4）避免晶界的弱化，防止裂纹沿晶界的形核与扩展；（5）加入某些可促进在低温下交滑移的元素。目前，金属材料韧化所采取的具体措施有以下几种：

（1）细化晶粒。具有均匀细小晶粒的金属材料，不仅强度高而且韧性好。这里所说的细化晶粒，主要是通过细化奥氏体晶粒，从而细化铁素体晶粒及其组织。利用合金化技术细化晶粒组织，作用比较大的主要有一些强碳化物形成元素，如 Ti、Nb、V、W、Mo 等，Al 元素的作用也比较强。

（2）提高钢的耐回火性。提高钢的耐回火性，即在相同强度水平下，通过加入合金元素提高淬火钢的回火温度，从而提高钢的韧性。所以，能够提高钢耐回火性的合金元素都可以不同程度地起到这个作用，如强碳化物形成元素。

（3）改善基体韧性。在钢中，基体的韧性是整个材料韧性的关键。合金元素 Ni 能有效地改善或提高钢的基体韧性。

（4）细化碳化物。粗大的碳化物或其他化合物对钢的韧性是十分不利的，它们往往成为变形过程中微裂纹的起源。所以，应力使钢中的碳化物在大小、分布、形状和数量的特征参量上表现为小、圆、均匀和适量。实验证实，钢中含有适量的 Cr、V 等合金元素，就可以改善碳化物的存在状态。

（5）调整化学成分。随着碳、氮、磷含量的增加，钢的冲击韧性下降、冷脆转变温度升高且范围变宽。钢中偏析、白点、夹杂物、微裂纹等缺陷越多，韧性越低。钢中加入镍和少量锰可提高韧性并降低冷脆转变温度。因此，降低有害杂质含量、降低碳含量，同时用镍、锰进行合金化可提高钢材的韧性。此外，钢中加入少量合金元素钛、钒、铌形成碳化物或氮化物时，能细化钢在加热过程中形成的奥氏体晶粒，可以改善钢的塑性和韧性。

（6）形变热处理。形变热处理是将形变（如锻造、轧制等）与热处理相结合，使金属材料同时经历形变和相变，从而使晶粒细化、位错密度升高、晶格发生畸变，达到提高综合力学性能的目的。

（7）低碳马氏体强韧化。获得位错型板条马氏体组织是钢材强韧化的重要途径，低碳马氏体中位错分布均匀，马氏体板条平行生长，马氏体板条相界有残留奥氏体薄膜，相当于复合材料。因此，低碳马氏体是一种既有较高强度又具有良好韧性的显微组织。

（8）提高冶金质量。钢中的杂质元素非常有害，提高钢的冶金质量是改善韧性的一个很好途径。

总之，改善金属材料韧性的途径可以简单地归结为"四化"，即净化、细化、球化和复化。其中，"净化"是指高的冶金质量，即应使材料尽可能地不含有害杂质；"细化"是指基体晶粒细小，同时具有弥散细小且均匀分布的第二相；"球化"是指应使第二相尽可能地以圆球颗粒状存在；"复化"是指显微组织复相化，即复相合金和复合材料具有较高的韧性。

1.3.2 合金元素对钢不同热处理状态下力学性能的影响

既然钢的性能主要取决于钢的成分和组织，而钢的组织在很大程度上又取决于不同的热处理方式，因此，合金元素对钢的力学性能的影响不仅与其本质有关，而且还与钢的热处理状态密切相关。所以，这里按照钢的不同热处理状态来讨论合金元素对钢的力学性能的影响。

1.3.2.1 合金元素对退火状态下钢的力学性能的影响

以结构钢为例，在退火状态下，钢的基本组成相是铁素体和碳化物。合金元素对退火状态下钢的强度的影响，主要取决于铁素体的强化程度。实验证明，所有合金元素溶入铁素体中都有强化作用，但是，它们的强化程度却不同，如图 1-18～图 1-20 所示，硅和锰能强烈地提高铁素体的强度，而铬、钼、钨作用较弱。合金元素按照对铁素体的强化程度可依次排列如下（由强到弱）：P、Si、Ti、Mn、Al、Cu、Ni、W、Mo、V、Co、Cr。

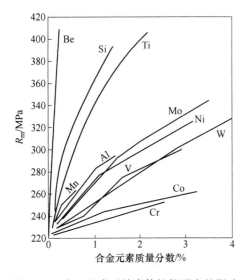

图 1-18 合金元素对铁素体抗拉强度的影响

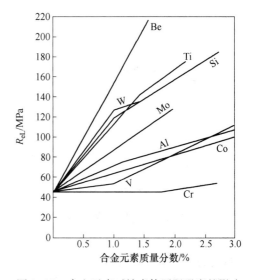

图 1-19 合金元素对铁素体屈服强度的影响

合金元素除了通过强化铁素体，从而提高退火状态下钢的强度外，还通过合金元素降低共析点的含碳量，相对地提高珠光体的数量使强度提高。其次，合金元素使过冷奥氏体

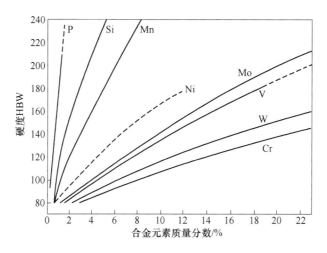

图 1-20 合金元素对铁素体固溶强化的影响

稳定性提高，C 曲线右移，在相同的冷却条件下，使铁素体和碳化物两相混合物的分散度增加，从而使强度提高。

　　然而，凡是使强度提高较多的合金元素，如 Mn、Si 等元素的质量分数超过 1%时，均使伸长率和冲击韧度下降较多；反之，对铁素体强化效果较弱的合金元素（如 Cr），则使伸长率和冲击韧度下降少。然而，镍一方面显著提高强度，另一方面却始终使塑性和韧性保持较高水平，如图 1-21 和图 1-22 所示。

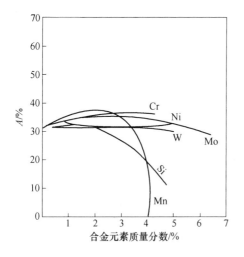

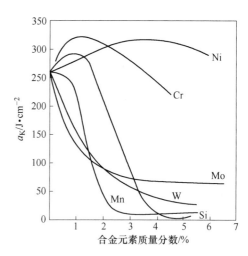

图 1-21 合金元素对铁素体伸长率的影响　　　图 1-22 合金元素对铁素体冲击韧度的影响

　　尽管合金元素可以改善退火钢的性能，但是效果很小，不能有效地发挥合金元素的潜力。即使利用多种合金元素的复合作用，一般抗拉强度仅达 700~800MPa，伸长率不超过 25%~30%，冲击韧度不超过 10~15J/cm^2。而在调质状态下，简单成分的合金钢，如 40Cr 钢的力学性能，经淬火及 630~650℃回火后，R_m 达 800MPa，A 达 22%，a_K 达 12~15J/cm^2。因此，退火处理通常不能作为合金钢的最终热处理。

1.3.2.2　合金元素对正火状态下钢的力学性能的影响

合金元素对正火状态下钢的力学性能的影响较其对退火状态下的影响要显著增大，如图 1-23 所示。图中，下面几条曲线是铬对退火状态下钢的强度的影响，显然强化效果很小；上面几条曲线是铬对正火状态下钢的强度的影响，影响较前者是显著的。其原因主要是合金元素（除钴外）提高了钢的过冷奥氏体的稳定性，从而使得合金钢在空冷后可能得到的组织为索氏体、托氏体、贝氏体或马氏体。

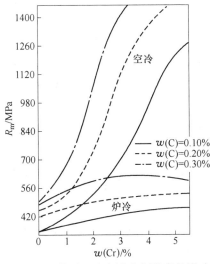

图 1-23　铬对正火和退火钢强度的影响

实践证明，锰与铬类似，特别是当锰和铬的质量分数超过 1% 时，对正火（轧制空冷）后钢的强化作用极大。镍也有类似的作用。其他元素如 Si、Al、V、Mo 等，当它们的含量为一般结构钢的实际使用含量时（$w(Mo) = 0.25\% \sim 0.40\%$，$w(V) = 0.1\% \sim 0.3\%$，$w(Al) < 0.05\%$），它们对过冷奥氏体稳定性的影响很小，对正火钢没有显著的强化效果。

上面讨论的是单一元素的作用，在多元合金化时，钢的强化效果与钢中合金元素和碳含量有下列关系：

（1）$w(C) = 0.25\%$ 时，不管钢中合金元素配合如何，只要其含量 $w(Me) < 1.5\% \sim 1.8\%$ 时，正火后的组织即与退火状态（平衡状态）相接近。此时，$R_m = 400 \sim 700MPa$，$R_{eL} = 250 \sim 500MPa$，$A = 15\% \sim 30\%$。

（2）$w(C) = 0.25\% \sim 0.40\%$，合金元素总量 $w(Me) = 2\% \sim 5\%$、直径小于 50mm 时，正火后会出现各种中间组织，如索氏体、贝氏体，甚至还有马氏体，其强度可以显著提高，$R_m = 750 \sim 1250MPa$，$R_{eL} = 250 \sim 500MPa$，$A = 10\% \sim 20\%$。

（3）$w(C) = 0.25\% \sim 0.49\%$，但合金元素总量 $w(Me)$ 超过 $5\% \sim 6\%$ 时，这时空冷组织基本上为马氏体，其强度接近淬火钢的水平，见表 1-8。

表 1-8　几种合金钢在正火状态下的显微组织和力学性能

钢　种	显微组织	力 学 性 能				
		R_m/MPa	R_{eL}/MPa	$A/\%$	$Z/\%$	$a_K/J \cdot cm^{-2}$
20CrMo	铁素体+珠光体	690	505	21.5	60	—

钢 种	显微组织	力 学 性 能				
		R_m/MPa	R_{eL}/MPa	A/%	Z/%	a_K/J·cm^{-2}
40CrNiMn	索氏体+托氏体	758	513	22.4	66.0	12.9
18Cr2Ni4W	马氏体	130	—	18.7	59.1	14.3

对合金钢而言，虽然正火比退火更好地发挥了合金元素的作用，钢的力学性能有了较大的提高，但是，正火状态钢的性能仍低于调质处理后钢的性能。因此，只有对淬透性小的低合金钢，调质处理在技术上有困难或经济上不合适时，才用正火作为合金钢的最终热处理。

1.3.2.3   合金元素对淬火回火状态下钢的力学性能的影响

合金元素对钢的力学性能的最显著影响，主要表现在它对淬火回火状态下钢的力学性能的影响上。首先，合金元素改变了淬火状态下钢的组织和性能，表现在以下几个方面：

（1）除钴外，所有合金元素均提高钢的淬透性，即能使较大尺寸的零件淬火后沿整个截面得到均匀的马氏体组织。

（2）合金元素对奥氏体晶粒长大的影响，决定着淬火后钢的实际晶粒的大小。实践表明，大多数合金元素都有阻止奥氏体晶粒长大的倾向（除 Mn 外），从而细化晶粒，使得淬火后的马氏体组织均匀而细小。

（3）除 Co、Al 外，合金元素含量较多时，马氏体点降低，残留奥氏体量增多，使淬火钢硬度降低，塑性、韧性提高。

（4）淬火钢的性能主要取决于含碳量，即主要取决于碳在 α 固溶体中的过饱和程度。合金元素的加入可起补充强化作用，稍微提高抗拉强度。

在此基础上，合金元素还将通过对回火时组织转变的影响，进而显著影响合金钢淬火、回火后的力学性能。图 1-24 所示为两种含碳量相近的钢（37CrNi3A 钢和 40 钢）在淬火回火后力学性能随回火温度的变化情况。

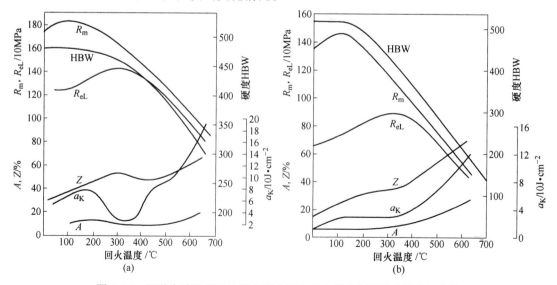

图 1-24   两种含碳量相近的钢在淬火回火后力学性能随回火温度的变化

（a）37CrNi3A 钢；（b）40 钢

从图 1-24 中可以粗略地看出，合金元素对淬火回火状态下钢的力学性能的影响有下述几个特点：

（1）淬火后两种钢的硬度几乎相同，可是回火后的变化却不同。低温回火时，硬度基本相同，中、高温回火时，合金钢的硬度下降比碳钢慢，即在相同温度回火，合金钢的硬度高于碳钢，抗回火软化能力强。

（2）合金钢在淬火及淬火加回火后，强度指标（R_{eL}、R_m）皆高于碳钢。

（3）塑性指标（A、Z）的变化是，在淬火低温回火后，合金钢高于碳钢；在高温回火后，合金钢和碳钢没有显著差别。

（4）冲击韧度 a_K 的变化是，淬火低温回火后合金钢的 a_K 值高于碳钢；中温回火后合金钢的 a_K 值显著降低，和碳钢不相上下，甚至还低于碳钢；高温回火后，合金钢的 a_K 值又逐渐升高，超过碳钢。

因此，对于合金钢的回火，人们总是习惯采用两种工艺，一种是低温回火，另一种是高温回火。对于中温回火，虽然可使钢获得最高的强度指标，但由于回火脆性的产生，使 a_K 值降低，因此，一般较少采用，只有弹簧钢为了得到高的弹性极限 R_p 时才采用。

近年来，随着"多冲理论"的发展，在一些结构钢制零件的热处理工艺中也已开始采用中温或更低一些的温度回火，以利获得高的强度指标，提高零件的多冲抗力。

下面着重讨论一下合金元素对不同阶段回火钢的力学性能的影响规律。

（1）合金元素对低温回火钢力学性能的影响。淬火钢低温回火时，由于绝大多数合金元素对钢的组织转变影响甚微，因而对回火后钢的强度亦无显著影响，一般仅起到微弱的补充强化作用，只有 Si、Mn 以及 Ni 对低温回火钢的强化作用稍明显些，如图 1-25 所示。

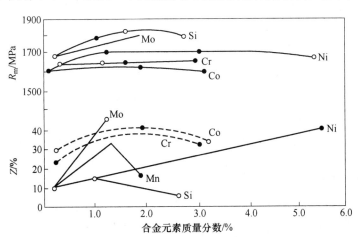

图 1-25　合金元素对淬火钢低温回火力学性能的影响

因此，钢在淬火低温回火状态下使用时，企图只依靠增加合金元素含量来提高钢的强度是不行的，欲使钢的低温回火强度进一步提高，只能用提高碳含量的方法。

合金元素对钢淬火低温回火后力学性能的作用在于提高了钢的塑性和韧性，如图 1-25 和图 1-26 所示。镍使淬火低温回火后钢的塑性随其含量的增加而不断增加，Si、Mn、Mo 等元素的质量分数小于 1%~1.5% 和 Cr、Co 等元素的质量分数小于 2%~3% 亦可使钢的塑性增加。凡是能同时提高钢的强度及塑性的元素均使冲击韧度也提高，其中镍的效果最好；铬亦可使钢的冲击韧度保持在较高水平；Si、Mn、Mo 等元素在一定含量内也有较好的作用，但当其质量分数超过 1%～2% 时，冲击韧度将随着塑性的降低而显著降低。

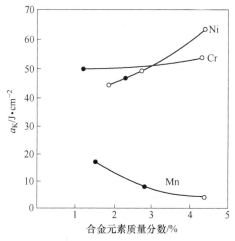

图 1-26　镍、铬、锰对低温回火钢（$w(C) = 0.34\% \sim 0.40\%$）冲击韧度的影响

上面讲的是单一元素的作用。几种元素复合作用时比单一元素作用的简单叠加还要大。镍钢与多元合金钢性能的比较见表 1-9。在 200℃ 回火后，合金元素总的质量分数为 4.11% 的多元合金钢，其性能远比镍的质量分数为 5.35% 的镍钢性能高。

表 1-9　镍钢与多元合金钢在 200℃ 回火后力学性能的比较

钢　种	化学成分（质量分数）/%							R_m/MPa	R_{eL}/MPa	Z/%
	C	Mn	Si	Cr	Ni	V	Me			
镍钢	0.32	0.40	0.13	—	5.35	—	5.35	1700	1440	42
多元合金钢	0.38	0.53	0.92	1.28	1.69	0.22	4.11	1950	1520	48

在实际生产中，铬配合镍，特别是再加钼，可获得性能优良的 Cr-Ni 钢及 Cr-Ni-Mo 钢。但是，正如前所述，硅在低温回火时是强烈阻碍马氏体分解的最有效元素，硅与其他元素共同作用对钢的淬火低温回火性能亦有良好作用。例如，在含硅的多元合金中，即使没有镍、铬等有利于韧性的合金元素，低温回火后也有较高的韧性。结合我国资源情况，硅配合锰加入的合金钢已在我国广泛使用。

（2）合金元素对中/高温回火钢力学性能的影响。鉴于合金元素对中温回火与高温回火组织转变及性能的影响规律，除了反映出两类不同的回火脆性（前已详述）外，并无其他本质上的差异。这里仍以讨论合金元素对钢高温回火力学性能的影响规律为重点。

调质结构钢一般大都采用淬火加高温（500～550℃）回火处理，以获得良好的综合力学性能，其组织为回火索氏体。

实践证明，碳素调质钢存在一个最大的弱点，即随着工件尺寸增大时不但强度降低，而且塑性、韧性亦降低，这就势必使碳素调质钢的使用受到了限制。其原因主要是碳素钢的淬透性、淬火透性低，淬火回火后不能在整个截面得到均一的回火索氏体组织；而合金钢由于合金元素作用的结果，可使其淬透性大大提高，经高温回火后可在整个截面或较大截面上得到均匀的回火索氏体组织，从而完全克服了碳素调质钢的致命弱点。不仅如此，合金元素还将对高温回火过程中的组织转变产生以下重要影响，从而影响高温回火后钢的力学性能。

1）合金元素一般均能减缓钢的回火转变过程，特别是阻碍碳化物的聚集长大，相对地提高了钢中组成相的弥散度（与碳钢相比），这对调质钢的强度和韧性良好配合起着重要的作用。

2）合金元素溶解于铁素体，使铁素体强化，并提高了铁素体的再结晶温度。

3）强碳化物形成元素提高了钢的耐回火性，并产生沉淀强化的作用。

4）钼、钨等有利于防止或消除第二类回火脆性。

因此，合金元素的影响下，合金结构钢调质后的综合力学性能要远远优于碳素结构钢。其中，碳化物形成元素能最有效地强化调质钢，弱碳化物形成元素锰和非碳化物形成元素硅效果次之，而钴和镍强化作用较弱。不过，调质钢的塑性将随着强度的提高而有所降低，其降低程度与合金元素的强化程度相适应。这点可用碳化物的分散度和合金铁素体的塑性来说明，凡是增加碳化物分散度的合金元素，如 V、W、Mo 等，均使强度提高、塑性降低；其他合金元素，则主要是铁素体的塑性降低。

对于韧性的影响，合金元素含量不超过一定量时，虽然塑性有所降低，但由于强度的提高和晶粒的细化，可使韧性不显著降低，甚至有些提高。例如，镍对冲击韧度的提高最有利，量越多越明显；Mo、W、Cr 等合金元素能细化晶粒，提高强度，使冲击韧度相应提高；锰、硅在其质量分数为 1%～2% 以下时强化铁素体，并不降低其塑性，所以使冲击韧度也有适当提高。

以上讨论的是单一元素的作用，为了使合金钢具备更高的淬透性和更优良的综合力学性能，工业上常使用两种以上的多元合金钢。

综上所述，根据合金元素对钢在不同热处理状态（主要是淬火回火）下力学性能的影响，可以得出如下几条合金元素对钢力学性能的影响规律（图 1-27）。

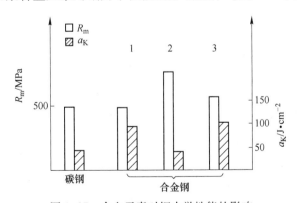

图 1-27 合金元素对钢力学性能的影响

（1）碳钢相同，冲击韧度却大大提高。

（2）冲击韧度与碳钢相同，强度却大大提高。

（3）二者同时提高。

1.3.2.4 合金元素对钢低温力学性能的影响

现代空气分离设备、石油尾气分离设备、制冷机械以及各种低温器都需要 -40～196℃

的低温钢。随着温度的下降，钢的强度（R_{eL}、R_m）升高，塑性（A、Z）和冲击韧度（a_K）降低，见表1-10。钢在承受冲击载荷或在缺口应力集中时可能发生突然脆性断裂。由于脆性破坏传播速度很快，且无前期效应，因此危险性很大。目前最常用的低温性能评定法是采用系列冲击法确定钢的脆性转变温度，如前所述，脆性转变温度就是材料由韧性破断到脆性破断的温度界限。下面重点讨论合金元素对钢的冲击韧度以及脆性转变温度的影响。

表 1-10   温度对两种钢力学性能的影响

牌 号	试验温度/℃	力 学 性 能				
		R_m/MPa	R_{eL}/MPa	A/%	Z/%	a_K/J·cm^{-2}
Q345（16Mn）	+20	58.5	34.6	30.3	65.3	13.37
	-10	60.9	36	26.8	65.1	9.00
	-40	62.4	37	23.4	64.0	7.76
	-70	66.5	41.4	22.0	64.6	1.12
09MnTiCu	+20	47.0	32.0	35.0	75.0	18.5
	-40	—	—	—	—	15.3
	-70	57.5	38.0	31.0	74.5	11.8

（1）碳。碳是重要的脆化元素，因为碳化物大部分是脆性相，属于裂纹源。碳含量对非合金钢吸收能量的影响如图1-28所示。

（2）氮。氮是增加应变时效敏感性的元素，因此最好是把氮固定住。氮含量对铁脆性转变温度的影响如图1-29所示。

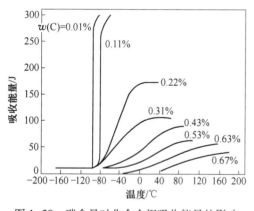

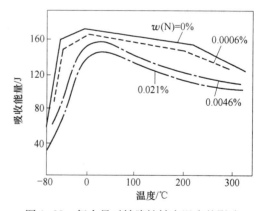

图 1-28   碳含量对非合金钢吸收能量的影响   图 1-29   氮含量对铁脆性转变温度的影响

（3）氧。氧是晶间诱导脆化元素，所以要求尽量降低钢中的氧含量。如图1-30所示，随着氧含量的提高，钢的脆性转变温度显著地提高。

（4）硫。硫以夹杂物形态存在，一般不影响钢的脆性转变温度。但是，硫降低钢的冲击韧度，特别是钢材的横向冲击韧度，因此，要使其变质而成为非延性夹杂。

（5）磷。磷影响位错的交叉滑移，是促进钢低温脆化的元素。同时，磷还容易在晶界偏析，所以，一般应尽量降低钢中的磷含量。

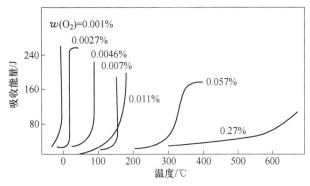

图 1-30　氧含量对钢的脆性转变温度的影响

（6）锡。锡等低熔点夹杂对钢的脆性转变温度也会带来不利影响。

（7）镍。镍是提高钢低温韧性最有效的元素，随着钢中镍含量的增加，钢的低温冲击韧度提高，最低使用温度降低。含镍低温钢早已形成系列并广泛应用。镍含量对低碳钢低温吸收能量的影响如图 1-31 所示。

（8）细化晶粒的元素。细化晶粒的元素都可以提高钢的冲击韧度，包括低温冲击韧度。

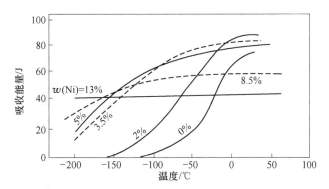

图 1-31　镍含量对低碳钢低温吸收能力的影响

图 1-32 所示为各种合金元素的含量对钢脆性转变温度的影响。从图中可以看出，对脆性转变温度影响最坏的元素有 P、C、Si 等。

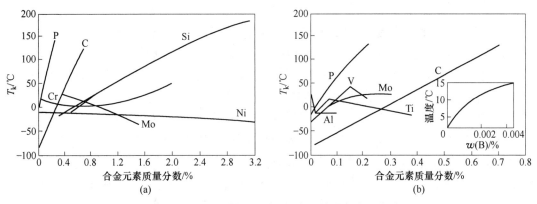

(a)　　　　　　　　　　　　　　　　(b)

图 1-32　合金元素的含量对钢脆性转变温度的影响

1.3.2.5　合金元素对钢高温力学性能的影响

随着温度的升高,晶粒和晶界的强度都会降低。但是,由于晶界缺陷多,原子扩散较晶内快,故晶界强度降低得比晶内快,到了一定温度,晶界的强度便低于晶粒本身的强度。因此,为了改善钢的力学性能,特别是蠕变强度,需要适当地减少晶粒边界,即要求使用粗晶粒钢。奥氏体晶粒大小与钢蠕变速度的关系如图 1-33 所示。同时,若在钢中加入稀土、硼等化学性质活泼的元素,还可以净化晶界,使易熔杂质元素从晶界转移到晶内,强化晶界。

提高钢高温力学性能的另一个有效途径是强化基体,即提高合金基体原子间的结合力,增大原子自扩散激活能。图 1-34 所示为几种合金元素对铁素体蠕变强度的影响,其中,钼的影响最为显著,而钴和镍的影响很小。

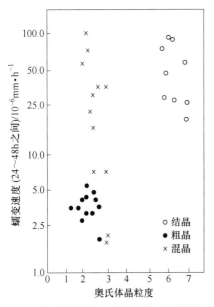
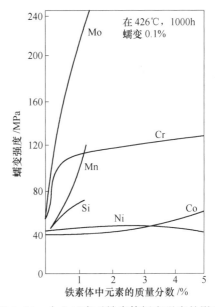

图 1-33　奥氏体晶粒大小与钢蠕变速度的关系　　图 1-34　合金元素对铁素体蠕变强度的影响

在钢中加入能形成具有高温强度和高温稳定性的第二相颗粒的强碳化物形成元素,对位错运动起阻碍作用,可提高合金的高温性能。

1.3.3　合金元素对钢工艺性能的影响

1.3.3.1　合金元素对钢热处理性能的影响

热处理工艺性能反映钢热处理的难易程度和热处理产生缺陷的倾向,主要包括淬透性、淬硬性、变形开裂性、过热敏感性、氧化脱碳倾向和回火脆化倾向等。合金元素对这些工艺性能一般都会产生不同程度的影响。

A　淬透性

钢的淬透性是指在规定条件下,决定钢材淬硬深度和硬度分布的特性,也就是钢在淬火时获得马氏体的能力。淬透性是钢本身固有的一个属性,它对机器制造结构钢具有十分重要的意义。钢淬透性的测定方法通常是端淬试验法,表示淬透性的是端淬曲线,也称为淬透性曲线。在机器零件设计中选择合金结构钢时,广泛应用钢的端淬曲线作为选材依据。由于钢的化学成分有一定范围，所以对于某一牌号的钢，其淬透性曲线也有一个波动范围，称为淬透性带。通常可以用淬透性值、临界淬透直径来比较各钢种的淬透性大小。常用结构钢的淬透性值和临界淬透直径见表1-11，常用工模具钢的淬透性值见表1-12。

表1-11　常用结构钢的淬透性值和临界淬透直径

牌　号	淬透性值 JHRC-d	水淬临界淬透直径/mm		油淬临界淬透直径/mm	
		根据淬透性曲线求得或试验值	按合金元素上、下限计算	根据淬透性曲线求得或试验值	按合金元素上、下限计算
40Mn2	J41-(7~42)	30~60	20~42	20~30	8.5~23
20Cr	—	12~32	11.5~41.0	15~23	4~22
40Cr	J41-(6~11)	25~60	24.0~67.5	15~40	11~42
20CrMo	J35-(3~6)	15~40	18.5~83.0	10~25	8~53
42CrMo	J42-18	50~100	46~145	30~60	26.5~107
20CrV	J35-(4~10)	25~40	19~48	10~25	8~28
30CrMnSi	J37-21	60~80	50~120	40~60	29~85
20CrMnTi	J35-(6~15)	30~55	25.0~50.5	15~40	12~30
37CrNi3	—	—	80.5~153	≤200	51~114
40CrNiMo	—	≥100	53.5~153	60~100	32~114
18Cr2Ni4W	J40-90	—	48~140	75~200	28~102
60Si2Mn	—	—	55~107	≤25	33.5~73.0
50CrV	—	—	45.0~91.5	≤45	25.0~59.5

表1-12　常用工模具钢的淬透性值

牌号	油淬临界淬透直径或淬硬深度/mm	牌号	油淬临界淬透直径或淬硬深度/mm
Cr2	20~25/40~50	Cr12	≤200
GCr15	20~25/30~35	Cr12MoV	200~300
9SiCr	40~50	Cr6WV	≤80
9Mn2V	≤30	5CrNiMo	≈300
CrWMn	≤60	5CrMnMo	—
9CrWMn	40~50	3Cr2W8V	≈100

碳是结构钢中最主要的元素，它决定了钢的淬硬性，即淬火马氏体的硬度。同时，碳也是一个有效增加淬透性的元素。在结构钢中，提高马氏体淬透性作用显著的合金元素从大到小依次排列为B、Mn、Mo、Cr、Si、Ni，合金元素复合加入时对于提高钢的淬透性作用更大。这里需要强调指出的是：一方面合金元素的复合作用效果不是简单的叠加，其原因比较复杂；另一方面，合金元素对淬透性发挥作用，其前提条件是合金元素溶入奥氏体中。若含碳化物形成元素的钢中有未熔碳化物，则不仅会降低奥氏体中碳及合金元素的有效含量，而且未溶碳化物还会作为相变非自发形核的核心，促进过冷奥氏体分解，反而不利于提高钢的淬透性，即起了相反的作用。

对淬透性要求不高的合金结构钢，一般采用单一合金元素进行合金化的方案，如

40Cr、45Mn2；而对要求较高淬透性的钢均采用多种合金元素复合合金化的方法。最有效的方法是将强弱不同的碳化物形成元素和非碳化物形成元素有效地组合起来，如 Cr-Ni-Mo-V 系和 Si-Mn-Mo-V 系钢。

对钢而言，只要淬火形成马氏体，碳素结构钢和合金结构钢均有相近的综合力学性能。它们的最大区别在于，碳素结构钢的主要弱点是淬透性低，不能用于截面较大或形状较复杂的零件，而合金结构钢则广泛应用于机械制造工业。

钢的淬透性是选择结构钢材料和制订热处理工艺的主要依据之一。钢的淬透性好，一方面可以使工件得到均匀而良好的力学性能满足技术要求；另一方面，在淬火时，可选用比较缓和的冷却介质，以减小工件的变形与开裂倾向。

B　淬硬性

淬硬性是指在理想的淬火条件下，以超过临界冷却速度冷却所形成的马氏体组织能够达到的最高硬度。淬硬性主要与钢的碳含量有关，碳含量越高，淬火后硬度也越高。这里合金元素的影响比较小。碳的质量分数达到 0.6% 时，淬火钢的硬度已接近最大值。碳含量继续增加，虽然马氏体硬度会有所提高，但由于残留奥氏体量增多，对碳素钢的整体硬度提高不多，而合金钢的硬度反而会下降，如图 1-35 所示。

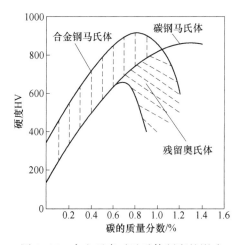

图 1-35　合金元素对马氏体硬度的影响
（单独加入 Mn、Ni、Mo、Cr）

亚共析钢经淬火后能得到的实际硬度，可由公式 $HRC = 30 + 50w(C)$ 估算。淬火钢的实际硬度是由马氏体中的碳含量及淬火组织（马氏体或贝氏体）的数量来决定的。图 1-35 所示为不同马氏体情况下钢的硬度和碳含量之间的关系，可用于钢的淬火硬度和碳含量之间的相互估算。淬硬性和淬透性是两个不同的概念，淬硬性高的不一定淬透性好，而淬硬性低的钢也可能具有高的淬透性。

C　变形开裂倾向

钢件淬火后存在内应力，淬火内应力是指在淬火过程中由于工件不同部位的温度差异及组织转变不同时所引起的内应力。淬火后残留在工件内部的应力大小和分布对工件的质量有很大的影响。当淬火内应力高于材料的屈服强度时，将导致工件的尺寸变化和形状畸变；当淬火内应力超过材料的抗拉强度时，将在工件上出现裂纹，甚至断裂。

一般来说，淬火内应力分为热应力、组织应力和附加应力三种，三者的综合作用控制着工件的变形和开裂倾向。工件的变形开裂倾向受钢的化学成分、工件件尺寸与形状结构、热处理工艺条件等因素的影响。在零件设计、选择材料和制订热处理工艺时应该注意以下规律：

（1）不同化学成分的钢淬火变形倾向不同。由于合金钢的淬透性较碳素钢高，可采用比较缓和的淬火冷却介质，以减小变形。同时，可以通过改变热处理工艺来调节马氏体的比体积和残留奥氏体数量，进而控制工件的淬火变形。

（2）钢的淬透性与淬火变形的关系是，当心部未淬透时，变形趋于长度缩短，内外径尺寸缩小；当全部淬透时，则长度伸长，内外径尺寸胀大。

（3）工件淬火前的机械加工、锻造、焊接等工序也能造成较大的残余应力，如预先不进行消除应力处理，就会增大淬火变形。设计零件结构时，要考虑构件的热处理变形开裂倾向，尽量避免尖角和厚薄断面的突然变化，并尽可能注意结构的对称性。在进行热处理时也应注意零件的结构形状对淬火变形开裂的影响。

（4）在完全淬透的工件表面容易产生裂纹。随着钢的含碳量提高，形成裂纹的倾向增大。低碳钢塑性高，屈强比低，在热应力作用下淬火变形倾向大。随着碳含量的提高，组织应力作用增强，拉应力峰值移向表面层，所以高碳钢在过热情况下容易产生裂纹。

对普通钢而言，一般都存在一个淬裂的危险尺寸。在水中淬火时，钢的临界直径 D_1 正是淬裂的危险尺寸，这一尺寸为 $8 \sim 12$ mm。油淬时的淬裂危险尺寸为 $25 \sim 39$ mm。图 1-36 所示为各种钢在 900℃ 油淬后，淬裂倾向与 D_1 及碳含量的关系。所以，要求心部淬透的零件，应尽可能避免设计危险截面尺寸。

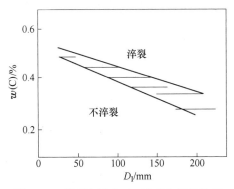

图 1-36　淬裂倾向与 D_1 及碳含量的关系

（5）工件表面有氧化脱碳层时，容易在表面产生淬火龟裂。因此，淬火前应把前道工序造成的脱碳层磨去，在热处理过程中也应尽可能避免工件的氧化脱碳。

（6）采用分级淬火、等温淬火或双液淬火可降低淬火应力，减小工件的变形开裂倾向。采用调质、球化退火等预备热处理也可减小零件的变形。

（7）加热温度和加热速度对零件变形也有影响，所以对尺寸较大或形状较复杂的零件或导热性较差的材料，宜采用预热或阶梯加热的方法。从减小淬火变形的角度考虑，应尽可能选用淬火下限温度。

（8）淬火后应注意及时回火，特别是冷处理后的零件和大截面的零件在淬火后更应立即进行回火。

D　过热敏感性

过热敏感性是指钢在淬火加热时，奥氏体晶粒急剧长大的倾向。不同的钢具有不同的过热敏感性，含锰钢过热敏感性较大，如 35SiMn、40Mn2、50Mn2、65Mn 等。

E　氧化脱碳倾向

在各种热加工工序的加热或保温过程中，由于周围氧化气氛的作用，材料中的金属元素与氧化性气氛发生作用，形成金属氧化物，这种现象称为氧化。在此过程中，钢材表面的碳全部或部分丧失掉，这种现象称为脱碳。金属的氧化过程往往伴随着表层的脱碳。在高温下加热时，在氧化性气氛中脱碳、氧化是同时进行的；在还原性气氛中主要导致脱碳。脱碳会降低钢的硬度、耐磨性和疲劳强度。所以，脱碳对于工具、轴承、弹簧等零件是极其有害的。

非碳化物形成元素硅具有排碳性，含硅钢氧化脱碳倾向较大，如 9SiCr、38CrSi、42SiMn、60Si2Mn、30CrMnSi 等。

F　耐回火性

合金钢比碳钢的耐回火性好，因此，要达到同样的回火硬度，合金钢的回火温度可比碳钢高，回火时间也可以长些。这样，合金钢回火后的内应力比碳钢小，塑韧性也高。若要求塑韧性相同，合金钢的强度要比碳钢高。显然，要求内应力消除比较完全，强度要求又比较高的零件，在设计时应选用耐回火性较好的合金钢。常用钢回火后硬度与回火温度的关系见表 1-13。

表 1-13　常用钢回火后硬度与回火温度的关系

牌　号	淬火工艺		淬火硬度 HRC	回火后硬度（HRC）与对应的回火温度/℃[②]						
	温度/℃	冷却介质[①]		30~35	35~40	40~45	45~50	50~55	55~60	>60
40Cr	840	油	>50	510	470	420	340	200	>160	—
30CrMnSi	890	油	>45	530	500	430	340	180	—	—
50CrV	860	油	>50	560	500	450	380	280	180	—
42CrMo	840	油	>50	580	500	400	300	—	180	—
40CrNiMo	860	油	>50	580	540	480	420	320	—	—
GCr15	840	油	>60	580	530	480	420	380	270	<180
9Mn2V	800	油	>60	—	—	500	400	320	250	<180
9SiCr	850	油	>60	620	580	520	450	380	300	200
CrWMn	850	油	>60	600	540	480	420	350	280	170
Cr12MoV	950~1040	油硝盐	>58	740	670	620	570	530	380	<180
5CrMnMo	840	油	>50	580	520	470	380	250	<200	—
5CrNiMo	850	油	>50	640	550	450	380	280	<200	—
5CrW2Si	860~890	油	>55	570	480	420	360	<300	—	—
3Cr2W8V	1050~1100	水	>55	—	700	630	540	<200	—	—
20Cr13	980~1050	油空冷	>55	560	520	450	<400	—	—	—
30Cr13	980~1050	油空冷	>55	600	570	540	<500	—	—	—

牌　号	淬火工艺		淬火硬度 HRC	回火后硬度（HRC）与对应的回火温度/℃[②]						
	温度/℃	冷却介质[①]		30~35	35~40	40~45	45~50	50~55	55~60	>60
40Cr13	980~1050	油空冷	>55	610	580	550	500	<400	—	—
95Cr18	1040~1070	油	>55	—	—	—	580	530	220	<150

① 冷却介质水是指 5%~10% 的 NaCl 水溶液。

② 回火温度根据硬度要求的中值偏上而定。

G　回火脆性

工业用钢一般都有可能产生回火脆性，但是，由于合金元素的作用，不同的钢其回火脆性的温度范围是不同的。常用钢产生回火脆性的温度范围见表 1-14。因为回火脆性是使钢在服役条件下发生脆性断裂的隐患，所以在设计中应注意以下几个方面：

（1）尽可能避免在形成第一类回火脆性的温度范围内回火，或采用等温淬火、快速回火等方法减弱其脆性倾向。

（2）尽可能避免在形成第二类回火脆性的温度范围内回火。如果不可避免，一方面要减少在回火脆性温度下停留的时间，另一方面在回火后必须快速冷却。

（3）大型工件回火后的快速冷却效果不大，或因工件形状复杂不允许回火后快速冷却时，可以选用含钼的合金钢制造。

（4）选用细晶粒钢或冶金质量好的高纯净钢，或经细化晶粒的预备热处理，可减少偏聚在原奥氏体晶界的杂质，从而降低钢的回火脆性。

表 1-14　常用钢产生回火脆性的温度范围

牌　号	第一类回火脆性温度/℃	第二类回火脆性温度/℃	牌　号	第一类回火脆性温度/℃	第二类回火脆性温度/℃
30Mn2	250~350	500~550	38CrMoAlA	300~450	无脆性
20MnV	300~360	—	4Cr9Si2	—	450~600
25Mn2V	250~350	510~610	50CrVA	200~300	—
35SiMn	—	500~650	4CrW2Si	250~350	—
20Mn2B	250~350	—	5CrW2Si	300~400	—
45Mn2B	—	450~550	6CrW2Si	300~450	—
15MnVB	250~350	—	4SiCrV	—	>600
40MnVB	200~350	500~600	3Cr2W8V	—	550~650
40Cr	300~370	450~650	9SiCr	210~250	—
38CrSi	250~350	450~550	CrWMn	250~300	—
35CrMo	250~400	无明显脆性	9Mn2V	190~230	—
20CrMnMo	250~350	—	GCr15	200~240	—
30CrMnTi	—	400~450	12Cr13	520~560	—
30CrMnSi	250~380	460~650	20Cr13	450~560	600~750
20CrNi3A	250~350	450~550	30Cr13	350~550	600~750
37CrNi3	300~400	480~550	14Cr17Ni2	400~580	—
12Cr2Ni4A	250~350	—	Cr12MoV	325~375	—
40CrNiMo	300~400	一般无脆性	Cr6WV	250~350	—

H   白点敏感性

白点敏感性表示锻、轧钢件产生内裂纹的敏感程度。钢中氢含量高是产生白点的必要条件，而内应力的存在是产生白点的充分条件。白点是由于钢中氢含量过高，在其锻、轧后快冷时形成的微裂纹。这种高压含氢气泡一般聚集在大型锻、轧件的心部，在沿锻、轧方向的断口上呈白色亮点。有白点的零件在工作时容易产生脆性断裂，发生重大事故。所以，大锻件技术要求规定，一经发现白点，锻件必须报废。

一般情况下，在奥氏体、铁素体钢中不会出现白点；碳的质量分数小于 0.3% 的碳钢也不易产生白点；在碳的质量分数大于 0.3% 的 Cr-Ni 系、Cr-Ni-Mo 系、Cr-Ni-W 系合金钢中白点敏感性最大；在含 Ni、Cr、Si、Mn 等元素的钢中也会出现白点。形成白点的温度范围一般在 300℃ 以下至室温。钢的白点敏感性不但与化学成分有关，还与钢的冶炼方法、钢材尺寸等因素相关。钢材尺寸越大，白点形成的可能性就越大。一般钢材直径或厚度小于 40mm 时，白点较少见。防止白点的最根本办法是降低钢中的氢含量，常用的热处理方法有预防白点退火等。

白点敏感性比较高的钢有 40CrNi、5CrNiMo、20Cr2Ni4A、5CrMnMo、14Cr17Ni2、37CrNi3A 等，白点敏感性中等的钢有 40Cr、42SiMn、GCr15SiMn 等。

1.3.3.2 合金元素对钢焊接性能的影响

焊接性能是指钢的可焊接性和焊接区的使用性能，主要由焊后开裂敏感性和焊接区的硬度来评价。

合金元素对钢材焊接性能的影响，可用焊接材料的碳当量（CE）来估算。目前，有多种碳当量的计算公式。高强度低合金钢典型的碳当量计算公式如下：

$$CE = C + \frac{Mn + Si}{6} + \frac{Ni + Cu}{15} + \frac{Cr + Mo + V}{5}$$

式中，元素符号代表该元素的质量分数。

碳当量越低，钢的焊接性能越好。图 1-37 所示为碳含量和碳当量对高强度低合金钢开裂敏感性的影响。一般合金元素都提高钢的淬透性，进而促进脆性组织（马氏体）的形成而使焊接性能变差。但是，钢中含有少量 Ti 和 V 并形成稳定的碳化物时，会使晶粒细化并降低淬透性，从而改善钢的焊接性能。

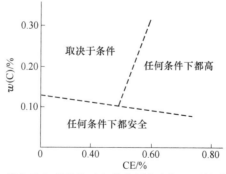

图 1-37   碳含量和碳当量对高强度低合金钢开裂敏感性的影响

1.3.3.3 合金元素对钢切削性能的影响

金属的切削性能是指金属被切削的难易程度和加工表面的质量。切削加工性的衡量指标有刀具寿命、切削速度、表面粗糙度、切削阻力、断屑形状等，不同情况下侧重点不同。对于粗加工，主要考虑切削速度；而精加工主要考虑表面粗糙程度。

对于不同碳含量的碳钢，一般认为，硬度在 170～230HBW 时切削性能最好。过硬、过软都不好。对钢的组织来说，珠光体和铁素体各占 50% 为最佳。不同碳含量的碳钢要得到较好的切削性能，其预处理是不同的：$w(C)<0.1\%$，宜淬火；$w(C)<0.5\%$，常采用正火；$w(C)<0.8\%$，退火是常用工艺；$w(C)>0.8\%$，宜进行球化退火。

非金属夹杂物是决定钢的切削性的主要因素。非金属夹杂物的类型、大小、形状、分布和体积百分数不同，对切削性的影响也不同，例如，MnS 塑性好，有润滑作用，沿压延方向排列成条状或纺锤形，破坏了金属的整体性，就像钢中存在着许多缺口，因此降低了切削阻力，并且容易断屑，提高了切削性。硫是目前广泛使用的易切削钢添加剂，但需要有足够的 Mn 和 S 结合形成 MnS。硒（Se）、碲（Te）化合物也是有利于切削的化合物，所以，Te、Se 元素也是易切削钢的添加剂，它们可以形成 MnTe、MnSe。铅在钢中的溶解度极小，常以自由态存在于钢中，也像许多缺口一样，降低钢的切削阻力，易断屑，有润滑作用。但是，铅有毒，偏析大。

1.3.3.4 合金元素对钢铸造性能的影响

铸造性能主要由铸造时金属的流动性、收缩特点、偏析倾向等来综合评定，它们与钢的固相线和液相线温度的高低及结晶温度区间的大小有关。固、液相线的温度越低，结晶温度区间越窄，铸造性能越好；结晶温度区间越大，越容易形成分散缩孔和偏析，铸造性能越差。因此，合金元素的作用主要取决于其对铁碳相图的影响。另外，一些元素如铬、钼、钒、钛、铝等，在钢中形成高熔点碳化物或氧化物质点，增大了钢液的黏度，降低了其流动性，使铸造性能恶化。

铸铁的流动性比钢好，易于铸造。特别是靠近共晶成分的铸铁，其结晶温度低，流动性好，更具有良好的铸造性能。

1.3.3.5 合金元素对钢塑性加工性能的影响

钢的塑性加工分为热加工和冷加工两种。热加工（锻造、轧制、拉拔等）工艺性能通常由热加工时钢的塑性和变形抗力、可加工温度范围、抗氧化能力、对锻造加热和锻后冷却的要求等来评价。

合金元素溶入固溶体中，或在钢中形成碳化物，都能使钢的热变形抗力提高，塑性明显降低，容易发生断裂现象。但是，有些元素（如 V、Nb、Ti 等）的碳化物在钢中呈弥散状分布时，对钢的塑性影响不大，但可减小过热敏感性。另外，合金元素一般都降低钢的导热性、提高钢的淬透性，因此，为了防止开裂，合金钢锻造时的加热和冷却都必须缓慢。

对可锻性而言，低碳钢比高碳钢好。由于钢加热至单相奥氏体状态时，塑性好、强度低，便于塑性加工，所以，一般锻造都是在奥氏体状态下进行。锻造时必须根据铁碳相图确定合适的温度，始轧和始锻温度不能过高，以免产生过烧；始轧和始锻温度也不能过低，以免产生裂纹。

冷加工（冷轧、冲压、冷镦、冷弯等）工艺性能主要包括钢的冷态变形能力和钢件的表面质量两方面。合金元素溶解在固溶体中一般都能提高钢的冷加工硬化率，使钢承受塑性变形后很快地变硬变脆，这对钢的冷加工是很不利的。C、Si、P、S、Ni、Cr、V、Cu

等元素使钢材的冷态压延性能恶化，但是，RE、V、Nb、Ti 等净化晶界和改善碳化物形态的元素可提高钢的冲压能力。

1.4 微量元素及钢的微合金化

1.4.1 钢中的微量元素及其作用

1.4.1.1 微量元素的种类

所谓微量元素，是指以微量带入或加入钢中的化学元素，这些元素虽然含量很低，但往往会对合金性能产生明显的影响。钢中存在的微量元素可以分为以下几类：

（1）常用微合金化元素：B、N、Ti、V、Zr、Nb、RE。

（2）偶用微合金化元素：Ta、Hf。

（3）为净化、变质和控制夹杂物形态而加入的微量元素：B、Ca、Ti、Zr、RE。

（4）改善切削性的元素：S（P）、Se、Te、Sn、Pb、Bi、Ca、Ti。

（5）痕迹有害元素：P、As、Sb、Sn、Pb、Bi。

1.4.1.2 微量元素的有益作用

微量元素在钢中的有益作用，可以归纳为净化作用、变质作用、控制夹杂物形态以及微合金化作用。

（1）净化作用。B 和 RE 元素对 O、N 有很强的亲和力，并能形成密度小、易上浮的难熔化合物。所以，这些元素具有脱氧、退氮、降氢的作用，能减少非金属夹杂物，改善夹杂物的类型及其分布。此外，B、Zr、Ce、Mg 和 RE 元素加入钢中，与低熔点的 As、Sb、Sn、Pb、Bi 等杂质元素作用，能形成高熔点的金属间化合物，从而可消除由这些杂质元素所引起的钢的脆性，改善钢的冶金质量，提高钢的热塑性和高温强度。

（2）变质作用。B 和 RE 元素在钢冶炼时，能改变钢的凝固过程和铸态组织。它们与钢液反应形成微细质点，而成为凝固过程中的非自发形核中心，降低了形核功，增大了形核率。B 和 RE 元素在钢中都是表面活性元素，容易吸附在固态晶核表面，阻碍晶体生长所需的原子供应，从而降低了晶体长大率。所以，在钢冶炼时加入这些元素，可细化铸态组织，减少枝晶偏析和区域偏析，改善钢化学成分的均匀性。另外，RE 元素可增大钢的流动性，提高钢锭的致密度，减少热裂等，其结果将有效地改善铸锭冶金质量以及变形后的钢材质量。

（3）改变夹杂物性质或形态。夹杂物的形态和分布对钢的性能有很大影响，夹杂物最理想的形态是球状，最不好的是共晶杆状。以夹杂物 MnS 为例，MnS 有球状、枝晶间共晶形态和不规则角状等三种形态，要得到球状 MnS，可控制氧的质量分数在 0.02% 以上，能保证得到双相夹杂物 MnS-MnO。由于 MnO 比较硬，能防止 MnS 被拉长。若钢中不加锰，则硫有可能形成 FeS 等其他化合物。FeS 分布在晶界，熔点又比较低，是非常有害的夹杂物，使钢产生热脆性。硫和锰的结合力比硫和铁的结合力强，所以钢中有锰时能优先形成 MnS。因此，钢中常加入多的锰，以消除杂质元素硫的影响。对于完全脱氧钢，用铝脱氧，MnS 为角状，但加入微量锆后形成（Mn, Zr）S，可改善 MnS 的塑性。

（4）微合金化作用。当 B、N、V、Ti、Zr、Nb 和 RE 等合金元素以强化合金为主要目的而又微量加入到钢中时，这些合金元素就称为微合金化元素，其作用将在后面叙述。

1.4.1.3 微量及痕迹元素的有害作用

一些微量元素在钢中存在的质量分数总量在 0.1% 左右，如 P、S、As、Sn、Pb 等有害元素的存在并不是有意加入的，而是在炼钢时由原料带入的，常规分析还比较难以测定。这些元素主要表现是偏析和吸附在晶体缺陷及晶界处，从而影响了钢的性能，如塑韧性、热塑性、蠕变强度、焊接性和耐蚀性等。例如，S、P 会导致钢的热脆和冷脆；As、Sb、P 元素容易在晶界偏聚，导致合金钢的第二类回火脆性以及高温蠕变时的晶界脆断等。

1.4.2 钢的微合金化

1.4.2.1 微合金化原理

微合金化元素在钢中的分布形式不同，对钢的性能影响也不同，其可能的几种分布形式如下：（1）微量合金元素均匀地分布在基体固溶体中；（2）微量合金元素原子与固溶体中其他原子之间发生交互作用，与一个或更多的主加合金元素形成独立相，这些相可以均匀地分布在晶粒中，也可以优先在位错、晶界或相界面上形核；（3）微量合金元素偏聚于空位、位错或晶界、相界和表面等缺陷处。

元素均匀地分布在基体中是一种最有效的形式。如果溶质原子很小，它会形成间隙固溶体，并强烈地与位错发生作用；如果溶质原子较大，则它将形成置换固溶体，引起大的畸变，从而也强烈地与位错和空位发生作用。间隙溶质和置换溶质均影响相变，既影响新相的形核率，也影响新相向母相成长的速率。

微量合金元素偏聚于晶界是由于有关的溶质原子降低了晶界能，在一些情况下，这将导致力学性能的恶化；但在另一些情况下，会产生强化作用。在较复杂的情况下，两个元素的结合可以加强或者可能降低所观察的效应。例如，在 Ni-Cr 钢中加钼，可以降低由于磷在晶界偏聚引起的回火脆性。晶界偏聚的另一效应是微量元素的原子通过预先占有合适的形核位置，抑制新相的形核。例如，若钢中含有少量（10^{-6} 级）的硼，可以推迟铁素体在奥氏体晶界上的形核，进而提高钢的淬透性。

微合金化最有效的正效应之一是细小分散的新相在晶内和晶界上的形成。这种沉淀可以通过在位错列阵上形核，产生钉扎，从而推迟回复与再结晶过程。类似的钉扎在晶界上发生，会限制晶粒成长，进一步推迟再结晶。在许多情况下，这些分散物不仅在室温而且在高温蠕变条件下，均可显著地提高合金的强度。

最后，相变时的沉淀可以在相界面上发生。这样，质点的钉扎常常对相变发生的速率产生间接影响。在相界面上细小沉淀物的重复形核，引起最终组织中的细小分散度，常常导致强化。

微合金化技术在现代钢铁材料中已获得广泛应用，例如，将少量（$w(Me)<0.1\%$）强碳化物形成元素，如 Nb、Ti、V 等，加入低碳 Si-Mn 钢中，通过控制轧制与冷却速度，研制出了适应不同用途的多种微合金化高强度低碳工程结构钢，广泛用于各类构件上，有着极大的经济效益，受到各国的普遍重视。此外，微合金化结合控轧与控冷技术在合金结构钢、工具钢等钢种中也已获得应用。

1.4.2.2　微合金化的一般规律

微合金化钢是近几十年来迅速发展起来的工程结构用钢，通常包括微合金高强度钢、微合金双相钢和微合金非调质钢。微合金化钢中的合金元素可分为两类：

一类是影响钢相变的（宏）合金化元素，如 Mn、Mo、Cr、Ni 等；另一类是形成碳（氮）化物的微合金化元素，如 V、Ti、Nb 等。

Mn、Mo、Cr、Ni 等合金元素在微合金化钢中起到降低相变温度、细化组织等的作用，并且对相变过程或相变后析出的碳（氮）化物也起到了细化作用。例如，钼和铌的共同加入，可使相变中出现针状铁素体组织；为改善钢的耐大气腐蚀性而加入铜，并可部分起到析出强化的作用；加入镍可改变基体组织的亚结构，从而提高钢的韧性；在非调质钢中，降低碳含量，增加锰或铬含量，也有利于钢韧性的提高；当锰的质量分数从 0.85% 增至 1.15%~1.3% 时，则在同一强度水平下使非调质钢的吸收能量提高 30J，即可达到经调质处理的碳钢的吸收能量水平，如图 1-38 所示。

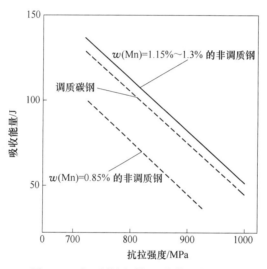

图 1-38　锰对非调质钢吸收能量的影响

V、Ti、Nb 等元素在钢中形成碳化物或氮化物，是微合金化常用的主要元素。V、Ti、Nb 等元素的加入量大致为 0.01%~0.20%（质量分数），其含量可根据钢的性能和工艺具体要求而定，这些元素都是强碳（氮）化物形成元素，所以在高温下优先形成稳定的碳（氮）化物，见表 1-15。每种元素的作用都和析出温度有关，而析出温度又受到各种化合物平衡条件下的形成温度以及相变温度、轧制温度的制约。

表 1-15　微合金化钢中各种碳（氮）化物及其形成温度

化合物	碳化物			氮化物			
	VC	NbC	TiC	VN	NbN	AlN	TiN
开始形成温度/℃	719	1137	1140	1088	1272	1104	1527

在微合金高强度钢中，VN 在缓慢冷却条件下从奥氏体中析出，VC 在相变过程中或相变后形成的，两者形成温度是不同的。这样，钒能起到阻止晶粒长大、细化组织的作用，

而且也对沉淀强化做出了有效的贡献。钛的化合物主要是在高温下形成，在钢相变过程中或相变后的析出量是非常少的。所以，钛的主要作用局限于细化奥氏体晶粒。铌的碳化物也在奥氏体中形成，阻止了高温形变奥氏体再结晶。在随后的相变过程中，将析出铌的碳（氮）化物，产生沉淀强化。

微合金双相钢中的合金元素及热处理工艺都能明显地影响双相钢的组织形态，特别是V、Ti、Nb 等微合金元素对铁素体形态、精细结构和沉淀相的形态产生显著的影响。在含钒的微合金双相钢中，钒能消除铁素体间隙固溶，细化晶粒，从而形成了高延性的铁素体，提高了双相钢的时效稳定性。所以，一般微合金双相钢要得到良好的性能，钒是必须加入的微合金元素。钛和钒的作用相似，但在双相钢中一般不单独用钛微合金化。铌的作用也和钒相似，只是钒的碳化物更为稳定。

非调质钢具有良好的强度和韧性的配合，这种效果主要是通过 V、Ti、Nb 等元素所形成的碳（氮）化物沉淀析出，并通过细化晶粒、细化珠光体组织及其数量的控制等方面得到的。V、Ti、Nb 等元素的作用程度及其含量变化对非调质钢屈服强度有显著的影响，如图 1-39 所示。

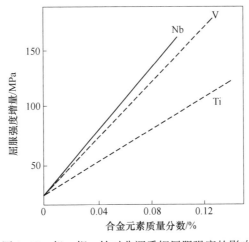

图 1-39　钒、铌、钛对非调质钢屈服强度的影响

在非调质钢的常规锻造加热温度下，钒基本上都溶解于奥氏体中，一般情况下在1100℃都能完全溶解。然后在冷却过程中不断地析出，大部分钒的碳化物是以相间沉淀的形式在铁素体中析出的。钒的强化效果要比钛、铌大。以热锻空冷态的 45V 非调质钢和热轧态的 45 钢相比较，钒的质量分数每增加 0.1%，会使钢的屈服强度升高约 190MPa。当然，这是沉淀强化、细晶强化等的综合效果。钛在非调质钢中的完全固溶温度为 1255～1280℃，钛能很好地阻止形变奥氏体再结晶，可细化组织。钛和钒复合加入可显著地改善钢的韧性。铌的完全固溶温度为 1325～1360℃，所以需热锻的非调质钢通常不宜单独用铌微合金化。当铌和钒复合加入时，则既可提高钢强度，又能改善韧性。

一般情况下，合金元素对非调质钢强度和韧性的影响为：C、N、V、Nb、P 等元素提高强度，降低韧性；Ti 元素降低强度，提高韧性；Mn、Cr、Cu+Ni、Mo 等元素提高强度，同时又改善韧性；Al 元素无明显影响，但形成 AlN 可细化晶粒，改善韧性。

氮在非调质钢中起强化作用，当钢中氮的质量分数从 0.005% 增加到 0.03% 时，钢的屈服强度升高 100~150MPa。氮一般与钒、铝等其他元素复合加入，能获得明显的强化效果。在 0.1%V-N 钢中，当氮的质量分数为 0.005%~0.03% 时，钒的完全溶解温度为970~1130℃，说明在常规的锻造加热温度下，氮和钒能完全固溶于奥氏体中，并在随后的冷却过程中沉淀析出，具有明显的弥散强化效果。因为 NbN、TiN 的溶解温度都高于常规的锻造加热温度，所以氮和铌或钛复合加入时，其强化效果不太明显。

1.4.2.3　钢的微合金化技术的发展

钢的微合金化技术在最近二十多年来有了很大进展，一方面是将少量（$w(Me)<0.1\%$）强碳化物形成元素，如 Nb、Ti、V 等，加入低碳 Si-Mn 钢中，通过控制轧制与控制冷却，研制出了适应不同用途的多种微合金化高强度低碳结构钢，广泛用于各类构件上。这是一个量大面广的钢系，有着极大的经济效益，受到各国的普遍重视。但是，"微合金化"并不能仅仅理解为局限于上述钢系上，事实上，合金结构钢、工具钢和耐热钢及耐热合金中也都存在微合金化问题。例如，在合金结构钢中加 B 或 RE，在高速钢中加 Hf、Zr、Nb、Ti、Al、N、B 和 RE，以及在耐热钢和耐热合金中加 Nb、Zr、B 等，均可改善高温强度。此外，发展各种易切削钢也都需要研究微量元素的作用。因此，以后各章中均要讨论这方面的进展。

值得一提的是，我国材料学家丁培道先生对高速钢资源的高效再生利用及其微合金化技术，特别是对硅在高速钢中作用的金属学进行了较为系统详尽的研究。已成功地研制出我国第一个含硅低合金高速钢 W3Mo2Cr4VSi，开创了我国微合金化低合金高速钢研究与应用的新领域。

习　题

1-1　为什么说钢中的硫、磷杂质元素在一般情况下总是有害的？控制硫化物形态的方法有哪些？

1-2　对工程应用来说，普通碳素钢的主要局限性有哪些？在什么情况下要用合金钢？

1-3　试解释 40Cr13 钢已属于过共析钢；而 Cr12 钢中已经出现共晶组织，属于莱氏体钢。

1-4　钢的强化机制有哪些？为什么一般的强化工艺都采用淬火回火？

1-5　试述钢在退火态、淬火态及淬火回火态下，不同合金元素的分布状况。

1-6　通常，发展高淬透性钢多采用"多元少量"的合金化原则，试说明超高强度钢 25Si2Mn2CrNiMoV 的合金化思路。

1-7　合金元素对珠光体转变、贝氏体转变、马氏体转变影响的基本规律是什么？

1-8　能明显提高耐回火性的合金元素有哪些？提高钢的耐回火性有何作用？

1-9　合金元素对第一、二类回火脆性的影响规律及其实际意义是什么？

1-10　就合金元素对铁素体力学性能、碳化物形成倾向、奥氏体晶粒长大倾向、淬透性、耐回火性和回火脆性等几个方面总结下列元素的作用：Si、Mn、Cr、Mo、W、V、Ni。

1-11　微量元素在钢中的作用主要表现在哪些方面？研究这些作用具有哪些理论与实际意义？

1-12　什么是奥氏体形成元素？什么是铁素体形成元素？

1-13　根据合金元素与碳相互作用的强弱，可将其分为哪几类？

1-14　钢中比较重要的金属间化合物有哪些类型，它们各有什么特点？

1-15　合金元素对 Fe-Fe₃C 相图中 S、E 点有什么影响？这种影响意味着什么？

1-16　合金元素是怎样影响奥氏体晶粒大小的？

1-17 有哪些合金元素强烈阻止奥氏体晶粒的长大？阻止奥氏体晶粒长大有什么作用？

1-18 钢中加入的合金元素对马氏体转变的 M_s 点和 M_f 点有怎样的影响？哪些元素的作用显著一些，为什么？

1-19 分析合金元素对淬火钢室温组织中残留奥氏体数量的影响。

1-20 什么是二次淬火？什么是二次硬化？

1-21 合金元素是怎样影响淬火钢的回火稳定性的？

1-22 含哪些合金元素的结构钢对高温回火脆性比较敏感？有哪些措施可以抑制高温回火脆性？

1-23 合金元素对钢淬透性的影响规律是什么？

1-24 合金元素对钢回火转变的影响规律是什么？

2 工程构件用钢

　　工程构件用钢是指专门用来制造工程结构件的一类钢种，广泛应用于石油、化工、冶金、矿山、建筑、车辆、造船、军工等领域，如用于制造船体、石油井架、矿井架、桥梁、建筑用钢结构件、高压容器、输送管道等。一般来说，构件的工作特点是不做相对运动，长期承受静载荷作用，有一定的使用温度要求。例如，锅炉使用温度可到 250℃ 以上，而有的构件在北方寒冷的天气条件下工作长期承受低温作用，桥梁或船舶则长期与大气或海水接触，承受大气和海水的侵蚀。在钢总产量中，工程结构钢占 90% 左右。

　　工程结构钢包括碳素结构钢（也称非合金钢）和低合金高强度结构钢。碳素钢，是指碳的质量分数低于 0.25% 的普通碳素钢。根据国家标准 GB/T 700—2006，碳素结构钢分为 Q195、Q215、Q235、Q275 四个等级。低合金高强度钢，是指在碳的质量分数低于 0.25% 的普通碳素钢的基础上，添加一种或多种少量合金元素，使钢的强度明显高于碳素钢的一类工程构件用钢。目前，对低合金高强度结构钢下一个严格的且被一致认可的定义尚有困难。美国把这种钢称为高强度低合金钢（high strength low alloy steel，HSLA steel）。

2.1　工程构件用钢的基本要求

　　一般用途的普通低合金高强度钢，大多用于制作工程结构件。根据工程结构件的服役条件，工程结构钢以工艺性能为主、力学性能为辅，主要性能要求如下。

2.1.1　足够的强度与韧度

　　在工程结构件中采用低合金高强度钢的主要目的是为了能承受较大的载荷和减轻整个金属结构件。例如目前我国大量使用的钢筋的屈服强度为 335MPa，若把它的屈服强度提高到 400MPa，则可节省钢筋用量 14%。因此首先要求钢材有尽可能高的屈服强度。

　　由于工程结构件一般在 −50~100℃ 范围内使用，因此还要求工程结构钢具有较高的低温韧度。第二次世界大战期间，美国建造了 4000 多艘运输船，投入使用后，近 20% 的船发生了断裂事故，事后调查和分析发现是钢材低温韧度不足造成的。低温韧度的指标常采用韧-脆转化温度 $FATT_{50}$（℃）来衡量。例如，我国对于军用船舰的最低工作温度定位 −30℃。对管线用元钢，韧-脆转化温度要求越来越低，已经从 20 世纪 60 年代 0℃ 以下要求有良好的韧度，发展到 80 年代 −45℃ 以下要求有良好的韧度，并有进一步下降的趋势。

　　其他力学性能方面，例如桥梁、船舶等，它们会受到像风力或海浪冲击等引起的交变载荷，因此，某些工程结构钢还要求有较高的疲劳强度。

2.1.2　良好的焊接性和成型工艺性

　　焊接是构成金属结构的常用方法。金属结构要求焊缝与母材有牢固的结合，强度不低于母材，焊缝的热影响区有较高的韧度，没有焊接裂纹，即要求有良好的焊接性。另外，工程结构件成型时，常需要剧烈的变形，如剪切、冲孔、热弯、深冲等，因此还要求有良好的冷热加工性和成型性等工艺性能。

2.1.3 良好的耐腐蚀性

耐腐蚀性主要是指在各类大气条件下的抗腐蚀能力。金属结构使用普通低合金高强度结构钢后，由于减少了金属结构中材料的厚度，所以必须相应地提高钢的耐腐蚀性，以防止由于大气腐蚀而引起的构件截面的减少而使金属结构件过早失效。

另外，根据使用情况还可以提出其他特殊要求。同时这类钢用量大，必须考虑到生产成本不能比碳素钢高出太多。总之，低合金高强度结构钢既要有高的强度、良好的塑韧性等综合力学性能，良好的焊接性和成型性等工艺性能，同时又要有低的成本。

2.2 工程构件用钢的合金化

目前工业上广泛使用的工程结构钢大多是在热轧态或正火态供应的。这类钢的主要合金化成分为 C、Si、Mn、Nb、V、Ti、Al 等元素，是具有铁素体-珠光体显微组织的低碳低合金钢。合金元素通过固溶强化、析出弥散强化、细化晶粒强化和增加珠光体含量这四种强化机制提高这类钢的强度。

2.2.1 合金元素对钢力学性能的影响

固溶强化可以提高钢的强度，但是会损害韧度。图 2-1 是各种合金元素对铁素体-珠光体低合金高强度钢固溶强化效果的影响。从图可见，碳既能产生强的固溶强化效果，又能提高珠光体的含量，因此它有很好的强化效果，同时具有低的成本。在工程结构钢发展的初期，通过提高含碳量来提高钢的强度受到青睐，当时的含碳量高达 0.3%（质量分数），屈服强度可达 300~500MPa。随着碳含量的提高，由于增加了珠光体含量，使得钢的韧-脆转折温度显著提高，图 2-2 表示了韧-脆温度与碳含量的关系。从图可见，0.1%C 钢材韧-脆转折温度一般在-50℃左右，而 0.3%C 的钢材韧-脆转折温度则达到 50℃左右。碳含量增加优势钢的焊接、成型困难，特别是对于焊接工艺为主要加工方法的钢结构，容易引起结构件发生严重的变形和开裂。因此从强化和塑韧性及工艺性考虑，一般均应限制在 0.2%C 以下。

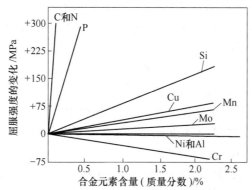

图 2-1 合金元素对低合金高强度钢的固溶强化

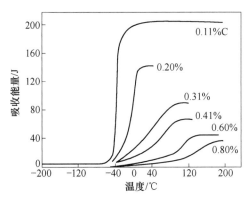

图 2-2　钢的韧-脆转折温度与碳含量（质量分数）的关系

锰、硅是低合金高强度钢中最常用且较经济的元素。图 2-3 示出了铁素体-珠光体低合金高强度钢的各种强化机制，成分对屈服强度和韧-脆转折温度的影响（向量值表明屈服强度 R_{eL} 每增加 15MPa 时，韧-脆转折温度的变化量（℃））。图中表明，加入 Mn 有固溶强化作用，但是由于 Mn 能降低 A_3 温度，使奥氏体在更低的温度下转变为铁素体而有轻微细化铁素体晶体的作用，所以 R_{eL} 值每提高 15MPa，使转折温度提高 8℃。

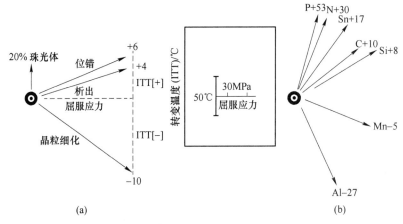

(a)　　　　　　　　　　　　　　　　(b)

图 2-3　铁素体-珠光体钢的各种强化机制和成分对屈服强度和韧-脆转折温度的影响
（a）强化机制的影响；（b）成分的影响

所以，低合金高强度钢的基本成分应考虑低碳、稍高的锰含量，并适当用硅强化。

细化晶粒是提高钢强度和韧度的一个重要方法。从图 2-3 可见，采用细化晶粒的方法，R_{eL} 每提高 15MPa，可使韧-脆转折温度下降 10℃。从粗晶粒到很细的晶粒时，钢强度可从 154MPa 提高到 386MPa，而韧-脆转折温度则从 0℃ 以上下降到 -150℃ 左右。细化晶粒是既能使钢强化又能改善韧度的唯一方法。

细化晶粒的途径有多种，其中重要的是用铝脱氧和合金化。用铝脱氧既能细化晶粒，又可生成细小的 AlN 质点，铝脱氧钢的 R_{eL} 每提高 15MPa，可使转折温度下降 27℃。因此低合金高强度结构钢中常用铝进行脱氧。

由于 Nb、V、Ti 的微合金化可生成弥散的碳化物、氮化物和碳氮化物，它们能钉扎晶界，加热时能阻止奥氏体晶粒的长大，冷却转化后可得到细小的铁素体和珠光体，所以在低合金高强度钢中，常利用 Nb、V、Ti 合金化来细化晶粒。图 2-4 表示了 Nb、V、Ti 和 Al 对钢加热时奥氏体晶粒长大倾向的影响。曲线上阴影斜线区为各种钢的奥氏体晶粒粗化温度范围，低于磁温度范围，这些弥散相对晶界有足够的钉扎力阻止奥氏体晶粒长大。Ti 的氮化物是在钢水凝固阶段形成的，实际上很少溶于奥氏体，因此能在钢的热加工加热过程和焊接时的焊缝中控制晶粒尺寸；Nb 的氮化物和碳化物在奥氏体内部分未溶解，可起抑制作用，已溶解的可在高温过程中部分析出，也可起抑制晶粒长大的作用；V 的氮化物和碳化物在奥氏体内几乎完全溶解，对控制奥氏体晶粒的作用很小。因此 Nb、V、Ti 和 Al 的作用顺序为 Ti 最大，Nb 次之，Al 又次之，而 V 较弱。

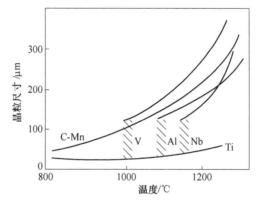

图 2-4　微合金元素加热时奥氏体晶粒长大倾向的影响

　　另外，钢中加入降低 A_3 温度的合金元素，可使奥氏体在更低的温度下发生转变，从而细化铁素体晶粒和珠光体组织。例如，钢中加入质量分数为 1.0%~1.5% 的 Mn 可使 A_3 降低约 50℃，Ni 与 Mn 一样，也可使转折温度降低，从而细化钢的组织，提高钢的强度和韧度。

　　除了通过铝脱氧和 Nb、V、Ti 微合金化细化晶粒外，如配合采用热机械轧制（ther-momechanical rolling），也称热机械控制工艺 TMCP 生产这类钢，使最终变形在某一温度内进行，从而可以获得仅仅依靠热处理不能获得的特定性能，可进一步细化铁素体的晶粒度和减少珠光体的片层间距，大大提高钢的塑性和机械强度。关于这方面的内容将在后面介绍。

　　Nb、V、Ti 微合金化除了可生成弥散的碳化物、氮化物和碳氮化物细化晶粒外，又由于这些细小的化合物在相间弥散分布，从而可产生析出强化。氮化物最稳定，一般在奥氏体中沉淀，对奥氏体高温变形、再结晶和晶粒长大起一致作用。碳化物和碳氮化物稳定性稍差，一般在奥氏体转化过程中产生相间沉淀和从过饱和铁素体中析出，产生析出强化。析出强化的强度增量取决于析出物数量和粒子尺寸，也取决于共格质点和铁原子之间晶格常数的差别。微合金钢中主要的沉淀析出强化相是 VC、NbC 和 TiC，其粒子直径在 2~10nm 范围，具有较大的沉淀强化效应。在 ≤0.14%C 的范围内，析出强化产生的屈服强度增量顺序为 Nb>Ti>V。和 V 相比，要达到相同的弥散强化效果，用 1/2 的 Nb 就可以了。钢中每加入 0.01%Nb 和 Ti，使屈服强度增高 30~50MPa；每增加 0.1%V，可使屈服强度增高 150~200MPa。

　　当钢中含有一定量碳和氮时，钢中微量钛以 TiN 出现。钢中微量铌既可以在高温变形时析出 NbN 和铌的晶界偏聚细化奥氏体晶粒，又可以在随后发生相间沉淀和从过饱和铁素体 Nb(C,N) 产生沉淀强化。钒主要是在相变时发生相间沉淀和从过饱和铁素体中析出 VC，产生沉淀强化。

因此，Nb、V、Ti 元素既可产生细化晶粒强化，又可产生析出强化。

2.2.2 合金元素对钢焊接性能的影响

在工程领域中，焊接是构成金属结构件的常用工艺方法，因此要求工程结构用钢具有优良的焊接性。所谓优良的焊接性，是指焊接工艺简单、焊缝与母材结合牢固、强度不低于母材、焊缝的热影响区保持足够的强度与韧性、没有裂纹及各种缺陷。焊缝处的硬度分布如图 2-5 所示。热影响区 HAZ（heat affected zone）由于被加热至 A_3 温度线以上，在焊接后急冷时容易形成马氏体组织，故钢材的含碳量越高，HAZ 区的硬化与脆化越显著，在焊接应力的作用下容易产生裂纹。为了防止这种情况的发生，钢的含碳量应尽可能地低。

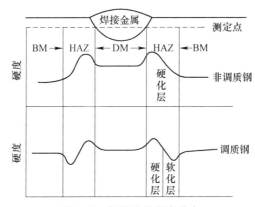

图 2-5　焊缝处的硬度分布

另外，增加钢材淬透性的合金元素的种类及数量也应适当地控制，如 Cr、Ni、Mn、Mo 等。低合金高强度钢中常用的微量元素，如 Nb、V、Ti，它们对焊接性的影响是不同的。一般认为，含铌的钢其热影响区韧性都比较差；用钒微合金化的钢多用于正火钢板和型钢，在这类钢中，即使钒的质量分数提高到 0.10%，也不会导致热影响区脆化；而用钛微合金化的钢，即使在大热输入焊接的热影响区，也能够达到极好的热影响区韧性。计算和评定钢材的焊接性通常用焊接碳当量 CE 和焊接裂纹敏感性指数 p_{cm} 来评价，即

$$CE = C + \frac{Mn + Si}{6} + \frac{Ni + Gu}{15} + \frac{Gr + Mo + V}{5}$$

$$p_{cm} = C + \frac{Si}{30} + \frac{Mn}{20} + \frac{Cu}{20} + \frac{Ni}{60} + \frac{Cr}{20} + \frac{Mo}{15} + \frac{V}{10} + 5B$$

式中，元素符号代表该元素的质量分数。该公式适用的化学成分范围为 $w(C) < 0.6\%$、$w(Mn) < 1.6\%$、$w(Cr) < 1.0\%$、$w(Ni) < 3.3\%$、$w(Mo) < 0.6\%$、$w(Cu) = 0.5\% \sim 1\%$、$w(P) = 0.05\% \sim 0.15\%$。

2.2.3 合金元素对钢耐大气腐蚀性能的影响

工程结构件大多在大气或海洋环境中服役，在潮湿的自然环境下常常产生电化学腐

蚀。严重的腐蚀会导致构件工作截面减小，使构件提前破坏，所以要求工程结构件具有耐大气腐蚀能力。

钢的合金化是提高钢耐蚀性的主要手段之一，钢中加入少量 Cu、P、Cr、Ni、Mo、Al 等元素时，可以提高低合金高强度钢的耐大气腐蚀性，其中 Cu、P 是最有效的合金元素。低合金钢中铜的质量分数从 0.025% 开始即可提高耐大气腐蚀性，至 0.25% 为止，加入更多的铜并不能继续提高钢的耐蚀性。当钢中铜含量达到一定量时，铜会沉淀在钢的表面，它具有正电位，成了钢表面的附加阴极，促使钢在很小的阳极电流下达到钝化状态。铜除了提高耐蚀性以外，也能产生沉淀强化作用。铜在 α-Fe 中的最大溶解度为 1.4%，而室温溶解度仅为 0.2% 左右，因此，钢中铜的质量分数大于 0.5% 时，热轧后在很缓慢冷却的条件下，将析出富铜相；而在空气中冷却，即使截面较大也将得到过饱和的固溶体，在以后回火时（450~550℃）将析出富铜相，从而产生沉淀强化作用。

磷也有提高钢耐大气腐蚀的能力，另外还有固溶强化的作用。在要求耐大气或海洋腐蚀的钢中，磷的质量分数一般为 0.05%~0.15%。提高含磷量，冷脆和时效倾向增加，为了减少这种倾向，可使用铝脱氧以得到细晶粒钢。

少量的铬、镍可以提高钢的耐大气腐蚀性，微量的稀土金属也有较好的效果。钢中同时加入几种提高耐蚀性的少量和微量元素，则提高钢耐蚀性的效果更佳。例如，钢中同时有铜和铬，或铬、镍和铜等，尤其是钢中同时含有磷和铜时效果最佳。Cr、Ni、Cu 等元素同时加入钢中，可能是由于能使钢的表面钝化，因而减缓了电化学腐蚀倾向。

综上所述，低合金高强度钢中碳的质量分数应控制在 0.2% 以下。从固溶强化的观点来看，硅、锰的强化是十分有效的，在低碳情况下，锰能细化晶粒，降低韧-脆转变温度。从细化晶粒来看，Ti、Nb、V、Al 等元素是十分有效的，铌、钒还可以产生沉淀强化作用。铜既能提高耐大气腐蚀性，又能产生沉淀强化。磷与其他元素配合，可以发挥其固溶强化和提高钢耐大气腐蚀的作用。因此，对铁素体+珠光体型低合金高强度钢的合金化方向应该以 Si-Mn 为基础，适当添加 Ti、Nb、V、Al、Cu、P 等元素。如果要得到更高的耐蚀性，则可加少量的铬和镍。要求正火态获得贝氏体组织时，则必须同时考虑加入钼和硼。

2.3 铁素体-珠光体钢

这类钢服役时的显微组织是铁素体-珠光体，故习惯上称为铁素体-珠光体（F-P）钢。它是工程结构钢中最主要的一类钢，其组织由片层状珠光体和多边形铁素体组成，珠光体占 10%~25%，铁素体占 75%~90%。这类钢包括碳素工程结构钢、（普通）低合金高强度钢和微合金化低合金高强度钢。

2.3.1 碳素工程结构钢

2.3.1.1 碳素工程结构钢的分类、成分及性能特点

碳素工程结构钢中大部分用作结构件，少量用作机器零件。由于碳素钢易于冶炼，价格低廉，性能也基本满足一般构件的要求，所以工程上用量很大。碳素工程结构钢通常轧制成板材、型材等，一般不需要进行热处理，在供应状态下直接使用。国家标准（GB/T 700—2006）规定，碳素工程结构钢按屈服强度分为四级，即 Q195、Q215、Q235 和

Q275，其中 Q 表示屈服强度，其后的数字表示屈服强度值，单位为 MPa。碳素工程结构钢按钢中杂质硫、磷含量的高低划分等级，其化学成分见表 2-1。

表 2-1　碳素工程结构钢的化学成分

牌号	统一数字代号	质量等级	脱氧方法	化学成分/%，不大于				
				$w(C)$	$w(Mo)$	$w(Si)$	$w(S)$	$w(P)$
Q195	U11952	—	F、Z	0.12	0.50	0.30	0.040	0.035
Q215	U12152	A	F、Z	0.15	1.20	0.35	0.050	0.045
	U12155	B					0.045	
Q235	U12352	A	F、Z	0.22	1.40	0.35	0.050	0.045
	U12355	B	F、Z	0.20			0.045	0.045
	U12358	C	Z	0.17			0.040	0.040
	U12359	D	TZ	0.17			0.035	0.035
Q275	U12752	A	F、Z	0.24	1.50	0.35	0.050	0.045
	U12755	B	Z	0.21			0.045	0.045
	U12758	C	Z	0.22			0.040	0.040
	U12759	D	TZ	0.20			0.035	0.035

注：TZ 为特殊镇静钢。

从表 2-1 中可以看出，这类钢的特点是：（1）碳含量低；（2）除 Q195 不分等级外，其余三类均按硫、磷含量高低分成若干质量等级，A、B 相当于普通碳素钢，C、D 相当于优质碳素钢；（3）规定了各种钢的脱氧方法。

碳素结构钢的力学性能主要取决于钢的含碳量，含碳量提高，珠光体数量增加，材料强度提高，塑性降低。碳的质量分数在 0.12%~0.24% 范围内增加时，屈服强度从 195MPa 上升到 275MPa，伸长率从 33% 下降到 22%。碳素工程结构钢的力学性能见表 2-2。

表 2-2　碳素工程结构钢的力学性能

牌号	拉 伸 实 验											
	屈服强度 R_{eH}/MPa，不小于						抗拉强度 R_m/MPa	伸长率 A/%				
	钢板厚度（直径）/mm							钢板厚度（直径）/mm				
	≤16	>16~40	>40~60	>60~100	>100~150	>150~200		≤40	>40~60	>60~100	>100~150	>150~200
Q195	195	185	—	—	—	—	315~430	33	—	—	—	—
Q215	215	205	195	185	175	165	335~450	31	30	29	27	26
Q235	235	225	215	215	195	185	375~500	26	25	24	22	21
Q275	275	265	255	245	225	215	410~540	22	21	20	18	17

2.3.1.2　合金元素对钢组织、性能的影响

碳素工程结构钢中的基本元素是 Fe、C、Mn、Si、S、P。

（1）碳为碳素工程结构钢中的重要元素，基本上决定了钢的性能。当钢的组织相同时，其强度随着含碳量的增加而提高，而塑性和韧性则降低。碳含量的增加导致焊接性能

显著降低，同时还会增加钢的冷脆性和时效敏感性，降低钢的耐大气腐蚀能力。

（2）锰是炼钢时用于脱氧和脱硫而残存在钢中的元素。大部分锰溶于铁素体中，形成置换固溶体而使铁素体强化；一部分锰可溶入 Fe_3C 中，形成合金渗碳体；锰还能增加珠光体的相对量，并使珠光体变细，使钢的强度提高；锰还可提高钢的淬透性。锰与硫有很强的结合力，生成 MnS，减轻硫的有害作用。

（3）硅的脱氧能力比锰还要强，炼钢过程中 Si-Fe 是常用的脱氧剂。硅可以溶入铁素体中，提高钢的强度、硬度及弹性，降低塑性和韧性。碳素工程结构钢中硅的质量分数通常小于 0.35%。

（4）硫在钢中是有害元素，它与铁形成共晶 FeS，分布于奥氏体晶界上，高温（1000～1200℃）热加工时 FeS 发生熔化，使钢变脆（热脆），因此需要严格控制硫含量。普通碳素结构钢规定硫的质量分数不大于 0.05%。

（5）磷也是一种有害元素，是炼钢过程中带入的杂质。磷在钢中的扩散速度很慢，会在铁素体晶界上形成磷化铁薄膜，使钢的脆性剧增（冷脆），所以一般需要严格控制磷的含量。普通碳素结构钢规定磷的质量分数不大于 0.045%。

除了上述合金元素外，还有其他一些元素，如 N、H、O 等，它们通常是在钢的冶炼过程中由周围气氛、炉料等带入的。这些元素一般来说对钢的性能是不利的，特别是氢、氧含量过量时会产生"氢脆""夹杂"等，对钢的性能具有较大的危害。

2.3.1.3 常用碳素工程结构钢

（1）Q195。此类钢中碳、锰含量低，强度不高，而塑性、韧性高，具有良好的焊接性能及其他工艺性能，广泛用于轻工机械、运输车辆、建筑等一般结构件，如自行车、农机配件、五金制品、输水及煤气用管、拉杆、支架及机械用一般结构零件。

（2）Q215。此类钢中碳、锰含量低，塑性好，具有良好的韧性、焊接性及其他工艺性能，用于厂房、桥梁等大型结构件，建筑析架、铁塔、井架及车船制造结构件，轻工、农业机械零件，以及五金工具、金属制品等。

（3）Q235。此类钢中碳含量适中，是最通用的工程构件用钢之一，具有一定的强度和塑性，焊接性良好，适用于受力不大而韧性要求很高的工程构件，用于建造厂房、高压输电铁塔、桥梁、车辆等。

（4）Q255。此类钢具有较好的强度、塑性和韧性，较好的焊接性和冷热压力加工性能，主要用于强度要求不高的零件，如铆接、栓接工程结构，螺栓、键、拉杆、轴、摇杆等。

（5）Q275。此类钢中碳、硅、锰含量较高，具有较高的强度及硬度、较好的塑性及耐磨性，而韧性较低，具有一定的焊接性能和较好的机加工性能，可用于替代 30、35 优质碳素结构钢，制造承受中等应力的机械结构，如齿轮、销轴、链轮、螺栓、垫圈、农机型材、机架等。

2.3.2 低合金高强度结构钢

低合金高强度钢是在碳素工程结构钢的基础上，加入少量合金元素（主要是 Mn、Si 和微合金元素 Nb、V、Ti、Al 等）而形成的。它利用合金元素产生的固溶强化、细晶强化和沉淀强化来提高钢的强度，同时利用细晶强化使钢的韧-脆转化温度的降低，来抵消由于碳氮化物析出强化使钢的韧-脆转化温度的升高。铁素体-珠光体类钢是工程结构钢中最主要的一类。这类钢的纤维组织是铁素体-珠光体（F-P），其组织特点是由片层状的珠光体和多边形的铁素体组成，珠光体体积约占10%~25%，铁素体占75%~90%。

在低合金高强度钢中，根据其力量要求，Q345、Q390、Q420可分为A、B、C、D、E五个等级，Q460、Q500、Q550、Q620、Q690可分为C、D、E等级。A、B级为不同质量级；C为优质级；D级和E级为特殊质量级，有低温冲击韧度要求。对于专业用低合金钢，一般在钢后加后缀，往往还有专门的钢号。例如，锅炉和压力容器专用钢种16MnR，在新标准中为Q345R，还有18MnMoNbR等牌号；用于桥梁的专用钢种为16Mnq，在新标准中为Q345q。低合金高强度钢的化学成分、力学性能和应用分别见表2-3、表2-4。Q345、Q390具有较好的综合力学性能、焊接性和冷、热加工性，C、D、E级具有良好的低温韧度，用量较大，常用于船舶、锅炉、容器、桥梁等承受较高载荷的焊接件。随着材料技术的发展，工程结构钢标准也在不断地修订，新旧标准的变化可查阅有关手册等资料。例如，Q345包括了最早的16Mn、14MnNb、10MnSiCu等旧牌号，Q390包括15MnV、15MnTi、10MnTi、10MnPNbRE等旧牌号；和GB/T 1591—1994相比，Q500~Q690则是新增加的牌号。

低合金高强度结构钢大多可直接使用，常用于铁路、桥梁、船舶、汽车、压力容器、焊接结构件和机械构件等，图2-6所示为低合金高强度结构钢在南京长江大桥和国家体育场"鸟巢"建筑中的典型应用。

(a)

(b)

图2-6　低合金高强度结构钢的典型应用

（a）南京长江大桥使用Q345（16Mn）钢建造；（b）国家体育场"鸟巢"使用Q460E钢建造

表 2-3　低合金高强度结构钢的牌号与化学成分 （GB/T 1591—2008）

注：w(P)、w(S)、w(Nb)、w(V)、w(Ti)、w(Cr)、w(Ni)、w(Cu)、w(N)、w(Mo)、w(B) 为"不大于"；w(Al) 为"不小于"。

单位：（%）

牌号	质量等级	w(C)	w(Mn)	w(Si)	w(P)	w(S)	w(Nb)	w(V)	w(Ti)	w(Cr)	w(Ni)	w(Cu)	w(N)	w(Mo)	w(B)	w(Al)
Q345	A	≤0.20	≤1.70	≤0.50	0.035	0.035	—	0.15	0.20	0.30	0.50	0.30	0.012	0.10	—	—
	B	≤0.20	≤1.70	≤0.50	0.035	0.035	—	0.15	0.20	0.30	0.50	0.30	0.012	0.10	—	—
	C	≤0.20	≤1.70	≤0.50	0.030	0.030	0.07	0.15	0.20	0.30	0.50	0.30	0.012	0.10	—	0.015
	D	≤0.18	≤1.70	≤0.50	0.030	0.025	0.07	0.15	0.20	0.30	0.50	0.30	0.012	0.10	—	0.015
	E	≤0.18	≤1.70	≤0.50	0.025	0.020	0.07	0.15	0.20	0.30	0.50	0.30	0.012	0.10	—	0.015
Q390	A	≤0.20	≤1.70	≤0.50	0.035	0.035	—	0.20	0.20	0.30	0.50	0.30	0.015	0.10	—	—
	B	≤0.20	≤1.70	≤0.50	0.035	0.035	—	0.20	0.20	0.30	0.50	0.30	0.015	0.10	—	—
	C	≤0.20	≤1.70	≤0.50	0.030	0.030	0.07	0.20	0.20	0.30	0.50	0.30	0.015	0.10	—	0.015
	D	≤0.20	≤1.70	≤0.50	0.030	0.025	0.07	0.20	0.20	0.30	0.50	0.30	0.015	0.10	—	0.015
	E	≤0.20	≤1.70	≤0.50	0.025	0.020	0.07	0.20	0.20	0.30	0.50	0.30	0.015	0.10	—	0.015
Q420	A	≤0.20	≤1.70	≤0.50	0.035	0.035	—	0.20	0.20	0.30	0.80	0.30	0.015	0.20	—	—
	B	≤0.20	≤1.70	≤0.50	0.035	0.035	—	0.20	0.20	0.30	0.80	0.30	0.015	0.20	—	—
	C	≤0.20	≤1.70	≤0.50	0.030	0.030	0.07	0.20	0.20	0.30	0.80	0.30	0.015	0.20	—	0.015
	D	≤0.20	≤1.70	≤0.50	0.030	0.025	0.07	0.20	0.20	0.30	0.80	0.30	0.015	0.20	—	0.015
	E	≤0.20	≤1.70	≤0.50	0.025	0.020	0.07	0.20	0.20	0.30	0.80	0.30	0.015	0.20	—	0.015
Q460	C	≤0.20	≤1.80	≤0.60	0.030	0.030	0.11	0.20	0.20	0.30	0.80	0.55	0.015	0.20	0.004	0.015
	D	≤0.20	≤1.80	≤0.60	0.030	0.025	0.11	0.20	0.20	0.30	0.80	0.55	0.015	0.20	0.004	0.015
	E	≤0.20	≤1.80	≤0.60	0.025	0.020	0.11	0.20	0.20	0.30	0.80	0.55	0.015	0.20	0.004	0.015
Q500	C	≤0.18	≤1.80	≤0.60	0.030	0.030	0.11	0.12	0.20	0.60	0.80	0.55	0.015	0.20	0.004	0.015
	D	≤0.18	≤1.80	≤0.60	0.030	0.025	0.11	0.12	0.20	0.60	0.80	0.55	0.015	0.20	0.004	0.015
	E	≤0.18	≤1.80	≤0.60	0.025	0.020	0.11	0.12	0.20	0.60	0.80	0.55	0.015	0.20	0.004	0.015
Q550	C	≤0.18	≤2.00	≤0.60	0.030	0.030	0.11	0.12	0.20	0.80	0.80	0.80	0.015	0.30	0.004	0.015
	D	≤0.18	≤2.00	≤0.60	0.030	0.025	0.11	0.12	0.20	0.80	0.80	0.80	0.015	0.30	0.004	0.015
	E	≤0.18	≤2.00	≤0.60	0.025	0.020	0.11	0.12	0.20	0.80	0.80	0.80	0.015	0.30	0.004	0.015

续表 2-3

牌号	质量等级	w(C)	w(Mn)	w(Si)	w(P)	w(S)	w(Nb)	w(V)	w(Ti)	w(Cr)	w(Ni)	w(Cu)	w(N)	w(Mo)	w(B)	w(Al) 不小于
							不大于									
Q620	C	≤0.18	≤0.20	≤0.60	0.030	0.030	0.11	0.12	0.20	1.00	0.80	0.80	0.015	0.30	0.004	0.015
	D				0.030	0.025										
	E				0.025	0.020										
Q690	C	≤0.18	≤0.20	≤0.60	0.030	0.030	0.11	0.12	0.20	1.00	0.80	0.80	0.015	0.30	0.004	0.015
	D				0.030	0.025										
	E				0.025	0.020										

注：1. 型材及棒材磷、硫的质量分数可提高 0.005%，其中 A 级钢上限可为 0.045%。

2. 当细化晶粒元素组合加入时，w(Nb+V+Ti)≤0.22%，w(Mo+Cr)≤0.30%。

表 2-4　低合金高强度结构钢的力学性能（GB/T 1591—2008）

钢号	质量等级	R_{eL}/MPa 公称厚度（直径，边长）				R_m/MPa 公称厚度（直径，边长）			A/% 公称厚度（直径，边长）			冲击吸收能量 KV_2/J	
		≤16mm	>16~40mm	>40~63mm	>63~80mm	≤40mm	>40~63mm	>63~80mm	≤40mm	>40~63mm	>63~100mm	温度/℃	公称厚度（直径，边长）12~150mm
Q345	A	≥345	≥335	≥325	≥315	470~630	470~630	470~630	≥20	≥19	≥19	—	—
	B											20	≥34
	C								≥21	≥20	≥20	0	
	D											-20	
	E											-40	
Q390	A	≥390	≥370	≥350	≥330	490~650	490~650	490~650	≥20	≥19	≥19	—	—
	B											20	≥34
	C											0	
	D											-20	
	E											-40	

续表 2-4

钢号	质量等级	R_{eL}/MPa 公称厚度（直径，边长）				R_m/MPa 公称厚度（直径，边长）			A/% 公称厚度（直径，边长）			冲击吸收能量 kV_2/J	
		≤16mm	>16~40mm	>40~63mm	>63~80mm	≤40mm	>40~63mm	>63~80mm	≤40mm	>40~63mm	>63~100mm	温度/℃	公称厚度（直径，边长）12~150mm
Q420	A	≥420	≥400	≥380	≥360	520~680	520~680	520~680	≥19	≥18	≥18	—	—
	B											20	≥34
	C											0	
	D											-20	
	E											-40	
Q460	C	≥460	≥440	≥420	≥400	550~720	550~720	550~720	≥17	≥16	≥16	0	≥34
	D											-20	
	E											-40	
Q500	C	≥500	≥480	≥470	≥450	610~770	600~760	590~750	≥17	≥17	≥17	0	≥55
	D											-20	≥47
	E											-40	≥31
Q550	C	≥550	≥530	≥520	≥500	670~830	620~810	600~790	≥16	≥16	≥16	0	≥55
	D											-20	≥47
	E											-40	≥31
Q620	C	≥620	≥600	≥590	≥570	710~880	690~880	670~860	≥15	≥15	≥15	0	≥55
	D											-20	≥47
	E											-40	≥31
Q690	C	≥690	≥670	≥660	≥640	770~940	750~920	730~900	≥14	≥14	≥14	0	≥55
	D											-20	≥47
	E											-40	≥31

注：1. 当屈服不明显时，可测量 $R_{p0.2}$ 代替下屈服强度。
2. 宽度小于600mm的扁平材、型材及棒材取纵向试样，断后伸长率最小值相应提高1%（绝对值）。
3. 冲击试验取纵向试样。
4. 公称厚度大的力学性能数据没有列入。

2.4 低碳贝氏体钢、针状铁素体钢及低碳马氏体钢

具有铁素体-珠光体组织的普通低合金高强度钢和微合金化钢的屈服强度极限约为460MPa。若要求更高强度和韧性的配合，就需要考虑选择其他类型组织的低合金钢，如采用进一步的相变强化而发展起来的低碳贝氏体钢、针状铁素体钢及低碳马氏体钢。这类钢主要是适当降低钢的含碳量以改善韧性，由此造成的强度损失可通过合金化和随后的控制轧制和控制冷却的相变强化得到补偿；若再配合加入微合金化元素如铌以细化晶粒，则可进一步提高韧性。

2.4.1 低碳贝氏体钢

低碳贝氏体钢是指的质量分数为 0.10%~0.15%，在使用状态组织为贝氏体的低合金高强度结构钢的总称。低碳贝氏体钢通常采用轧制空冷或控制冷却，直接获得贝氏体组织。由于贝氏体的相变强化，低碳贝氏体钢与相同碳含量的铁素体-珠光体型钢相比，具有更高的强度和良好的韧性，屈服强度可达 450~980MPa。

钢中的主要合金元素是保证在较宽的冷却速度范围内获得以贝氏体为主的组织。这类合金元素是能显著推迟先共析铁素体和珠光体转变，而对贝氏体转变推迟较少的钼和硼。钼和硼对过冷奥氏体恒温转变曲线的影响，如图 2-7 所示。$w(\mathrm{Mo})>0.3\%$ 能显著推迟珠光体的转变，而微量的硼（$w(\mathrm{B})=0.002\%$）在奥氏体晶界上有偏析作用，可有效推迟铁素体的转变，且对贝氏体转变的影响较小。因此，钼和硼是贝氏体钢中必不可少的主加元素。另外，在低碳贝氏体钢中，下贝氏体组织比上贝氏体组织具有更高的强度和较低的韧-脆转变温度（图2-8）。低碳贝氏体钢除了含有 Mn、B 元素外，还含有 Mn、Cr、Ni 等元素。这样，可以使先共析铁素体和珠光体转变进一步推迟，并能使 B_s 转变点降低，以保证获得下贝体组织。为了进一步强化低碳贝氏体钢，微合金化元素铌、钛、钒的细化晶粒和析出强化的作用也是必不可少的。在考虑保证贝氏体钢强度的同时，同样必须保证良好的韧性、焊接性和成型性等工艺性能。因此，钢中碳的质量分数一般控制在 0.10%~0.15%范围内。

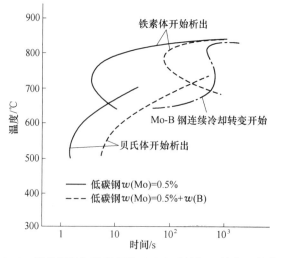

图 2-7 低碳钼钢和钼硼钢的过冷奥氏体恒温转变开始曲线

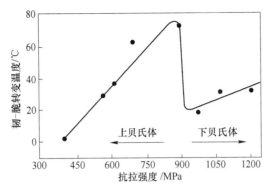

图 2-8 低碳贝氏体钢上贝氏体与下贝氏体的抗拉强度与韧-脆转变温度的关系

低碳贝氏体钢的化学成分一般为 $w(C) = 0.10\% \sim 0.15\%$，$w(Mo) = 0.3\% \sim 0.6\%$，$w(Mn) = 0.6\% \sim 1.6\%$，$w(B) = 0.001\% \sim 0.005\%$，$w(V) = 0.04\% \sim 0.10\%$，$w(Nb\ 或\ Ti) = 0.01\% \sim 0.06\%$，并经常含有质量分数为 $0.4\% \sim 0.7\%$ 的 Cr。14MnMoV 和 14MnMoVBRE 是我国发展的低碳贝氏体钢，其屈服强度为 490MPa 级，主要用于制造容器的板材和其他钢结构。

2.4.2 针状铁素体钢

虽然微珠光体钢在强度、焊接性、低温冲击韧度等方面比铁素体-珠光体钢有了很大的改善，但对于一些强度、焊接性、低温冲击韧度等要求更高的场合，就必须采用针状铁素体型低合金高强度结构钢。

20 世纪 70 年代初，为了适应高寒地带大口径石油天然气输送管线工程对材料高强度、低温韧性、焊接性等综合性能不断增长的要求，在 Mn-Nb 系 HSLA 钢的基础上，降碳（$w(C) \leqslant 0.06\%$）提锰（$w(Mn) > 1.6\%$）加钼（$w(Mo) = 0.15\% \sim 0.54\%$），发展了 X-70 级低 C-Mn-Mo-Nb 系针状铁素体钢。这种针状铁素体钢控轧状态的屈服强度可达 470 ~ 530MPa，夏比 V 形缺口冲击平台能可达 165J，韧-脆转变温度（DBTT）可低于 -60℃；针状铁素体的组织由细小的多边形铁素体、高密度位错亚结构的针状铁素体、少量的贝氏体和岛状马氏体及奥氏体组成；主要强化作用是晶粒细化、位错强化及碳化物析出强化，固溶强化作用较小。

针状铁素体的合金化设计原则是低碳和控制轧制。两种针状铁素体钢的典型成分见表 2-5。

表 2-5 典型针状铁素体钢的化学成分（质量分数） （%）

种 类	C	Si	Mn	P	S	Mo	Nb	Cu	Ni	V	Al	N	Ce	Cr
Mo-Nb	0.06	0.31	4.8	0.004	0.01	0.31	0.1	0.2	0.16	—	0.004	0.01	0.024	0.09
Mo-Nb-V	0.08	0.27	1.9	0.004	0.003	0.24	0.05	0.24	0.2	0.06	0.036	0.007	—	—

针状铁素体钢实际上也应属于超低碳贝氏体钢，它是在低合金钢的基础上，在钢中碳的质量分数低于 0.06% 时，添加适量的 Mn、Mo、Nb 等其他元素，形成一种具有高密度位错（$10^{10}/cm^2$）亚结构的"针状铁素体"组织的钢。有时，该钢还具有极少量的其他组

织。为了进一步提高钢的焊接性和低温冲击韧度而采用低碳或超低碳（$w(C) \leqslant 0.06\%$）；为了推迟先共析铁素体和珠光体的转变，使贝氏体型铁素体（简称为贝氏铁素体）的形成温度低于450℃以获得贝氏体组织，常加入铝和锰进行合金化；铌形成 $Nb(C,N)$ 可细化晶粒和起析出强化作用。因此，针状铁素体钢的主要强化机制可归纳为：极细的贝氏铁素体晶粒或板条、高的位错密度、细小弥散分布的碳氮化物、固溶在贝氏铁素体中的碳等间隙原子的强化和固溶在铁素体中合金元素的置换式固溶强化。

严格地说，针状铁素体钢主要是指碳的质量分数小于0.06%的低合金高强度结构钢。针状铁素体钢的典型成分为 0.06%C-1.9%Mn-0.3%Mo-0.06%Nb，其屈服强度高于470MPa，伸长率大于20%，室温吸收能量大于80J，并具有较好的低温韧性。超低碳贝氏体钢则主要是指碳的质量分数小于0.03%的钢，其典型成分为 0.02%C-1.72%Mn-0.18%Mo-0.04%Nb-0.01%Ti-0.001%B。由于碳含量更低，它不仅具有更好的低温冲击韧度，而且有更好的焊接性，已成功地应用于现场焊接条件及苛刻的寒冷地带的管线用钢。

这类钢通过合理的成分设计并采用先进的控制扎制和控制冷却技术，可以保证得到极细的晶粒和针状铁素体片，更高位错密度的细小亚结构和更弥散的 $Nb(C,N)$ 沉淀析出，使针状铁素体钢的屈服强度可达700~800MPa，并具有高的韧性。因此，这类超低碳贝氏体钢被称为21世纪的控轧钢。

2.4.3 低碳马氏体钢

工程机械上相对运动的部件和低温下使用的部件，要求具有更高的强度和良好的韧性。为了满足这一要求，通常对钢进行淬火和自回火处理以发掘材料的最大潜力。这类钢中碳的质量分数通常都低于0.16%，属于低碳低合金高强度结构钢。淬火回火处理后钢的组织为低碳回火马氏体，因此，这类钢通称为低碳马氏体钢。

为了使钢得到比较好的淬透性，防止发生先共析铁素体和珠光体转变，加入铝、铌、钒、硼及控制合理含量的锰和铬与之配合，铌还作为细化晶粒的微合金化元素起作用。常见的有 BHS 系列钢种，其中 BHS-I 钢的成分为 0.10%C-1.80%Mn-0.45%Mo-0.05%Nb，其生产工艺为锻轧后空冷或直接淬火后自回火。锻轧后空冷得到贝氏体、马氏体、铁素体混合组织，其性能为：强度828MPa，抗拉强度1049MPa，室温吸收能量96J，疲劳断裂周期较长，可用来制造汽车的轮臂托架。若直接淬火成低碳马氏体，屈服强度为935MPa，抗拉强度达到1197MPa，室温吸收能量为32J，可制造汽车的下操纵杆。这种具有极高强度、优异低温韧性和疲劳性能的材料可保证部件的安全可靠性。BHS 钢还用来生产车轴、转向联动节和拉杆等，也可用于冷墩、冷拔及制作高强度紧固件。Mn-Si-V-Nb 系低碳合金钢是另一种低碳回火马氏体钢，其屈服强度可达 860~1116MPa，室温吸收能量为46~75J。

低碳回火马氏体钢具有高的强度、韧性和疲劳强度，达到了合金调质钢经调质热处理后的性能水平。

2.5 双相钢

在低合金高强度结构钢中有一类要求具有足够的冲压成型性，称为低合金冲压钢。传统的低合金高强度结构钢难以满足这方面的要求，因此发展了双相低合金高强度结构钢。

所谓双相钢，是指显微组织主要是由铁素体和 5%～20%（体积分数）的马氏体所组成的低合金高强度结构钢，即在软相铁素体基体上分布着一定量的硬质相马氏体。图 2-9 所示为 F-M 双相钢的典型组织，图中黑色组织为马氏体。实际上，生产中钢的组织内还包含少量的贝氏体和脱溶的碳化物。

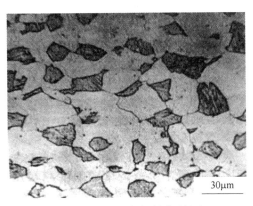

30μm

图 2-9 F-M 双相钢的典型组织

双相钢中马氏体的体积分数增加，则抗拉强度提高，而屈服强度开始降低，随后在马氏体约为 10% 体积分数时提高。双相钢的屈服强度取决于铁素体与马氏体之间的硬度比，通常当马氏体的含碳量增加时，屈服强度提高。马氏体的最高体积分数为 20% 时，可获得强度—韧性最佳匹配的双相钢。

这种铁素体+马氏体组织组成的钢，由于基体为铁素体，可以保证钢具备良好的塑性、韧性和冲压成型性，一定的马氏体可以保证钢的高强度。因此，双相低合金高强度钢具有以下特点：（1）低的屈服强度，且是连续屈服，无屈服平台和上、下屈服；（2）均匀的伸长率，且总的伸长率较大，冷加工性能好；（3）塑性变形比 γ 值很高；（4）加工硬化率 n 值大。

双相钢按生产工艺分为退火双相钢和热轧双相钢。图 2-10 所示为双相钢的不同生产工艺。

热处理双相钢工艺称为亚临界温度退火，故热处理双相钢又叫做退火双相钢。其具体工艺是将热轧的板材或冷轧的薄板在两相区（$\gamma+\alpha$）加热退火，在铁素体的基体上形成一定数量的奥氏体，然后空冷或快冷，得到铁素体+马氏体组织。这类钢的化学成分可以在很大范围内变动，从普通低碳钢到低合金钢均可。当钢长时间在（$\gamma+\alpha$）两相区退火时，合金元素将在奥氏体与铁素体之间重新分配，C、Mn 等奥氏体形成元素富集于奥氏体中，这样提高了过冷奥氏体的稳定性，抑制了珠光体转变，在空冷条件下即能转变成马氏体。这里要控制退火温度，以控制奥氏体量和奥氏体中的合金元素的含量及其稳定性。若采用 $w(Mn)>1.0\%$ 和 $w(Si)=0.5\%～0.6\%$ 的低碳低合金钢，在生产工艺上更容易得到双相钢。

热轧双相钢工艺是指在加热状态下，通过控制冷却得到铁素体+马氏体的双相组织。这就要求钢在热轧后从奥氏体状态时冷却，首先形成 70%～80%（体积分数）的多边形铁素体，未转变的奥氏体因富集碳和其他合金元素而具有足够的稳定性，使它不发生珠光体和贝氏体转变，冷却时直接转变为马氏体，这就要求从合金元素含量和风冷速度上来控

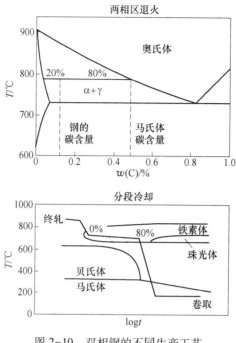

图 2-10　双相钢的不同生产工艺

制。这类钢比一般的低合金高强度钢含有较高的 Si、Cr、Mo 等合金元素，典型的化学成分为 $w(C) = 0.04\% \sim 0.10\%$，$w(Mn) = 0.8\% \sim 1.8\%$，$w(Si) = 0.9\% \sim 1.5\%$，$w(Mo) = 0.3\% \sim 0.4\%$，$w(Cr) = 0.4\% \sim 0.6\%$，以及微合金元素 V 等。生产工艺为 1150～1250℃ 加热，870～925℃ 终轧，空冷到 455～635℃ 卷取。极低碳和合金元素硅是为了提高钢的临界点 A_3，促使形成较多含量的多边形先共析铁素体。锰、钼、铬等提高钢淬透性的元素是为了防止卷取时剩余奥氏体转变为珠光体和贝氏体，最终冷却得到马氏体。

　　由于双相钢具有良好的特性，目前已得到广泛的应用。根据双相钢的用途不同，除了冲压型双相钢外还有非冲压型双相钢。冲压型双相钢主要是板材，典型的用途是汽车大梁和滚型车轮，还用于汽车的前后保险杠、发动机悬置梁等；非冲压型双相钢有棒材、线材、钢筋、薄壁无缝钢管等产品，钢材经热轧后控制冷却，得到铁素体加马氏体双相钢组织，然后经冷拔、冷激等工艺制成成品，由于冷却条件良好，可以使用较少的合金元素，降低成本。例如，用于高速线材轧制生产散卷控制冷却得到的双相钢丝，钢种为 09Mn2Si、07Mn2SiV；热轧双相冷墩钢棒材钢种为 08SiMn2；薄壁双相无缝钢管用钢为 07MnSi 等。

习 题

2-1　简述工程构件用钢一般的服役条件、加工特点和性能要求。

2-2　工程构件用钢的成分特点如何？通常按用途如何进行分类？

2-3　什么是微合金化钢？微合金化的主要作用是什么？微合金元素有哪些？

2-4　简述低合金高强度结构钢的微合金化与控制轧制技术原理与应用。

2-5　什么是双相钢？其成分、组织和性能特点是什么？为什么能在汽车工业上得到大量应用？

2-6　在低合金高强度工程结构钢中大多采用微合金化元素（包括 Nb、V、Ti 等），试概述它们的主要作用。

2-7　作为工程结构钢的碳素结构钢（或低碳软钢）有哪些优点和缺点？

2-8　微合金元素钛、铌、钒在工程结构钢中的主要作用是什么？

2-9　超细晶钢的生产工艺和组织转变有哪些特点？

2-10　合金元素对贝氏体的转变有哪些影响？

3 机器零件用钢

3.1 概　　述

机器零件用钢是国民经济各部门中，特别是机械制造业中广泛使用并用量较大的钢种。机器零件用钢主要用于制造各种机器零部件，如轴类、齿轮、弹簧、传动件和轴承等，广泛应用在汽车、摩托车、拖拉机、动车、机床、工程机械、飞机、轮船等装置上。根据其生产工艺和用途不同，机器零件用钢可分为渗碳钢、调质钢、弹簧钢、轴承钢、低碳马氏体钢和易切削钢等。

机器零件用钢可以是碳素结构钢和合金结构钢，碳素结构钢的冶炼及加工工艺均比较简单，成本低，所以这类钢的生产量在全部结构钢中占有很大比重。但在形状复杂、截面较大、要求淬透性较好以及力学性能较高的情况下，就必须采用合金结构钢。

合金结构钢的特点是在碳素结构钢的基础上适当地加入一种或数种合金元素，常加入的合金元素有 Cr、Mn、Si、Ni、Mo、W、V、Ti、Nb 等。采用合金结构钢来制造各类机器零件，除了因为它们有较高的强度或较好的韧性外，另一重要的原因还在于合金元素的加入增加了钢的淬透性，有可能使工件在整个截面上得到均匀一致的良好综合力学性能，即具有高强度的同时又具有足够的韧性，从而保证零件的长期安全使用。由于结构钢是机械制造、交通运输、石油化工及工程建筑等方面应用最广、用量最大的金属材料，因此合理选用结构钢对于节约钢材具有重要的意义。

机器零件在工作时承受拉伸、压缩、剪切、扭转、冲击、振动、摩擦等力的作用，或几种应力同时作用，因此，在零件的截面上产生拉、压、弯、切等复杂的应力状态。

机器零件要求结构紧凑、运转较快，以及零件间要有公差配合等，因此零件用钢在性能上的要求与构件用钢不同。一般零件用钢以良好的力学性能为主，同时还要考虑钢材的工艺性能和经济性，具体要求如下。

3.1.1　力学性能要求

（1）机器零件在常温或温度波动不大的条件下，承受反复同向或反向交变载荷作用，因而，要求机器零件用钢应有较高的疲劳强度或耐久强度。

（2）机器零件有时承受短时超负载作用，因而要求机器零件用钢具有高的屈服强度、抗拉强度以及较高的断裂抗力，以防止零件在使用过程中产生大量塑性变形或断裂而造成事故。

（3）机器零件工作时往往由于相互间有相对滑动或滚动而产生磨损，引起零件尺寸变化和接触疲劳破坏，因而要求机器零件用钢具有良好的耐磨性和较好的接触疲劳强度。

（4）由于机器零件的形状往往比较复杂，不可避免地存在有不同形状的缺口，如台阶、键槽、油孔等，这些缺口都会造成应力集中，使零件易于产生低应力脆断。因而零件用钢应具有较高的韧性（如 K_{IC}、a_K 等），以降低缺口敏感性。

由此可见，机器零件用钢对力学性能要求是多方面的，不但在强度和韧性方面有要求，以保证机器零件体积小、结构紧凑及安全性好，而且在疲劳性能与耐磨性能方面也有所要求。因此对零件用钢必须进行热处理强化，以充分发挥钢材的性能潜力。机器零件用钢的使用状态为淬火加回火态，即强化态。

3.1.2　工艺性能要求

通常机器零件的生产工艺是：型材→锻造→毛坯热处理→切削加工→最终热处理→磨削等。其中切削加工性能和热处理工艺性能是机器零件用钢的主要工艺性能，对钢材的其他工艺性能（如冶炼性能、浇注性能、锻造性能等）也有要求，但一般问题不大。

机器零件用钢种类繁多，分类方法较多。按用途分为调质钢、弹簧钢、渗碳钢和轴承钢；按 C 的质量分数分为低碳钢（$w(C) \leqslant 0.2\%$）、中碳钢（$w(C) = 0.4\% \sim 0.6\%$）和高碳钢（$w(C) \geqslant 0.60\%$）；按回火温度分为淬火低温回火钢、淬火中温回火钢和淬火高温回火钢。其中轴类零件、弹簧、齿轮和轴承等是构成各种机器的基础件，它们具有一定的代表性和典型性，是本章重点讨论的内容。

影响机器零件用钢力学性能的主要原因有含碳量、回火温度及合金元素的种类和数量。

本章首先讨论典型机器零件的服役条件、失效形式、性能要求；然后分析机器零件用钢的合金化、热处理和力学性能特性，即成分—组织—性能的关系；最后讨论发挥材料性能潜力的途径。

3.2　渗　碳　钢

渗碳钢大量用来制造齿轮、凸轮、活塞销等零件。这些零件往往在滑动、滚动、接触应力、冲击、磨损等相对运动的工况下工作，工件之间有摩擦，同时还承受了一定的交变弯曲应力和接触疲劳应力，有时还会有一定的冲击力。在这种服役条件下，这些零件的技术要求是表面具有高硬度、高耐磨性、高接触疲劳抗力，而心部应具有良好的综合力学性能。为了满足这样的要求，零件可用渗碳钢制造，通过渗碳淬火工艺，使表面有高的弯曲和疲劳强度及耐磨性，而心部又有高的强度和韧性，也就是表层相当于高碳钢，而心部是低碳钢。

3.2.1　渗碳钢的工作条件及性能要求

现以齿轮为例，分析渗碳钢的工作条件及对使用性能的要求。

（1）齿轮工作时，从啮合点到齿根的整个齿面上均承受脉动弯曲应力作用，而在齿根危险断面上造成最大的弯曲应力。在脉动弯曲应力作用下，可使齿轮产生弯曲疲劳破坏，破坏形式是断齿。

（2）齿轮工作时，通过齿面接触传递动力，在接触应力的反复作用下，会使工作齿面产生接触疲劳破坏。破坏形式主要有点剥落和硬化层剥落两种。

（3）齿轮工作时，两齿面相对运动（包括滚动与滑动），产生摩擦力，因而要求齿面有较高的耐磨性。

（4）齿轮工作时，有时还会承受强烈的冲击载荷作用，要求齿轮有较高的强韧性。

由此可见，齿轮的工作条件是很复杂的。为了满足这些要求，齿轮用钢不但应有高的耐磨性、接触疲劳强度、弯曲疲劳强度和屈服强度，而且还应有较高的塑性和韧性。为此，可采用低碳（合金）钢渗碳（或碳氮共渗）后进行淬火加低温回火处理，即可达到目的。经渗碳处理后表层 $w(C)>0.8\%$，淬火并低温回火，其组织为回火马氏体和粒状碳化物及一定残余奥氏体。它具有高硬度（HRC>58~62）、高耐磨性和高接触疲劳强度；齿轮心部仍为低碳钢，其组织为低碳钢回火马氏体（全部渗透）或部分铁素体加屈氏体（未渗透），其硬度可达 38~42HRC；大多数情况下心部组织为回火马氏体、屈氏体和少量铁素体的混合组织，硬度在 25~40HRC，心部冲击韧性一般高于 70J/cm^2。

此外，由于表层、心部 C 的质量分数不同导致淬火时，在表面形成极为有利的残余压应力，这将显著提高钢的弯曲疲劳强度。通过渗碳提高表层 C 的质量分数堪称是一种合金化强化方式，而渗碳后的淬火，则为热处理强化。

综上所述，渗碳钢的表层、心部的成分和性能有很大的差异。这种利用渗碳工艺巧妙地制成了一种天然复合钢，即表层高碳钢、心部低碳钢。因此渗碳钢的发展思路是：低碳钢+渗碳工艺+淬火+低温回火。

3.2.2 渗碳钢的成分

3.2.2.1 渗碳钢的含碳量

过去通常认为，渗碳件心部的 $w(C)$ 在 0.1%~0.2% 范围内。选择如此低的含碳量其目的是保证心部有良好的韧性，因此多年来渗碳用钢都习惯沿用低碳钢。但事实上，降低渗碳钢心部的含碳量却容易使硬化层剥落，适当提高心部含碳量，使其强度增加，则可避免此现象。近年来有增大渗碳钢含碳质量分数的趋势，但将渗碳钢中 C 的质量分数提得过大也有坏处。目前总的趋向是将渗碳钢中 C 的质量分数增大到 0.25% 左右。如对韧性要求较低时，C 的质量分数也可提高至 0.3%~0.4%，但要适当采取减薄渗层深度等工艺措施。例如，有的吉普车齿轮用 40Cr 钢制造，渗层深度减至 0.5mm 左右，否则易于断齿。总之，渗碳钢心部的 $w(C)=0.1\%~0.25\%$，而表层 C 的质量分数可达 0.8%。

3.2.2.2 渗碳钢的淬透性

当淬火条件固定时，渗碳件心部的硬度和强度取决于钢材的含碳量和淬透性两个因素。钢材的含碳量决定着心部马氏体的硬度，而心部是否容易得到马氏体组织又取决于钢材的淬透性。当淬透性足够时，能得到全部低碳马氏体组织，而当淬透性不足时，除低碳马氏体外还会出现不同数量的非马氏体组织（如铁素体和珠光体）。这种非马氏体组织的产生会大大降低渗碳件的弯曲疲劳性能和接触疲劳性能。例如，表层上有 0.08mm 的黑色组织（铁素体和珠光体）出现，可使 25CrMn 钢碳氮共渗齿轮的弯曲疲劳强度降低约 50%。所以对重要的渗碳件除规定心部硬度外，还常规定检查心部组织，用标准金相图片来控制铁素体的含量。但渗碳钢的淬透性也不易过高，当淬透性过高时，易使渗碳件淬火变形量增加。

渗碳钢的淬透性是通过加入合金元素来保证的，为了提高钢的淬透性，常加入合金元素 Cr、Mn、Ni、Si、B 等以提高淬透性。这些元素一方面提高钢材的淬透性，提高零件的强度和韧性；另一方面利用碳化物形成元素 Cr 在渗碳后于表层形成碳化物，提高硬度和耐磨性。此外，Ni 对渗碳层和心部的韧性非常有利，B 提高淬透性效果很好，因而在我国汽车、拖拉机制造业中得到了应用。

3.2.2.3　表层碳化物的形态

生产实践表明，碳化物的形态对表层性能也会产生影响。如果渗碳层中所形成的碳化物呈网状，则渗层的脆性加大，易于脱落；而当碳化物呈粒状时，耐磨性与接触疲劳性能可得到大大的改善。

加入渗碳钢中的合金元素对表层碳化物的形态有很大的影响。一般来说，中等碳化物形成元素如 Cr 的影响为有利，易使碳化物呈粒状分布；而强碳化物形成元素如 W、Mo、V，以及非碳化物形成元素如 Si 等，则易使碳化物呈长条状或网状分布，这种长条状或网状的碳化物起着应力集中和缺口的作用，因而使表面的脆性增大，显示不利的影响。

3.2.2.4　合金元素对渗碳钢工艺性能的影响

合金元素对渗碳钢的影响，还表现在影响渗碳速度、渗层深度和表层碳浓度上。一般来说，碳化物形成元素，如 Cr、Mo、W、Ti、V、Mn 等，都促使表层含碳量增多；而非碳化物形成元素，如 Si、Ni、Co、Al 等，都减少表层碳浓度。同时，提高表层碳浓度的元素通常又增加了渗层的深度与渗入速度，而减少表层碳浓度的元素，则相应降低渗层深度，并减慢渗入速度。

就热处理工艺而言，通常要求渗碳后直接淬火。但众所周知，渗碳温度高达 930℃，为了阻止奥氏体晶粒长大，渗碳钢应使用铝脱氧的本质细晶粒钢。Mn 在钢中有促进奥氏体晶粒长大的倾向，所以，在含锰的渗碳钢中常加入少量 V、Ti、Mo 等来阻止奥氏体晶粒的长大。

综上所述，渗碳钢应是低碳的，$w(C) = 0.1\% \sim 0.25\%$，表层最佳 $w(C) = 0.8\% \sim 1.0\%$，增大 C 的质量分数，可促进碳化物沿晶界析出，从而在渗层中引起裂纹并降低韧性。渗碳钢的合金元素常常用多组元综合合金化，常加入的合金元素有主加元素 Cr、Mn、Ni、B，辅加元素 Mo、W、V、Ti。

3.2.3　常用渗碳钢

常用渗碳钢按淬透性大小可分为低淬透性合金渗碳钢、中淬透性合金渗碳钢、高淬透性合金渗碳钢三类。常用的渗碳钢牌号、成分、热处理规范、力学性能和用途见表3-1。

（1）低淬透性合金渗碳钢。这类钢的水淬临界淬透直径为 $\phi20 \sim 35mm$，如 20Cr、20MnV 等，渗碳时心部晶粒易长大（特别是锰钢），淬透性低，心部强度低，只适于制造受冲击载荷较小的耐磨件，如小轴、活塞销、小齿轮等。

（2）中淬透性合金渗碳钢。这类钢的油淬临界淬透直径为 $\phi25 \sim 60mm$，典型钢种为 20CrMnTi，它具有良好的力学性能和工艺性能，淬透性较高，渗碳过渡层比较均匀，热处理变形较小，因此大量用于制造承受高速中载、要求抗冲击和耐磨损的零件，特别是汽车、拖拉机上的重要齿轮。

表3-1　常用的渗碳钢牌号、成分、热处理规范、力学性能和用途

种类	钢号	化学成分（质量分数）/%									毛坯尺寸/mm	热处理/℃				力学性能（不小于）					用途
		C	Mn	Si	Cr	Ni	Mo	V	Ti	其他		渗碳	预备处理	淬火	回火	σ_b/MPa	σ_s/MPa	δ_s/%	ψ/%	a_K/kJ·m^{-2}	
碳素渗碳钢	15	0.12~0.19	0.35~0.65	0.17~0.37	—	—	—	—	—	—	<25	930	890±10	770~800 水	200	500	300	15	≥55	—	活塞销
	20	0.17~0.24	0.35~0.65	0.17~0.37	—	—	—	—	—	—	25	930	—	790 水	180	500	280	25	≥55	600	受力不大、尺寸较小的耐磨零件
合金渗碳钢	20Mn2	0.17~0.24	1.40~1.80	0.17~0.37	—	—	—	—	—	—	15	930	850~870	770~800 水	200	820	600	10	47	600	小齿轮、小轴、活塞销等
	20Cr	0.17~0.24	0.50~0.80	0.20~0.40	0.70~1.00	—	—	—	—	—	15	930	880 水、油	800 水、油	200	850	550	10	40	600	齿轮、小活塞销等
	20MnV	0.17~0.24	1.30~1.60	0.20~0.40	—	—	—	0.07~0.12	—	—	15	930	—	880 水、油	200	800	600	10	40	700	同上，也可用作锅炉、高压容器管道等
	20CrV	0.17~0.24	0.50~0.80	0.20~0.40	0.80~1.10	—	—	0.10~0.20	—	—	15	930	880	880 水、油	200	850	600	12	45	700	齿轮、小轴、顶杆、活塞销、耐热垫圈等
	20CrMn	0.17~0.24	0.90~1.20	0.20~0.40	0.90~1.20	—	—	—	—	—	15	930	—	850 油	200	950	750	10	45	600	齿轮、涡杆、轴、活塞销、摩擦轮等

续表 3-1

种类	钢号	化学成分（质量分数）/%									毛坯尺寸/mm	热处理/℃				力学性能（不小于）					用途
		C	Mn	Si	Cr	Ni	Mo	V	Ti	其他		渗碳	预备处理	淬火	回火	σ_b/MPa	σ_s/MPa	δ_s/%	ψ/%	α_K/kJ·m⁻²	
合金渗碳钢	20CrMnTi	0.17~0.24	0.80~1.10	0.20~0.40	1.00~1.30	—	—	—	—	0.06~0.12	15	—	880油	860油	200	1100	850	10	45	700	汽车、拖拉机变速箱齿轮等
	20Mn2TiB	0.17~0.24	1.50~1.80	0.20~0.40	—	—	—	—	0.06~0.12	B0.001~0.004	—	930	—	860油	200	1150	950	10	45	700	代20CrMnTi
	20SiMnVB	0.17~0.24	1.30~1.60	0.50~0.80	—	—	—	0.07~0.12	—	B0.001~0.004	15	930	860~880油	780~800油	200	1200	1000	10	45	700	代20CrMnTi
	12CrNi3A	0.10~0.17	0.30~0.60	0.20~0.40	0.60~0.90	1.50~2.00	—	—	—	—	15	930	—	860~780油	200	950	700	11	50	900	受力较大、尺寸较大的耐磨零件
	12Cr2Ni4A	0.10~0.17	0.30~0.60	0.20~0.40	1.25~1.75	3.25~3.75	—	—	—	—	15	930	—	860~780油	200	1100	850	10	50	900	受力大的大齿轮和轴类耐磨零件
	15CrMn2SiMo	0.13~0.19	0.20~0.40	0.40~0.70	0.40~0.70	—	0.40~0.70	—	—	—	15	930	880~920空	860空	200	1200	900	10	45	800	大型渗碳齿轮、飞机齿轮
	18Cr2Ni4WA	0.17~0.24	0.30~0.60	0.20~0.40	1.35~1.65	4.00~4.50	—	—	—	W0.80~1.20	15	930	950空	850空	200	1200	850	10	45	1000	大型渗碳齿轮和轴类零件
	20Cr2Ni4A	0.17~0.24	0.30~0.60	0.20~0.40	1.25~1.75	3.25~3.75	—	—	—	—	—	930	880油	780油	200	1200	1100	10	45	800	

（3）高淬透性合金渗碳钢。这类钢的油淬临界直径约为 $\phi100mm$ 以上，典型钢种为 12Cr2Ni4A、18Cr2Ni4WA。高淬透性合金渗碳钢因含有较多的 Cr、Ni 等元素，不但淬透性高，而且具有很好的韧性，特别是低温冲击韧性，主要用于制造大截面、高载荷的重要耐磨件，如飞机、坦克中的曲轴及重要齿轮等。

最后应该指出，目前碳氮共渗用钢大多沿用如上所述的渗碳钢，但对碳氮共渗钢而言，还要更加注意表面残余奥氏体含量以及力求使碳和氮原子同时渗入等问题。通常碳氮共渗用钢常加入 Cr、Mo、B 等元素而不用 Ni 合金化，对 Mn 的质量分数也要加以限制。为了提高碳氮共渗温度而不降低氮的浓度，可加入 $w(Al)=0.2\%$，Al 能促进氮的渗入，并使碳氮共渗温度提高到 875~880℃。典型钢号为 20Cr2MoAlB。

3.2.4　渗碳钢的热处理

渗碳只是改变表层的含碳量，而随后的淬火、回火工艺才赋予钢最终的力学性能。渗碳钢的热处理一般是渗碳后直接淬火加低温回火，但根据渗碳钢化学成分的差异，常用的热处理方法有以下几种：

（1）直接淬火法。直接淬火法是将工件自渗碳温度预冷到略高于心部 Ac_3 的温度后立即淬火，然后在 160~180℃进行低温回火，这种方法不需要重新加热后淬火，因而减小了热处理变形，节省了时间和费用。但由于渗碳温度高，加热时间长，因而奥氏体晶粒粗大，淬火后残余奥氏体量较多，使工件性能下降，所以直接淬火法只适用于本质细晶粒钢或性能要求较低的工件。

热处理后的表面层组织为回火马氏体+部分二次渗碳体+少量残余奥氏体，心部淬透组织为低碳回火马氏体，未淬透时为铁素体+索氏体。

（2）一次淬火法。一次淬火法是将工件渗碳后缓冷，然后再重新加热进行淬火。对于心部要求有较高强度和较好韧性的零件，淬火温度应略高于心部的 Ac_3，这样可以细化晶粒，心部不出现游离铁素体，表层不出现网状渗碳体。经低温回火后，表层组织为回火马氏体+少量残余奥氏体，心部在淬透情况下为低碳回火马氏体。对于要求表层有较高耐磨性的工件，淬火温度应选在 Ac_1 与 Ac_3 之间，低温回火后，表层组织为回火马氏体+颗粒状碳化物+少量残余奥氏体，心部淬透时为低碳回火马氏体+铁素体。

（3）二次淬火法。二次淬火法是将工件渗碳缓冷再进行两次淬火。对于用本质粗晶粒钢制造的或使用性能要求很高的渗碳工件，常采用两次淬火。第一次淬火的目的是细化心部晶粒和减少表层网状渗碳体。淬火温度应高于心部 Ac_3 温度。这个温度远高于表层的正常淬火加热温度，所以使表层晶粒粗大。为了细化表层晶粒，需采用第二次淬火，淬火温度选在表层的 Ac_1 以上，此加热温度不影响心部晶粒度。这种淬火的缺点是工艺复杂、生产周期长、工件容易变形，氧化和脱碳倾向较大。

渗碳工件表面 $w(C)$ 最好在 0.85%~1.0%之间。表面层含碳量过低，淬火低温回火后得到含碳量较低的回火马氏体，硬度低，耐磨性差；表面层含碳量过高，渗碳层出现大量块状或网状渗碳体，会引起脆性，造成剥落，同时由于残余奥氏体量的过度增加，也使表面硬度、耐磨性及疲劳强度降低。

若渗碳工件有不允许渗碳的部位如装配孔等，应在设计图纸中予以注明。该部位可采取镀铜方法来防止渗碳，或者采取多留加工余量的方法，待工件渗碳后淬火前再去掉该部位的渗碳层。

高淬透性渗碳钢由于含有较多的合金元素，渗碳表面含碳量又高，若渗碳后直接淬火，渗层中将保留大量的残余奥氏体，使表面硬度下降。因此采取下列方法可减少残余奥氏体量，改善渗碳钢的性能：（1）淬火后进行冷处理（−60~−100℃），使残余奥氏体转变为马氏体；（2）渗碳空冷之后与淬火之前进行一次高温回火（600~620℃），随后加热到较低温度（Ac_1+30~50℃）淬火后进行一次低温回火；（3）在渗碳后进行喷丸强化，也可使渗层中的部分残余奥氏体转变为马氏体。

近年来，生产中采用渗碳钢直接进行淬火和低温回火，以获得低碳马氏体组织，制造某些要求综合力学性能较高的零件，如传递动力的轴、重要的螺栓等，在某些场合下，还可以代替中碳钢的调质处理。

下面以 20CrMnTi 钢制作的汽车变速箱齿轮为例，来分析讨论其热处理工艺和工艺路线的安排。

【例 3−1】分析讨论 20CrMnTi 钢制作的汽车变速箱齿轮的热处理工艺和工艺路线的安排。

（1）技术要求：渗碳层厚度为 1.2~1.6mm，$w(C)=1.0\%$；齿顶硬度为 58~60HRC，心部硬度为 30~50HRC。照此要求，如选用 20Cr 是不能满足要求的，故选用中淬透性的 20CrMnTi。

（2）据技术要求，确定其热处理工艺如图 3−1 所示。

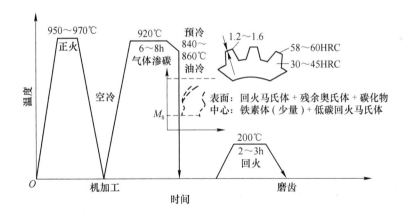

图 3−1　20CrMnTi 制作汽车变速箱齿轮的热处理工艺曲线

（3）20CrMnTi 钢制造汽车变速箱齿轮的生产工艺路线如下：

锻造→正火→加工齿形→局部镀铜→渗碳→预冷淬火、低温回火→喷丸→磨齿（精磨）。

齿轮毛坯在锻造后，先进行正火处理，目的是消除锻造状态的晶粒粗大等不正常组织，调整硬度，以便切削加工，保证齿形合格。正火后硬度为 170~210HBS，切削加工性能良好。

20CrMnTi 钢的渗碳温度定为 920℃ 左右，渗碳时间根据所要求的渗碳层厚度（1.2~1.6mm），然后查有关手册确定为 7h。经渗碳后，自渗碳温度预冷到 840~860℃ 再直接油淬，这是 20Cr 和 18Cr2Ni4WA 无法实现的。20Cr 直接淬火淬硬层会获得很多的马氏体，180Cr2Ni4WA 直接淬火后会获得很多的残余奥氏体，还要经过高温回火予以去除。20CrMnTi 预冷的目的是减小淬火后残余奥氏体量和淬火变形。在预冷过程中渗层要析出部分碳化物，但预冷温度不能降至 830~840℃ 以下，否则心部有铁素体析出。预冷淬火后表层为细针状马氏体+少量残余奥氏体+碳化物，心部组织上为低碳马氏体和允许有少量铁素体。

淬火之后经 200℃ 低温回火 2~3h 后，其表面层具有很高的硬度（50~60HRC）和耐磨性，其心部具有高强度和足够冲击韧度的良好配合。

淬火回火后通常经过喷丸处理，提高表面的疲劳强度，喷丸后进行磨削加工。

3.3　调　质　钢

结构钢经淬火并高温回火处理后具有良好的综合力学性能，有较高的强韧性，适用于这种热处理的钢种称为调质钢。调质钢是应用最广的机器零件用钢，约占机械行业中机器零件的 30%。

合金调质钢是在碳素调质钢的基础上发展起来的，我们知道碳素调质钢（如 35、40、45 等）在完全淬透的情况下，调质后的强度约为 $800MN/m^2$，可以满足机械制造上的一般需要。对于要求高水平综合机械性能的零件，如连杆、高强度螺栓、飞机发动机轴等，要求整个截面都有较高的强韧性；截面受力不均匀的零件，如承受扭转或弯曲应力的传动轴，主要要求受力较大的表面有较好的性能，心部要求可低些。但碳素调质钢其淬透性低、热处理变形大等缺点限制了它在这些重要零件上的应用，为此需要通过加入合金元素来解决这些矛盾。合金元素的加入虽然可以提高淬透性，但也带来了一些问题，如高强钢的冲击韧性问题、高温回火脆性问题等。

3.3.1　调质钢的工作条件及性能要求

许多机器设备上的重要零件，如机床主轴、汽车拖拉机的后桥半轴、柴油发动机曲轴、连杆、高强度螺栓等，都是在多种应力负荷作用下工作的，受力情况比较复杂。例如汽车上的主轴，工作时既传递扭矩又承受弯矩，所受力是交变的动负荷应力，其最常见的失效形式是疲劳断裂。还有些轴，由于轴颈与滑动轴承相配合而产生相对滑动、摩擦磨损，在极少数情况下，当机器启动或急刹车换挡时，受到一定冲击载荷的作用。因此，对调质钢的性能提出了如下要求：高的屈服强度和疲劳极限、良好的冲击韧性和塑性、轴的表面和局部要有一定的耐磨性。所以要求调质钢既有高的强度，还有良好的塑性和韧性，即又强又韧，具有良好的综合力学性能。

在满足材料强度、塑性要求的同时，还必须考虑材料的断裂韧性和疲劳裂纹扩展速率等性能。调质钢的力学性能指标范围大体如下：$\sigma_b \approx 800 \sim 1100MPa$，$\sigma_{0.2} \approx 700 \sim 1000MPa$，$\delta \approx 9\% \sim 15\%$，$\psi \approx 45\% \sim 55\%$，$a_K \approx 60 \sim 120J/cm^2$，$T_c \leqslant -40℃$。

3.3.2 调质钢的组织及成分特点

3.3.2.1 调质钢的组织特点

调质钢具有良好综合力学性能的原因与其在使用状态下组织为中碳回火索氏体有关。这种组织状态具有以下特点：

（1）强化相为弥散均匀分布的粒状碳化物，可以保证有较高的塑性变形抗力和疲劳强度。

（2）组织均匀性好，减少了裂纹在局部薄弱地区形成的可能性，可以保证有良好的塑性和韧性。

（3）作为基体组织的铁素体是从淬火马氏体转变而成的，其晶粒细小，使钢的冷脆倾向性大大减少。

3.3.2.2 调质钢的成分特点

A 中碳

碳的质量分数一般在 0.25%~0.50%，以 0.40% 居多。碳含量过低，则不易淬硬，回火后硬度不足，碳含量过高，则韧性不够。合金调质钢含碳量可偏低些。

B 主加合金元素

在合金调质钢中，主加元素有 Cr、Mn、Si、Ni、B 等，它们所起的作用是增加合金调质钢的淬透性。碳化物形成元素 Cr、Mo、W、V 等可阻碍碳化物在高温回火时的聚集长大，保持钢的高硬度；同时还阻碍 α 相的再结晶，保持细小的晶粒，也能保持足够高的强度。此外，这些元素还可使铁素体固溶强化。

C 辅加合金元素

Mo、V、Al、B、W 等元素在合金调质中的含量一般很少，特别是 B 的含量极微。Mo、W 所起的作用主要是防止合金调质钢中高温回火时发生第二类回火脆性现象；V 所起的作用是阻碍高温奥氏体晶粒长大；Al 所起的作用是加速合金调质钢的渗氮过程；微量 B 能强烈地使等温转变 C 曲线右移，从而显著地增加合金调质钢的淬透性。合金元素的加入，也有一个由单一元素到复合元素的发展历程。这样反映在淬透性上，从小到大；反映在性能上，则由单一性能到优良综合机械性能，从而满足不同零件在不同受力状态的性能需要。调质钢从 40→40Mn→40CrMn→40CrMnMo 或 40→40Cr→40CrNi→40CrNiMo 的发展过程，每加入一种合金元素，既起到其本身的特殊作用，又起到元素之间的交互作用，从而使合金化达到改善组织性能的目的。

3.3.3 常用调质钢

合金调质钢的钢种很多，按淬透性的高低可分为低、中、高淬透性 3 类。

（1）低淬透性合金调质钢：其油淬临界直径最大为 30~40mm，典型钢种是 40Cr、40CrV、40MnB、40MnV、38CrSi、40MnVB 等。这类钢的淬透性较低，通常只用于制造一般尺寸的重要零件。40MnB，40MnVB 是为节约 Cr 而发展的代用钢，40MnB 的淬透性稳定性较差，切削加工性能也差一些。

（2）中淬透性合金调质钢：其油淬临界直径最大为 40~60mm，典型钢种是 35CrMo、40CrMn、40CrNi、35CrMo、30CrMnSi 等。这类钢含有较多的合金元素，加入 Mo 不仅使淬透性显著提高，而且可防止回火脆性，主要用于制造截面较大的零件，如曲轴、连杆等。35CrMo、40CrMn 等钢可用于 500℃ 以下的较高温度下服役的零件，如汽轮机转子、叶轮等。

（3）高淬透性合金调质钢：其油淬临界直径最大为 60~100mm，典型钢种是 37CrNi3A、40CrMnMo、40CrNiMoA、25Cr2Ni4WA 等。这类钢多半是铬镍钢，较多的 Cr 和 Ni 适当配合可大大提高钢的淬透性，并获得优良的力学性能。加入 Mo 还可消除回火脆性。40CrNiMoA 钢主要用于制造大截面、重载荷的重要零件，如航空发动机轴、汽轮机主轴、叶轮等。

下面以 40Cr 钢制作拖拉机的连杆螺栓为例，说明其热处理工艺方案的选定和工艺路线的安排。

因为螺栓在工作时承受冲击性周期变化的拉应力和装配时的预应力，所以要求它应具有足够的强度、冲击韧性和抗疲劳能力。为了满足上述综合力学性能的要求，确定 40Cr 钢制作连杆螺栓的热处理工艺如图 3-2 所示。

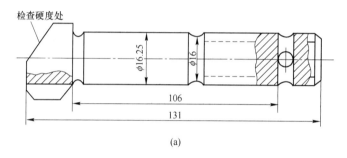

(a)

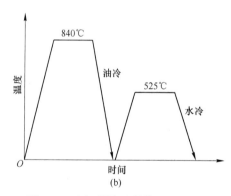

(b)

图 3-2　连杆螺栓及其热处理工艺

连杆螺栓的生产工艺路线如下：

下料→锻造→退火（或正火）→机械加工（粗加工）→调质→机械加工（精加工）→装配。

退火（或正火）作为预先热处理，其主要目的是为了改善锻造组织，细化晶粒，调整硬度，有利于切削加工，并为随后调质做准备。

调质热处理——淬火：加热温度为（840±10）℃，油冷，获得马氏体组织；回火：加热温度为（520±10）℃，水冷（防止第二类回火脆性）。

经调质热处理后金相组织应为回火索氏体，不允许有块状铁素体出现，否则会降低强度和韧性，其硬度为 263~322HBS。

常用的调质钢的牌号、成分、热处理规范、力学性能和用途见表 3-2。

表3-2　常用调质钢牌号、成分、热处理、力学性能和用途

| 钢号 | 化学成分（质量分数）/% | | | | | | | | 毛坯尺寸/mm | 退火状态 HB | 热处理/℃ | | 力学性能（不小于） | | | | | 用途 |
	C	Mn	Si	Cr	Ni	Mo	V	其他			淬火	回火	σ_b/MPa	σ_s/MPa	δ_s/%	ψ/%	α_K/kJ·m^{-2}	
45	0.42~0.50	0.50~0.80	0.17~0.37	—	—	—	—	—	<100	—	830~840 水	580~640 空	650	350	17	≥38	450	主轴、曲轴、齿轮、柱塞销等
45Mn2	0.42~0.49	1.40~1.80	0.20~0.40	—	—	—	—	—	25	217	840 油	550 水、油	900	750	10	≥45	600	代替 φ<50mm 的 40Cr 作重要螺栓和轴类件等
40MnB	0.37~0.40	1.10~1.40	0.20~0.40	—	—	—	—	B 0.001~0.0035	25	—	850 油	500 水、油	1000	800	10	45	600	可代替 40Cr 和部分代替 40CrNi 作重要零件，也可代 38CrSi 作重要销钉
40MnVB	0.37~0.40	1.10~1.40	0.20~0.40	0.70~1.00	—	—	0.05~0.10	B 0.001~0.004	25	—	850 油	500 水、油	1000	800	10	45	600	
35SiMn	0.32~0.40	1.10~1.40	1.10~1.40	—	—	—	—	—	25	228	900 水	590 水、油	900	750	15	45	600	除低温（<-20℃）韧性稍差外，可全面代替 40Cr 和部分代替 40CrNi
40Cr	0.37~0.45	0.50~0.80	0.20~0.40	0.80~1.10	—	—	—	—	25	—	850 油	500 水、油	1000	800	9	45	600	作重要调质件，如轴类、连杆螺栓、进气阀和重要齿轮等
38CrSi	0.35~0.40	0.30~0.60	1.10~1.30	1.30~1.60	—	—	—	—	25	255	900 油	600 水、油	1000	850	12	50	700	作承受大载荷的轴类和车辆上的重要调质件
40CrMn	0.37~0.45	0.90~1.20	0.17~0.37	0.90~1.20	—	—	—	—	25	—	840 油	520 水、油	1100	850	9	45	600	代 40CrNi

续表3-2

钢号	化学成分（质量分数）/%								毛坯尺寸/mm	退火状态HB	热处理/℃		力学性能（不小于）					用途
	C	Mn	Si	Cr	Ni	Mo	V	其他			淬火	回火	σ_b/MPa	σ_s/MPa	δ_s/%	ψ/%	a_k/kJ·m⁻²	
30CrMnSi	0.27~0.34	0.80~1.10	0.90~1.20	0.80~1.10	—	—	—	—	25	228	880油	520 水、油	1100	900	10	45	500	高强度钢，作高速载荷砂轮轴、车轴上内外摩擦片等
35CrMo	0.32~0.40	0.40~0.70	0.20~0.40	0.80~1.10	—	0.15~0.25	—	—	25	228	850油	550 水、油	1000	850	12	45	800	重要调质件，如曲轴、连杆及代40CrNi作大截面轴类件
38CrMoAlA	0.35~0.42	0.30~0.60	0.20~0.40	1.35~1.65	—	0.15~0.25	—	Al 0.70~1.10	30	228	940 水、油	640 水、油	1000	850	14	50	900	作氮化零件，如高压阀门、缸套、镗床镗杆等
40CrNi	0.37~0.44	0.50~0.80	0.20~0.40	0.45~0.75	1.00~1.40	—	—	—	25	241	820油	500 水、油	1000	800	10	45	700	作较大截面和重要的曲轴、主轴、连杆等
37CrNi3	0.34~0.41	0.30~0.60	0.40~0.70	1.20~1.60	3.00~3.50	—	—	—	25	—	820油	500 水、油	1150	1100	10	50	600	作大截面并需要高强度、高韧性的零件
40CrMnMo	0.37~0.45	0.90~1.20	0.20~0.40	0.90~1.20	—	0.20~0.30	—	—	25	217	850油	600 水、油	1000	800	10	45	800	相当于40CrNiMo的高级调质钢
25Cr2Ni4WA	0.21~0.28	0.30~0.60	0.17~0.37	1.35~1.65	4.00~4.50	—	—	W 0.80~1.20	25	—	850油	550水	1100	950	11	45	900	制造力学性能要求很高的大断面零件
40CrNiMoA	0.37~0.44	0.50~0.80	0.20~0.40	0.60~0.90	1.25~1.75	0.15~0.25	—	—	25	269	850油	600 水、油	1000	850	12	55	1000	作高强度零件，如航空发动机轴，在<500℃工作的喷气发动机承力零件
45CrNiMoVA	0.42~0.49	0.50~0.80	0.20~0.40	0.80~1.10	1.30~1.80	0.20~0.30	0.10~0.20	—	—	269	850油	460油	1500	1350	7	35	400	作高强度、高弹性零件，如车辆上扭力轴等

3.3.4 调质钢的热处理

调质钢热处理的第一步是淬火,即将钢件加热到850℃左右($\geqslant Ac_3$)进行淬火,具体加热温度需根据钢的成分确定,含硼的钢,其淬透性对淬火温度高低十分敏感,故必须严格按照所规定的温度加热,温度过高或过低都会使淬透性降低,淬火介质可以根据钢件尺寸大小和该钢淬透性高低加以选择。实际上,除碳钢外一般合金调质钢零件都在油中淬火,对于合金元素含量较高、淬透性特别大的钢件,甚至空冷也能获得马氏体组织。

必须指出的是,仅进行淬火的调质钢,其塑性低、内应力大,不能直接使用,必须进行回火,以便消除应力,增加韧性,调整强度。因此,回火是调质钢的性能定型化的重要工序。对于要求综合力学性能(高的塑性、韧性和适当的强度)的机器零件,必须在500~650℃进行高温回火。由于高温回火慢冷时容易产生第二类回火脆性,因此对回火脆性敏感性较大的钢,回火后必须迅速冷却(如用水冷或油冷),以抑制回火脆性的发生;当要制造大截面零件时,由于快冷难以抑制回火脆性的发生,所以必须选择含有Mo、W等回火脆性敏感性较低的调质钢。其适宜含量为$w(Mo)$在0.15%~0.30%范围内,而$w(W)$在0.8%~1.2%范围内。回火温度则根据钢的成分及对性能的要求而定。通过调节不同的回火温度可以得到不同的力学性能,如图3-3所示。

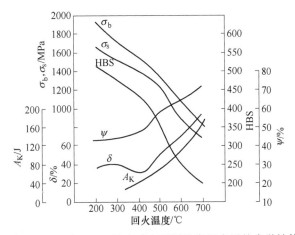

图3-3 40Cr钢850C淬火后在不同温度回火后的力学性能

通常用调质钢制造的零件,除了要求较高的强、韧、塑性配合以外,往往还要求某些部位(如轴类零件的轴颈或花键部分)有良好的耐磨性。为此,在调质处理后,一般还要对局部特殊要求的部位进行高频感应表面淬火。

对于要求耐磨性良好的零件,通常选用含有Cr、Mo、Al的调质钢,在调质处理后,如进行氮化处理,可使工件表面形成Cr、Mo、Al的氮化物,使硬度、耐磨性都显著提高,故这类钢又称氮化钢。

氮化工艺一般在600℃以下进行。结构钢氮化的目的在于提高其硬度、耐磨性、热稳定性和耐蚀性。氮化前,零件应经过淬火+高温回火处理。一般情况下,氮化钢扩散层取决于钢的成分、加热温度和氮化时间以及氮化后的冷却速度。氮化钢的硬度和耐磨性主要取决于合金氮化物（MoN、AlN）的数量、大小、种类和分布。但是由于钢中含有一定量的 C，因而氮化时，事实上总是形成碳氮化合物相。

　　合金元素对氮化层的深度和表面硬度存在重要的影响（图 3-4、图 3-5）。在合金元素降低 C 在铁素体中的扩散系数的同时，将减少氮化层深度。C 也降低 N 的扩散系数。

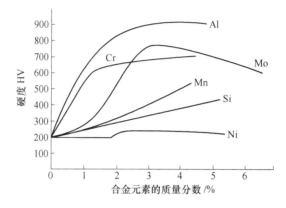

图 3-4　合金元素对渗氮层表面硬度的影响

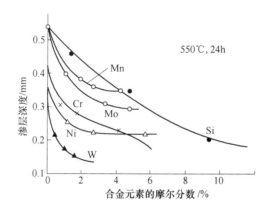

图 3-5　合金元素对渗氮层深度的影响

　　应用广泛的氮化钢是 38CrMoAlA、38Cr2WVAlA 等。在 500~600℃ 范围内氮化物扩散层的深度不大，因而表面薄层所达到的高力学性能由表层向内迅速下降。要求高耐磨性的零件要有高硬度的表面氮化层，一般采用含强氮化物形成元素铝的钢种，如 38CrMoAl。经调质和表面氮化处理后，38CrMoAl 钢表面可获得最高氮化层硬度，达到 900~1000HV。仅要求高疲劳强度的零件，可采用不含铝的 Cr-Mo 型氮化钢，如 35CrMo，其氮化层的硬度控制在 500~800HV。

　　必须指出的是，钢的耐磨性并不总是受硬度所控制。例如，把 38Cr2MoAlA 钢的氮化温度从 560℃ 提高到 620℃，可以提高其耐磨性，但这时表面硬度将下降。提高氮化温度引起表面硬度下降的原因则归因于增加了 N 从表层向工件心部扩散的过程，因而 ε 相中 N 量下降。因此，对于有些氮化工件，并不希望过高的表面硬度，因为脆性的表层将带来研磨的困难。在这种情况下，采用较低含 Al 量或不含 Al 的钢，将具有较低的表面硬度，且沿扩散层深度硬度的下降将较为平稳（如 38Cr2MoAlA、40CrVA、40Cr 等）。如果把氮化层的表面硬度从 900~1000HV 下降到 650~900HV 则可提高耐磨性和脆性破断抗力，这种工艺可以用于机床零件，如主轴、滚动支架、轴套、丝杠等零件。对循环弯曲或接触载荷下工作的机械零件，则推荐应用 30Cr3WA 钢。氮化可以提高结构钢的疲劳极限，比如用 18Cr2Ni4WA 制造的发动机曲轴，氮化以后疲劳极限可提高 25%~26%。对存在应力集中的零件，氮化在很大程度上影响钢的疲劳极限，这与氮化可以在表面形成残余压应力有关。

氮化也可以提高合金结构钢的热稳定性。例如，用 38Cr2MoAlA 钢制的氮化零件，可以在 400~490℃温度下工作。但是长期在高温下工作，氮化层的硬度将会下降。当氮化仅用于获得抗蚀性的零件时，可以应用到含 0.1%~1.0%C 的碳钢中。这时根据用途的不同，可获得薄至 0.015~0.030mm 的碳氮化合物层。在这种情况下，除了抗蚀性以外，还能提高硬度、抗拉和屈服强度以及钢的疲劳极限。

机器零件的表面强化也可以通过表面感应淬火来达到。这时应用低淬透性或控制淬透性钢，这类钢淬火后得到了给定深度的马氏体层，同时心部保持塑性和韧性。低淬透性或控制淬透性钢为了获得足够的表面淬火层的硬度水平，保证高的耐磨性和接触疲劳抗力，可以提高其含 C 量（0.5%~1.10%）并减少其合金元素（Mn、Cr 和 Si 等）含量，并加入变质元素（Al、Ti、V、Zr、Nb），保证获得细小的原始奥氏体晶粒。

对于带有缺口的零件，为了减少缺口引起的应力集中，在调质处理后，缺口附近再进行喷丸强化或滚压强化，这样可以大大提高机件的疲劳抗力，延长使用寿命。

调质钢也可以在中、低温回火状态下使用，其金相组织为回火托氏体、回火马氏体，它们比回火索氏体组织具有较高的强度，但冲击韧度较低。例如模锻锤杆、套轴等要采用中温回火，凿岩机活塞、球头销采用低温回火。为了保证必需的韧性和减小残余应力，一般使用 $w(C) \leq 0.3\%$ 的合金调质钢进行低温回火。

3.4 弹 簧 钢

弹簧的主要作用是吸收冲击能量，缓和机器的振动和冲击作用，或储存能量使零件完成事先规定的动作，保证机器和仪表的正常工作。因此弹簧必须具有高的屈服强度和较高的疲劳强度，以免产生塑性变形并防止过早的疲劳破断。

弹簧大体上可以分为热成型弹簧与冷成型弹簧两大类。其中冷成型弹簧是通过冷变形或热处理，使钢材具备一定性能之后，再用冷成型方法制成一定形状的弹簧，如先作冷变形的高强度钢丝、硬钢丝、不锈钢丝等及先作热处理的油回火钢丝等。冷成型的弹簧在冷成型之后要进行 200~400℃的低温回火。由于冷成型弹簧在成型之前，钢丝已具备了一定的性能，即已处于硬化状态，所以通常只能制造小型弹簧。热成型弹簧一般用于制造大型弹簧或形状复杂的弹簧。钢材在热成型之前并不具备弹簧所要求的性能，在热成型之后，进行淬火及中温回火，以获得所要求的性能。由于碳素弹簧钢的淬透性低，一般只能用于制造截面直径小于 12~15mm 的小弹簧。为了满足大型弹簧对弹簧钢的淬透性和力学性能的高要求，在碳素弹簧钢的基础上发展了合金弹簧钢。此外，在成型及热处理过程中，要特别注意防止表面产生氧化、脱碳及伤痕。这里只讨论热成型弹簧钢的合金化及性能特点。

3.4.1　弹簧钢的工作条件及性能要求

在各种机器设备中，弹簧的主要作用是吸收冲击能量，缓和机械的振动和冲击作用。例如，用于汽车拖拉机和机车上的叠板弹簧，它们除了承受车厢和载物的巨大质量外，还要承受因地面不平所引起的冲击载荷和振动，使汽车、火车等车辆运转平稳，并避免某些零件因受冲击而过早地破坏。此外，弹簧还可储存能量，使其零件完成事先规定的动作（如汽阀弹簧、喷嘴弹簧等），保证机器和仪表的正常工作。

由此可见，在外力作用下弹簧发生弹性变形以吸收能量；外力去除后，弹性变形又恢复放出能量，从而保证弹簧本身不受损害。可见，弹簧是在交变载荷下工作，其破坏形式是疲劳断裂和由于塑性变形而失去弹簧作用。

根据以上要求，弹簧应具有如下性能：

（1）高的弹性极限、屈服极限和高的屈服比（$\sigma_{0.2}/\sigma_b$），以保证弹簧有足够高的弹性变形能力，并能承受大的载荷。

（2）高的疲劳极限，以保证弹簧在长期的振动和交变应力作用下不产生疲劳破坏。

（3）为了满足成型的需要和可能承受的冲击载荷，弹簧应具有一定的塑性和韧性。δ_K ≥20%即可，而对 a_K 不进行明确要求。

此外，一些在高温和易腐蚀条件下工作的弹簧，还应具有良好的耐热性和抗蚀性。

3.4.2　弹簧钢的成分

（1）弹簧钢的碳含量较高，以保证高的弹性极限与疲劳极限。碳素弹簧钢的碳含量一般为 0.8%~0.9%，合金弹簧钢的碳含量为 0.45%~0.7%。碳含量过低，达不到高的屈服强度的要求；碳含量过高，钢的脆性很大。

（2）加入 Si、Mn。Si 和 Mn 是弹簧钢中经常采用的合金元素，目的是提高淬透性、强化铁素体（因为 Si、Mn 固溶强化效果最好）、提高钢的回火稳定性，使其在相同的回火温度下具有较高的硬度和强度。其中 Si 的作用最大，但 Si 含量高时会增大 C 石墨化的倾向，且在加热时易于脱碳；Mn 则易使钢过热。

（3）加入 Cr、W、V、Nb，克服硅锰弹簧钢的不足。因为 Cr、W、V、Nb 为碳化物形成元素，它们可以防止过热（细化晶粒）和脱碳，从而保证重要用途弹簧具有高的弹性极限和屈服极限。

此外，由于弹簧钢的纯度对疲劳强度有很大影响，因此，弹簧钢均为优质钢（$w(P)$ ≤0.04%，$w(S)$≤0.04%）或高级优质钢（$w(P)$≤0.035%，$w(S)$≤0.035%）。加入的合金元素不仅能提高钢的淬透性，当合理配合再加上适当的热处理时，还可以增加回火稳定性，提高 σ_s、σ_b，使 $\sigma_s/\sigma_b≈1$，并且还有足够的塑性和韧性。我国研制成功的 55SiMnMoV、55SiMnMoVNb、55SiMnVB 和 60SiMnBRE 是一组在 Si-Mn 钢基础上，加微量 Mo、V、Nb、B 和稀土元素的优质弹簧钢。合金化的目的是为了降低脱碳敏感性，故减少了钢中 Si 含量，在中截面弹簧钢中加入微量 B，在大截面弹簧钢中加入了少量 Mo。此外，钢中加入少量 V、Nb 可以细化晶粒，提高强韧性。

3.4.3 常用弹簧钢

（1）碳素弹簧钢。这类钢主要承受静载荷及有限次数的循环载荷，宜制作直径较小不太重要的弹簧。65Mn 钢属于碳素弹簧钢并且应用最广泛，该钢碳的质量分数一般为 0.62%~0.70%，其淬透性和屈服极限较碳素弹簧钢高，ϕ15mm 直径的钢材在油中可以淬透，脱碳倾向比硅钢小；缺点是有过热敏感性和回火脆性倾向，淬火时开裂倾向较大。65Mn 钢可制作一般截面尺寸为 8~12mm 的小型弹簧，如各种小尺寸、圆弹簧和座垫弹簧、弹簧发条，也适宜制作弹簧环、气门簧、刹车弹簧等。

（2）合金弹簧钢。以 Si、Mn 元素合金化的弹簧钢，如 60Si2Mn 等，合金元素所起的主要作用是增加钢的淬透性，并使淬火中温回火后所得到的回火屈氏体得以强化，从而提高工件的强度和硬度。此类钢主要用作截面尺寸较大的板弹簧和螺旋弹簧等。

以 Cr、V、W 等元素合金化的弹簧钢。如 50CrVA 等，合金元素所起的主要作用是减轻钢的脱碳倾向，防止钢的过热。Cr 可以提高钢的淬透性，W、V 可以细化晶粒，从而保证钢在高温下的强度和一定的耐腐蚀能力。此类钢主要用作承受重载、较大型的耐热弹簧。

常用弹簧钢的牌号、成分、性能、热处理及用途见表 3-3。

根据成型方法，弹簧钢的制造可分为冷成型和热成型（又称强化后成型和成型后强化）两类。

3.4.4 弹簧钢的热处理

3.4.4.1 冷成型弹簧的热处理

对于小型弹簧，如丝径小于 8mm 以下的螺旋弹簧或弹簧钢带等，可以在热处理强化或冷变形强化后成型，即用冷拔钢丝冷卷成型。冷拔钢丝具有高的强度，这是利用冷拔变形使钢产生加工硬化而获得的。冷拔弹簧钢丝按其强化工艺不同分为 3 种情况。

（1）铅浴等温淬火冷拔钢丝。将盘条先冷拔到一定尺寸，再加热到 Ac_3+（80~100）℃ 奥氏体化后，随后在 450~550℃ 铅浴中等温得到细片状珠光体组织，然后多次冷拔至所需要的直径。通过调整钢中含碳量和冷拔形变量（形变量可高达 85%~90%）以得到高强度和一定塑性的弹簧钢丝。这种铅淬拔丝处理实质上是一种形变热处理，即珠光体相变后形变，可使钢丝强度达到 3000MPa 左右。

（2）冷拔钢丝。这种钢丝主要是通过冷拔变形而得到强化，但与铅淬冷拔钢丝不同，它是通过在冷拔工序中间加入一道约 680℃ 中间退火而改善塑性，使钢丝得以继续冷拔到所需的最终尺寸，其强度比铅淬冷拔钢丝强度低。

（3）淬火回火钢丝。这种钢丝是在冷拔到最终尺寸后，再经过淬火加中温回火强化，最后冷卷成型的。此种强化方式的缺点是工艺较复杂，而强度比铅淬冷拔钢丝低。

经上述 3 种方式强化的钢丝在冷卷成型后必加一道低温回火工艺，其回火温度为250~300℃，回火时间为 1h。低温回火的目的是消除应力、稳定尺寸，并提高弹性极限。实践中发现已经强化处理的钢丝在冷卷成型后弹性极限往往并不高，这是因为冷卷成型将使易动位错增多，且由于包申格效应引起起始塑变抗力降低。因此在冷卷成型后必须进行一次低温回火，以造成多边化过程，提高弹性极限。

表 3-3　常用弹簧钢的牌号、成分、力学性能、热处理及用途

牌号	化学成分（质量分数）/%						热处理/℃		力学性能（不小于）				用途举例
	C	Si	Mn	Cr	V	其他	淬火温度	回火温度	σ_b/MPa	σ_s/MPa	δ/%	ψ/%	
65	0.62~0.70	0.17~0.37	0.50~0.80	≤0.25	—	—	840油	500	800	1000	9	35	小于φ12mm的一般机器上的弹簧，或成拉成钢丝制作小型机械弹簧
85	0.82~0.90	0.17~0.37	0.50~0.80	≤0.25	—	—	820油	480	1000	1150	8	30	小于φ12mm的汽车、拖拉机等机械上承受振动的螺旋弹簧
65Mn	0.62~0.70	0.17~0.37	0.90~1.20	≤0.25	—	—	830油	540	800	1000	8	30	小于φ12mm各种弹簧，如弹簧发条、刹车弹簧等
55Si2MnB	0.52~0.60	1.50~2.00	0.60~0.90	≤0.35	—	B 0.0005~0.004	870油	480	1200	1300	6	20	用于φ25~30mm减振板簧与螺旋弹簧，工作温度低于230℃
60Si2Mn	0.56~0.64	1.50~2.00	0.60~0.90	≤0.35	—	—	870油	480	1200	1300	5	25	同 55Si2MnB 钢
50CrVA	0.46~0.54	0.17~0.37	0.50~0.80	0.80~1.10	0.10~0.20	—	850油	500	1150	1300	10(δ_5)	40	用于φ35~45mm承受大应力的各种重要的螺旋弹簧，也可用作大截面的及工作温度低于400℃的气阀弹簧、喷油嘴弹簧等
60Si2CrVA	0.56~0.64	1.40~1.80	0.40~0.70	0.90~1.20	0.10~0.20	—	850油	410	1700	1900	6(δ_5)	20	用于<500℃弹簧，工作温度低于250℃的极重要的，重载荷下工作的板簧与螺旋弹簧
30W4Cr2VA	0.26~0.34	0.17~0.37	≤0.40	2.00~2.50	0.50~0.80	W 4~4.5	1050~1100油	600	1350	1500	7(δ_5)	40	用于高温下（500℃以下）的弹簧，如锅炉安全阀簧与螺旋弹簧等

3.4.4.2　热成型弹簧的热处理

热成型弹簧一般是将淬火加热与热成型结合起来，即加热温度略高于淬火温度，加热后进行热卷成型，然后利用余热淬火，最后进行 350~400℃ 的中温回火，从而获得回火屈氏体组织。这是一种形变热处理工艺，可有效地提高弹簧的弹性极限和疲劳寿命。一般汽车上大型板弹簧均采用此方法。对于中型螺旋弹簧也可以在冷状态下成型，而后进行淬火和回火处理。

为进一步发挥弹簧钢的性能潜力，在弹簧热处理时应注意以下 3 点：

（1）弹簧钢多为硅锰钢，硅有促进脱碳的作用，锰有促进晶粒长大的作用。表面脱碳和晶粒长大均使钢的疲劳强度大大下降，因此加热温度、加热时间和加热介质均应注意选择和控制，如采用盐炉快速加热及在保护气氛条件下进行加热。淬火后应尽快回火，以防延迟断裂产生。

（2）回火温度一般为 350~450℃。若钢材表面状态良好（如经过磨削），应选用低限温度回火；反之，若表面状态欠佳，可用上限温度回火，以提高钢的韧性，降低对表面缺陷的敏感性。弹簧钢要求有较高的冶金质量，以防钢中夹杂物引起应力集中而成为疲劳裂纹源，故指标中规定弹簧钢为优质钢。

弹簧钢对钢材表面质量有严格要求，防止因表面脱碳、裂纹、折叠、斑疤、气泡、夹杂和压入的氧气皮等引起应力集中，降低弹簧钢的疲劳极限。钢材表面质量对疲劳极限的影响见表 3-4，脱碳层深度对弹簧钢疲劳寿命的影响见表 3-5。

表 3-4　钢材表面质量对疲劳强度的影响

钢　号	σ_b/MPa	试样表面状态	σ_{-1}/MPa
55SiMn	1460	磨光	615
		氧化、脱碳	180
50Si2Mn	1100	氧化、脱碳	180
		热处理后砂纸打光	500
55Si2Mn	1300	热处理后砂纸打光	500
		磨光	640
50CrMn	1310	磨光	640
		抛光	670
50CrVA	1665	未抛光	500
		带 60 缺口试样	197

表 3-5　55Si2Mn 钢脱碳层深度对疲劳强度的影响

脱碳层深度	σ_{-1}/MPa	脱碳层深度	σ_{-1}/MPa
0	510	0.20	330
0.125	350	0.25	300

（3）弹簧钢含硅量较高，钢材在退火过程中易产生石墨化，对此必须引起重视。一般钢材进厂时要求检验石墨的含量。

热轧弹簧钢采用加热成型制造弹簧的工艺路线大致如下（以板簧为例）：

扁钢剪断→加热压弯成型后淬火、中温回火→喷丸→装配。

弹簧钢的淬火温度一般为 830~880℃，温度过高易发生晶粒粗大和脱碳现象。弹簧钢最忌脱碳，它会使其疲劳强度大为降低。因此在淬火加热时，炉气要严格控制，并尽量缩短弹簧在炉中的停留时间，也可在脱氧较好的盐浴炉中加热。淬火加热后在 50~80℃ 油中冷却，冷至 100~150℃ 时即可取出进行中温回火。回火后的硬度在 39~52HRC 范围，如螺旋弹簧回火后硬度为 45~50HRC，受剪切应力较大的弹簧回火后硬度为 48~52HRC，板簧回火后硬度为 39~47HRC。

弹簧的表面质量对使用寿命影响较大，因为微小的表面缺陷（如脱碳、裂纹、夹杂和斑疤等）即可造成应力集中，使钢的疲劳强度降低。试验表明，采用 60Si2Mn 钢制作的汽车板簧，经喷丸处理后，使表面产生压应力，寿命可提高 5~6 倍。

目前在弹簧钢热处理方面应用等温淬火、形变热处理等一些新工艺，对其性能的进一步提高有一定的成效。

3.5　轴　承　钢

滚动轴承是一种重要的基础零件，其作用主要在于支撑轴径。滚动轴承由内套、外套、滚动体（滚珠、滚轮、滚针）和保持架 4 部分组成。其中，除保持架常用低碳钢（08钢）薄板冲制外，内套、外套和滚动体则均用轴承钢制造。

除此之外，轴承钢还广泛用于制造各类工具和耐磨零件，如精密量具、冷变形磨具、丝杠、冷轧辊和高强度的轴类等。

3.5.1　轴承钢的工作条件及性能要求

滚动轴承运转时，内外套圈与滚动体之间呈点或线接触，很小的接触面上承受了很大的压应力（高达 1800~5000MPa）和交变载荷（应力交变次数高达每分钟万次以上）。同时，滚动体与套圈之间不但有滚动摩擦，而且还有滑动摩擦。另外，有时在强大的冲击载荷作用下，轴承也可能产生破碎；对在特殊条件下工作的轴承，常与大气、水蒸气及腐蚀介质相接触，进而产生腐蚀。因此对轴承钢的性能要求如下：

（1）高的弹性极限、抗拉强度和接触疲劳强度。

（2）高的淬硬性和必要的淬透性，以保证高耐磨性，其硬度为 61~65HRC。

（3）一定的冲击韧性。

（4）良好的尺寸稳定性（或组织稳定性），这对精密轴承特别重要。

（5）在与大气或润滑油接触时要能抵抗化学腐蚀。

对于大批量生产的轴承，其所用钢种除必须满足使用性能外，还应具有良好的加工工艺性能。

3.5.2 轴承钢的成分特点

3.5.2.1 高碳

轴承钢含碳量高，属于过共析钢。高碳可以保证钢具有高的硬度和耐磨性。实践证明，在同样硬度的情况下，在马氏体上有均匀细小的碳化物存在，比单纯马氏体的耐磨性要高。为了形成足够的碳化物，钢中的含碳量不能太低，但过高的含碳量会增加碳化物分布的不均匀性，且易生成网状碳化物而使力学性能降低，故轴承钢的 $w(C)=0.95\% \sim 1.15\%$。

3.5.2.2 加入 Cr、Mn、Si 等合金元素

Cr 是轴承钢中最主要的合金元素，其作用是：Cr 可提高钢的淬透性；钢中部分 Cr 可溶于渗碳体，形成稳定的合金渗碳体（FeCr）$_3$C，含 Cr 的合金渗碳体在淬火加热时溶解较慢，可减少过热倾向，经热处理后可以得到较细的组织；碳化物能以细小质点均匀分布于钢中，既可提高钢的回火稳定性，又可提高钢的硬度，进而提高钢的耐磨性和接触疲劳强度；Cr 还可以提高钢的耐腐蚀性，但如果钢中的 Cr 质量分数过大（$w(Cr)>1.65\%$），则会使残余奥氏体增加，使钢的硬度和尺寸稳定性降低，同时还会增加碳化物的不均匀性，降低钢的韧性。

制造大型轴承时，其淬透性便成为主要问题，通过加入合金元素 Si 和 Mn 进一步提高钢的淬透性。总之，轴承钢中通常加的合金元素是 Cr、Mn、Si。

3.5.2.3 高的冶金质量

由于轴承钢的接触疲劳性能对钢材的微小缺陷十分敏感，所以非金属夹杂物对钢的使用寿命有很大的影响。非金属夹杂物的种类、尺寸、大小和形态不同，则影响大小也不同。危害性最大的是氧化物，其次是硅酸盐，它们的多少主要取决于冶金质量和铸造工艺。因此，在冶炼和浇注时必须严格控制非金属夹杂物的数量，通常 $w(S)<0.02\%$，$w(P)\leqslant 0.02\%$。

另外，碳化物的带状或网状不均匀分布、疏松（一般疏松或中心疏松）、偏析等都会影响轴承的使用寿命，应严格加以控制。对于一些冶金缺陷，如裂纹、折叠、发纹、结疤，以及缩孔、气泡、白点、过烧等缺陷，一般是不允许存在的。

为了提高钢材的冶金质量，现已广泛采用精炼、电渣重熔及真空冶炼等技术。

3.5.3 常用的轴承钢

常用轴承钢的牌号、成分、热处理及用途见表 3-6。其中，应用最广泛的是 GCr15 钢，占轴承钢的 90% 左右。国外所用轴承钢的成分，大体与 GCr15 钢相同。

（1）铬轴承钢。最具有代表性的铬轴承钢是 GCr15，多用于制造中、小型轴承，也常用来制造冷冲模、量具、丝锥等。

GCr15 钢的淬火温度要求十分严格，如果淬火加热温度过高（>850℃），将会增多残余奥氏体量，并会由于过热而淬得粗片状马氏体，以致急剧降低钢的冲击韧性和疲劳强度（图 3-6）。淬火后应立即回火，回火温度为 150~160℃，保温 2~3h。经热处理后的金相组织为极细的回火马氏体和分布均匀的细粒状碳化物及少量的残余奥氏体，回火后硬度为 61~65HRC。铬轴承钢各种零件回火后的硬度见表 3-7。

表 3-6 常用滚动轴承钢牌号、成分、热处理及用途

牌号	化学成分（质量分数）/%					热处理/℃			用途举例
	C	Cr	Si	Mn	其他	淬火温度	回火温度	回火后硬度 HRC	
GCr9	1.00~1.10	0.90~1.20	0.15~0.35	0.25~0.45	—	830	160	61~65	直径小于 20mm 的球、滚子及滚针
GCr9SiMn	1.00~1.10	0.90~1.20	0.45~0.75	0.95~1.25	—	815~835	150~160	≥62	壁厚小于 12mm，外径小于 250mm 的套圈，直径小于 22mm 的滚子
GCr15	0.95~1.05	1.40~1.65	0.15~0.35	0.25~0.45	—	830~845	150~160	61~65	与 GCr9SiMn 相同
GCr15SiMn	0.95~1.05	1.40~1.65	0.45~0.75	0.95~1.25	—	830	180	62	壁厚大于 12mm，外径大于 250mm 的套圈，直径大于 10mm 的球、直径大于 22mm 的滚子
MnMoVRE	0.95~1.05	0.15~0.40	1.10~1.40	—	V 0.15~0.25 Mo 0.4~0.6 RE 0.05~0.10	770~810	170±5	62	代 GCr15 用于军工和民用轴承
GSiMnMo	0.95~1.10	—	0.45~0.65	0.75~1.05	V 0.2~0.3 Mo 0.2~0.4	780~820	175~200	62	代 GCr15 用于军工和民用轴承

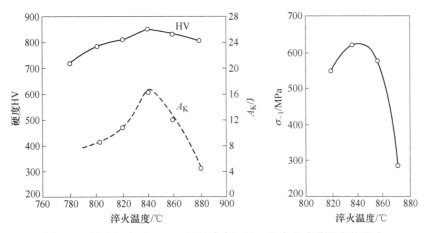

图 3-6　淬火温度对 GCr15 钢的冲击韧性、硬度和疲劳强度的影响

表 3-7　铬轴承钢各种零件回火后的硬度

钢　号	零件名称	回火后的硬度 HRC
GCr15	套圈	61~65
	关节轴承套圈	58~64
	滚针、滚子	61~65
	直径不大于 45mm 球	62~66
	直径不小于 45mm 球	60~66
GCr15SiMn	套圈	60~64
	球	60~66
	滚子	61~65

低温回火后进行磨削加工，然后再进行一次消除磨削应力、进一步稳定组织、提高零件尺寸稳定性的更低温的长时间回火，这种回火称为附加回火或补充回火，又称为稳定化处理或时效处理。

（2）添加 Mn、Si、Mo、V 元素的轴承钢，如 GCr15SiMn 钢等，常用于制造大型轴承。为了节约 Cr，加入 Mo、V 可得到无铬轴承钢，如 GSiMnMoV 等，与含铬轴承钢相比，它们具有较好的淬透性、物理性能和锻造性能，但易脱碳且耐蚀性能较差。

对于承受很大冲击载荷的轴承，常用渗碳轴承钢制造，如 G20Cr2Ni4 钢等。对于要求耐蚀的不锈钢轴承，常采用 95Cr18 钢，但其磨削性和导热性差。

综上所述，铬轴承钢制造轴承的生产工艺路线一般如下：

轧制、锻造→预先热处理（球化退火）→机械加工→淬火和低温回火→磨削加工→成品。

3.5.4　轴承钢的热处理

由于轴承钢是过共析钢，并且对碳化物的形状和分布要求较高，因此其预先热处理通常采用球化退火。球化退火的目的是降低钢的硬度，退火后硬度一般为 207~229HB，这样可改善切削加工性能，更重要的是获得球状珠光体和均匀分布的细粒状碳化物，为最终热处理进行组织准备。球化退火工艺一般为：将钢材加热到 790~800℃ 奥氏体化，然后在 710~720℃ 保温 3~4h，随后以 50℃/h 冷却到 600℃ 出炉空冷；或加热到 790~810℃，保温时间为 2~6h，然后以 10~30℃/h 的速度冷却至 600℃ 出炉空冷。

　　轴承钢的最终热处理是淬火加低温回火。淬火温度要求十分严格，对 GCr15 钢，淬火加热温度为 820~840℃。温度过高会引起过热，晶粒长大，使钢的韧性和疲劳强度下降，且易淬裂和变形；温度过低，则奥氏体中溶解的铬和碳的含量不够，钢淬火后硬度不足。马氏体中的碳含量在 0.45%~0.5% 时，轴承钢既具有高硬度，又有良好的韧性，还具有最高的接触疲劳寿命。GCr15 钢的淬火组织为隐晶马氏体上分布细小均匀分布的粒状碳化物（7%~9%）和少量残余奥氏体。

　　淬火后应立即回火，以消除内应力、提高韧性、稳定组织和尺寸；回火温度一般为 150~160℃，保温时间为 2~4h。为使回火性能均匀一致，回火温度也要严格控制，最好在油中进行。轴承钢经淬火及回火后的组织为极细的回火马氏体、均匀分布的细粒状碳化物以及少量的残余奥氏体，硬度为 62~66HRC。必须指出的是，轴承在淬火及回火后的磨削加工过程中，还会产生磨削应力，因此通常还要进行一次附加回火（回火温度为 120~150℃，回火时间为 2~3h）以稳定组织和尺寸。对于精密轴承，为了保证能长期存放和使用中不变形，在淬火后要立即进行"冷处理"，以使钢中未转变的残余奥氏体进一步发生转变；再在磨削加工后进行附加回火，回火温度为 120~150℃，回火时间为 5~10h。

　　此外，随着燃汽轮机、航空及航天工业的发展，轴承的工作温度已超过 300℃ 以上，如航空发动机轴承的使用温度有的高达 300℃ 以上，由于温度高，材料的硬度、耐磨性的力学性能显著下降，因此对所用轴承的材料要求有足够的高温硬度、高温强度、耐磨性、抗氧化性及一定的抗腐蚀性能、良好的尺寸稳定性。GCr15 轴承钢的最高工作温度不超过 180℃，含抗回火稳定性元素 Si、Mo、V、Al 的低合金轴承钢的工作温度也不能超过 260℃。因此在更高温度下使用的轴承必须采用高温轴承钢，如 Cr4Mo4V、Cr14Mo4V、Cr15Mo4、GCr18Mo、W6Mo5Cr4V2 等，其中 W6Mo5Cr4V2 钢为高速钢。这类钢的成分特点是含有大量的 W、Mo、Cr、V 等碳化物形成元素，经淬火后可获得高合金化的高碳马氏体，具有良好的回火稳定性，并在高温回火后产生二次硬化现象，因此能在高温下保持高硬度、高耐磨性和良好的接触疲劳强度。几种高温轴承钢的化学成分见表 3-8。

表 3-8　高温轴承用钢的化学成分及其使用温度

钢　号	最高使用温度/℃	化学成分（质量分数）/%						
		C	Si	Mn	Cr	Mo	W	V
GCr15	177	1.0	0.25	≤0.5	1.5	—	—	—
GCr18Mo	249	1.1	≤1.0	≤1.0	1.7	≤0.75	—	—
Cr14Mo4V	430	1.1	≤1.0	1.0	14.5	4.0	—	≤0.15
Cr4Mo4V	361	0.8	0.3	0.3	4.0	4.0	—	1.0
W6Mo5Cr4V2	482	0.85	0.3	0.3	4.0	5.0	6.0	2.0
Cr15Mo4	430	0.90~1.10	≤1.0	≤1.0	14.00~16.00	3.80~4.30	—	—

　　这里只介绍 Cr4Mo4V、Cr15Mo4 钢。Cr4Mo4V 钢是目前航空发动机上最常用的高温轴承钢。这种钢在热处理和性能上具有高速钢的特点，但合金元素含量略少，所以其高温硬

度不如高速钢，但这种钢的加工性能优于高速钢。Cr4Mo4V 钢的淬火加热温度为 1100～1140℃，在油中淬火。当加热温度较高时，钢中的碳化物（Fe,Mo）$_3$C、VC 等大部分溶于奥氏体，淬火后得到合金程度和碳含量都比较高的马氏体，因而具有比较高的回火稳定性。经过 530～560℃ 的二次回火（每次 2h）可使残余奥氏体发生分解并使马氏体中析出高度弥散的碳化物（VC 和 Mo$_2$C）质点，因而具有高的硬度 61～65HRC。Cr4Mo4V 钢可在 430℃ 下工作（此时的最高硬度为 54HRC）或在 315℃ 下长期工作（此时的最高硬度为 57HRC）。

Cr15Mo4 钢含有较高的铬，因而具有较高的耐腐蚀性能，是一种不锈高温轴承钢。Cr15Mo4 钢可在 1100～1130℃ 范围内淬火，再经-75℃ 冷处理和 500～520℃ 3 次回火后，可得到最高的硬度，即 60～64HRC。这种钢淬火组织中有相当数量的残余奥氏体，它有较高的稳定性，必须通过冷处理或多次回火才能消除，否则在使用过程中残余奥氏体将发生向马氏体的转变，影响轴承的尺寸稳定性。Cr15Mo4 在 430℃ 长时间停留时有良好的尺寸稳定性，同时有良好的抗回火稳定性（高温硬度大于 54HRC）。

滚动轴承钢的应用举例：液压泵偶件针阀体。

针阀体与针阀是内燃机油泵中的一对精密偶件，阀体固定在汽缸头上，在不断喷油的情况下，针阀体顶端与阀体端部有强烈的摩擦作用，而且阀体端部工作温度在 260℃ 左右。阀体与针阀要求尺寸精密和稳定，稍有变形就会引起漏油或出现卡孔现象。因此，要求针阀体有高的硬度和耐磨性，高的尺寸稳定性。

（1）热处理技术条件：62～64HRC，热处理形变小于 0.04mm。

（2）用钢选择：一般选用 GCr15 钢。

（3）针阀体的加工路线如下：

下料（冷拉圆钢）→机械加工→去应力退火→机械加工→淬火、冷处理、回火、时效→机械加工→时效→机械加工。

去应力处理是在 400℃ 下进行的，以消除加工应力，减小变形。热处理工艺曲线如图 3-7 所示。

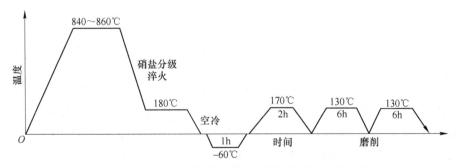

图 3-7　GCr15 钢制作精密偶件阀体的热处理工艺曲线

采用硝盐分级淬火，以减小变形。冷处理在略低于-60℃ 的状态下进行。冷处理的目的是减少残余奥氏体量，起到稳定尺寸的作用。

回火温度为 170℃，以降低淬火及冷处理后产生的应力。第一次时效在回火后进行，加热温度为 130℃，保温 6h。利用较低温度、较长时间的保温，使应力进一步降低，组织更加趋向稳定。第二次时效在精磨后进行，采用同上工艺，以便更进一步降低应力，稳定组织，稳定尺寸。

3.6 马氏体型结构钢

马氏体型结构钢包括低碳马氏体型结构钢、中碳低合金马氏体型超高强度结构钢、马氏体时效钢等。

3.6.1 低碳马氏体型结构钢

低碳马氏体型结构钢通常根据其合金元素的多少又可分为低碳低合金马氏体型结构钢和低碳中合金马氏体型结构钢两类。

3.6.1.1 低碳低合金马氏体型钢

一般的中碳（合金）结构钢经通常的热处理后，其强度与塑性、韧性是一对矛盾。为了追求高的塑性和韧性，而采用淬火加高温回火（调质处理），势必牺牲强度；若欲保持高的强度水平，采用淬火加低温回火，又显得塑性、韧性不足。然而低碳（合金）结构钢淬火后形成位错板条马氏体+板条相界残余奥氏体薄膜+板条内部自回火或低温回火析出的细小分散碳化物，则可实现强度、韧性、塑性的最佳配合。因而研究开发低碳马氏体型结构钢具有重要的理论和实际意义。

当溶有少量碳和合金元素的奥氏体自高温淬火至室温而形成位错型板条马氏体时，会伴随着如下几种强化机制。首先，由于快速冷却，使马氏体的碳含量和合金元素含量达到过饱和状态，从而造成相当程度的固溶强化效应。马氏体是由奥氏体经非扩散性切变而形成的，在转变过程中伴随着容积的改变和滑移过程而产生了大量的位错，其密度随马氏体中碳的增加而增加，故产生明显的位错强化效应。由于位错型板条马氏体由细小的板条（亚晶）和较大的板条束（晶块）所组成，它们分别以小角度晶界和大角度晶界的方式对强化作出了贡献。不过这种晶界强化效应与上述两种强化效应（固溶强化和位错强化）相比，其强化效果相对较弱。最后，由于低碳（合金）钢的 M_s 温度较高，在奥氏体转变为马氏体时，因自回火作用会有细小碳化物在马氏体中析出，因而还有第二相强化的作用。由此可见，低碳马氏体的强化实际上综合了固溶强化、位错强化、细晶强化及第二相强化4 种强化效果，因而强化作用十分显著。

将低碳合金钢（如低合金高强度结构钢 16Mn、常用的渗碳钢以及低碳珠光体热强钢）经过不同的淬火介质淬火可以获得低碳马氏体组织，由于低碳马氏体状态下的钢在静载下具有良好的强度和塑性、韧性的配合（表 3-9），即使 C 含量提高到 0.25%，这种优良性能仍然存在；同时低碳马氏体与中碳调质钢相比较，其冷脆倾向性小，如从室温到低温（不高于-60℃）系列冲击试验中，若取室温 a_K 值的 40%时的温度作为脆性转变温度 T_c，那么低碳马氏体的冷脆转变温度为 $T_c \leqslant -60 \sim 70$℃，而 4Cr 钢调质态的 T_c 为-50℃。低温下 a_K 值（表 3-10）的对比突出地显示了低碳马氏体比中碳钢正火态及调质态具有高得多的 a_K 值。因此，对在严寒地带室外服役的机件及低温下要求高强度和高韧性的机件，采用低碳马氏体强化是很合适的。此外，低碳马氏体型结构钢不仅在静载下具有低的缺口敏感性，而且还具有低的疲劳缺口敏感性。

表 3-9 若干低碳马氏体型结构钢的常规力学性能

钢 号	热处理	硬度（HRC）	$\sigma_{0.2}$/MPa	σ_b/MPa	δ_s/%	ψ/%	a_K/J·cm^{-2}
15	940℃淬10%NaOH 水溶液，200℃回火	36	940	1140	9.3	39	59
15MnB	880℃淬10%NaCl 水溶液，200℃回火	43	1169	1390	14.8	63.9	112
15MnVB	880℃淬10%NaCl 水溶液，200℃回火	43	1133	1353	12.6	51	95
16Mn	900℃淬10%盐水，200℃回火	45	1220	1440	11.4	40.1	49.8
20	910℃淬10%盐水，200℃回火	44	1310	1530	11.1	45	41
20Mn	880℃淬10%盐水，200℃回火	44	1260	1500	10.8	42.5	95
20Mn2	880℃淬10%盐水，200℃回火	45	1265	1500	12.4	52.5	83
20MnV	880℃淬10%盐水，200℃回火	45	1245	1435	12.5	43.5	89~126
20Cr	880℃淬10%NaCl 水溶液，200℃回火	45	1200	1450	10.5	49	≥70
20CrMnTi	880℃淬10%NaCl 水溶液，200℃回火	45	1310	1510	12.2	57	80~100
20CrMnSi	880℃淬水，200℃回火	47	1315	1575	13	53	93~107
20MnVB	940℃淬10%NaOH 水溶液，200℃回火	45	1245	1435	12.5	43	—
4320Mn2TiB	870℃淬10%盐水，200℃回火	—	1230	1450	11.3	55	104
25MnTiB	800℃淬油，200℃回火	—	1330	1335	12.5	54	96
25MnTiBRE	800℃淬油，200℃回火	—	1345	1700	13	57.5	95
20SiMn2MoVA	800℃淬油，200℃回火	—	1238	1511	13.4	58.5	160
25SiMn2MoVA	800℃淬油，200℃回火	—	1378	1676	11.3	51.0	68
18Cr2Ni4WA	800℃淬油，200℃回火	—	1242	1496	9.3	38.1	—
20Cr2Ni4A	800℃淬油，200℃回火	44.5	1192	1437	13.8	59.6	—

表 3-10 若干低碳与中碳马氏体型结构钢正火和调质态室温及低温冲击值的对比

钢 号	热处理及组织状态	硬度（HRC）	室温时的 a_K 值/J·cm^{-2}	-50℃时 a_K 值/J·cm^{-2}
15MnVB	低碳马氏体	38/41	90	70~80

钢　号	热处理及组织状态	硬度（HRC）	室温时的 a_K 值/J·cm^{-2}	-50℃时 a_K 值/J·cm^{-2}
40Cr	调质态	33/38	70	≤40
35	正火态	—	40/50	—
20SiMnVB	低碳马氏体	46	115	53（-40℃）
20SiMnMoV	低碳马氏体	45	120	65（-40℃）
20SiMnMoV	低碳马氏体	46	140	90

　　低碳马氏体与中碳马氏体相比表现出较高的韧性和塑性，其基本机制一般认为是由于板条马氏体的亚结构为位错型，分布比较均匀，而且不含或含很少的孪晶亚结构。针状马氏体的塑性、韧性低的原因主要是由其亚结构决定的，因为孪晶型的亚结构可用的形变系统较少。板条马氏体的板条束细化对强化效果贡献虽然小于其他强化机制，但对韧性有较大的贡献，因为板条束是脆性断裂的最小断裂单元。板条束的宽度越小，钢的脆性转化温度越低；奥氏体晶粒越细，淬火得到的马氏体板条束的宽度也越窄，韧性也越好。此外，板条马氏体的板条束是平行成长的，不像针状马氏体非平行成长而发生相互撞击造成微裂纹，这显然也不降低钢的韧性。最后，由于板条马氏体的相界还常常存在连续或不连续的残余奥氏体薄膜，这种塑性的第二相的存在也促进实现低碳马氏体性能的优化。这种沿马氏体板条相界呈薄膜分布的奥氏体可以使裂纹分支，增加能量消耗；也可以钝化裂纹，导致应力集中下降；在应力作用下诱导残余奥氏体向马氏体转变而释放应力。显然残余奥氏体改善韧性的有效性随相变稳定性的增大而增大，如扩大奥氏体相区的合金元素 Ni、Mn 等均有利于在马氏体板条相界形成残余奥氏体薄膜，又如石墨化元素 Si、Ni、Al 等能有效阻止马氏体的形核和长大并稳定残余奥氏体，因而对钢的韧性也有贡献。

　　由表 3-10 可以看出，常用的低碳合金钢淬火获得低碳马氏体后，可以满足机械制造工业中大量常用零件的淬透性和使用性能的要求。然而对于一些特定的零件，在保证力学性能的同时，还要满足工艺性能的要求，这时设计、开发新的低碳马氏体型钢是非常必要的。为此，我国科学家们结合我国的资源条件，研制成功了低碳马氏体型高强度冷镦螺栓用钢 15MnVB（15MnB）和石油机械用钢 20SiMn2MoVA（25SiMn2MoVA）等。

　　15MnVB 钢是一种以冷镦法制造 M20 以下的高强度螺栓用的低碳马氏体型钢。由于中小直径的螺栓通常采用冷激成型加工六角螺栓头，采用搓丝或滚丝工艺加工螺纹，这就要求螺栓用钢具有良好的冷镦、搓丝等加工工艺性能。汽车用重要螺栓（连杆螺栓、缸盖螺栓、半轴螺栓等）过去一般采用中碳调质钢 38Cr（或 40Cr）制造，但是其冷镦性能较差。15MnVB 钢的设计采用了 Mn-V-B 的合金化，经 880℃淬火加 220℃回火可获得位错板条马氏体加板条相界残余奥氏体薄膜以及自回火和回火析出的弥散碳化物组织，具有比 40Cr 钢调质处理优良的综合力学性能，即既具有较高的强度又具有良好的韧性和低的冷脆转化温度。这种钢制造的螺栓静强度比 40Cr 螺栓提高了 1/3 以上，从而使螺栓承载能力提高了 45%~70%，而螺栓的缺口偏斜敏感性并未显著提高，这不仅显著改进了汽车螺栓的质量，而且还能满足大功率新型车型的设计要求。

　　采用 15MnVB 钢还可使螺栓的工艺性能获得显著改善。例如，冷拔、冷镦不易开裂；

冷拔模具、冷镦模具、搓丝板、滚丝轮等不易损坏，可使工模具寿命提高 20%～30%；同时低碳马氏体螺栓用钢的回火温度低，也节省了电力和炉用耐热材料，并缩短了热处理的生产周期，提高了生产效率。

此外，钢厂生产 15MnVB 钢时的冶金工艺质量也得到了提高，并且简化了生产流程。38Cr（或 40Cr）铸锭后，钢锭冷却速度快，易产生裂纹，因而要求"红送"（即红热状态至开坯厂），或在热态装炉退火。而 15MnVB 钢的裂纹敏感性小，钢锭不需要红送或退火，这给生产带来了很大的方便。为了保证顶锻合格率，38Cr（或 40Cr）钢坯必须经过酸洗、研磨、消除表面缺陷；而 15MnVB 钢可以取消酸洗、研磨工序，这也为提高生产效率创造了条件。同时，由于低碳马氏体型钢塑性好，脱碳倾向小，因而钢材的合格率也大大提高。在 15MnVB 钢的基础上，为了节约成本，不用微量元素 V，制成了 15MnB 钢，其过热敏感性小，晶粒度和低温韧性也都表现良好，已用于标准件行业以代替 35CrMo 钢制造高强度螺栓，并取得了较好的效果。

在 20SiMn2MoVA 和 25SiMn2MoVA 钢中，加入 Si、Mn、Mo，既能强化马氏体，又能保证较高的淬透性。与此同时，Si、Mn 可以保证板条相界残余奥氏体的数量及其稳定性。而且，Si 还可以阻止 Fe_3C 的形核与长大，并推迟回火马氏体脆性的发生。少量 V 则可以细化奥氏体晶粒，改善韧性。合金元素的综合作用使得 20SiMn2MoVA 和 25SiMn2MoVA 钢具有较高的淬透性。20SiMn2MoVA 钢的预先热处理工艺为 920～940℃正火，690～720℃高温回火，空气冷却，硬度小于 269HB，其切削性能稍差。最终热处理工艺为 900℃淬油，250℃回火。20SiMn2MoVA 和 25SiMn2MoVA 钢都具有较高的综合力学性能，已用于制造某些石油机械产品的重要零件，并为制造有效截面在 $\phi100mm$ 左右的机器零件提供了合适的低碳马氏体型钢种。

综上所述，低碳低合金马氏体型结构钢的设计与开发为机械制造工业增添了一类新型钢种，用于代替中碳调质钢，可以大幅度减轻结构重量，延长使用寿命，改善工艺性能和提高产品质量，因而是机械制造用钢的一个重要分支。

3.6.1.2 低碳中合金马氏体型结构钢

低碳低合金马氏体型结构钢在强度、韧性结合方面取得了很大的成功，但对于强度和韧性的不同配合要求，还可以通过增加合金元素来适当增加强度或韧性，例如可增加合金元素 Ni 以增加韧性，如 18Cr2Ni4WA 钢（表 3-10）。由于此钢中含有 4%的 Ni，因而改善了室温和低温韧性和断裂韧性，可用于大马力高速柴油机曲轴等。当然，在低碳低合金马氏体型结构钢的基础上进一步提高合金元素的含量还可增加强度，以获得更高的强度要求。典型的低碳中合金马氏体型超高强度钢的化学成分和力学性能见表 3-11 和表 3-12。

表 3-11 典型的低碳中合金马氏体型超高强度钢的化学成分

钢 号	化学成分（质量分数）/%						
	C	Si	Mn	Cr	Ni	Mo	V
Fe-4Cr-2Mn-0.25C(美)	0.25	0.15～0.35	1.93	4.0	—	—	—
Fe-4Cr-5Ni-0.27C(美)	0.27	0.15～0.35	0.50～0.80	3.8	5.0	—	—
25Si2Mn2CrNiMoVA	0.23～0.29	1.50～1.80	1.80～2.00	1.40～1.60	1.40～1.60	0.75～0.95	0.10～0.15

表 3-12   典型的低碳中合金马氏体型超高强度钢的热处理工艺及室温力学性能

钢 号	热处理工艺	σ_s/MPa	σ_b/MPa	δ_5/%	ψ/%	a_K /J·cm^{-2}	CVN /J·cm^{-2}	HV	K_{IC} /MPa·m$^{1/2}$
Fe-4Cr-2Mn-0.25C（美）	1100℃淬火，200℃回火	1344	1620	6.5	36	—	—	—	138
Fe-4Cr-5Ni-0.27C（美）	1100℃淬火，200℃回火	1288	1612	12	—	—	—	—	135
25Si2Mn2CrNiMoVA	950℃淬火，300℃回火	1422	1765	13.5	59	89	46	534	120/176

    由表 3-11 可以看出，25Si2Mn2CrNiMoV 低碳中合金马氏体型超高强度钢的开发，其合金设计思路可以归纳为两个方面：一是保证韧性，强化低碳马氏体。我们知道，从强化效果而言，碳原子进入八面体间隙位置造成的强化效果最大，而低碳马氏体正好缺乏这种最有效的因素。如果把低碳马氏体的含碳量适当提高，则有望在回火过程中有更多的碳化物弥散析出，从而有可能较大幅度地提高屈服强度。虽然最经济的办法是增加钢中的 C 含量（利用 C 的固溶强化和形成 Fe₃C 的第二相强化），但是，当钢中碳含量大于 0.3% 时，淬火后形成的马氏体中不可避免地要出现较多的孪晶亚结构，这有损于钢的韧性并可能增加淬火裂纹敏感性。为此，含碳量范围只能控制在 0.25% 左右。由于通过增加碳含量来强化低碳马氏体受到限制，因此必须寻找其他强化手段。我们知道，合金元素的置换固溶也能产生一定的强化，并且这种强化作用对韧性的损害不像碳那么强烈，因而也是一种有效的强化途径。由于 Si、Mn、Ni 和 Mo 对铁素体有相对较大的固溶强化效果，所以在低碳中合金马氏体型超高强度结构钢的成分设计中，首先考虑使用 Si、Mn、Ni 和 Mo 4 种元素。二是发挥低碳马氏体韧性高的优越性，并探索进一步改善韧性的途径。如前所述，要使结构钢在高强度下获得高韧性，一方面，在合金化强化马氏体的同时，使其亚结构基本上保持位错型。合金元素影响马氏体亚结构的一般规律为：缩小 A 相区的元素（如 Cr、Mo、W、V 等）只形成位错马氏体，而扩大 A 相区的元素（如 C、Mn、Ni）在含量低时也只形成位错马氏体，只有加入量较高时，才能形成孪晶马氏体。因此，这类钢通常采用多组元、少含量的合金化原则，以优化马氏体的亚结构；另一方面，在马氏体板条相界出现稳定的残余奥氏体薄膜。通常，扩大 A 相区的合金元素均有利于在板条相界产生残余奥氏体薄膜，其中以 Mn、Ni 为典型代表，因此低碳中合金马氏体超高强度钢的设计中，在考虑 Mn、Ni 的固溶强化的同时，也希望通过加入 Mn、Ni 保证残余奥氏体薄膜的出现。提高钢的韧性的另一个重要措施是保证必要强度的情况下，尽可能提高回火温度，以使塑性、韧性得到较大的恢复，要做到这一点必须抑制回火马氏体的脆性。从防止回火脆性的角度考虑，在进行这类钢的成分设计时，应加入石墨化元素，如 Si、Ni、Al 等能有效地阻止 Fe₃C 的形核与长大，并稳定残余奥氏体；同时 Si、Ni 还可以强化马氏体。加入 Mo 既可引起固溶强化，也可以抑制回火脆性。此外，采用精选原料、真空熔炼和细化晶粒（添加 0.2V%）的办法，以减少杂质元素的含量或改变其分布，也有利于改善钢的韧性。

    综上所述，从强度、韧性和保证所需要的组织结构 3 个方面综合考虑，Si、Mn、Ni 和

Mo 是这类钢成分设计时主要考虑的元素。此外,从改善淬透性和提高耐蚀性来考虑,加入 1% 左右的 Cr 也是必要的。而加入 V 则在于细化晶粒,改善强韧性。因此 25Si2Mn2CrNiMoV 钢的合金设计思路是合金化与强韧性机理综合运用的典型例子之一。

3.6.2 低合金中碳马氏体型超高强度结构钢

低碳中合金马氏体型钢的强度虽然较低碳低合金马氏体型结构钢有一定的提高,如 25Si2Mn2CrNiMoV 钢的屈服强度已超过 1400MPa,但对于航空与航天工业来说,降低飞行器或构件自身的重量,追求材料具有越来越高的比强度是科学家们不断努力的方向。我们知道,铝合金的相对密度为钢的 1/3,目前高强度铝合金的强度极限已达 600MPa 左右,这就要求钢的强度极限必须提高到 1800MPa 以上才能与铝合金相比较。所以一般只有当钢的屈服强度超过 1400MPa 时,才能在航空与航天工业上获得应用。此外,当飞行器的速度超过音速后,高速运动的空气分子与飞行器表面发生激烈冲撞,在飞行器表面将产生巨大的热量。当飞行器的马赫数(Mach number)$Ma = 2$ 时,飞行器表面温度达到 $100 \sim 200℃$;当 $Ma = 3$ 时,飞行器表面温度达到 $200 \sim 300℃$;当 $Ma = 4$ 时,飞行器表面温度达到 $540℃$。由于铝合金在低于 $150℃$ 时具有最高的比强度,且成型性好,因此铝合金是马赫数小于 2 的飞行器(飞机)的主要结构材料。此外钛合金在马赫数 $Ma = 2.5 \sim 3.5$ 范围内(即温度在 $250 \sim 450℃$)具有最高的比强度,但钛合金的价格昂贵,且工艺性能较差,因而超高强度钢的开发具有重要的意义。超高强度钢是为了满足飞机、火箭等航空航天器结构上用的高比强度材料而发展起来的一类结构钢,主要用于制造飞机起落架、飞机机身大梁或骨架、火箭发动机外壳、高压容器及常规武器的某些零件。这类钢按成分和使用性能的不同分为中合金低碳马氏体型、低合金中碳马氏体型、高合金超低碳马氏体时效型、中碳中合金二次硬化型及沉淀硬化超高强度不锈钢等 5 类。其中中合金低碳马氏体型超高强度结构钢在前面已作过介绍,中碳中合金二次硬化型及沉淀硬化超高强度不锈钢将分别在热作模具钢和不锈钢中介绍。

低合金中碳马氏体型超高强度结构钢是在调质钢的基础上发展起来的。由前面的讨论已经知道,调质钢经调质处理得到的回火索氏体组织不能充分发挥碳在提高钢的强度方面的潜力。淬火后进行低温回火则得到中、低碳马氏体,从而可以发挥碳在过饱和 α 相的固溶强化、α-$Fe_{2.4}C$ 与基体共格产生的沉淀强化以及马氏体相变引起的冷作硬化。研究表明,回火马氏体的强度主要取决于固溶于 α 相中的碳,且当钢中碳的质量分数在 $0.2\% \sim 0.5\%$ 范围内时,回火马氏体的强度与钢中碳的含量成线性增加的关系,即

$$\sigma_b = 288000 \times w(C) + 800 \quad (MPa)$$

由上式可以看出,当钢中碳含量每增加 0.10% 时,钢的强度约增加 300MPa。如果钢中碳含量为 0.30% 时,钢的强度可获得 1700MPa 左右;当碳含量提高到 0.40% 时,钢的强度会增加到 2000MPa 左右;当碳含量提高到 0.50% 时,钢的强度增加到 2300MPa 左右。必须指出的是,碳含量增加时,虽然能增加钢的强度,但是钢的塑性和韧性是下降的,同时工艺性能(如加工性、焊接性)也随之恶化。因此通过增加碳含量来提高钢的强度受对钢的韧性和塑性要求的限制,一般在 $0.20\% \sim 0.50\%$ 的范围内。

在以碳提高强度的同时,必须保证钢能完全淬透,使整个截面得到回火马氏体,这样才能使碳的强化作用得到充分发挥。所以合金元素在这类钢中的一个重要作用是提高钢的

淬透性，为此常加入的合金元素为 Si、Mn、Cr、Ni、Mo 等，以有效地提高钢的过冷奥氏体的稳定性，从而提高钢的淬透性。其次，由于所有的钢在低温回火时，都要出现低温回火脆性，所以合金元素的加入还必须使回火马氏体的脆性移向高温，即避开低温回火的温度范围。由于 Si 可以增加钢的抗回火稳定性，并能使回火马氏体脆性温度移向高温区，如钢中加入 1%~2% 的硅，可以使回火马氏体脆性温度推高到 350℃，这样就可以把这类钢的回火温度提高到 300~320℃，从而可以在保证高强度的同时，适当改善塑性和韧性。此外，这类钢中还可以加入 V、Nb 等合金元素，以细化奥氏体晶粒，从而细化淬火后的马氏体组织，有效地提高钢的塑性和韧性。

为了进一步改善低合金中碳超高强度钢的韧性，以提高其在服役条件下的安全可靠性，还可以采取提高钢的纯度，降低钢中夹杂物、气体及有害杂质元素含量的措施，如采用真空冶炼、真空自耗和电渣重熔后，杂质元素和夹杂物质量分数可显著下降。

几种典型的低合金中碳马氏体型超高强度结构钢的牌号、化学成分、热处理工艺及室温力学性能见表 3-13。

表 3-13　几种低合金中碳马氏体型超高强度结构钢的牌号、化学成分、热处理工艺及室温力学性能

钢　号		40CrNi2Mo	30CrMnSiNi2A	35Si2Mn2MoVA	40SiNiCrMoV
化学成分（质量分数）/%	C	0.38~0.43	0.26~0.34	0.32~0.38	0.38~0.46
	Si	0.20~0.35	0.90~1.20	1.40~1.70	1.45~1.80
	Mn	0.60~0.85	1.00~1.30	1.60~1.90	0.60~0.90
	Cr	0.70~0.90	0.90~1.20	—	0.65~2.00
	Ni	1.65~2.00	1.40~1.80	—	1.60~2.00
	Mo	0.20~0.30	—	0.35~0.45	0.30~0.50
	其他	—	—	0.10~0.20 V 0.10~0.20	V≥0.05
热处理工艺		900℃淬火，230℃回火	900℃淬火，250℃回火	920℃淬火，250℃回火	870℃淬火，315℃回火
σ_s/MPa		1628		1420	1720
σ_b/MPa		1900	1600	1700	2020
δ_5/%		10	9	9	9.5
ψ/%		35	40	40	34
a_K/J·cm^{-2}		—	60	50	—

40CrNi2Mo 钢中合金元素的配合能有效地提高钢的淬透性和韧性。钢中的铬和锰主要是提高淬透性，镍和铬的组合可有效地提高淬透性并能很好改善回火马氏体的韧性。在 40CrNi2Mo 钢的基础上加入钒和硅并提高铝含量的 40SiNiCrMoV 中，钒可以细化奥氏体晶粒，硅可提高钢的回火稳定性，将回火温度由 200℃提高到 300℃以上，以改善韧性，故 40SiNiCrMoV 钢有高的淬透性和强韧性，特别是大截面钢材。经过真空感应炉冶炼和电渣重熔成锭，再经过两次镦粗拔长开坯，由于钢的纯净度大大提高，在大截面上钢的横向力学性能得到改善，纵向和横向的断裂韧性基本一致。40SiNiCrMoV 钢可用于制造大型飞机

的起落架等重要结构材料。

低合金中碳马氏体型钢在超高强度结构钢中发展得最早，成本低廉，生产工艺较为简单，性能已接近 2000MPa 的抗拉强度，因此其产量仍居超高强度钢总产量的首位。随着强度的升高，塑性、韧性不断下降，发生材料的早期脆性破坏。当构件存在钝缺口时（如应力集中系数 $K=5$），抗拉强度在 1900~2000MPa 的钢种，其实际破坏应力尚能与设计破坏应力相当；当构件存在尖锐缺口时（如应力集中系数 $K=10$），低合金中碳马氏体型钢的抗拉强度水平不能超过 1700MPa，否则就会发生低强度下的早期破断。钢的强度越高，这种早期破坏现象就越严重。除此之外，低合金中碳马氏体型钢由于是中碳钢，在热处理过程中有较大的脱碳倾向，需要在热处理设备和工艺上采用保护措施。必须指出的是，这类钢的热处理变形较大，不易校直，焊接性较差，因此需要发展克服这些缺点的新型超高强度钢来弥补其不足。

3.6.3 马氏体时效钢

由于低合金中碳马氏体型钢主要是用碳来强化，这就带来了一些先天性的弱点，为此发展了无碳的马氏体时效钢，它是在 Fe-Ni 合金马氏体基础上，利用时效析出金属间化合物相进一步强化。

3.6.3.1 马氏体时效钢的合金化

马氏体时效钢的高强度来源于合金元素的固溶强化、马氏体相变的冷作硬化和时效析出金属间化合物的沉淀强化。由于马氏体时效钢的强化效应是由于置换元素在马氏体中固溶及沉淀析出所造成的，且这些置换元素大都是铁素体形成元素，因此要能够得到马氏体基体，必须加入扩大奥氏体相区的元素，主要是 Ni。Ni 的加入可以保证马氏体的形成，从而增加基体的强度，并降低其他合金元素在基体中的溶解度；同时，Ni 能降低点阵中位错运动抗力和位错与间隙元素之间交互作用能量，促进应力松弛，从而减少脆性断裂倾向。此外，Ni 的加入还有利于马氏体中沉淀相的均匀形核与长大，这种均匀沉淀将促进良好的塑性变形特性和高的延性。

必须指出的是，随着镍含量的增加，M_s 点也会下降，因此要降低残余奥氏体含量，还必须控制镍的加入量，同时加入一定量的 Co。因为 Co 不仅能升高 M_s 点，而且还增加钢中扩大奥氏体相区的能力，降低点阵中位错运动抗力和位错与间隙元素之间交互作用能量。Co 的这个效应有利于板条马氏体的形成，甚至在其他元素处于高浓度的情况下，也可形成板条马氏体。这种无碳板条马氏体的特征是具有高密度均匀分布的位错，并且主要是螺位错，具有平行于 α 相 [111] 方向的倾向。马氏体中高密度的位错及其比较均匀的分布，提供了大量潜在的形核位置，保证了较高的扩散速率，从而保证时效过程中获得细小的沉淀物。马氏体时效钢的板条马氏体具有良好的塑性和韧性，同时又有较好的低温塑性和韧性。具有高塑性的原因在于板条马氏体中具有大量的可动位错，组织中可动位错的增加不仅改善塑性，而且使解理缩小到最低限度。由于马氏体时效钢的板条马氏体强度并不高，因此还必须加入合金元素以形成金属间化合物的沉淀硬化相，常加入的有 Ni、Ti、Al、Mo、Nb 等，可形成 Ni_3Al、Ni_3Ti、Ni_3Mo 和 Fe_2Mo 相等。其中 Ni_3Al、Ni_3Ti 和 Ni_3Mo 为有序相，NiTi 为 DO_{24} 型结构，属简单六方点阵；Ni_3Al、Ni_3Mo 为 $L1_2$ 型结构，属简单立方点阵，但在时效过程中的析出相处于亚稳态，全部为面心立方点阵；Fe_2Mo 为 Laves 相，具有复杂六方结构。必须指出的是，所加合金元素在形成沉淀强化的同时，还会形成一些附加的效应。例如，Mo 和 Co 的复合加入，使沉淀强化效应进一步加强（称为协同效应，synergistic effect），如图 3-8 所示。因为 Co 减小含 Mo 强化相的溶解度，使更多的强化相在时效过程中析出；Mo 还可以降低马氏体时效钢的回火脆性。Ti 的加入除了形成沉淀相以外，还会与残余碳或氮形成钛的碳氮化合物而细化钢的组织，但它们常沉淀在奥氏体晶界引起各向异性效应，并降低钢的塑性。Al 对马氏体也有一定的强化效应，然而它损害时效前后的延性。

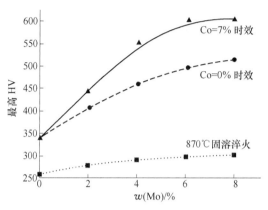

图 3-8   Mo 和 Co 对 18%Ni 钢时效硬度的影响

为了提高马氏体时效钢的塑性和韧性，马氏体时效钢在冶炼过程中还必须严格控制钢中杂质元素的含量，关键是碳含量，因为当碳固溶于马氏体中时，会形成气团、钉扎位错，降低马氏体的范性；碳与 Mo、Ti、Ni 能形成稳定的碳化物，这些碳化物在晶界上析出时使钢的韧性降低，缺口敏感性增加，同时还减少其有效含量，使强化效应减少。氮在钢中形成 TiN 和 NbN，也会作为裂纹源。少量的 Si 和 Mn 虽有强化作用，但对韧性有害。硫形成硫化物，降低钢的横向性能。由此可见，马氏体时效钢必须采用高纯原料，严格控制碳、氮、硫、磷、硅等杂质的含量，钢的强度越高，对杂质的控制应越严格。

3.6.3.2 马氏体时效钢的热处理

Fe-Ni 合金加热与冷却过程中的相变滞后现象是这类钢的组织转变特点。所谓相变滞后是指这类钢在冷却过程中冷却到 260~320℃ 左右时发生马氏体相变，即形成马氏体组织，但把形成的马氏体组织再加热时，则必须加热到 520℃ 左右时，马氏体才分解。也正由于这类马氏体组织加热到一定的温度范围仍保持不变，从而保证了时效强化得以进行。马氏体时效钢的典型热处理工艺为 815℃ 固溶处理，随后空冷至室温，合金在冷却时转变为马氏体。由于合金中 Ni 含量很高以及几乎不存在 C，钢的淬透性极高，因而常常在空气中冷却。固溶处理后其硬度在 30~35HRC 之间，可以很容易地进行进一步的机械加工。马氏体时效钢的硬化是通过 480℃ 时效 3~6h 来完成的。由于时效过程仅仅引起很小的尺寸变化，因而它可以作为产品的最终热处理。马氏体时效钢在固溶处理和时效处理状态均表现出一系列优越性能。几种典型的马氏体时效型超高强度结构钢的牌号、化学成分、热处理工艺及室温力学性能见表 3-14。作为结构钢，使人们感兴趣的主要表现为在高强度水平下还具有高的强重比以及优越的韧性；这类钢也表现为比许多常用合金结构钢有较好的氢脆和应力腐蚀抗力；在固溶处理和时效以后均可进行焊接而不需要预热。因此说马氏体时效钢的优异性能是其他类型超高强度结构钢所无法比拟的。但是这类钢的高合金度和生产工艺极其严格，这使得钢的生产成本很高。所以一般只用于航空、航天技术及其他重要的构件，如大型火箭发动机壳体、空间运载工具的扭力棒悬挂体、火箭发动机零件、直升机的柔性转动轴、飞机起落架部件、旋转机翼式飞机的铰链结合部件、水翼艇及潜艇的零部件，也可用于制造高压容器、螺栓、紧固件和机枪弹簧、枪管、喷油泵零件、低温服役的零件及机械加工工具的指度盘等。马氏体时效钢还可用于压铸模、塑料模和一些冷成型模具的制造。

表3-14　典型高合金超低碳马氏体时效型超高强度结构钢的牌号、
化学成分、热处理工艺及室温力学性能

钢　号	化学成分（质量分数）/%						热处理工艺	σ_s/MPa	σ_b/MPa	δ_5/%	ψ/%
	C	Si	Mn	Ni	Mo	其他					
Ni18Co9Mo5TiAl	≤0.03	≤0.10	≤0.10	17~19	4.7~5.2	Ti 0.5~0.7 Al 0.05~0.15 Co 8.5~9.5	815℃固溶处理 1h 空冷，480℃时效 3h 空冷	1350~1450	1400~1550	14/16	65/70
Ni20Ti2AlNb	≤0.03	≤0.10	≤0.10	19~20	—	Ti 1.3~1.6 Al 0.15~0.30 Nb 0.3~0.5	815℃固溶处理 1h 空冷，480℃时效 3h 空冷	1750	1800	11	45
Ni25Ti2AlNb	≤0.03	≤0.10	1.60~1.90	25~26	0.35~0.45	Ti 1.3~1.6 Al 0.15~0.30 Nb 0.3~0.5	815℃固溶处理 1h 空冷，705℃时效 4h 冷处理，435℃时效 1h	1800	1900	12	53

3.7　特殊用途结构钢

机械制造中特殊用途的结构钢主要包括低温用钢（耐寒钢）、耐磨钢、无磁钢、易削钢、钢轨钢和大锻件用钢等。这里着重介绍高锰钢、易切削钢和钢轨钢。

3.7.1　高锰钢

高锰钢是指含 10%~14%Mn 和 0.9%~1.4%C 的合金钢。由于这种钢含有大量的奥氏体化元素，在铸造条件下共析转变难以充分进行，因此其铸态组织为奥氏体加碳化物。铸造成型后，性质硬而脆（420HB，$\delta_5 = 1\% \sim 2\%$）。固溶处理后可以得到单相奥氏体组织，这种奥氏体组织软且有很高的韧性，并具有低的屈服强度（硬度为 180~220HB，冲击韧性大于 150J/cm^2，$\sigma_{0.2} = 250 \sim 400$MPa，$\sigma_b = 800 \sim 1000$MPa，$\delta_5 = 35\% \sim 55\%$，$\psi = 40\% \sim 50\%$，$a_{KU} = 180$J/cm^2）。这种组织的钢在受到冲击载荷及高压力的作用下，其表面层将迅速产生加工硬化，从而产生高耐磨的表面层，而内层仍然保持优良的冲击韧性，因此即使零件磨损到很薄，仍能承受较大的冲击载荷而不破裂。

高锰钢冷作硬化的本质是通过大量形变在奥氏体基体中产生大量层错、形变孪晶、ε-马氏体和 α-马氏体，成为位错运动的障碍。经强烈冲击后，钢的表面硬度可以提高到500HB 左右，而心部仍为保持韧性的奥氏体，所以能承受强有力的冲击载荷而不破裂。

高锰钢中碳含量自 1.0% 增至 1.5% 时，表面硬化后的硬度增加，耐磨性可提高 2~3倍，强度亦提高，但冲击韧性下降，增加开裂倾向，故碳含量以 1.15%~1.25% 范围为最合适。锰可以扩大 γ 相区，增加奥氏体的稳定性。通常 Mn/C 的比值应为 9~11，以保证获得奥氏体的组织。对于耐磨性要求较高、冲击韧性要求略低、形状不太复杂或薄壁的零件，碳含量可选 1.2%~1.3%，锰含量为 11%~14%，Mn/C 比取低限；相反，对于冲击韧性要求较高、耐磨性要求略低、形状复杂或厚壁的零件，碳含量可选 0.9%~1.1%，锰含量为 10%~13%，Mn/C 比可取高限。

高锰钢中加入 2.0%~4.0% Cr 或适量的 Mo 和 V，能形成细小的碳化物，提高屈服强度、冲击韧性和抗磨性。加入稀土金属元素可以进一步提高钢液的流动性，增加钢液充填铸型的能力，减少热裂倾向，显著细化奥氏体晶粒，延缓铸后冷却时在晶界上析出碳化物；稀土元素还能显著提高高锰钢的冷作硬化效应及韧性，提高使用寿命。

高锰钢在铸造状态下，其组织中含有大量的沿晶界析出的网状碳化物，从而显著降低了钢的强度、韧性和耐磨性能。为此必须对高锰钢进行热处理，通常将钢加热到单相奥氏体相区的温度范围保温，使碳化物充分溶入奥氏体，然后水冷，获得单相奥氏体组织。这种固溶处理又称水韧处理。需要注意的是，如果从高温慢冷，或者在 400~800℃ 温度区间等温保温，那么将会使奥氏体发生 $\gamma \rightarrow \gamma + \alpha + K$（碳化物）的反应，而得不到所要求的组织状态。

常用的高锰钢牌号、化学成分及经水韧处理后的力学性能见表 3-15。对于 ZGMn13 的水韧处理加热温度通常为 1050~1080℃。值得注意的是在高锰钢中加入 Re 可显著减少晶界的网状碳化物，其加热温度可降低到 1000~1030℃，如 ZGMn13Re 钢。另外，欲细化高锰钢的奥氏体晶粒，可先将铸件在 610~650℃ 状态下保温 12h，让奥氏体发生共析分解，然后再加热到 1050℃ 水韧处理，通过相变细化奥氏体晶粒。

表 3-15 铸造高锰钢的牌号、化学成分及经水韧处理后的力学性能

牌号	化学成分（质量分数）/%					力学性能				
	C	Mn	Si	Cr	Mo	σ_s/MPa	σ_b/MPa	δ_5/%	a_K/J·cm^{-2}	HBS
ZGMn13-1	1.00~1.45	11.00~14.00	0.30~1.00	—	—		≥635	≥20	—	—
ZGMn13-2	0.90~1.35	11.00~14.00	0.30~0.80	—	—		≥685	≥25	≥147	≤300
ZGMn13-3	0.95~1.35	11.00~14.00	0.30~1.00	—	—		≥735	≥30	≥147	≤300
ZGMn13-4	0.90~1.30	11.00~14.00	0.30~0.80	1.50~2.50	—		≥735	≥20	—	≤300

牌号	化学成分（质量分数）/%					力学性能				
	C	Mn	Si	Cr	Mo	σ_s/MPa	σ_b/MPa	δ_5/%	a_K/J·cm^{-2}	HBS
ZGMn13-5	0.75~1.30	11.00~14.00	0.30~1.00	—	0.90~1.20	—	—	—	—	—

水韧处理后的高锰钢受到冲击载荷后，表面会产生加工硬化，而内部仍是高塑性的奥氏体，因此它兼有高硬度、高耐磨性及高的塑性，可以广泛地用于制造要求耐磨及耐冲击的一些零件，如用于制造挖掘机的铲斗、各种碎石机的颚板、衬板以及所有耐磨的零件。在碎石机械中用高锰钢做颚板材料时，它的耐磨性特别好。当颚板受到冲击应力时，表面层的硬度迅速提高，即使在表面层磨损以后，新暴露出的表面又会呈现同样高的硬度，一直可以使用到尺寸报废。高锰钢还大量用于挖掘机、拖拉机、坦克等的履带板、主动轮和履带支承滚轮等。

此外，在铁路交通运输工业中，高锰钢用于铁道上的辙岔、辙尖、转辙器及小半径转弯处的轨条等。用高锰钢制造这些零件时，不仅由于它具有良好的耐磨性，而且由于材质坚韧，不易突然断裂。由于高锰钢是非磁性的，也可以用于既耐磨又抗磁化的零件，如吸料器的电磁铁罩。

必须指出的是，选用高锰钢做耐磨零件时，应先了解其工作条件。在无压力的条件下，由于无加工硬化现象，高锰钢并不比其他具有相同硬度的钢耐磨。

3.7.2 易切削钢

易切削钢是在钢中加入一种或几种能提高切削性能的元素，利用其本身或与其他元素形成一种对切削加工有利的夹杂物，来改善钢的切削加工性能。常加入的元素有硫、磷、铅、钙、碲、铋等。

易切削钢的特点是切削性能优异，切削过程中切削抗力小，排屑容易，加工工件的表面粗糙度小，刀具的使用寿命长。

3.7.2.1 硫易切削钢

众所周知，硫是使钢产生热脆性的元素，但钢中加入锰时，形成MnS可以减轻其危害性，同时有利于改善钢的切削性。通常硫易切削钢中w(S)范围从0.05%~0.33%不等。国内有些硫易切削钢w(S)可高达0.6%，钢中硫化物主要以（Fe，Mn）S形式存在，它能中断基体的连续性，促使形成卷曲半径小而短的切屑，减小切屑与刀具的接触面积。它还能起到减摩作用，降低切屑与刀具之间的摩擦系数，并使切屑不黏附在刀刃上。因此，硫能降低切削力和切削热，减小刀具的磨损，降低表面粗糙度值和提高刀具寿命，改善排屑性能。一般来说，硫含量越高，则切削性能越好；硫含量越低，其力学性能越佳，以此适应不同用途需要。

3.7.2.2 铅易切削钢

为提高钢材切削性，在碳素结构钢、合金结构钢、不锈钢内加入0.1%~0.35%的铅，由于铅不溶于固态钢中，它以微粒质点分布于钢的基体组织中，从而提高切削性能。铅易切削钢主要用于制造各种重要的机械零件。

铅含量过多时容易产生偏析，并且在300℃以上由于铅的熔化而使铅易切削钢力学性能恶化。

3.7.2.3　钙易切削钢

加入微量的钙能改善钢在高速切削下的切削加工性能。这是因为以钙控制脱氧的碳素钢与合金结构钢，形成高熔点的钙-铝-硅的复合氧化物附在刀具上，构成薄而具有减摩作用的保护膜，从而减轻刀具的磨损，显著地延长高速切削刀具的寿命。常用易切削钢的牌号、成分、力学性能及用途见表3-16。

表3-16　常用易切削钢的牌号、成分、力学性能及用途

牌号	化学成分（质量分数）/%						力学性能				用途举例
	C	Mn	Si	S	P	其他	σ_b/MPa	δ_5/%	ψ/%	HBS	
Y12	0.08~0.16	0.70~1.00	0.15~0.35	0.10~0.20	0.08~0.15	—	390~540	≥22	≥36	≤170	在自动机床加工的一般标准紧固件，如螺栓、螺母等
Y15	0.10~0.18	0.80~1.20	≤0.15	0.23~0.33	0.05~0.10	—	390~540	≥22	≥36	≤170	
Y20	0.17~0.25	0.70~1.00	0.15~0.35	0.08~0.15	≤0.06	—	450~600	≥20	≥30	≤170	强度要求稍高、形状复杂不易加工的零件，如纺织机上的零件
Y30	0.27~0.35	0.70~1.00	0.15~0.35	0.08~0.15	≤0.06	—	510~655	≥15	≥25	≤187	
Y40Mn	0.37~0.45	1.20~1.55	0.15~0.35	0.02~0.30	≤0.04	—	590~735	≥14	≥20	≤207	受较高应力、要求表面粗糙度高的零件

易切削钢的钢号可写成汉字或字母两种形式，如冠以"易"或"Y"，以区别于非易切削钢。锰含量较高者，可在钢号后标出"锰"或"Mn"，如T10Pb表示平均$w(C)$为1.0%的附加铅的易切削碳素工具钢，Y40CrSCa表示硫钙复合的易切削40Cr合金调质钢。

自动机床加工的零件大多选用低碳易切削钢，若切削加工性要求高的，可选用含硫量较高的Y15，需要焊接的选用含硫量较低的Y12，强度要求稍高的选用Y20或Y30，车床丝杠常选用中碳含锰高的Y40Mn，精密仪表行业中如制造手表、照相机的齿轮轴等常选用T10Pb。Y40CrSCa可以在比较广泛的切削速度范围中显示良好的切削加工性。

3.7.3　钢轨钢

钢轨钢分为轻轨钢和重轨钢两类。轻轨主要用于使用临时运输线和中小型起重机轨道，所用材料及其力学性能见表3-17。重轨主要用于铁道、大型起重机轨和吊车轨道，所用材料及力学性能见表3-18。在一些轨道受力不大、要求不高的非重要场合，也可采用45、50、40Mn钢热轧的工字钢和槽钢作为辊轮的轨道。

表3-17　轻轨用钢及力学性能

牌　号	σ_b/MPa	HBS	牌　号	σ_b/MPa	HBS
50Q	—	—	50SiMnP	690	197
55Q	690	197	36CuCrP	790	220

表 3-18　重轨用钢及力学性能

牌　号	σ_b/MPa	δ/%	牌　号	σ_b/MPa	δ/%
U71	785	10	U71Mn	883	8
U74	785	9	U71MnSi	883	8
U71Cu	785	9	U71MnSiCu	883	8

习　题

3-1　调质钢的性能要求、组织特征、合金化和热处理要点是什么？

3-2　说明轴承的服役条件，分析其性能要求。

3-3　轴承钢中的网状碳化物是怎样形成的？怎样避免或消除？

3-4　易切削钢中通常含有哪些合金元素？它们是怎样改善切削性能的？

3-5　简述高锰钢的化学成分特点、性能特点和热处理特点。

3-6　调质钢中常用哪些合金元素？这些合金元素在钢中的主要作用是什么？

3-7　直径 25mm 的 40CrMnMo 钢棒料，经过正火后难以切削，为什么？

3-8　滚动轴承钢常含有哪些合金元素？各起什么作用？滚动轴承钢对冶金质量、表面质量和原始组织都有哪些要求？为什么？

3-9　试分析齿轮的服役条件及性能要求。在机床、汽车拖拉机及重型机械上，常分别选用哪些材料作齿轮？应用哪些热处理工艺？

3-10　20Mn2 钢渗碳后是否适合于直接淬火？为什么？

3-11　弹簧钢的主要性能要求是什么？其合金化思想是什么？

4 工 具 钢

机器零件在制备加工过程中，需要用到各种切削刃具、模具以及量具，用于制造刃具、模具和量具的钢统称为工具钢。

工具钢按照其用途可以分为刃具钢、模具钢以及量具钢，按照化学成分亦可以分为碳素工具钢及合金工具钢。

工具钢因为其用途决定了必须具有良好的强度、韧性、硬度、耐磨性和回火稳定性等性能。

（1）硬度。工具钢制成工具经热处理后必须具有足够高的硬度，如用于金属切削加工的刃具要求硬度达到60HRC以上，这是因刃具在高的切削速度和加工硬材料会产生高温，这就要求刃具能保持高的硬度和良好的红硬性。碳素工具钢和合金工具钢一般在180~250℃、高速工具钢在600℃左右的工作温度下，仍能保持较高的硬度。红硬性对热变形模具和高速切削刃具用钢是非常重要的性能。

（2）耐磨性。工具钢具有良好的耐磨性，即抵抗磨损的能力。工具在承受相当大的压力和摩擦力的条件下，仍能保持其形状和尺寸不变。

（3）强度和韧性。工具钢具有一定的强度和韧性，使工具在工作中能够承受负荷、冲击、震动和弯曲等复杂的应力，以保证工具的正常使用。

（4）其他性能。由于各种工具的工作条件不同，工具用钢还具有一些其他性能，如模具用钢还应具有一定的高温力学性能、热疲劳性能、导热性和耐腐蚀性能等。

工具钢除了具有上述使用性能外，还应具有良好的工艺性能。

（1）加工性。工具钢应具有良好的热压力加工性能和机械加工性能，才能保证工具的制造和使用。钢的加工性取决于化学成分、组织和质量。

（2）淬火温度范围。工具钢的淬火温度范围应足够宽，以减少过热或过烧的可能性。

（3）良好的淬透性及淬硬性。淬透性是指钢在淬火时获得马氏体的能力，主要取决于钢的成分（尤其是合金元素的种类及含量）以及奥氏体化条件，即凡是影响C曲线的因素都会影响淬透性。

淬硬性是指钢在淬火后所能达到最高硬度的性能。淬硬性主要与钢的化学成分特别是碳含量有关，碳含量越高，则钢的淬硬性越高，合金元素对钢的淬硬性影响不大。

根据用于制造的工具不同，对这两种性能各有一定的要求。

（4）脱碳敏感性。工具钢尤其是高速钢淬火加热温度很高，此时表面容易发生脱碳，将使表面硬度降低，因此要求工具钢的脱碳敏感性低。在相同的加热条件下，钢的脱碳敏感性取决于其化学成分。

（5）热处理变形性。由于热应力及组织应力的作用，工具在热处理时会发生变形，因此要求工具钢在热处理时其尺寸和外形稳定。

（6）磨削性。对制造刃具和量具用钢，要求具有良好的磨削性。钢的磨削性与其化学成分有关，特别是钒含量。

4.1 刃 具 钢

刃具钢是用来制造各种切削加工工具（车刀、铣刀、刨刀、钻头、丝锥、板牙等）的钢种。

4.1.1 刃具钢的工作条件及性能要求

刃具在切削过程中，刀刃与工件表面金属相互作用使切屑产生变形与断裂，并从整体上剥离下来。故刀刃本身承受弯曲、扭转、剪切应力和冲击、振动负荷，同时还要受到工件和切屑的强烈摩擦作用，产生大量热，使刀具温度升高，有时高达600℃左右，切削速度愈快、进刀量愈大则刀刃局部升温愈高。刃具的失效形式有卷刃、崩刃和折断等，但最普遍的失效形式是磨损。其性能要求为高的硬度和耐磨性（刀具必须具有比被加工工件更高的硬度，一般切削金属用的刃具，其刃口部分硬度要高于60HRC）。硬度主要取决于钢中的碳含量，因此，刃具钢的碳含量都较高，一般在0.6%～1.5%范围内。耐磨性与钢的硬度有关，也与钢的组织有关，通常硬度愈高，耐磨性愈好。在淬火回火状态及硬度基本相同的情况下，碳化物的硬度、数量、颗粒大小和分布等对耐磨性有很大影响。刃具钢还要求有高的红硬性（对切削刃具，不仅要求在室温下有高硬度，而且在温度较高的情况下也能保持高硬度。红硬性的高低与回火稳定性和碳化物弥散沉淀等有关，钢中加入W、Mo、V、Nb等元素可显著提高钢的红硬性），此外还要求具有一定的强度、韧性和塑性，防止刀具由于冲击、振动负荷作用而发生崩刃或折断。

刃具钢的性能要求如下：

（1）为了保证刀刃能犁入工件并防止卷刃，必须使刃具具有高于被切削材料的硬度（一般应在60HRC以上，加工软材料时可为45～55HRC），故刃具钢应是以高碳马氏体为基体的组织。

（2）为了保证刃具的使用寿命，应当要求有足够的耐磨性。高的耐磨性不仅决定于高硬度，同时也决定于钢的组织。在马氏体基体上分布着弥散的碳化物，尤其是各种合金碳化物，能有效地提高刃具钢的耐磨损能力。

（3）由于在各种形式的切削加工过程中，刃具承受着冲击、振动等作用，应当要求刃具有足够的塑性和韧性，以防止使用中崩刃或折断。

（4）为了使刃具能承受切削热的作用，防止在使用过程中因温度升高而导致硬度下降，应要求刃具有高的红硬性。钢的红硬性是指钢在受热条件下，仍能保持足够高的硬度和切削能力。红硬性可以用多次高温回火后在室温条件下测得的硬度值来表示。所以红硬性是钢抵抗多次高温回火软化的能力，实质上这是一个回火抗力的问题，红硬性也可以认为是在维持一定的硬度条件下钢所能承受的最高温度。

上述四点是对刃具钢的一般使用性能要求，并根据使用条件的不同可以有所侧重，如挫刀不一定需要很高的红硬性，而钻头工作时其刃部热量散失困难，故对红硬性要求很高。

此外，选择刃具钢时，应当考虑工艺性能的要求。例如切削加工与磨削性能好，具有良好的淬透性，较小的淬火变形、开裂敏感性等各项要求都是刃具钢合金化及其选材的基本依据。

通常按照使用情况及相应的性能要求不同，将刃具钢分为碳素工具钢、合金工具钢和高速钢三类。

4.1.2 碳素工具钢

刃具钢最基本的性能要求是高硬度、高耐磨性。高硬度是保证进行切削的基本条件，高耐磨性可保证刃具有一定的寿命，即耐用度。针对上述两个要求，最先发展起来的是碳素工具钢，其含碳量范围在 0.65%~1.35%，属高碳钢，包括亚共析钢、共析钢和过共析钢。

（1）碳素工具钢的热处理工艺为淬火+低温回火。一般亚共析钢采用完全淬火，淬火后的组织为细针状马氏体。过共析钢采用不完全淬火，淬火后的组织为隐晶马氏体+未溶碳化物，且由于未溶碳化物的存在，使钢的韧性较低，脆性较大，所以在使用中脆断倾向性大，应予以充分注意。在碳素工具钢正常淬火组织中还不可避免地会有数量不等的残余奥氏体存在。

（2）碳素工具钢在性能上有两个缺点、一个不足。碳素工具钢淬透性低，工具断面尺寸大于 15mm 时，水淬后只有工件表面层有高硬度，故不能做形状复杂、尺寸较大的刃具。另外，碳素工具钢红硬性差，当工作温度超过 250℃，硬度和耐磨性迅速下降，从而失去正常工作的能力。碳素工具钢从成分上看，不含合金元素，淬火回火后碳化物属于渗碳体型，硬度虽然可达 62HRC，但耐磨性不足。

（3）碳素工具钢在热处理时须注意以下几点：

1）碳素工具钢淬透性低。为了淬火后获得马氏体组织，淬火时工件要在强烈的淬火介质（如水、盐水、碱水等）中冷却，因而淬火时产生的应力大，将引起较大的变形甚至开裂，故而淬火后应及时回火。

2）碳素工具钢在淬火前经球化退火处理，在退火处理过程中，由于加热时间长、冷却速度慢，会有石墨析出使钢脆化（称为黑脆）。

3）碳素工具钢由于含碳量高，在加热过程中易氧化脱碳，所以加热时须注意保护，一般用盐浴炉或在保护气氛条件下加热。

综上所述，由于碳素工具钢淬透性低、红硬性差、耐磨性不够高等，只能用来制造切屑量小、切削速度较低的小型刃具，常用来加工硬度低的软金属或非金属材料。对于重负荷、尺寸较大、形状复杂、工作温度超过 200℃ 的刃具，碳素工具钢就满足不了工作的要求，在制造这类刃具时应采用合金刃具钢。但碳素工具钢成本低，在生产中应尽量考虑选用。常见碳素工具钢的牌号、成分及用途见表 4-1。

表 4-1 碳素工具钢的牌号、成分及用途

| 牌号 | 化学成分（质量分数）/% | | | 硬度 | | 用途举例 |
	C	Si	Mn	供应状态 HB（不大于）	淬火后 HRC（不大于）	
T7 T7A	0.65~0.75	≤0.35	≤0.40	187	62	承受冲击、韧性较好、硬度适当的工具，如扁铲、手钳、大锤、木工工具
T8 T8A	0.75~0.84	≤0.35	≤0.40	187	62	承受冲击、韧性较好、硬度适当的工具，如扁铲、手钳、大锤、木工工具

牌号	化学成分（质量分数）/%			硬度		用途举例
	C	Si	Mn	供应状态 HB(不大于)	淬火后 HRC(不大于)	
T8Mn T8MnA	0.80~0.90	≤0.35	≤0.40~0.60	187	62	承受冲击、韧性较好、硬度适当的工具，如扁铲、手钳、大锤、木工工具，但淬透性较大，可制断面较大的工具
T9 T9A	0.85~0.94	≤0.35	≤0.40	192	62	韧性中等、硬度高的工具，如冲头、木工工具、凿岩工具
T10 T10A	0.95~1.04	≤0.35	≤0.40	187	62	不受剧烈冲击、高硬度耐磨的工具，如车刀、刨刀、丝锥、钻头、手锯条
T11 T11A	1.05~1.14	≤0.35	≤0.40	207	62	不受剧烈冲击、高硬度耐磨的工具，如车刀、刨刀、丝锥、钻头、手锯条
T12 T12A	1.15~1.24	≤0.35	≤0.40	207	62	不受剧烈冲击、高硬度耐磨的工具，如锉刀、刮刀、丝锥、精车刀、量具
T13 T13A	1.25~1.35	≤0.35	≤0.40	217	62	不受冲击、高硬度耐磨的工具，如锉刀、刮刀、丝锥、精车刀、量具，要求更高耐磨的工具，如刮刀、锉刀

4.1.3 低合金工具钢

4.1.3.1 定义

由于碳素工具钢存在淬透性低、红硬性及耐磨性差的缺点，因此，在碳素工具钢的基础上加入某些合金元素而发展出了低合金工具钢，其目的是提高刃具钢的淬透性、红硬性以及耐磨性。低合金工具钢的含碳量在 0.75%~1.5%，合金元素总量在 5% 以下，加入的合金元素有 Cr、Mn、Si、W 和 V 等。其中 Cr、Mn、Si 主要是提高钢的淬透性，同时强化马氏体基体，提高钢的回火稳定性；W 和 V 还可以细化晶粒；Cr、Mn 等可溶入渗碳体从而形成合金渗碳体，有利于提高钢的耐磨性。

另外，Si 使钢在加热时易脱碳和石墨化，使用中应注意，若 Si、Cr 同时加入钢中则能降低钢的脱碳和石墨化倾向。

低合金工具钢有如下特点：淬透性较碳素工具钢好，淬火冷却可在油中进行，热处理变形和开裂倾向小，耐磨性和红硬性也有所提高。但合金元素的加入，提高了钢的临界点，故一般淬火温度较高，使脱碳倾向增大。

4.1.3.2 用途

低合金工具钢的用途有以下几个方面：

（1）截面尺寸较大且形状复杂的刃具。

（2）精密的刃具。

（3）切削刃在心部的刃具，此时要求钢的组织均匀性要好。

（4）切削速度较大的刃具等。

4.1.3.3 低合金工具钢两个体系

（1）针对提高钢的淬透性的要求，发展了 Cr、Cr2、9SiCr 和 CrWMn 等钢。其中 9SiCr 钢在油中淬火，淬透直径可达 40~50mm，适宜制造薄刃或切削刃在心部的工具，如板牙、滚丝轮、丝锥等。

9SiCr 钢由于 Si、Cr 的作用提高了淬透性，一般的油淬临界直径小于 40mm，淬火后的残余奥氏体在 6%~8% 的范围内。钢的回火稳定性比较好，经 250℃ 回火后硬度仍然大于 60HRC。碳化物细小，分布均匀，使用时不容易崩刃。通过分级或等温淬火处理，钢的变形比较小。用 9SiCr 钢制造丝锥，在 860~870℃ 的盐浴炉中加热，放入 160~170℃ 的熔盐中等温 45min，再在 160~190℃ 回火 90min，硬度为 61~63HRC，变形程度比分级淬火的还要小。9SiCr 钢适于制作形状较复杂、变形要求小的工件，特别是薄刃工具，如丝锥、钻头、铰刀等。

CrWMn 钢是最常用的合金工具钢，经热处理后硬度可达 64~66HRC，且有较高的耐磨性。CrWMn 钢淬火后有较多的残余奥氏体，使其淬火变形小，故有低变形钢之称。生产中常用调整淬火温度和冷却介质配合，使形状复杂的薄壁工具达到微变形或不变形。这种钢适于做截面尺寸较大、要求耐磨性高、淬火变形小，但工作温度不高的拉刀、长丝锥等，也可作量具、冷变形模具和高压油泵的精密部件（柱塞）等。

（2）针对提高耐磨性的要求，发展了 Cr06、W、W2 及 CrW5 等钢。其中 CrW5 又称钻石钢，在水中冷却时，硬度可达 67~68HRC，主要用于制作截面尺寸不大（5~15mm）、形状简单又要求高硬度、高耐磨性的工具，如雕刻工具及切削硬材料的刃具。

4.1.3.4 低合金工具钢的热处理

低合金工具钢的热处理与碳素工具钢基本相同，也包括加工前的球化退火和成型后的淬火与低温回火，回火温度一般为 160~200℃。低合金工具钢为过共析钢，一般采用不完全淬火。淬火加热温度要根据工件形状、尺寸及性能要求等选定并严格控制，以保证工件质量。另外，合金工具钢导热性较差，对于形状复杂、截面尺寸大的工件，在淬火加热前往往先在 600~650℃ 左右进行预热，然后再淬火加热，一般采用油淬、分级淬火或等温淬火。少数淬透性较低的钢（如 Cr06、CrW5 等钢）采用水淬。图 4-1 为 9SiCr 板牙热处理工艺曲线。

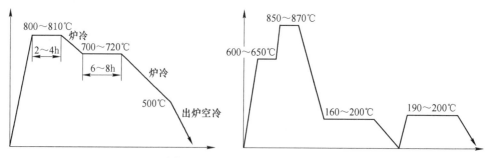

图 4-1 9SiCr 板牙热处理工艺

综上所述，低合金工具钢解决了淬透性低、耐磨性不足等缺点，常见低合金工具钢的牌号、成分及用途见表 4-2。但由于低合金工具钢所加合金元素数量不多，故其红硬性虽比碳素工具钢高，但仍满足不了生产要求，如回火温度达到 250℃ 时硬度值已降到 60HRC 以下。因此要想大幅度提高钢的红硬性，低合金工具钢已经难以满足，故发展了高速钢。

表 4-2 低合金工具钢的牌号、成分及用途

类别	钢号	化学成分（质量分数）/%					热处理					应用举例
							淬火			回火		
		C	Mn	Si	Cr	W	淬火加热温度/℃	冷却介质	硬度（HRC）	回火温度/℃	硬度	
低合金工具钢	9SiCr	0.85~0.95	0.30~0.60	1.20~1.60	0.95~1.25	—	860~880	油	≥62	180~200	60~62	板牙、丝锥、钻头、铰刀、齿轮铣刀、冷冲模、冷轧辊等
	Cr2	0.95~1.10	≤0.40	≤0.40	1.30~1.65	—	830~860	油	≥62	150~170	61~63	车刀、铣刀、插刀、铰刀等；测量工具、样板等；凸轮销、偏心轮、冷轧辊等
	8MnSi	0.75~0.85	0.8~1.1	0.3~0.6	—	—	800~820	油	≥65	150~160	64~65	慢速切削硬金属用的刃具，如铣刀、车刀、刨刀等；高压力工作用的刻刀等各种量规与块规等
	W	1.05~1.25	≤0.4	≤0.4	0.1~0.3	0.8~1.2	840~860	油	≥62	130~140	62~65	各种量规与块规等

4.1.4 高速钢

为了提高切削速度，除了改善机床和刃具设计外，刃具材料一直是个核心问题。低合金工具钢基本上解决了碳素工具钢淬透性低、耐磨性不足的缺点，但没有从根本上解决红硬性不高的问题。在高速钢问世以后，不但保证了钢的淬透性和耐磨性，而且红硬性也得到了显著提高。

高速钢是一种高碳且含有大量 W、Mo、Cr、V、Co 等合金元素的高合金工具钢。

高速钢经热处理后，在 600℃ 以下仍然保持高的硬度（可达 60HRC 以上），因此可在较高温度条件下保持高速切削能力和高耐磨性；同时具有足够高的强度，并兼有适当的塑性和韧性，这是其他超硬工具材料所无法比拟的。高速钢还具有很高的淬透性，中小型刃具甚至在空气中冷却也能淬透，故有风钢之称。

与碳素工具钢和低合金工具钢相比，高速钢的切削速度可提高 2~4 倍，刃具寿命提高 8~15 倍。高速钢广泛用于制造尺寸大、切削速度快、负荷重及工作温度高的各种机加工工具，如车刀、铣刀、刨刀、拉刀、钻头等。此外，还可应用在模具及一些特殊轴承方面。总之，现代工具材料中高速钢仍占据材料总量的 65%，而产值则占 70% 左右。

4.1.4.1 高速钢的化学成分

高速钢是含有大量 W、Mo、Cr、V 及 Co 等合金元素的高碳高合金钢。高速钢成分大

致范围如下：$w(C) = 0.7\% \sim 1.65\%$；$w(W) = 0 \sim 18\%$；$w(Mo) = 0 \sim 10\%$；$w(Cr) \approx 4\%$；$w(V) = 1\% \sim 5\%$；$w(Co) = 0 \sim 12\%$。高速钢中也往往含有其他合金元素，如 Al、Nb、Ti、Si 及稀土元素，其总量小于 2%。

（1）碳的作用。碳在淬火加热时溶入基体 α 相中，提高了基体中碳的浓度，这样既可提高钢的淬透性，又可获得高碳马氏体，进而提高了硬度。高速钢中碳与合金元素 Cr、W、Mo、V 等形成合金碳化物，可以提高硬度、耐磨性和红硬性。高速钢中含碳量必须与合金元素相匹配，过高过低都对其性能有不利影响，每种钢号的含碳量都限定在较窄的范围。所以有人提出平衡碳理论，认为高速钢中含碳量应该满足下式：

$$C = 0.033W + 0.063Mo + 0.060Cr + 0.200V$$

式中，化学符号代表该元素的质量分数，如 1% 的 W 要求有 0.033% 的碳与之相匹配，1% 的 V 要求有 0.2% 的碳相匹配，以下如此类推。

（2）合金元素的作用。高速钢的合金化主要是围绕提高红硬性这个中心环节而展开的。加入合金元素 Cr、W、Mo、V 等，形成大量细小、弥散、坚硬而又不易聚集长大的合金碳化物，以产生二次硬化效应。通常所形成的强化相有 M_2C 型（如 W_2C、Mo_2C）、MC 型碳化物（如 VC）、$M_{23}C_6$ 型碳化物（如 $Cr_{23}C_6$）等。这些碳化物硬度很高，如 VC 的硬度可高达 $2700 \sim 2990HV$，并且在高温下不易发生聚集长大。另外，W 的存在可提高马氏体的高温稳定性。W 系高速钢在 $450 \sim 600℃$ 还能保持马氏体晶格特征，以维持高的硬度，同时也使 W 的碳化物在 560℃ 仍保持极为细小的尺寸，于是提供了二次硬化的能力。

由于刃具进行高速切削时，使用温度大体在 $500 \sim 600℃$ 或以上，故高速钢实际上是一种热强钢，即高速钢基体有一定的热强性，而合金元素 Cr、W、Mo 在高温下固溶强化效果显著，使基体有一定的热强性。这便是高速钢含有大量的 Cr、W、Mo 等合金元素的目的。

此外，也应指出，Cr 的良好作用在于提高钢的淬透性与耐磨性。Cr 还能使高速钢在切削过程中的抗氧化作用增强，形成较多致密的氧化膜并减少粘刀现象，从而使刃具的耐磨性与切削性能提高。

有些高速钢中加 Co 元素可显著提高钢的红硬性，如 W2Mo10Cr4Co8（美国 M42）钢在 $650 \sim 660℃$ 时还具有很高的红硬性。Co 虽然不是碳化物形成元素，但在退火状态下大部分 Co 处于 α-Fe 中，推迟了 α-Fe 的回复再结晶，从而提高了红硬性；同时 Co 在碳化物 MoC 中仍有一定的溶解度，可提高高速钢的熔点，从而使淬火温度提高，使奥氏体中溶解更多的 W、Mo、V 等合金元素，可强化基体；Co 可促进回火对合金碳化物的析出，还可以起减慢碳化物长大的作用，因此 Co 可通过细化碳化物而使钢的二次硬化能力和红硬性提高；Co 本身可形成 CoW 金属间化合物，产生弥散强化效果，并能阻止其他碳化物聚集长大。

综上所述，由于高速钢的成分特点，便决定了高速钢在一定的热处理工艺条件下，具有淬透性好、耐磨性及红硬性高的性能特点。

4.1.4.2　高速钢的铸态组织及其压力加工

高速钢在成分上差异较大，但主要合金元素大体相同，所以其组织也很相似。以 W18Cr4V 钢为例，当接近平衡冷却时，其在室温下的平衡组织为莱氏体+珠光体+碳化物。

但在实际生产中，高速钢铸件冷却速度较快，得不到上述平衡组织，高速钢的铸态组织由鱼骨状莱氏体、黑色组织 δ 共析体及马氏体加残余奥氏体组成。

高速钢的铸态组织中出现莱氏体，故又称高速钢为莱氏体钢。

高速钢铸态组织中的碳化物含量多达 18%～27%，且分布极不均匀。虽然铸锭组织经过开坯和轧制，但碳化物的不均匀性仍非常显著。这种不均匀性对钢的力学性能和工艺性能及所制工具的使用寿命均有很大影响，而且这种不均匀的碳化物不能通过热处理使其细化，只有借助外力使其破碎，因此，高速钢必须经过反复的锻造，使其粗大的共晶碳化物变细。

4.1.4.3 高速钢的热处理

高速钢的热处理包括：机械加工前的球化退火处理和成型后的淬火回火处理。

（1）高速钢球化退火。高速钢锻造以后必须经过球化退火，其目的是降低钢的硬度，以利于切削加工，同时也为以后的淬火做好组织准备。另外，返修工件在第二次淬火前也要进行球化退火，否则，第二次淬火加热时，晶粒将过分长大而使工件变脆。

（2）高速钢淬火。高速钢的热处理工艺曲线如图 4-2 所示。高速钢的淬火工艺与普通钢相比比较特殊，归纳起来有以下几点：经过两次预热，淬火加热温度高，进行三次高温回火。

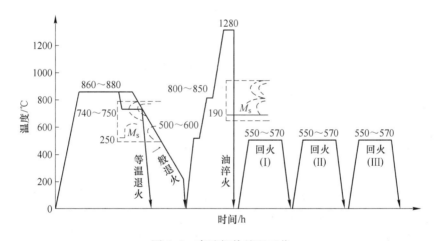

图 4-2 高速钢热处理工艺

高速钢淬火时进行两次预热，其原因在于：高速钢中含有大量合金元素，其导热性较差，如果把冷的工件直接加热到高温，将在工件内外表面产生很大温差，从而产生很大的热应力，引起工件变形甚至开裂，特别是对大型复杂工件则更为突出。因此，高速钢淬火加热时常进行两次预热，第一次预热温度在 600～650℃，可烘干工件上的水分。第二次预热温度在 800～850℃，使索氏体向奥氏体的转变可在较低温度内发生。同时经过预热后，可缩短在高温处停留的时间，这样可减少氧化脱碳及过热的危险性。

高速钢中含有大量难溶的合金碳化物，这些合金碳化物需溶入奥氏体才能充分发挥作用，选择高的淬火温度就是尽可能让合金元素溶入奥氏体中，使得淬火之后马氏体中的合金元素含量才足够高，而只有合金元素含量高的马氏体才具有高的红硬性。图 4-3 给出了淬火温度对奥氏体（或马氏体）内合金元素含量的影响，由此可知，对高速钢红硬性影响最大的合金元素是 W、Mo 及 V，只有在 1000℃ 以上时，W 溶解量才急剧增加。温度超过 1300℃ 时，各元素溶解量虽然还有增加，但奥氏体晶粒急剧长大，甚至在晶界处发生熔化现象，致使钢的强度、韧性下降，所以在不发生过热的前提下，高速钢淬火温度越高，其红硬性也越好。在生产中常以淬火状态奥氏体晶粒的大小来判断淬火加热温度是否合适，对高速钢来说，合适的晶粒度为 9.5~10.5 级。

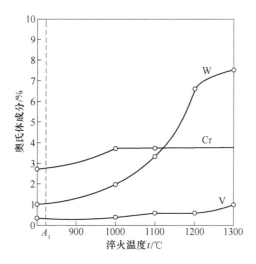

图 4-3　合金元素含量与淬火温度关系

淬火冷却通常在油中进行，但对形状复杂、细长杆状或薄片零件可采用分级淬火和等温淬火等方法。分级淬火后使残余奥氏体量增加 20%~30%，使工件变形、开裂倾向减小，使强度、韧性提高。油淬及分级淬火后的组织为马氏体+碳化物+残余奥氏体。

等温淬火也称奥氏体淬火，或称为无变形淬火。等温淬火和分级淬火相比，其淬火组织中除马氏体、碳化物、残余奥氏体外，还有了下贝氏体。等温淬火可进一步减小工件变形，并提高韧性。

最后应提出，分级淬火的分级温度停留时间一般不宜太长，否则二次碳化物可能大量析出。等温淬火所需时间较长，随等温时间不同，所获得贝氏体量不同，而等温时间过长可大大增加残余奥氏体量，这需要在等温淬火后进行冷处理或采用多次回火来消除残余奥氏体，否则将会影响回火后的硬度及热处理质量。

（3）高速钢回火。高速钢的回火与普通钢相比，也有很大的区别。通常为了保持钢的高硬度，一般选择比较低的回火温度，但高速钢反而选择比较高的回火温度（一般为560℃），这是因为在这个温度下回火时，会从钢中析出弥散分布的特殊碳化物，产生二次硬化现象，使钢的硬度不但不下降，反而有所升高，如图 4-4 所示。同时，高速钢回火次数也比较多，通常为三次回火，这是因为高速钢淬火后存在大量的残余奥氏体，必须通过多次回火才能消除。因此高速钢一般要进行三次 560℃ 的高温回火处理。不同钢种回火温度与硬度的关系见图 4-5。

高速钢进行三次回火后，组织为回火马氏体、大量的碳化物及少量残余奥氏体。

综上所述，高速钢在热处理操作时，必须严格控制淬火加热及回火温度，淬火、回火保温时间，淬火、回火冷却方法。上述工艺参数控制不当，易产生过热、过烧、萘状断口、硬度不足及变形开裂等缺陷。图4-6为高速钢在不同状态下的组织，表4-3为常见高速钢的牌号、成分和用途。

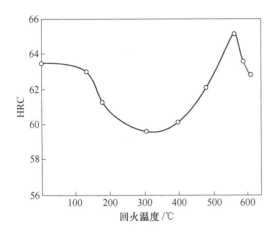

图 4-4 高速钢回火温度与硬度关系

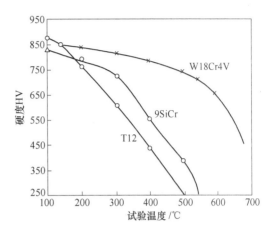

图 4-5 不同钢种回火温度与硬度关系

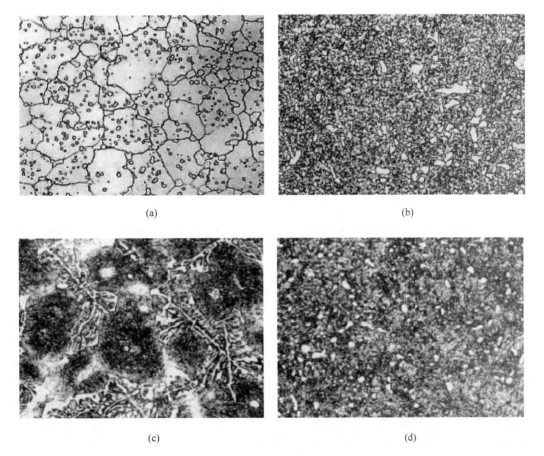

(a)

(b)

(c)

(d)

图 4-6 高速钢组织

(a) 铸态组织；(b) 退火组织；(c) 淬火组织；(d) 回火组织

表4-3　高速钢牌号、成分和用途

类别	钢号	化学成分（质量分数）/%							热处理					应用举例
									淬火			回火		
		C	Mn	Si	Cr	W	V	Mo	淬火加热温度/℃	冷却介质	硬度（HRC）	回火温度/℃	硬度	
	W	1.05~1.25	≤0.4	≤0.4	0.1~0.3	0.8~1.2	—	—	840~860	油	≥62	130~140	62~65	各种量规与块规等
高速钢	W18Cr4V	0.70~0.80	0.10~0.40	0.20~0.40	3.80~4.40	17.50~19.00	1.00~1.40	—	1270~1285	油	≥63	550~570（三次）	≥63	制造一般高速切削用车刀、刨刀、钻头、铣刀等
	W6Mo5Cr4V2	0.80~0.90	0.15~0.40	0.20~0.45	3.80~4.40	5.50~6.75	1.75~2.20	4.75~5.50	1210~1230	油	≥63	540~560（三次）	≥63	制造要求耐磨性和韧性很好配合的切削刃具，如丝锥、钻头等
	W6Mo5Cr4V3	1.00~1.10	0.15~0.40	0.20~0.45	3.75~4.50	5.00~6.75	2.25~2.75	4.75~6.50	1200~1220	油	≥63	540~560（三次）	≥64	制造要求耐磨性和热硬性较高的、耐磨性和韧性较好配合的、形状稍为复杂的刃具

4.1.4.4　高速钢系列的发展

目前国内外高速钢的种类约有数十种，按其所含合金元素的不同，可分为三个基本系列，即 W 系、Mo 系和 W-Mo 系。W 系高速钢常用的是 W18Cr4V，W18Cr4V 钢具有很高的红硬性，可以制造在600℃以下工作的工具，但在使用中发现 W 系高速钢的脆性较大，易产生崩刃现象，主要原因是碳化物不均匀性较大。为此，相应发展了 Mo 系高速钢，从保证红硬性角度看，Mo 与 W 的作用相似，Mo 系高速钢是以 Mo 为主要合金元素，常用钢种有 M1 和 M10（W2Mo8Cr4V 和 Mo8Cr4V2）。Mo 系高速钢具有碳化物不均匀性小和韧性较高的优点，但也存在一些缺点，限制了它的应用：一是脱碳倾向性较大，故对热处理保护要求较严；二是晶粒长大倾向性较大，易于过热，故应严格控制淬火加热温度，淬火加热温度为 1175~1220℃（W 系高速钢淬火温度为 1250~1280℃）。

后来又发展了特殊用途的高速钢，包括：

（1）高钒高速钢。高钒高速钢主要是为适应提高耐磨性的需要而发展起来的，最早是

9Cr4V2 钢，为了进一步提高钢的红硬性和耐磨性而形成了高碳高钒高速钢，如 W12Cr4V4Mo 及 W6Mo5Cr4V3。增加 V 含量会降低钢的可磨削性能，使高钒钢应用受到一定限制。

通常含 V 约 3% 的钢，尚可允许制造较复杂的刃具，而含 V 量为 4%～5% 时，则宜制造形状简单或磨削量小的刃具。

（2）高钴高速钢。含 Co 高速钢是为适应提高红硬性的需要而发展起来的。在高 Co 高速钢中通常含有 Co 5%～12%，如 W7Mo4Cr4V2Co5、W2Mo9Cr4VCo8 等。但随着含 Co 量的增加，会使钢的脆性及脱碳倾向性增大，故在使用及热处理时应予以注意。例如，含 Co10% 的钢已不适宜于制造形状复杂的薄刃工具。

（3）超硬高速钢。超硬高速钢是为了适应加工难切削材料（如耐热合金等）的需要，在综合高碳高钒高速钢与高碳高钴高速钢优点的基础上发展起来的。这种钢经过热处理后硬度可达 68～70HRC，具有很高的红硬性与切削性能。典型钢种为美国的 M42 和 M44 等。

4.1.4.5 发挥高速钢性能潜力的途径

（1）提高含碳量。近年来，提高高速钢性能普遍趋向于提高高速钢的含碳量，其目的是增加钢中碳化物的含量，以获得最大的二次硬化效应。但含碳量过高会增加碳化物的不均匀性，使钢的塑性和韧性下降，还会导致钢的熔点降低，碳化物聚集长大倾向增大，这对钢的组织和性能不利。自 70 年代以来，人们提出用平衡碳理论来计算高速钢的最佳含碳量。例如，W18Cr4V 钢含碳量为 0.7%～0.8%，按平衡碳理论计算，其含碳量应提高至 0.9%～1.0%，淬火回火后其硬度才可达 67～68HRC，625℃回火时其红硬性提高三个 HRC 数值。

（2）进一步细化碳化物。前面已指出，细化碳化物可提高韧性、防止崩刃，是充分发挥高速钢性能潜力的重要方法。除了在生产中采用锻、轧方法外，还可采用以下措施：一是改进冶炼、浇注工艺，以减少碳化物的偏析，如生产上采用电渣重溶可以显著细化莱氏体共晶组织，改善钢中碳化物的不均匀性。在浇注工艺上宜采用 200～300kg 的小锭，使钢液凝固速度加快，以减少钢锭中的宏观偏析。二是采用粉末冶金方法，从根本上消除莱氏体共晶组织，以彻底解决高速钢中碳化物的不均匀性。采用这种方法可以得到极为细小的碳化物（<1μm），而且分布均匀。与普通方法生产的高速钢相比，这种方法可提高钢的韧性与红硬性。但粉末冶金生产高速钢的主要缺点是成本高、质量不稳定。

（3）表面处理工艺的应用。为了进一步提高高速钢的切削能力，在淬火回火后还可进行表面处理。例如，蒸汽处理、低温氰化、软氮化、硫氮共渗或采用硫氮共渗+蒸汽处理的复合工艺等。应该指出，高速钢的表面处理是在最终热处理后进行的，故表面处理的温度不应超过回火温度，以免使刃具软化。同时因刃具已成型，故应防止刃具发生变形。通过研究已探索出新的合金化方案，当前已在生产中形成初见成效的两个方向：

1）低碳高速钢（M60～67）。这种钢是采用含 Co 超硬高速钢的合金成分，将碳量降至 0.2% 左右，通过渗碳及随后的淬火、回火，使表层达到超高硬度（70HRC），故又称渗碳高速钢。

2）无碳的时效型高速钢。这种钢是在高 W 高 Mo 的基础上，加入 15% 以上的 Co，甚至可高达 25% 的 Co，经固溶处理加时效以后，硬度可达 68～70HRC，它的红硬性比一般高速钢高 100℃、比含 Co 的超硬型高速钢高 50℃ 以上。经上述处理后可使工具的切削性能、高温强度及耐磨性发生重大变化。

含有低碳（约 0.1%）高 W（约 20%）高钴（25%）的高速钢，在 600～650℃ 回火时，析出（Fe，Co）$_7$W$_6$ 型金属间化合物；当温度上升到 650～670℃ 时，其硬度可达 68HRC；在 720℃ 回火时，硬度仍保持 60HRC。

此类型的高速钢切削钛合金时，其寿命比 W18Cr4V 高出 20～30 倍。

对于目前正在使用的各种高速钢，仍需进一步研究各种合金元素的作用，以便进一步提高其使用性能和工艺性能。

目前高速钢的使用范围已经超出了切削工具范围，开始在模具方面应用。近年来多辊轧辊以及高温弹簧、高温轴承和以高温强度、耐磨性能为主要要求的零件，实际上都是高速钢可以发挥作用的领域。

4.2 模 具 钢

模具钢是用来制造冷冲模、冷镦模、拉丝模、热锻模、压铸模等模具的钢种。模具是机械制造、电机、电器等工业部门中制造零件的主要加工工具。模具的质量直接影响着压力加工工艺的质量、产品的精度、产量和生产成本，而模具的质量与使用寿命除了靠合理的结构设计和加工精度外，主要受模具材料及热处理工艺的影响。

根据模具使用的温度不同，模具钢分为冷作模具钢和热作模具钢两大类。

4.2.1 冷作模具钢

冷作模具多在常温下工作，材料的塑性变形抗力大，模具的工作应力大，工作条件苛刻，综合起来这类模具性能上一般要求高的硬度和耐磨性、足够的强度、适当的韧性。

因此，冷作模具钢通常在成分上以高碳为主，以满足高硬度和高耐磨性的需要。如果为了提高模具抗冲击能力，需增加韧性时，可选用中碳钢，这时可借用热作模具钢来代替。在冷作模具钢中加入合金元素时，主要是为了提高淬透性和耐磨性，对于耐磨性要求高的模具，多采用加入碳化物形成元素，例如 Cr、Mo、W、V 等元素的多元合金钢。

从钢材类别考虑，冷作模具钢多为过共析钢和莱氏体钢，一般属于工具钢范畴。

4.2.1.1 冷作模具钢的使用性能

A　较高的耐磨性

冷作模具在工作时，表面与坯料之间产生许多次摩擦，模具在这种情况下必须仍能保持较低的表面粗糙度和较高的尺寸精度，以防止早期失效。

由于模具材料的硬度和组织是影响模具耐磨性能的重要因素，因此为了提高冷作模具的抗磨性能，通常要求模具硬度高于加工件硬度 30%～50%，材料的组织为回火马氏体或下贝氏体，其上分布均匀、细小的颗粒状碳化物。要达到此目的，钢中的碳的质量分数一般都在 0.60% 以上。

B　较高的强度和韧性

模具的强度是指模具零件在工作过程中抵抗变形和断裂的能力。强度指标是冷作模具设计和材料选择的重要依据，主要包括拉伸屈服点、压缩屈服点等。屈服点是衡量模具零件塑性变形抗力的指标，也是最常用的强度指标。为了获得高的强度，在模具制造过程中，模具材料的韧性要根据模具工作条件来决定，对于强烈冲击载荷的模具，如冷作模具的凸模、冷镦模具等，因受冲击载荷较大，需高的韧性。对于一般工作条件下的冷作模具，通常受到的是小能量多次冲击载荷的作用，模具的失效形式是疲劳断裂，因此模具不必具有过高的冲击韧度值。

C 较强的抗咬合性

咬合抗力实际就是对发生"冷焊"的抵抗能力。通常在干摩擦条件下，把被试验模具钢试样，与具有咬合倾向的材料（如奥氏体钢），进行恒速对偶摩擦运动，以一定速度逐渐增大载荷，此时转矩也相应增大。当载荷加大到某一临界值时，转矩突然急剧增大，这意味着发生咬合，这一载荷称为"咬合临界载荷"。临界载荷越高，标志着咬合抗力越强。

D 受热软化能力

受热软化能力反映了冷作模具钢在承载时温升对硬度、变形抗力及耐磨性的影响。表征冷作模具钢受热软化抗力的指标主要有软化温度（℃）和二次硬化硬度（HRC）。

4.2.1.2 冷作模具钢的工艺性能要求

冷作模具钢的工艺性能，直接关系到模具的制造周期及制造成本。对冷作模具钢的工艺性能要求，主要有锻造工艺性、切削工艺性、热处理工艺性等。

A 锻造工艺性

锻造不仅减少了模具材料的机械加工余量，节约钢材，而且改善模具材料的内部缺陷，如碳化物偏析、减少有害杂质、改善钢的组织状态等。

为了获得良好的锻造质量，对可锻性的要求是热锻变形抗力低、塑性好、锻造温度范围宽，锻裂、冷裂及析出网状碳化物倾向小。

B 切削工艺性

良好的切削工艺性要求磨损小以及加工后模具表面光洁。冷作模具钢主要属于过共析钢和莱氏体钢，大多数切削加工都较困难，为了获得良好的切削加工性，需要正确进行热处理，对于表面质量要求较高的模具可选用含 S、Ca 等元素的易切削模具钢。

C 热处理工艺性

热处理工艺性主要包括淬透性、淬硬性、耐回火性、过热敏感性、氧化脱碳倾向、淬火变形和开裂倾向等。Cr12MoV 一次硬化法热处理工艺见图 4-7。

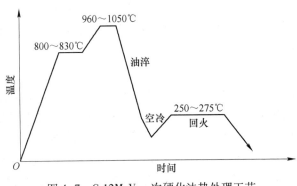

图 4-7 Cr12MoV 一次硬化法热处理工艺

4.2.1.3 常用冷作模具钢

根据冷作模具钢的性能要求及形状尺寸，材料的选用有以下几种情况。

（1）工作时受力不大、形状简单、尺寸较小的模具，可用碳素工具钢制造。

（2）工作时受力一般、形状复杂或尺寸较大的模具，可用低合金工具钢（如9Mn2V、9SiCr、CrWMn、Cr2等）制造。

（3）工作时受力大，要求高耐磨性、高淬透性、变形量小、形状复杂的模具，多用高碳高铬钢（Cr12、Cr12MoV等）制造。又发展了几种Cr12型钢的代用钢（如Cr6WV、Cr4W2MoV、Cr2Mn2SiWMoV等），另外，也可选用高速钢、低碳高速钢（6W6Mo5Cr4V等）和基体钢（化学成分相当于高速钢正常淬火后的基体成分的钢）来制造这类模具。

（4）在冲击条件工作，刃口单薄的模具，采用韧性较好的中碳合金工具钢（如4CrW2Si、6CrW2Si等）制造。

常用冷作模具钢见表4-4。

表4-4　常用冷作模具钢

牌号	化学成分（质量分数）/%									
	C	Si	Mn	P	S	Cr	W	Mo	V	其他
				不大于						
Cr12	2.00~2.30	≤0.40	≤0.40	0.030	0.030	11.50~13.00	—	—	—	
Cr12Mo1V1	1.40~1.60	≤0.60	≤0.60	0.030	0.030	11.00~13.00	—	0.70~1.20	0.50~1.10	
Cr12MoV	1.45~1.70	≤0.40	≤0.40	0.030	0.030	11.00~12.50	—	0.40~0.70	0.15~0.30	Co≤1.00
Cr5Mo1V	0.95~1.05	≤0.50	≤1.00	0.030	0.030	4.75~5.50	—	0.90~1.40	0.15~0.50	
9Mn2V	0.85~0.95	≤0.40	1.70~2.00	0.030	0.030	—	—	—	0.10~0.25	

4.2.1.4　冷作模具钢的热处理

A　一次硬化法

这种方法采用较低的淬火温度淬火及低温回火，即俗称低淬低回。低的淬火温度可保证钢的晶粒较细，强度和韧性较好。通常Cr12MoV钢选用980~1030℃淬火，如果希望得到较高的硬度，淬火温度可取上限。Cr12钢的淬火温度选用950~980℃，这样处理后，钢中残余奥氏体量在20%左右。回火温度一般在200℃左右。回火温度升高时，硬度降低，但强度和韧性提高。一次硬化法使钢具有较高的硬度和耐磨性以及较小的热处理变形，大多数Cr12型钢制冷变形模具均采用一次硬化法工艺。

B　二次硬化法

这种方法俗称高淬高回，与高合金刃具钢（如高速钢）类似，采用高的淬火温度，然后进行多次高温回火以达到二次硬化。钢的强度和韧性较一次硬化法有所下降，但回火稳定性高，工艺上也较复杂。Cr12MoV钢采用1050~1080℃的淬火温度，淬火后钢中有大量残余奥氏体，硬度比较低。然后采用较高的温度（490~520℃）进行多次回火（常用3~4次），硬度可以提高到60~62HRC。为了减少回火次数，对尺寸不大、形状简单的模具，可以进行冷处理（-78℃），应注意的是高碳高铬钢在室温停留一定时间后残余奥氏体会迅速稳定化，因而冷处理应在淬火后立即进行。随后再在490~520℃温度下进行回火，硬度可提高到60~61HRC。二次硬化法适于工作温度较高（400~500℃）或受荷不大或淬火后表面需要氮化的模具。

4.2.2 热作模具钢

热作模具钢是指适宜于制作对金属进行热变形加工的模具用的合金工具钢，如热锻模、热挤压模、压铸模、热镦模等。由于热作模具长时间处于高温高压条件下工作，因此，要求模具材料具有高的强度、硬度及热稳定性，特别是应有高热强性、热疲劳性、韧性和耐磨性。

4.2.2.1 热作模具钢的使用性能

热作模具在工作时承受着很大的冲击力，模腔和高温金属接触，反复地加热和冷却，其使用条件极其恶劣。为了满足热作模具的使用要求，热作模具钢应具备下列基本特性：

（1）较高的高温强度和良好的韧性。热作模具，尤其是热锻模，工作时承受很大的冲击力，而且冲击频率很高，如果模具没有高的强度和良好的韧性，就容易开裂。

（2）良好的耐磨性能。由于热作模具工作时除受到毛坯变形时产生摩擦磨损之外，还受到高温氧化腐蚀和氧化铁屑的研磨，所以需要热作模具钢有较高的硬度和抗黏附性。

（3）高的热稳定性。热稳定性是指钢材在高温下可长时间保持其常温力学性能的能力。热作模具工作时，接触的是炽热的金属，甚至是液态金属，所以模具表面温度很高，一般为 $400 \sim 700℃$。这就要求热作模具钢在高温下不发生热化，具有高的热稳定性，否则模具就会发生塑性变形，造成堆塌而失效。

（4）优良的耐热疲劳性。热作模具的工作特点是反复受热受冷，模具一时受热膨胀，一时又冷却收缩，形成很大的热应力，而且这种热应力是方向相反，交替产生的。在反复热应力作用下，模具表面会形成网状裂纹（龟裂），这种现象称为热疲劳。模具因热疲劳而过早地断裂，是热作模具失效的主要原因之一。所以热作模具钢必须要有良好的热疲劳性。

（5）高淬透性。热作模具一般尺寸比较大，热锻模尤其是这样，为了使整个模具截面的力学性能均匀，这就要求热作模具钢有高的淬透性能。

（6）良好的导热性。为了使模具不致积热过多，导致力学性能下降，要尽可能降低模面温度，减小模具内部的温差，这就要求热作模具钢要有良好的导热性能。

（7）良好的成型加工工艺性能，以满足加工成型的需要。

4.2.2.2 常用热作模具钢

A 热锻模具钢

对于热锻模具用钢有两个突出的特点：一是服役时承受冲击负荷的作用；二是热锻模的截面尺寸相对较大（可达 400mm）。因此这类钢对力学性能要求较高，特别是对塑性变形抗力及韧性要求较高，同时要求钢有较高的淬透性，以保证整个模具组织和性能均匀。

常用的热锻模具钢有 5CrNiMo、5CrMnMo 及 4CrMnSiMoV 等，其化学成分与调质钢相近，只是对于强度和硬度要求更高些。其中 5CrNiMo、5CrMnMo 钢是使用最广泛的热锻模用钢。对特大型或大型的热锻模以 5CrNiMo 为好，对中小型的热锻模通常选用 5CrMnMo 钢。

5CrNiMo 钢热处理一般在 $830 \sim 860℃$ 淬火，然后在 $530 \sim 550℃$ 回火后，具有较高的硬度（$40 \sim 48HRC$）和高的强度及冲击韧性（$\sigma_b = 1200 \sim 1400MPa$，$a_K = 40 \sim 70J/cm^2$）。5CrMnMo 钢适于制造形状复杂、冲击负荷重且要求高强度和较高韧性的大型模具。

5CrMnMo 与 5CrNiMo 钢的性能相近，但韧性稍低（$a_K = 20 \sim 40J/cm^2$），其淬火温度为 820~840℃，回火温度为 560~580℃。此外，5CrMnMo 钢的淬透性和热疲劳性能也稍差，它适于代替 5CrNiMo 钢制造受力较小的中、小型锻锤。

B 热挤压模钢

热挤压模的工作特点是加载速度较快，因此，模具受热温度较高，通常可达 500~800℃，因此，对这类钢的使用性能要求具有高的高温强度（即高的回火稳定性）和高的耐热疲劳性能。对 a_K 值及淬透性的要求可适当降低。一般的热挤压模尺寸较小，常小于 70~90mm。这类钢基本上可以分为 3 类，即 Cr 系、W 系和 Mo 系。其中应用较广泛的是 Cr 系和 W 系。

Cr 系热作模具钢一般含有约 5% 的 Cr，并加入 W、Mo、V、Si 等元素。典型钢种是 4Cr5MoSiV1。4Cr5MoSiV1 钢中含有 Cr 和 Si，这不仅提高了钢的临界点，有利于提高钢的抗热疲劳性能，而且还使得这类钢具有良好的抗氧化性能。此外，钢中的 V 可增强钢的二次硬化效果。

3Cr2W8V 是典型的 W 系热作模具钢，钢中含 W 量高且热稳定性强。Cr 增加了钢的淬透性，使模具有较好的抗氧化性能，W 还能提高耐磨性，V 可增强钢的二次硬化效果。此钢由于含有大量的合金元素，使共析点 S 左移，因此其 C 含量虽然较低，但仍属于过共析钢。较低的 C 含量可以保证钢的韧性和塑性，碳化物形成元素 W 和 Cr 能提高钢的临界点，因而提高钢的抗热疲劳性能，同时在高温下比低合金热作模具钢具有更高的强度和硬度。

常用热作模具钢见表 4-5。

表 4-5 常用热作模具钢

牌　号	化学成分（质量分数）/%									
	C	Si	Mn	P	S	Cr	W	Mo	V	其他
				不大于						
5CrMnMo	0.50~0.60	0.25~0.60	1.20~1.60	0.030	0.030	0.60~0.90	—	0.15~0.30	—	
5CrNiMo	0.50~0.60	≤0.40	0.50~0.80	0.030	0.030	0.50~0.80	—	0.15~0.30	—	Ni 1.40~1.80
3Cr2W8V	0.30~0.40	≤0.40	≤0.40	0.030	0.030	2.20~2.70	7.50~9.00	—	0.20~0.30	
4Cr5MoSiV	0.33~0.43	0.80~1.20	0.20~0.50	0.030	0.030	4.75~5.50	—	1.10~1.60	0.30~0.80	
4Cr5MoSiV1	0.32~0.45	0.80~1.20	0.20~0.50	0.030	0.030	4.75~5.50	—	1.10~1.75	0.80~1.20	
4Cr5W2VSi	0.32~0.42	0.80~1.20	≤0.40	0.030	0.030	4.50~5.50	1.50~2.40	—	0.60~1.00	

C 压铸模具钢

压力铸造是指在很高的压力下，将液态金属挤满型腔而成型的一种铸造工艺。压铸过程中，模具与炽热的液态金属接触，并被反复加热和冷却，极易产生热疲劳和磨损以及化学老化。因此，压铸模具钢要求具有高的热疲劳性、高的导热性、良好的耐磨性及耐蚀性和高的高温强度。

常用压力铸造大致有铝合金、镁合金、铜合金、锌合金及钢等，这些合金的熔点、压铸温度均不相同，所使用的压铸模具钢也有所不同。例如，对熔点较低的锌合金压铸模，可选用 40Cr、30CrMnSi 及 40CrMo 等；对铝和镁合金压铸模，则可选用 4Cr5W2SiV、4Cr5MoSiV 等；对铜合金，多采用 3Cr2W8V 钢。近年来，随着黑色金属压铸工艺的应用，多采用高熔点的钼合金和镍合金，或者对 3Cr2W8V 钢进行 Cr-Al-Si 三元共渗，用以制造黑色金属压铸模，也有采用高强度铜合金作为黑色金属的压铸模材料。

4.2.3 塑料模具用钢

目前塑料制品的应用日益广泛，尤其是在日常生活用品、电子仪表、电器等行业中应用十分广泛，已向塑料制品化方向发展。塑料制品大多采用模压成型，因而需要模具。模具的结构形式和质量对塑料制品的质量和生产效率有直接影响。

压制塑料有两种类型，即热塑性塑料和热固性塑料。热固性塑料，如胶木粉等，都是在加热、加压下进行压制并永久成型的。胶木模周期地承受压力并在 150~200℃ 温度下持续受热。热塑性塑料，如聚氯乙烯等，通常采用注射模塑法，塑料是在单独的加热腔加热，然后以软化状态注射到较冷的塑模中，施加压力，从而使之冷硬成型。注射模的工作温度为 120~260℃，工作时通水冷却型腔，故受热、受力及受磨损程度较轻。值得注意的是含有氯、氟的塑料，在压制时析出有害的气体，对模腔有较大的侵蚀作用。

综上所述，对塑料模具提出如下要求：（1）钢料纯净，要求夹杂物少、偏析少，表面光洁度高；（2）表面耐磨抗蚀，并要求有一定的表面硬化层，表面硬度一般在 45HRC 以上；（3）足够的强度和韧性；（4）热处理变形小，以保证互换性和配合精度。塑料模具的制造成本高，材料费用只占模具成本的极小部分，因此选用钢材时，应优先选用工艺性能好、性能稳定和使用寿命较长的钢种。

塑料模具钢成分特点如下：

（1）含碳量。一般为中碳，碳的质量分数为 0.3%~0.6%，保证材料具有较高的强度和硬度，较高的淬透性以及较好的塑性、韧性。

（2）合金元素。加入的合金元素有 Cr、Mn、Si、Ni、W、Mo、V 等。其中 Cr、Mn、Si、Ni 合金元素的作用是强化铁素体和提高淬透性；W、Mo 合金元素是为了防止回火脆性；Cr、W、Si 合金元素能提高相变温度，使模具在交替受热与冷却过程中不致发生相变而发生较大的容积变化，从而提高其抗热疲劳的能力。另外，W、Mo、V 等在回火时以碳化物形式析出而产生二次硬化，使热作模具钢在较高温度下仍保持相当高的硬度，这是热作模具钢正常工作的重要条件之一；Cr、Si 能提高钢的抗氧化性。

塑料模具用钢可分以下几类：

（1）适于冷挤压成型的塑料模用钢是工业纯铁和 10、15、20、20Cr 钢，其加工工艺路线为：锻造→退火→粗加工→冷挤压成型→高温回火→加工成型→渗碳→淬火→回火→抛光→镀铬→装配。

（2）对于中小型且不很复杂的模具，可用 T7A、T10A、9Mn2V、CrWMn、Cr2 钢等。

128

对于大型塑料模具可采用 4Cr5MoSiV 或 PDAHT-1 钢（$w(C) = 0.8\% \sim 0.9\%$、$w(Mn) = 1.8\% \sim 2.2\%$、$w(Si) \leqslant 0.35\%$、$w(Cr) = 0.9\% \sim 1.1\%$、$w(Mo) = 1.2\% \sim 1.5\%$、$w(V) = 0.1\% \sim 0.3\%$），在要求高耐磨性时也可采用 Cr12MoV 钢，其加工工艺路线为：锻造→退火→粗加工→调质或高温回火→精加工→淬火→回火→钳工抛光→镀铬→抛光装配。

（3）复杂、精密模具使用 18CrMnTi、12CrNi3A 和 12Cr2Ni4A 等渗碳钢，其加工工艺路线同上述（1）所示。

（4）压制会析出有害气体并与钢起强烈反应的塑料，可采用马氏体不锈钢 2Cr13 或 3Cr13 钢。模具加热温度在 $950 \sim 1000\,^\circ\text{C}$ 油淬，并在 $200 \sim 220\,^\circ\text{C}$ 回火，热处理后其硬度为 45~50HRC，这类模具不需要镀铬。

塑料模具在淬火加热时应注意保护，防止表面氧化脱碳。热处理后最好先镀铝，以防止腐蚀、黏附，这样既易于脱模，又可提高耐磨性。

常用塑料模具钢见表4-6。

表4-6　常用塑料模具钢

牌　号	化学成分（质量分数）/%							
	C	Si	Mn	P	S	Cr	Mo	其他
				不大于				
3Cr2Mo	0.28~0.40	0.20~0.80	0.60~1.00	0.030	0.030	1.40~2.00	0.30~0.55	Ni0.85~
3Cr2MnNiMo	0.32~0.40	0.20~0.40	1.10~1.50	0.030	0.030	1.70~2.00	0.25~0.40	1.15

4.3　量　具　钢

量具是用来度量工件尺寸的工具，如卡尺、块规、塞规及千分尺等。由于量具在使用过程中经常受到工件的摩擦与碰撞，而且量具本身又必须具备非常高的尺寸精确性和恒定性，因此要求具有以下性能：

（1）高硬度和高耐磨性，以此保证在长期使用中不致被很快磨损，而失去其精度。

（2）高的尺寸稳定性，以保证量具在使用和存放过程中保持其形状和尺寸的恒定。

（3）足够的韧性，以保证量具在使用时不致因偶然因素（碰撞）而损坏。

（4）在特殊环境下具有抗腐蚀性。

4.3.1　常用量具用钢

根据量具的种类及精度要求，量具可选用不同的钢种。

（1）形状简单、精度要求不高的量具，可选用碳素工具钢，如 T10A、T11A、T12A。由于碳素工具钢的淬透性低，尺寸大的量具采用水淬会引起较大的变形。因此，这类钢只能制造尺寸小、形状简单、精度要求较低的卡尺、样板、量规等量具。

（2）精度要求较高的量具，如块规、塞规料通常选用高碳低合金工具钢，如 Cr2、CrMn、CrWMn 及轴承钢 GCr15 等。由于这类钢是在高碳钢中加入 Cr、Mn、W 等合金元素，故可以提高淬透性、减少淬火变形、提高钢的耐磨性和尺寸稳定性。

（3）对于形状简单、精度不高、使用中易受冲击的量具，如简单平样板、卡规、直尺及大型量具，可采用渗碳钢 15、20、15Cr、20Cr 等。但量具须经渗碳、淬火及低温回火后使用。经上述处理后，表面具有高硬度、高耐磨性，心部保持足够的韧性；也可采用中碳钢 50、55、60、65 制造量具，但须经调质处理，再经高频淬火回火后使用，亦可保证量具的精度。

（4）在腐蚀条件下工作的量具可选用不锈钢 4Cr13、9Cr18 制造，经淬火、回火处理后可使其硬度达 56~58HRC，同时可保证量具具有良好的耐腐蚀性和足够的耐磨性。

若量具要求特别高的耐磨性和尺寸稳定性，可选渗氮钢 38CrMoAl 或冷作模具钢 Cr12MoV。38CrMoAl 钢经调质处理后精加工成型，然后再氮化处理，最后需进行研磨。Cr12MoV 钢经调质或淬火、回火后再进行表面渗氮或碳、氮共渗。两种钢经上述热处理后，可使量具具有高耐磨性、高抗蚀性和高尺寸稳定性。

4.3.2　量具钢的热处理

量具钢热处理的主要特点是在保持高硬度与高耐磨性的前提下，尽量采取各种措施使量具在长期使用中保持尺寸的稳定。量具在使用过程中随时间延长而发生尺寸变化的现象称为量具的时效效应，发生时效效应是因为：（1）用于制造量具的过共析钢淬火后含有一定数量的残余奥氏体，残余奥氏体变为马氏体引起体积膨胀；（2）马氏体在使用中继续分解，正方度降低引起体积收缩；（3）残余内应力的存在和重新分布，使弹性变形部分地转变为塑性变形引起尺寸变化。因此在量具的热处理中，应针对上述原因采用如下热处理措施：

（1）调质处理。其目的是获得回火索氏体组织，以减少淬火变形和提高机械加工的光洁度。

（2）淬火和低温回火。量具钢为过共析钢，通常采用不完全淬火加低温回火处理，在保证硬度的前提下，尽量降低淬火温度并进行预热，以减少加热和冷却过程中的温差及淬火应力。量具的淬火方式为油冷（20~30℃），不宜采用分级淬火和等温淬火，只有在特殊情况下才予以考虑。一般采用低温回火，回火温度为 150~160℃，回火时间不应小于 4~5h。

（3）冷处理。高精度量具在淬火后必须进行冷处理，以减少残余奥氏体量，从而增加尺寸稳定性。冷处理温度一般为 -70~-80℃，并在淬火冷却到室温后立即进行，以免残余奥氏体发生陈化稳定。

（4）时效处理。为了进一步提高尺寸稳定性，淬火、回火后再在 120~150℃ 进行 24~36h 的时效处理，这样可消除残余内应力，大大增加尺寸稳定性而不降低其硬度。总之，量具钢的热处理为除了要进行一段过共析钢的正常热处理（不完全淬火+低温回火）之外，还需要有三个附加的热处理工序，即淬火之前进行调质处理、正常淬火处理之间的冷处理、正常热处理之后的时效处理。

习　题

4-1　刃具的工作环境是什么？对其性能有何要求？

4-2　常用刃具钢包括哪些钢种？

4-3 碳素工具钢有哪些优点？有哪些不足？

4-4 低合金工具钢中的合金元素有哪些？各有什么作用？

4-5 为什么 9SiCr 钢的淬火加热温度比 T9 钢高？

4-6 直径为 30~40mm 的 9SiCr 钢在油中能淬透，相同尺寸的 T9 钢能否淬透？为什么？

4-7 分析碳和合金元素在高速钢中的作用。

4-8 什么是红硬性？利用 W18Cr4V 钢作盘形铣刀，在淬火加热时，为什么要采用两段预热？为什么常用的淬火加热温度高达 1270~1290℃？为什么淬火后需要在 560℃ 回火 3 次？最后得到什么组织？

4-9 有些量具在保存和使用过程中，尺寸为何发生变化？为了保证量具的尺寸稳定性可采用哪些热处理措施？

4-10 5CrW2NiSi 钢中的合金元素有什么作用？该钢常用作什么工具？

5 不 锈 钢

特殊性能钢是指具有特殊的物理性能、化学性能及力学性能的钢种，包括不锈钢、耐热钢、耐磨钢等。由这些钢制成的机械构件可在一定的高温、酸、碱、盐介质中或磨损条件下工作。

不锈钢（stainless steel）是不锈耐酸钢的简称，耐空气、蒸汽、水等弱腐蚀介质或具有不锈性的钢种称为不锈钢；而将耐化学腐蚀介质（酸、碱、盐等化学浸蚀）腐蚀的钢种称为耐酸钢。由于两者在化学成分上的差异而使他们的耐蚀性不同，普通不锈钢一般不耐化学介质腐蚀，而耐酸钢则一般均具有不锈性。"不锈钢"一词不仅仅是单纯指一种不锈钢，而是表示一百多种工业不锈钢，所开发的每种不锈钢都在其特定的应用领域具有良好的性能。应用成功的关键首先是要弄清用途，然后再确定正确的钢种；建筑构造应用领域有关的不锈钢种通常只有六种，它们大都含有 17%~22% 的铬，较好的钢种还含有镍，添加钼可进一步改善大气腐蚀性，特别是耐含氯化物大气的腐蚀。

耐蚀性是不锈钢最主要的性能指标，为了提高金属材料的耐蚀性，减少腐蚀消耗并延长其使用寿命，几十年来，人们研究并生产出了一系列不锈钢。本章在概述金属腐蚀的基本概念以及提高金属耐蚀性途径的基础上，主要介绍工业上常用的铁素体、马氏体、奥氏体不锈钢及超高强度不锈钢的成分、组织、性能、热处理及应用。

5.1 概　　述

5.1.1 不锈钢的分类

目前，不锈钢常按组织状态分为马氏体钢、铁素体钢、奥氏体钢、奥氏体-铁素体（双相）不锈钢及沉淀硬化不锈钢等，另外，可按成分分为铬不锈钢、铬镍不锈钢和铬锰氮不锈钢等。

5.1.1.1 按金相组织分类

不锈钢按其正火状态的组织可分为铁素体不锈钢、马氏体不锈钢、奥氏体不锈钢、沉淀硬化不锈钢和铁素体-奥氏体双相不锈钢等。这是目前不锈钢最基本的分类方法。

5.1.1.2 按化学成分分类

（1）按不锈钢的主要化学成分，基本上可分为铬不锈钢和铬镍不锈钢两大类，分别以 Cr13 型和 Cr18Ni9 型不锈钢为代表，其他不锈钢一般是在此基础上发展起来的。

（2）按不锈钢的主要节约元素，可分为节镍不锈钢、无镍不锈钢和节铬不锈钢等。这类钢常以一些价廉的元素代替镍和铬，如 Cr-Mn-N 和 Cr-Mn-Ni-N 不锈钢等。在我国开发了多种以锰、氮代替镍的不锈钢，使用效果良好。

（3）按不锈钢的一些特征组成元素，可分为高硅不锈钢、高钼不锈钢等。

（4）按不锈钢中碳、氮和杂质元素的控制含量，可分为普通不锈钢、低碳和超低碳不锈钢以及高纯不锈钢，如 Cr18Mo2 不锈钢、超低碳 00Cr18Mo2 不锈钢和超高纯000Cr18Mo2 不锈钢。

5.1.1.3 按用途和特点分类

（1）按照使用介质环境，可分为耐硝酸不锈钢、耐硫酸不锈钢、耐海水不锈钢等。

（2）按照耐蚀性能，可分为耐应力不锈钢、耐点蚀不锈钢和耐磨蚀不锈钢等。

（3）按照功能特点，可分为无磁不锈钢、易切削不锈钢、高强度不锈钢、低温和超低温不锈钢及超塑性不锈钢等。

我国不锈钢的国家标准采用最基本的分类方法，即按金相组织分类。

5.1.2 不锈钢的牌号

2008 年，我国发布了不锈钢新牌号标准。新牌号与旧牌号在标识上基本没有太大变动，主要的化学元素标识都没有变动，只有碳含量标识和个别钢种里面的化学元素发生了变动。

（1）旧牌号。含碳量以千分之几表示，如 1Cr17Mn6Ni5N 钢中碳含量为千分之一；2Cr13、7Cr17 分别表示碳的质量分数为 0.2% 和 0.7%。如果 $w(C) \leqslant 0.08\%$ 为低碳，标识为 "0"，如 06Cr19Ni10；$w(C) \leqslant 0.03\%$ 为超低碳，标识为 "00"，如 00Cr17Ni14Mo2。

（2）新牌号。含碳量以万分之几表示，如 12Cr17NiMo2 钢中碳的质量分数为 0.022%，其他标识基本不变。

5.1.3 金属腐蚀基本类型

金属腐蚀是其表面在介质中直接发生化学反应或电化学反应的结果。钢在高温下氧化称为化学腐蚀。钢在电解作用下，不同部位之间，如不同的相之间、同一相的晶界和晶内之间由于电极电位不同而构成的原电池腐蚀称为电化学腐蚀。在实际生产中电化学腐蚀更为普遍。工程中常见的腐蚀类型有均匀腐蚀、点腐蚀、晶间腐蚀、应力腐蚀、磨损腐蚀、腐蚀疲劳等，图 5-1 为几种腐蚀的示意图。

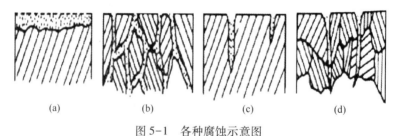

图 5-1 各种腐蚀示意图

（a）均匀腐蚀；（b）晶间腐蚀；（c）点腐蚀；（d）穿晶腐蚀

5.1.3.1 均匀腐蚀

均匀腐蚀是一种最常见的腐蚀，又称为一般腐蚀或连续腐蚀。其特点是，腐蚀发生在与腐蚀介质相接触的整个金属表面上，使金属有效截面不断减小，直到破坏。均匀腐蚀的情况如图 5-1(a) 所示，它容易察觉，并损耗或破坏了大量金属材料。但从技术观点来看，其危险性并不大，不会因均匀腐蚀造成预先毫无察觉的失效事故。金属材料耐均匀腐蚀的能力通常用腐蚀速度，即单位面积金属在单位时间内的失重来表示；或用腐蚀速率，即每年腐蚀掉金属的深度来表示。

5.1.3.2 点腐蚀

点腐蚀又称为孔蚀，是发生在金属表面局部区域的一种腐蚀形式，如图 5-1(c) 所示。它往往是由于不锈钢表面钝化膜的局部破坏引起的，另外，不锈钢表面的缺陷如疏松、非金属夹杂物等也是引起点腐蚀的重要原因，如图 5-2 所示。这种腐蚀破坏多数出现在含有氯离子和氯化物盐的溶液中，孔蚀一旦形成，便迅速向金属厚度的深处发展，直至将金属穿透。因此，点腐蚀也是一种危害性较大且常见的腐蚀破坏形式。不锈钢点腐蚀倾向的大小一般用单位面积上的腐蚀坑数量及最大深度来评定。

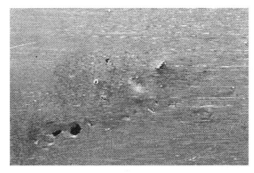

图 5-2 不锈钢点腐蚀

5.1.3.3 晶间腐蚀

沿金属晶界进行的腐蚀称为晶间腐蚀。晶间腐蚀是一种危害性很大、容易造成设备突然事故的破坏形式。图 5-1(b) 表示了晶间腐蚀的行为，因为已发生晶间腐蚀的金属在外形上没有任何变化，因此不易察觉，但实际上金属已丧失强度。在生产中可用弯曲法、声音法、电阻法以及失重等方法测定不锈钢的晶间腐蚀敏感性，并有具体标准和规定。

5.1.3.4 应力腐蚀

应力腐蚀是指处于拉应力状态下的金属在特定的腐蚀介质（如氯化物、盐、碱的水溶液，某些硝酸盐和部分化合物的溶液，以及蒸汽介质等）中，沿某些显微路径发生腐蚀而导致的破坏。随着拉应力增大，发生破裂的时间缩短，当取消应力时，钢的腐蚀量很小，并且不发生破裂。

应力腐蚀破坏的特征是裂纹与拉应力方向垂直，断口呈脆性破坏，断口附近有许多裂纹，裂纹的显微路径有沿晶界分布和穿晶分布或两种分布形态兼有的特征。金属应力腐蚀断裂是具有选择性的，一定的金属在一定的介质中才会产生，例如，低碳钢在浓的碱液中（称为碱脆），奥氏体不锈钢在热浓氯化物溶液中（称为氯脆）等。

5.1.3.5 磨损腐蚀

金属中同时存在着腐蚀和机械磨损，两者互相加速的腐蚀叫做磨损腐蚀。除了机械运动之外，腐蚀介质流体和金属表面间的相对运动也能引起这种腐蚀。另外，气泡腐蚀也是磨损腐蚀的一种特殊形式，例如运动的螺旋桨、叶轮可使液体压力降低，从而使液体蒸发形成气泡，当叶轮压力再次升高时，则会使气泡破裂。破裂的冲击波使金属表面的保护膜破坏，加剧了腐蚀，最后导致气泡腐蚀破坏。

5.1.3.6 腐蚀疲劳

腐蚀疲劳是在交变应力作用下金属在腐蚀介质中的腐蚀破坏。例如，汽轮机叶片、水泵零件、传播螺旋桨轴及在腐蚀介质中工作的弹簧等，均可因腐蚀疲劳而破坏。腐蚀疲劳的过程是：首先在零件表面因介质作用形成腐蚀坑，然后在介质和交变应力作用下，发展成为疲劳裂纹，并逐渐扩展直到零件疲劳断裂。断口保持疲劳破坏的特征，在显微分析时裂纹多为穿晶形式。

5.1.4 不锈钢的性能要求

5.1.4.1 耐蚀性要求

耐蚀性是不锈钢最重要的性能指标，这里耐蚀性的含义是对具体工作介质而言的。某种不锈钢在某种介质中具有耐蚀性，而在另一种介质中不一定耐蚀，在工程中可根据使用工作介质的不同来选择不同的不锈钢。例如，在弱腐蚀介质中服役的金属构件可选择不锈钢，而在酸、碱、盐介质中服役的金属构件可选择耐酸钢。

5.1.4.2 力学性能要求

力学性能是对金属材料的基本要求，不锈钢也不例外。在使用中可根据工作载荷形式或应力大小来选择不锈钢的类型及所能达到的不同强度、硬度、塑性及韧性等水平。

5.1.4.3 工艺性能要求

不锈钢材料有板材、管材、型材等各种类型，需要冷、热加工成型，许多构件还要经过切削加工，还有许多构件需要焊接连接，因此对不锈钢也有一定的工艺性能要求。例如，某些需要焊接连接的不锈钢构件，要求其具有良好的焊接性，且焊接热影响区的耐蚀性不应下降，晶粒不粗大，力学性能良好。

5.1.5 不锈钢的合金化原理

合金化是提高钢的耐蚀性的主要途径，其作用是：（1）提高金属的电极电位；（2）金属易于钝化；（3）使钢获得单相组织，并具有均匀的化学成分、组织结构和金属的纯净度，其目的是避免形成微电池。

5.1.5.1 不锈钢的钝化

不锈钢具有良好的耐蚀性是由于它的表面能产生钝化。所谓钝化，是指某些金属在特殊环境下失去了金属活性，呈现出与惰性金属相似的特性。钝化可改变金属的表面状态，使其电极电位升高。

钝化机制认为：金属与周围介质之间生成一层极薄的氧化膜——钝化膜，这层钝化膜作为金属与介质间的一个屏障，降低金属的溶解速率。这种钝化膜在一定条件下是致密的，不易溶解，即使损坏还可以再钝化。钝化膜的存在使阳极反应受到阻滞，从而提高了金属的化学稳定性和耐蚀性。另外，在钝化膜的下面及膜的表面又有氧的吸附层，吸附的氧能饱和金属表面原子的未饱和位，就会产生钝化，使化学反应速率显著减小，这就是钝化的原因。

钢中加入铬、铝、硅等元素，可在钢的表面生成 Cr_2O_3、Al_2O_3 和 SiO_2 等致密的钝化膜，起到防腐蚀作用，其中铬是最有效的元素。

5.1.5.2 电极电位的提高

研究表明，当铬元素加入铁中形成固溶体时，固溶体的电极电位能显著提高，如图5-3所示。

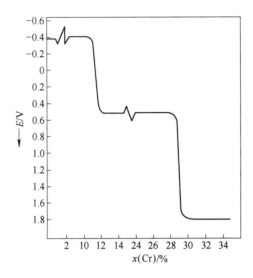

图 5-3　电极电位显著提高示意图

随着含铬量的提高，钢的电极电位呈跳跃式增高，即当铬含量达到 1/8、2/8、3/8…原子比时，铁的电极电位就发生跳跃式增高，腐蚀也跳跃式地显著减弱，这一规律称为 $n/8$ 规律。根据钢中碳与铬的作用，11.7% 就是构成不锈钢的最低限度铬需要量（质量分数）。但由于碳是钢中必然存在的元素，它能与铬形成一系列的碳化物，为使钢中固溶体的含铬量不低于 11.7%，铬的含量应适当提高一些，这就是实际应用的不锈钢中铬的质量分数不低于 13% 的原因。

5.1.5.3 单相组织的形成

合金元素能使钢在室温呈单相组织，当钢中加入质量分数为 12.7% 的铬时，它能封闭 γ 相区，获得单相铁素体组织；当铬、镍复合加入时，可获得单相奥氏体组织，从而减少了微电池数量，可减轻电化学腐蚀。

5.2　铁素体不锈钢

由 Fe-Cr 相图（图 5-4）可知，在铬的质量分数达到 13% 时，由于铬具有稳定铁素体的作用，Fe-Cr 合金中将没有奥氏体相变，从高温到低温都保持铁素体。

5.2.1　铁素体不锈钢特点

铁素体不锈钢含铬 15%~30%。其耐蚀性、韧性和可焊性随含铬量的增加而提高，耐氯化物应力腐蚀性能优于其他种类不锈钢，属于这一类的有 Cr17 等。铁素体不锈钢因为含铬量高，耐腐蚀性能与抗氧化性能均比较好，但力学性能与工艺性能较差，多用于受力

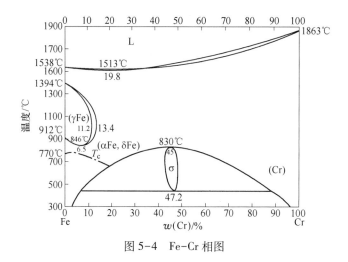

图 5-4　Fe-Cr 相图

不大的耐酸结构及作抗氧化钢使用。这类钢能抵抗大气、硝酸及盐水溶液的腐蚀，并具有高温抗氧化性能好、热膨胀系数小等特点，用于硝酸及食品工厂设备，也可制作在高温下工作的零件，如燃气轮机零件等。

常用不锈钢牌号、热处理、力学性能及用途举例见表 5-1。铁素体不锈钢的耐蚀性（对硝酸、氨水等介质）和抗氧化性较好，特别是抗应力腐蚀性较好，但加工性能和力学性能较差，还存在室温脆性，因而限制了其应用。在生产上铁素体不锈钢多用于受力不大的耐酸和抗氧化结构件。

5.2.2　铁素体不锈钢的组织性能

铁素体不锈钢是指铬含量为 11%~30%，具有体心立方晶体结构，在使用状态下以铁素组织为主的不锈钢。铁素体不锈钢耐蚀性方面的主要特点是耐氯化物应力腐蚀、孔蚀、缝隙腐蚀等局部腐蚀性能优良。铁素体不锈钢的强度高，而冷加工硬化倾向较低，导热系数为奥氏体不锈钢的 30%~50%，线膨胀系数仅为 Cr-Ni 奥氏体不锈钢的 60%~70%，但铁素体不锈钢（特别是 Cr 含量大于 16% 的铁素体不锈钢）存在一些缺点和不足，突出地表现在它们的室温、低温韧性差，缺口敏感性高，对晶间腐蚀比较敏感，而且这些缺点随铁素体不锈钢截面尺寸的增加和焊接热循环的作用而更加强烈地显示出来。

（1）晶粒粗大。铁素体不锈钢的铸态组织晶粒粗大，不能通过加热及冷却过程中的相变来细化，只能通过压力加工（热轧、锻造）来碎化。当加工温度超过再结晶温度后，晶粒长大倾向明显。

生产中需要将这类钢的终轧、终锻温度控制在 750℃ 或更低的温度，此外向钢中加入少量的钛来控制晶粒长大。

（2）δ 相析出。铁素体不锈钢在 550~850℃ 长期停留时将析出 δ 相，使钢变脆。δ 相为高硬度的 Fe-Cr 金属化合物，析出时还伴随着体积变化，故引起很大脆性。δ 相又常常沿晶界析出，还可引起晶间腐蚀。已有 δ 相脆性的钢重新加热到 820℃ 以上，随后快冷，可消除脆性。

表 5-1　常用不锈钢的牌号、热处理、力学性能及用途举例

类别	牌号	化学成分（质量分数）/%						热处理/℃				力学性能					用途举例
		C	Si	Mn	Ni	Cr	其他	退火温度	固溶处理温度	淬火温度	回火温度	σ_b/MPa	δ_s/%	ψ/%	HBS	A_K/J	
奥氏体型	1Cr18Ni9	≤0.15	≤1.00	≤2.00	8.00~10.00	17.00~19.00	—	—	1010~1150 快冷	—	—	≥520	≥60	≥60	≤187	—	生产硝酸、化肥等化工设备零件、建筑用装饰部件
奥氏体型	00Cr18Ni10N	≤0.030	≤1.00	≤2.00	8.50~11.50	17.00~19.00	Ni 0.12~0.22	—	1010~1150 快冷	—	—	≥520	≥40	≥50	≤217	—	作化肥、化纤工业的耐蚀材料
奥氏体型	0Cr26Ni5Mo32	≤0.08	≤1.0	≤1.50	3.00~6.00	23.00~28.00	Mo 1.00~3.00	—	950~1100 快冷	—	—	≥520	≥18	≥40	≤277	—	有较高的强度、抗氧化性、作海水腐蚀的零件
奥氏体铁素体型	00Cr18Ni5Mo3Si2	≤0.030	1.30~2.00	1.00~2.00	4.50~5.50	18.0~19.50	Mo 2.50~3.00	—	920~1150 快冷	—	—	≥590	≥20	≥40	—	—	有较高强度、耐应力腐蚀、用于化工行业的热交换器、冷凝器
铁素体型	1Cr17	≤0.012	≤0.75	≤1.00	≤0.60	16.00~18.00	—	780~850 空冷或缓冷	—	—	—	≥450	≥22	≥50	≤183	—	重油燃烧部件、化工容器、管道、食品加工设备、家庭用具等

续表 5-1

类别	牌号	化学成分（质量分数）/%						热处理/℃				力学性能					用途举例
		C	Si	Mn	Ni	Cr	其他	退火温度	固溶处理温度	淬火温度	回火温度	σ_b/MPa	δ_s/%	ψ/%	HBS	A_K/J	
铁素体型	00Cr30Mo2	≤0.010	≤0.40	≤0.40	—	28.50~32.00	Mo 1.50~2.50 N≤0.015	900~1025 快冷	—	—	—	≥520	≥20	≥45	≤228	—	与乙酸等有机酸有关的设备、制苟性碱设备
马氏体型	1Cr13	≤0.15	≤1.00	≤1.00	≤0.60	11.50~13.50	—	800~900 缓冷或约750 快冷	—	950~1000 油	700~750 快冷	≥450	≥25	≥35	≥159	≥78	汽轮机叶片、阀、螺栓、螺母、日常生活用品等
	3Cr13	0.26~0.40	≤1.00	≤1.00	≤0.60	12.00~14.00	—		—	920~990 油	600~750 快冷	≥540	≥12	≥40	≥217	≥24	要求强度较高的医疗工具、量具、不锈弹簧、阀门等
	1Cr17Ni2	0.11~0.17	≤0.08	≤0.80	1.50~2.50	16.00~18.00	—	680~700 高温回火空冷	—	950~1050 油	275~350 空冷	≥735	≥10	—	—	≥89	要求有较高强度的耐硝酸、有机酸腐蚀的零件、容器和设备
沉淀硬化型	0Cr17Ni7Al	≤0.09	≤1.00	≤1.00	6.5~7.5	16.00~18.00	Cu ≤0.50 Al ≤0.75~1.50	—	1000~1000 快冷	—	565 时效	≥1080	≥5	≥25	≥363	—	用作耐蚀的弹簧、垫圈等
											510 时效	≥1230	≥4	≥10	≥388	—	

（3）475℃脆性。在高铬铁素体钢中，当铬的质量分数大于15%时，在400~525℃范围内长时间加热，或在此温度范围内缓冷时，钢在室温下变得很脆，并且最高脆化温度在475℃左右，这种脆性称为475℃脆性，可以通过高于475℃温度加热（600~650℃），随后快冷来消除。大量研究表明，引起475℃脆性的原因是：在475℃加热时，铁素体内的铬原子趋于有序化，形成许多富铬小区域，它们与母相共格，引起点阵畸变和内应力，使钢的韧性降低，强度升高。

5.2.3　铁素体不锈钢的压力加工及热处理

高铬铁素体不锈钢的晶粒粗化倾向很大，因此在热压力加工时，一般采用较低的始锻（轧）和终锻（轧）温度，通常采用的始锻温度为1040~1120℃，终锻温度为700~800℃，以得到细晶粒。为了消除热压力加工应力，获得成分均匀的铁素体组织，消除晶间腐蚀倾向，高铬铁素体不锈钢热锻（轧）后常采用淬火和退火两种热处理工艺，如图5-5所示。

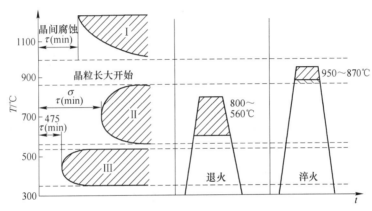

图5-5　淬火和退火两种热处理工艺

铁素体不锈钢常用400系列的数字表示。它的内部显微组织为铁素体，其铬的质量分数在11.5%~32.0%范围内。随着铬含量的提高，其耐酸性能也提高，加入钼（Mo）后，则可提高耐酸腐蚀性和抗应力腐蚀的能力。00Cr12、1Cr17（430）、00Cr17Mo、00Cr30Mo2、Cr17、Cr17Mo2Ti、Cr25、Cr25Mo3Ti、Cr28等铁素体不锈钢的优点：含铬量高，导热性好，稳定性比较好，散热性好；缺点：机械性能与工艺性能较差；用途：多用于受力不大的耐酸结构及作抗氧化钢使用，例如灶具、排气管道（摩托车后面）。

尽管铁素体不锈钢热处理方法比较简单，但操作不当也可能产生热处理缺陷。

（1）晶间腐蚀的敏化倾向。含碳量大于0.01%的一般铁素体不锈钢，退火温度超过850℃以上，由于晶界析出物的产生，会增加晶间腐蚀的敏感性。在实际生产中，有时为提高退火生产进度或者考虑设备利用率，与其他材料混装热处理，可能会忽略铁素体不锈钢的特殊性，提高了退火温度，结果降低了钢的热处理效果。因此，对于铁素体不锈钢的退火应严格执行工艺，控制加热温度。

（2）脆性。铁素体不锈钢较高温度加热会产生高温脆性，在600~400℃保温或缓冷会有相脆性和475℃脆性产生的可能性。所以，应注意控制加热温度不能过高，又要避免在脆性区温度停留，在600℃以下应空冷为好。

（3）晶粒长大。铁素体不锈钢的晶粒度也有随加热温度的升高而长大的倾向，对钢的塑韧性不利。从这一角度考虑，铁素体不锈钢热处理时也应尽量采用较低温度，并防止过热产生。

（4）表面贫铬。在氧化性气氛中，铁素体不锈钢高温、短时加热，会使钢表面的铬优先氧化而贫铬。有的研究证明，含18%铬的铁素体不锈钢在788℃加热保持5min，钢表面形成的氧化膜中的含铬量可达21.5%，说明了铬的优先氧化现象，这必然使钢的表面铬量降低，会降低耐腐蚀性。如果长时间加热，氧化膜增厚到一定程度，阻止了氧的进一步侵入，使基体中的铬有机会向贫铬层扩散，贫铬层就会被消除。

5.3 马氏体不锈钢

马氏体不锈钢是一种既耐腐蚀又能通过热处理强化的不锈钢。这类钢的耐蚀性、塑形和焊接性能较奥氏体、铁素体不锈钢要差，但由于它具有较好的力学性能（高的强度、硬度及耐磨性）和耐蚀性，所以是机械工业中广泛使用的钢种。马氏体不锈钢用400系列的数字表示。它的显微组织为马氏体。这类钢中铬的质量分数为11.5%～18.0%，但碳的质量分数最高可达0.6%。碳含量的增高，提高了钢的强度和硬度。在这类钢中加入的少量镍可以促使生成马氏体，同时又能提高其耐蚀性。常见的几种马氏体不锈钢如下：1Cr13（410）、2Cr13（420）、3Cr13、1Cr17Ni2。

马氏体不锈钢的优点：含碳量高，硬度高；缺点：可塑性和焊接性较差；用途：模具、地下管道、刀具、刃具、餐具、螺栓、螺母。

马氏体不锈钢能在退火和硬化与回火的状态下焊接，无论钢材的原先状态如何，经过焊接后都会在邻近焊道处产生一硬化的马氏体区，热影响区的硬度主要是取决于母材金属的碳含量，当硬度增加时，则韧性减少，且此区域较易产生龟裂。预热和控制层间温度，是避免龟裂的最有效方法，为得最佳的性质，需焊后热处理。

马氏体不锈钢是一类可以通过热处理（淬火、回火）对其性能进行调整的不锈钢，通俗地讲，是一类可硬化的不锈钢。这种特性决定了这类钢必须具备两个基本条件：一是在平衡相图中必须有奥氏体相区存在，在该区域温度范围内进行长时间加热，使碳化物固溶到钢中之后，进行淬火形成马氏体，也就是化学成分必须控制在 γ 或 $\gamma+\alpha$ 相区。二是要使合金形成耐腐蚀和氧化的钝化膜，铬含量必须在10.5%以上。按合金元素的差别，可分为马氏体铬不锈钢和马氏体铬镍不锈钢。

5.3.1 马氏体不锈钢的成分特点

马氏体不锈钢强度高，但塑性和可焊性较差。马氏体不锈钢的常用牌号有1Cr13、3Cr13等，因含碳较高，故具有较高的强度、硬度和耐磨性，但耐蚀性稍差，用于力学性能要求较高、耐蚀性能要求一般的一些零件上，如弹簧、汽轮机叶片、水压机阀等。这类钢是在淬火、回火处理后使用的，锻造、冲压后需退火。

常用马氏体不锈钢的牌号、热处理、力学性能及用途举例见表5-1。这类钢的成分特点是：铬的质量分数为12%～18%，大多数钢种（20Cr13、30Cr13、40Cr13、95Cr18）碳含量较高，有些钢种还含有一定量的镍，有时还加入钼、铜、铌等元素以改善钢的性能。

马氏体铬不锈钢的主要合金元素是铁、铬和碳。对于马氏体铬不锈钢来说，C、N 是有效元素，C、N 元素添加使得合金允许更高的铬含量。在马氏体铬不锈钢中，除铬外，C 是另一个最重要的必备元素，事实上，马氏体铬不锈耐热钢是一类铁、铬、碳三元合金。当然，还有其他元素，利用这些元素，可根据 Schaeffler 图确定大致的组织。

5.3.2 马氏体不锈钢的组织性能

Cr13 型马氏体不锈钢经锻轧后空冷即可得到马氏体组织，如图 5-6 所示。为了降低硬度，以改善切削加工性能，同时为了消除构件内应力和防止开裂，应进行软化处理。将锻件加热至 850~900℃保温 1~3h 后随炉冷却至 600℃后空冷进行退火处理。12Cr13 与 20Cr13 钢一般进行调质处理，得到回火索氏体组织，主要制作要求高的塑性及韧性并受冲击载荷的零件，如汽轮机叶片、水压机阀、热能设备配件等；95Cr18 钢则采用淬火+低温回火处理，获得回火马氏体组织，硬度可达 56~59HRC，常用作滚动轴承部件；30Cr13 和 40Cr13 钢低温回火后硬度可达 50HRC 以上，常用作医疗器械和不锈钢刃具。

图 5-6　Cr13 型马氏体不锈钢组织

14Cr17Ni2 钢是在 Cr13 型钢的基础上提高铬的含量并加入质量分数为 2%的镍，这样的合金化设计可保持奥氏体相变，使钢仍然能通过淬火获得马氏体组织而强化。在马氏体不锈钢中，14Cr17Ni2 钢的耐蚀性是最好的，强度也是最高的，该钢具有较高的耐电化学腐蚀性能，在海水和硝酸中具有很好的耐蚀性，因此在船舶尾轴、压缩机转子等制造中有广泛的应用。

5.3.3 马氏体不锈钢的焊接

马氏体不锈钢高温加热后空冷具有淬硬倾向，因此在焊接时要特别注意以下几点：
（1）正确确定焊缝化学成分，选择合适的焊接材料，焊缝成分应与母材一致。
（2）严格制定焊接前预热和焊后回火处理工艺，并认真实施。
（3）高碳马氏体不锈钢的焊接性差，一般不作焊接材料使用。
马氏体不锈钢根据化学成分不同，可分为马氏体铬钢和马氏体铬镍钢两类；根据组织和强化机理的不同，则可分为马氏体和半奥氏体沉淀硬化不锈钢以及马氏体时效不锈钢等。马氏体不锈钢具有强烈的空淬倾向，其焊缝和热影响区的焊后状态组织为马氏体，很容易产生冷裂纹。为避免冷裂纹及改善焊接接头的力学性能，应采取预热、后热和焊后高温回火等措施。

（1）焊前预热。焊接马氏体不锈钢，特别在使用与母材同成分的焊接材料时，为了防止冷裂，焊前需预热。预热温度一般选在 200~329℃，最好不高于马氏体开始转变温度。含碳量是确定预热温度的最主要因素，含碳量高，预热温度应高一些。影响选择预热温度的其他因素还有材料厚度、填充金属种类、焊接方法、拘束度等。含碳小于 0.1% 时可不预热，也有建议预热，如预热 400~450℃，但要注意高温预热带来的不利影响。含碳量大于 0.2% 时，焊接较为困难，除预热外，需要保持层间温度，如图 5-7 所示。

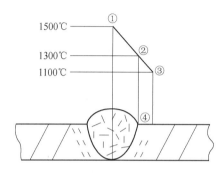

图 5-7 　马氏体不锈钢焊接接头示意图
①—焊缝金属；②—不完全熔化段；③—过热段；④—母材

（2）焊后回火前的温度。工件焊后不应从焊接温度直接升温进行回火处理。因为在焊接过程中奥氏体可能未完全转变，如焊后立即升温回火，会出现碳化物沿奥氏体晶界沉淀和奥氏体向珠光体转变，产生晶粒粗大的组织，严重降低韧性。因此回火前应使焊件冷却，让焊缝和热影响区的奥氏体基本分解完了。对于刚度小的构件，可以冷至室温后再回火。对于大厚度的结构，特别当含碳量较高时，需采用较复杂的工艺：焊后冷至 100~150℃，保温 0.5~1.0h，然后加热至回火温度。

（3）焊后热处理。焊后热处理的目的是降低焊缝和热影响区硬度，改善其塑性和韧性，同时减少焊接残余应力。焊后热处理包括回火和完全退火。只有在为了得到低硬度，如需焊后机加工时，才采用完全退火，退火温度为 830~880℃，保温 2h 后炉冷至 595℃，然后空冷。高铬马氏体不锈钢一般在淬火+回火的调质状态下焊接，焊后经高温回火处理，使焊接接头有良好的力学性能。如果在退火状态下焊接，焊后仍会出现不均匀的马氏体组织，整个焊件还需经过调质处理，使接头具有均匀的性能。

5.3.4 马氏体不锈钢分类

（1）马氏体铬钢。钢中除含铬外还含一定量的碳，铬含量决定钢的耐蚀性，碳含量越高则强度、硬度和耐磨性越高。此类钢的正常组织为马氏体，有的还含有少量的奥氏体、铁素体或珠光体。此类钢主要用于制造对强度、硬度要求高，而对耐腐蚀性能要求不太高的零件、部件以及工具、刀具等，典型钢号有 2Cr13、4Cr13、9Cr18 等。

（2）马氏体铬镍钢。马氏体铬镍钢包括马氏体沉淀硬化不锈钢、半奥氏体沉淀硬化不锈钢和马氏体时效不锈钢等，都是高强度或超高强度不锈钢。此类钢碳含量较低（低于0.10%），并含有镍，有些牌号还含有较高的钼、铜等元素，所以此种钢在具有高强度的同时，强度与韧性的配合以及耐蚀性、焊接性等均优于马氏体铬钢。Cr17Ni2 是最常用的一种低镍马氏体不锈钢。马氏体沉淀硬化不锈钢通常还含有 Al、Ti、Cu 等元素，它是在马氏体基体上通过沉淀硬化作用析出 Ni3Al、Ni3Ti 等弥散强化相而进一步提高钢的强度，如 Cr17Ni4Cu4 等牌号；而半奥氏体（或称半马氏体）沉淀硬化不锈钢，由于淬火状态仍为奥氏体组织，所以淬火态仍可进行冷加工成型，然后通过中间处理、时效处理等工艺进行强化，这样就可以避免马氏体沉淀硬化不锈钢中的奥氏体淬火后直接转变为马氏体，导致随后加工成型困难的缺点。常用的钢种有 0Cr17Ni7Al、0Cr15Ni7Mo2Al 等。此类钢强度较高，一般达 1200～1400MPa，常用于制作对耐蚀性能要求不太高但需要高强度的结构件，如飞机蒙皮等。

（3）马氏体时效不锈钢，是在超低碳马氏体时效钢的基础上加入高于 10% 的铬制成的，既保有马氏体时效钢的良好综合性能，又提高了耐蚀性。此类钢碳含量低于 0.03%，铬含量为 10%～15%，镍含量为 6%～11%（或钴含量为 10%～20%），并加入 Mo、Ti、Cu 等强化元素。

5.4　奥氏体不锈钢

奥氏体不锈钢具有较好的耐蚀性（通常称为耐酸钢）、冷加工成型性、焊接性等一系列优点，因此应用最为广泛，除了用作耐蚀构件外，还可用于高温承受低载荷的热强钢。这类钢的缺点是强度低，不能通过淬火强化，但可以通过形变强化（冷加工硬化）达到提高强度的目的。奥氏体型不锈钢用 200 和 300 系列的数字标示，其显微组织为奥氏体。它是在高铬不锈钢中添加适当的镍（镍的质量分数为 8%～25%）而形成的，常见的几种如下：1Cr18Ni9Ti（321）、0Cr18Ni9（302）、00Cr17Ni14Mo2（316L）。奥氏体不锈钢的优点：易焊接，可塑性好（不易断裂），变形多，稳定性好（不易生锈），易钝化；缺点：对溶液中含有氯离子（Cl⁻）的介质特别敏感，易于发生应力腐蚀。

5.4.1　奥氏体不锈钢的成分特点

常用奥氏体不锈钢的牌号、热处理、力学性能及用途举例见表 5-1。这类钢含有较低的碳，而铬、镍含量较高，使钢在室温下获得单项奥氏体组织。我国为了节约镍的消耗，用 Mn-N 来代替镍；为了进一步改善钢的耐蚀性，还向钢中添加 Ti、Nb、Mo、Cu 等元素。加入钛、铌是为了稳定碳化物，提高耐晶间腐蚀的能力；加入钼可增加不锈钢的钝化作用，防止点腐蚀，提高钢在有机酸中的耐蚀性；铜可以提高钢在硫酸中的耐腐蚀性；硅使钢的抗应力腐蚀断裂的能力提高。

5.4.2　18-8 型奥氏体不锈钢的热处理特点

奥氏体不锈钢的热处理一般有三种形式，即固溶处理、消除应力处理和稳定化处理。18-8 型奥氏体不锈钢含铬大于 18%，还含有 8% 左右的镍及少量钼、钛、氮等元素，综合性能好，可耐多种介质腐蚀。奥氏体不锈钢的常用牌号有 1Cr18Ni9、0Cr19Ni9 等。0Cr19Ni9 钢的 $w(C) < 0.08\%$，钢号中标记为"0"。这类钢中含有大量的 Ni 和 Cr，使钢在室温下呈奥氏体状态。这类钢具有良好的塑性、韧性、焊接性、耐蚀性能和无磁或弱磁

性，在氧化性和还原性介质中耐蚀性均较好，用来制作耐酸设备，如耐蚀容器及设备衬里、输送管道、耐硝酸的设备零件等，另外还可用作不锈钢钟表饰品的主体材料。奥氏体不锈钢一般采用固溶处理，即将钢加热至 1050~1150℃，然后水冷或风冷，以获得单相奥氏体组织。

（1）固溶处理。固溶处理就是把钢加热到 Fe-C 相图中的 ES 线以上，使碳化物溶解。奥氏体不锈钢的固溶处理温度一般为 1050~1150℃，钢中的碳含量越高，所需要的固溶处理温度也越高。为了保证高温下得到的奥氏体不发生分解，一直稳定到室温，固溶处理后的冷却速度要快，多采用水冷，保证在室温下得到单相奥氏体组织。

（2）稳定化处理。稳定化处理只是在含有钛、铌的奥氏体不锈钢中使用，其处理工艺的一般原则为：高于碳化铬的溶解温度而低于碳化钛的溶解温度。稳定化退火温度通常采用 850~950℃，保温 2~4h 后空冷，将碳化铬转化为特殊碳化物 TiC 或 NbC，这样就比较彻底地消除了晶间腐蚀倾向。

（3）消除应力处理。消除应力处理通常用于以下两种情况：一是用于消除钢经冷加工后的内应力，使钢在伸长率无显著变化的情况下，其屈服强度和疲劳强度有很大的提高。这种消除应力处理可在较低的温度下进行，一般在 250~450℃下保温 1~2h 后空冷。对于不含钛和铌的钢，以及虽含钛和铌但未经稳定化处理的钢，消除应力处理温度应不超过450℃，以免析出碳化铬，使钢对晶间腐蚀敏感。二是用于消除钢经冷加工后对应力腐蚀的敏感性及焊接内应力，这种处理需要在较高温度下进行，一般要在 850℃ 以上进行。对于不含钛、铌的钢加热后应快冷至 540℃ 再空冷，以迅速通过碳化铬析出的温度区间，防止晶间腐蚀。

5.4.3　Cr-Mn-N 及 Cr-Mn-Ni-N 型不锈钢

镍是形成稳定化奥氏体的主要元素，但在我国属于较为稀缺和昂贵的金属，研究开发以锰、氮代替镍的奥氏体不锈钢，一直是耐蚀性金属材料的发展方向之一。目前这类钢大体可分为三种类型：第一种是以锰全部代替镍的 Cr-Mn 不锈钢；第二种是以锰、氮共同代替镍的 Cr-Mn-N 不锈钢；第三种是在 18-8 型的基础上以锰、氮部分代替镍的 Cr-Mn-Ni、Cr-Mn-Ni-N 不锈钢。

5.4.3.1　Cr-Mn 不锈钢

锰是奥氏体形成元素，但稳定奥氏体的作用不如镍，所以在低碳高铬的钢中，单纯加入锰是得不到稳定的奥氏体组织的；而 $w(Cr) < 15\%$ 时，提高锰含量又会对耐蚀性产生不良影响，因此，Cr-Mn 奥氏体钢无法作为强腐蚀性介质的耐蚀材料使用。Cr17Mn9 是典型的两相钢，其铁素体和奥氏体数量大体相同，耐蚀性与 $w(Cr) = 17\%$ 的钢相近，主要用于食品行业。

5.4.3.2　Cr-Mn-N 不锈钢

在 Cr-Mn 钢中加入氮，可以进一步提高奥氏体的稳定性，并能扩大奥氏体中的极限含铬量，提高室温强度和高温强度而不降低室温韧性，并能抑制 σ 相析出，对耐蚀性没有影响。但是，氮含量受溶解度和冶金条件的限制，一般其质量分数都在 0.3%~0.5% 及以下。

06Cr17Mn13Mo2N 钢是我国开发的 Cr-Mn-N 不锈钢，具有奥氏体、铁素体双相组织，其晶间腐蚀、应力腐蚀的倾向较奥氏体不锈钢要小，力学性能与焊接性能也较好。但由于δ铁素体相的存在，使钢的冷热加工性能较差，易生成 σ 相。该钢在 1050℃ 淬火后使用，在醋酸中的耐蚀性优于 12Cr18Ni12MoTi 钢，在磷酸中可以代替 12Cr18Ni9Ti 钢。

Cr-Mn-N 奥氏体不锈钢最有希望取代 Ni-Cr 奥氏体不锈钢，作为核聚变反应堆第一壁的结构材料。锰的放射性仅为镍的 1/10，即 Cr-Mn 系合金具有快速感应放射性衰减的特性。研究表明，在 14MeV 中子辐射条件下，Ni、Mo、Nb 等合金元素会产生较长寿命的放射线，若要达到安全水平的放射性，则需要放置 100 年以上，而锰仅需 9 个月，这特别有利于反应堆部件的最后处理及回收，降低材料成本和后期处理成本，并将环境风险降至最低限度。

5.4.3.3　Cr-Mn-Ni 和 Cr-Mn-Ni-N 不锈钢

在 18-8 型基础上以锰、氮代替部分镍，即可获得单一的奥氏体组织，又达到了部分代替镍的目的。12Cr18Mn8Ni5N 钢是比较有代表性的钢种（相当于美国的 AISI202），由于锰稳定奥氏体的作用只有镍的一半，所以该钢的耐蚀性、力学性能、焊接性能均与 18-8 型钢相当。该钢在 1100~1150℃ 淬火后使用，可以代替 18-8 钢用于硝酸及化肥生产设备。

12Cr18Mn10Ni5Mo3N 钢是在 12Cr18Mn8Ni5N 钢的基础上加入质量分数为 2.5%~3.5% 的钼，并提高锰的含量，以稳定奥氏体，经 1100~1150℃ 淬火，组织为奥氏体+少量铁素体，工艺性能和力学性能良好，具有良好的抗晶间腐蚀性能，能够广泛代替 12Cr18Ni12Mo3Ti 不锈钢，用于尿素、磷酸、醋酸等的工业生产设备。

5.4.4　奥氏体不锈钢的加工

奥氏体不锈钢具有良好的冷加工变形能力。18-8 型奥氏体不锈钢经过大变形量冷轧后，其强度将大大提高，而塑性降低。其强化原因除了点阵畸变外，还与钢在形变条件下奥氏体稳定性降低而引起形变诱发相变（部分奥氏体转变为马氏体）有关。具有奥氏体稳定组织的钢，在冷变形时不发生奥氏体向马氏体的转变，钢的强度增加是由于形变冷作硬化所引起的，因此其强化效果较小。经强烈冷作硬化的奥氏体不锈钢可以制作高强度不锈钢弹簧，用于钟表和特殊仪器设备上。

奥氏体不锈钢在焊接中的一个重要问题就是防止焊缝出现热裂，热裂经常发生在焊缝金属或接近母材金属的焊缝热影响区内。在高温下，单相奥氏体组织不锈钢对热裂更为敏感。大量研究表明，与焊缝金属或熔融金属接触的母材的晶界存在低熔点液态夹层与热裂有关。由于晶界强度不够，裂纹可沿已经凝固的晶界继续扩展。单相奥氏体钢的焊缝组织是粗大柱状晶，组织有方向性，低熔点液态夹杂物分布集中，容易在凝固收缩时引起热裂。另外，钢中碳及硫都能促进热裂发生，也应尽量降低他们的含量。

5.4.5　奥氏体不锈钢的晶间腐蚀、应力腐蚀及点腐蚀

晶间腐蚀、应力腐蚀和点腐蚀是奥氏体不锈钢在使用中最为普遍和经常发生的腐蚀破坏形式，也是奥氏体不锈钢在使用中的最主要缺点。

5.4.5.1　奥氏体不锈钢的晶间腐蚀

奥氏体不锈钢焊接后，在离焊缝不远处会产生严重的晶间腐蚀。这是由于在焊缝周围有一个温度为 450~800℃ 的热影响区，在热影响区内沿晶界析出（Cr, Fe$)_{23}$C$_6$ 型碳化物，

从而使晶界产生贫铬区。当析出时间不太长时，由于铬的扩散速度较慢，贫铬区得不到恢复，使晶界附近的铬含量降低到 $n/8$ 限度以下，因此耐腐蚀性能显著下降，如图 5-8 所示。

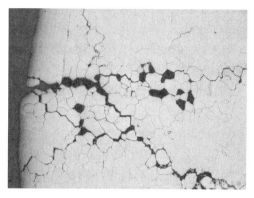

图 5-8　不锈钢晶间腐蚀

晶间腐蚀不但在铬钢和 Cr-Ni 钢中出现，而且在 Ni、Cu、Al 基合金中也存在。当奥氏体不锈钢在 450~800℃下工作或进行人工时效时也会出现晶间腐蚀，含碳量较高及含有非碳化物形成元素 Ni、Si、Co 等会促进形成晶间腐蚀，含碳量较低及含有碳化物形成元素 Mu、Mo、W、V、Nb 等阻碍形成晶间腐蚀。防止奥氏体不锈钢晶间腐蚀的措施有：降低钢中的碳量；钢中加入强碳化物形成元素（Ti、Nb），形成特殊碳化物，消除晶间贫铬区；经 1050~1100℃淬火，以保证固溶体中碳和铬的含量。

5.4.5.2　奥氏体不锈钢的应力腐蚀

应力腐蚀常发生在石油化工装置中的压力容器、输送管线、热换器管线等所使用的奥氏体不锈钢中，一般认为它是应力和电化学腐蚀共同作用的结果。奥氏体不锈钢，特别是18-8 型奥氏体不锈钢的屈服强度较低，很容易变形，在拉应力作用下，奥氏体不锈钢表面的局部区域将产生滑移，当位错在滑移面上移出表面后，就使钢表面的局部钝化膜遭受破坏。当表面局部钝化膜遭受破坏时，裸露出的表面为阳极，周围连续的钝化膜为阴极，组成腐蚀微电池。在含有氯离子和浓的氢氧根离子介质中，发生阳极溶解，形成腐蚀小坑，这种腐蚀小坑向纵深发展，并在拉应力作用下最后导致穿晶腐蚀破裂。

目前，防止奥氏体不锈钢应力腐蚀的方法主要从三个方面来考虑：（1）降低拉应力，例如焊接接头消除应力退火可以避免或减轻应力腐蚀破坏，另外提高奥氏体不锈钢的屈服强度也可提高耐应力腐蚀性；（2）改善奥氏体不锈钢的使用介质条件，例如，降低或控制介质中的氯离子和氢氧根离子含量，向介质中加入无机缓蚀剂，都可以降低应力腐蚀敏感性；（3）可以适当改变钢的化学成分来提高其应力腐蚀抗力，例如，可采用高镍奥氏体不锈钢，或在奥氏体不锈钢中加入硅，还有应尽量减少钢中磷、砷、锑、铋等杂质元素含量。

5.4.5.3　奥氏体不锈钢的点腐蚀

一般认为，点腐蚀是由于腐蚀性阴离子（氯离子）在氧化膜表面上吸附后穿过钝化膜所致。这种钝化膜的局部破坏会形成许多尺寸较小的蚀孔，如果钢的钝化能力很强，破坏的钝化膜可再钝化，小蚀孔就不再成长，否则小蚀孔将继续扩大，不断向金属深处发展，直至将金属穿透。

提高不锈钢抗点蚀性最好的方法是合金化，钢中加入 Cr、Mo、N 等元素可显著提高抗点蚀能力；Ni、Si、RE 等元素也有一定作用。

5.5 沉淀硬化不锈钢

沉淀硬化不锈钢的基体为奥氏体或马氏体组织，沉淀硬化不锈钢的常用牌号有 04Cr13Ni8Mo2Al 等。其能通过沉淀硬化（又称时效硬化）处理使其硬（强）化的不锈钢。沉淀硬化不锈钢包括两种，一种是以 Gr18Ni9 钢为基础发展起来的奥氏体-马氏体型沉淀硬化不锈钢；另一种是以 Gr13 型马氏体不锈钢为基础发展起来的低碳马氏体型沉淀硬化不锈钢。这两类钢都是在最后形成马氏体的基础上经过时效处理，沉淀强化而得到超高强度不锈钢的。

沉淀硬化（析出强化）指金属在过饱和固溶体中，溶质原子偏聚区和（或）由之脱溶出微粒弥散分布于基体中而导致硬化的一种热处理工艺，如奥氏体沉淀不锈钢在固溶处理后或经冷加工后，在 400~500℃ 或 700~800℃ 进行沉淀硬化处理，可获得很高的强度，即某些合金的过饱和固溶体在室温下放置或者将它加热到一定温度，溶质原子会在固溶点阵的一定区域内聚集或组成第二相，从而导致合金的硬度升高的现象。

沉淀硬化不锈钢按其组织形态可分为三类：沉淀硬化半奥氏体型不锈钢、沉淀硬化奥氏体型不锈钢和沉淀硬化马氏体型不锈钢。列入我国国家标准钢板牌号的有 0Cr17Ni7A 和 0Cr15Ni7Mo2Al 两种，是属于沉淀硬化半奥氏体型不锈钢。该钢的组织特点是在固溶或退火状态时具有奥氏体加体积分数为 5%~20% 的铁素体组织。这种钢经过系列的热处理或机械变形处理后奥氏体转变为马氏体，再通过时效析出硬化达到所需要的高强度。这种钢有很好的成型性能和良好的焊接性，可作为超高强度的材料在核工业、航空和航天工业中得到应用。

5.5.1 奥氏体-马氏体型沉淀硬化不锈钢

奥氏体-马氏体型沉淀硬化不锈钢含碳量低，在室温下主要是不稳定的奥氏体组织，有较好的塑性和压力加工性能以及焊接性能。这类钢在成分设计时使 M_s 点略低于室温，以便通过各种处理使不稳定奥氏体转变成低碳马氏体，然后再通过时效沉淀析出金属间化合物以提高强度。

钢中的时效沉淀强化元素有 Al、Ti、Mo，它们又是铁素体形成元素，为了得到单一的奥氏体组织，应加入适量的 Ni、Mn、Cu 等元素与之平衡。经固溶处理后，这类钢均含有一定量的铁素体。钢中含有少量的 δ 铁素体对调整 M_s 点是非常有益的，因为纯奥氏体钢在 600~800℃ 时碳化物析出缓慢，有 δ 铁素体存在有利于 $M_{32}C_6$ 首先在 δ/γ 相界析出，$M_{23}C_6$ 的析出使钢中特别是奥氏体中的合金元素含量降低，进而提高了 M_s 点，有利于使不稳定的奥氏体转变成马氏体。这类钢的热处理工艺有三种类型。

（1）高温固溶（1050℃）+塑性变形+高温调解处理（750℃，90min，空冷）+时效处理（550+575℃，90min）。低温调节处理能使 M_s 点升高，在 750℃ 空冷至室温时获得一定量的马氏体，而后通过时效进一步强化。这种处理工艺比较简单，但沿奥氏体晶界有碳化物析出，塑性较低，所以采用较高的时效温度。

（2）高温固溶（1050℃）+塑性变形+高温调解处理（950℃，90min，空冷）+冷处理（-70℃，8h）+时效（500~525℃，60min）。高温调节处理能使奥氏体晶界没有碳化物析出，奥氏体（也即冷处理后的马氏体）含碳量和合金化程度增加，通过冷处理获得必要的马氏体量，时效后具有良好的塑性和较高的强度。

（3）高温固溶（1050℃）+高温调解处理（950℃，90min，空冷）+室温塑性变形+时效（475~500℃，60min）。此方法是通过室温塑性变形获得必要的马氏体，高温调节处理使 M_s 点位于室温附近。冷塑性变形还有细化镶嵌块的作用，一次可获得更高的性能。为了获得必要数量的马氏体，冷轧的时候变形量以不小于60%为宜。

5.5.2　马氏体型沉淀硬化不锈钢

以马氏体型沉淀硬化不锈钢（代号为17-4PH）和半奥氏体（奥氏体-马氏体）型沉淀硬化不锈钢（代号为17-7PH）及0Cr15Ni7Mo2Al（相当于PH15-7Mo）为代表的不锈钢，简称PH不锈钢。20世纪60年代开始，我国发展了奥氏体型、半奥氏体型、马氏体型沉淀硬化不锈钢和马氏体时效不锈钢。

马氏体PH钢通常以马氏体状态（含体积分数低于10%的铁素体）供货。以代表钢种05Cr17Ni4Cu14Nb为例，其化学成分保证了经高温固溶处理后空冷至室温时为马氏体和少量铁素体组织。这种组织的PG不锈钢的加工性能优于马氏体不锈钢，但不如奥氏体PH不锈钢，较难进行深度冷形成，再经过时效处理会产生沉淀硬化。这种钢的优点是热处理工艺简单，通过改编时效处理温度，可在相当宽的范围内调整力学性能，其耐腐蚀性与18-8型不锈钢接近，优于普通马氏体不锈钢；焊接性能较好，不需焊前预热。但缺点是对缺口敏感性大，其温度高于425℃时，强度显著下降。这类钢适宜制作汽轮机低压末级动叶片，以及要求耐酸腐蚀性高同时要求强度的零部件，除制成棒、板、管、丝外，还可制成一般铸件、锻件和精密铸件。

5.6　超高强度不锈钢

超高强度不锈钢是在不锈钢的基础上发展起来的。不锈钢要获得高的强度，通常采用在马氏体基体上产生沉淀强化的方法，即加入合金元素Ti、Mo、Al等，形成新的沉淀强化相，如 Fe_2Mo、Ni_3Mo、Ni_3Ti、Ni_3Al 等，使得该类钢具有较高的抗拉强度和良好的耐蚀性。根据钢的组织和热处理工艺不同，可分为马氏体沉淀硬化不锈钢和半奥氏体沉淀硬化不锈钢。常用的有马氏体沉淀硬化不锈钢0Cr17Ni4Cu4Nb、半奥氏体沉淀硬化不锈钢0Cr15Ni7Mo2Al等。

通常把抗拉强度高于800MPa，屈服强度高于500MPa的不锈钢称为高强度不锈钢，把屈服强度高于1380MPa的不锈钢称为超高强度不锈钢。自1958年起，钢铁研究总院等科研院所与各特殊钢厂先后开展了沉淀硬化不锈钢的研究，20世纪60年代开始了马氏体时效不锈钢的研究，80年代又开始了铁素体时效不锈钢的研究，近几年又在超级马氏体时效不锈钢领域进行了研究，所研制的系列钢种基本满足了我国国防建设和国民经济各方面的需要。

5.6.1 沉淀硬化高强度不锈钢

5.6.1.1 半奥氏体沉淀硬化不锈钢

这类钢的特点是可以在奥氏体状态进行切削加工、冷变形和焊接，随后通过调整处理及时效处理控制马氏体转变与析出硬化，获得不同的强韧性配合；耐腐蚀性能良好，特别是抗应力腐蚀性能优越。因此该类钢特别适用于制造不同要求的耐蚀承力结构件。在540℃，特别是480℃以下使用，热强性能良好。其主要缺点是对钢的化学成分区间要求十分严格，热处理工艺复杂，对热处理温度的控制要求十分精确（±5℃）；钢的加工硬化趋向性大，进行深变形冷加工时常需进行多次中间退火。该类钢的典型代表是0Cr17Ni7Al（17-7PH）、0Cr15Ni7Mo2Al（PH15-7Mo）、0Cr12Mn5Ni4Mo3Al等。该类钢主要用于航空工业中在400℃以下工作的耐蚀承力结构件，如各种管道、管接头、弹簧、紧固件等，产品有板、管、带、丝、棒、铸件、锻件等。

5.6.1.2 马氏体沉淀硬化不锈钢

钢的强度是通过马氏体相变和沉淀硬化处理来实现的，优点是强度较高，同时由于低碳、高铬、高钼和（或）高铜，其耐蚀性一般不会低于18Cr-8Ni奥氏体不锈钢；易切削，易焊接，焊后一般不需局部退火，热处理工艺也比较简单。缺点主要是即使在退火态其组织仍然是低碳马氏体，因此难以进行深变形冷加工。该类钢的代表钢种是0Cr17Ni4Cu4Nb（17-4PH）与0Cr13Ni8Mo2Al（PH13-8Mo），用于制造在400℃以下工作的高强耐蚀承力构件，如发动机承力件、紧固件等。后者在航空承力耐蚀中温结构件方面应用十分广泛。

5.6.1.3 奥氏体沉淀硬化不锈钢

该类钢实际上属于Fe-Ni基高温合金，在高强度不锈钢中具有600~700℃范围内最高的高温强度，650℃下的屈服强度与室温的相差不多；超低温韧性极好，基本没有低温脆性；沉淀强化作用显著，制作大断面部件时力学性能均匀；冷变形和耐蚀性能十分优越。缺点主要是室温及中温强度较低，可焊性差。代表钢种0Cr15Ni25Ti2Mo1VA1，用于制造喷气发动机涡轮、叶片、机身、紧固件、高强弹簧等。

5.6.2 时效不锈钢

马氏体时效不锈钢是20世纪60年代中期发展起来的新型高强度不锈钢。该类钢既具有高强度和超高强度，又克服了马氏体沉淀硬化不锈钢低温韧性差和在350~400℃长期使用时脆化倾向大的缺点；在固溶态是超低碳马氏体组织，加工硬化指数低，易于冷加工；固溶态的焊接性能好；热处理简单，工件尺寸稳定；与其他高强度不锈钢相比，在同等强度下塑性和韧性较好；由于碳含量低，耐蚀性优于同等铬含量的马氏体沉淀硬化不锈钢。缺点主要是由于碳含量低导致耐磨性较差，需要进行表面处理以提高耐磨性和疲劳强度。马氏体时效不锈钢的研究已成为高强度不锈钢研究的重点之一。

（1）00Cr16Ni5Al（700~1100MPa）。该钢含有部分铁素体，对锻造有一定的要求；强韧配合良好，深冲及弯曲性能较好，相当于Cr18Ni8不锈钢；焊接性能好，焊前不需预热，焊后不需热处理，焊接效率在90%以上。

（2）00Cr15Ni6Nb（1000~1200MPa）。该钢具有良好的塑性、韧性和耐蚀性，深冲性能良好，切削性能优良，在软化、固溶、时效状态下都能切削，不粘刀。特别是焊接性能优良，可以用与母材成分相同的焊丝进行焊接且焊接效率较高，接头强度与母材基本一致。在航空工业可以用来代替大量使用的 1Cr18Ni9 不锈钢，且强度较高。

（3）以 00Cr11Ni10Mo2Al（1200～1300MPa）、00Cr11Ni10Mo2Ti0.6Al（1300～1500MPa）、00Cr11Ni10Mo2Ti1（1600～1700MPa）为代表的马氏体时效不锈钢，其组织见图 5-9。这一系列钢种以 Mo、Al、Ti 为主要强韧化元素，在固溶态具有良好的冷加工性，可进行较为复杂的冲压加工。具有良好的耐蚀性、高的冲击韧性和断裂韧度，可用焊接不锈钢的任何一种方法进行焊接。可用于制造航空工业中的弹簧、紧固件、承力结构件等部件。

图 5-9　马氏体时效不锈钢组织

（4）00Cr12Co12Ni4Mo4Ti（1200～1600MPa）。该钢的 Co、Mo 复合强化使得强化作用更为明显，因为 Co 可以降低 Mo 在基体中的溶解度，还可提高钢的弹性模量。在 420℃ 时效的耐蚀性最好；热加工性能良好，固溶态时易于冷加工；焊前不需预热，焊后如要求高的强韧性可进行固溶+时效处理。该钢强韧配合较好，抗疲劳性和弹性模量也很高，用于制造要求耐蚀承力且要求高抗弹性衰减性的部件。

（5）00Cr12Ni8Cu2AlNb（1500～1700MPa）。该钢在具有高强度的同时还具有足够的韧性，耐应力腐蚀性较好；最高使用温度 450℃，瞬时使用温度 800℃；特定热处理条件下疲劳性能接近于 Custom455；钢的冷作硬化倾向较小，一般不需进行中间软化处理；易于焊接，工艺简单，大断面焊缝强度系数达 85% 以上。主要用于制造耐蚀承力部件，高性能的轴、齿轮、弹簧等。

（6）00Cr12Ni11Mo1Ti1.65（即 Custom465，1300～1800MPa）。该钢为 Carpenter 公司的专利钢种，在峰值时效（H900）状态下强度可达 1820MPa，且仍有优良的缺口强度和断裂韧性。在长期热暴露情况下仍具有较高强度，耐蚀性能与 AISI304 钢相近。热处理引起的尺寸变化较小，可在固溶态及不同机加工状态进行冷加工。

（7）00Cr11Ni8Co8.5Mo5Al1（即 Custom475，1600～2100MPa）。该钢同样为 Carpenter 公司的专利钢种，能达到最高的强度水平。峰值时效（524℃ 时效）强度可达 2030MPa，时效前不进行应变强化，时效后即可达 1960MPa，而退火屈服强度只有 1000MPa 左右。加工硬化速率较低，可顺利进行冷加工，切削特性与其他高镍马氏体时效钢类似，具有较好的耐大气腐蚀性。除上述钢种之外，还研发了一种拥有自主知识产权的成分为 $w(Cr)=$ 13.0%～16.5%、$w(Ni)=4.0\%～7.5\%$、$w(Co)=9.5\%～15.0\%$、$w(Mo)=5.0\%～7.5\%$ 以及适量 Ti 的超低碳 Cr-Ni-Co-Mo-Ti 系高洁净度、细晶组织马氏体时效不锈钢，抗拉强度 1900MPa 以上，伸长率 10% 以上，具有较好的强韧性配合，是制造耐蚀承力件的良好材料。

铁素体时效不锈钢沉淀硬化不锈钢及马氏体时效不锈钢虽然强度很高，强韧性配合良好，但由于含铬量较低，镍含量也受到限制，因而在强腐蚀介质中难以使用。为此研制了00Cr26Ni6Mo4Cu1Ti铁素体时效不锈钢，其抗拉强度约1100MPa（屈服强度880MPa），由于钢中含有足够高的铬、钼、铜和镍，使该钢耐海洋气候腐蚀的能力大大提高，耐点蚀及缝隙腐蚀性能大大优于AISI316而屈服强度却为AISI316的2~3倍，成为在海水中最有使用前途的高强度不锈钢之一。

马氏体沉淀硬化不锈钢是在0Cr17Ni4Cu4Nb（17-4PH）钢的基础上，通过减Cr增Ni以消除δ铁素体，并加入Mo、Ti、Al、Nb等强化元素，经高温奥氏体区固溶处理后，冷却时发生马氏体转变，然后经过425~600℃时效，从过饱和的马氏体基体中析出弥散的金属间化合物而产生的沉淀强化。马氏体沉淀硬化不锈钢最早应用的超高强度不锈钢，其耐蚀性和焊接性都比一般的马氏体不锈钢好，对氢脆不敏感，热处理工艺简单，经固溶处理和不同温度时效后，其抗拉强度可达到1000~1400MPa。其缺点是高温性能差，在300~400℃使用有脆性倾向。这类钢适宜制作耐酸性高同时又要求强度高的零部件。

半奥氏体沉淀硬化不锈钢是在Cr17Ni17钢的基础上加入强化元素发展起来的。钼、铝等形成金属间化合物，在马氏体基体上析出，产生沉淀强化。钢经固溶处理后，在室温下为奥氏体及少量δ铁素体组织。这类钢的最大特点是可用热处理方法来控制马氏体的相变温度，使钢在成型或制造零件过程中低于奥氏体状态，然后经硬化处理转变为马氏体，并通过进一步时效强化，提高强度。这类钢可通过热处理控制奥氏体和马氏体的相对数量，从而达到强度和韧性的合理配合。但其缺点是化学成分和热处理温度的控制范围很窄，热处理工艺复杂，性能波动比较大。这类钢常用于制造飞机薄壁结构及各种化工设备用管道、容器等。

5.7 不锈钢应用实例

5.7.1 不锈钢在医疗器械上的应用

由于不锈钢具有清洁、防锈、耐用等优点，医疗器械上广泛使用马氏体型不锈钢。30Cr13与40Cr13钢低温回火后获得回火马氏体+碳化物+少量残留奥氏体组织，硬度可达到50HRC以上。图5-10所示为40Cr13钢手术剪刀的淬火和低温回火处理工艺。

5.7.2 不锈钢在模具中的应用

（1）沉淀硬化型不锈钢。05Cr17NiCu4Nb钢是一种马氏体沉淀硬化不锈钢，因其碳含量低，耐蚀性优于马氏体不锈钢，而接近奥氏体不锈钢。该钢热处理工艺简单，固溶温度为1040℃，水冷，热处理后可获得单一板条状马氏体，硬度为32~34HRC；具有良好的切削加工性能，便于模具的加工成型，经460~480℃时效后，模具的硬度可达到40HRC。由于加热温度低，模具变形较小，硬度和强度皆有所提高，可获得综合的力学性能。该类钢制模具可采用离子渗氮表面处理，表面硬度可达到900HV以上，大大延长了模具的使用寿命。

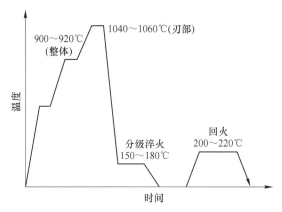

图 5-10 40Cr13 钢手术剪刀的淬火和低温回火处理工艺

（2）奥氏体型不锈钢。12Cr18Ni9Ti 钢属于奥氏体型不锈钢，具有较高的抗晶间腐蚀性能，在各种状态下都能保持稳定的奥氏体组织，可在磁场中部产生磁感应。该钢的冷拉坯料退火温度为 970℃，水冷，固溶温度为 1030～1160℃，组织为奥氏体；时效温度为800℃，保温 10h，或 700℃ 保温 20h，组织为奥氏体+碳化物。时效后强度和其他力学性能均有所提高，但强度仍然较低（低于 200HBW），为了保证其耐磨性，一般还需进行渗氮处理。该钢经固溶后呈单相奥氏体组织，因此在强磁场中不产生感应，适宜制作无磁模具和耐蚀塑料模具。

5.7.3 不锈钢在汽车工业中的应用

当前，汽车工业的技术发展面临着四大挑战，即减少污染、节约能源、降低成本和安全措施。在汽车尾气排放中采用强制控制措施，因此不锈钢在排气系统上得到应用。国际上现代轿车发动机的排气系统都采用不锈钢制造，其中 80% 为铁素体不锈钢（022Cr12、022Cr11Ti、10Cr15、10Cr17、019Cr19Mo2NbTi 等）制造，每辆车大约使用不锈钢 23～25kg；按每年生产 200 万辆车计算，铁素体不锈钢年消耗量为 5 万吨。汽车上的其他零件，如消声器、紧固件、冲压件以及一些零部件等也都需要用不锈钢，如图 5-11 所示。

图 5-11 不锈钢在汽车上的应用

在新一代汽车（NGV）项目中，轻型汽车应用了大量的不锈钢，这些不锈钢是由欧洲的不锈钢生产商、汽车制造商和其他专门从事工具、涂料和数字建模的工业合作伙伴生产的。不锈钢，特别是抗拉强度等级为 C800 和 C1000 的材料，在保险杠、翻转棒、碰撞箱、悬架、车轮和子框架等的结构中都被考虑应用了。测试的等级包括：锰奥体不锈钢 1.4376，铬镍奥氏体不锈钢 1.4318（一种典型的铁路应用），以及倾斜的双相不锈钢 1.4162。在模具方面，冲压和空白的支架也都被实验确认过了。进一步调查的对象还包括工件与工具之间的相互作用，通常是涂有铁、铝和 TiC，以及润滑剂的影响。对焊接性能的研究结果表明，点焊和焊接的结合性能特别好。同时，对混合材料的定制空白进行了研究。

5.7.4 高强度不锈钢在飞机上的应用

5.7.4.1 在飞机起降装置上的应用

对于在海洋性气候下使用的飞机起落架、紧固件等多使用沉淀硬化不锈钢制造，如 17-4PH 用于 F-15 飞机的起落架，其改进型 15-5PH 用于 B-767 飞机的起落架，PH13-8Mo 钢由于抗应力腐蚀性能比同级别沉淀硬化不锈钢好而有望代替 17-4PH、15-5PH 以及 17-7PH、PH15-7Mo 等钢种。美国自 20 世纪 80 年代起对马氏体时效与沉淀硬化不锈钢的强韧化做了进一步的深入研究，如 HSL180 和 Custom465 钢等。它们的强度都超过 1600MPa，其中 HSL180 是在淬火、低温处理后，利用回火处理的二次硬化得到了与 15-5PH 相近的耐腐蚀性和 1800MPa 以上的强度；美国 Carpenter 公司开发的 Custom465（00Cr12Ni11Mo1Ti0.6）在 H1000 过时效状态可以提供比其他高强度不锈钢（如 NCustom455 或 PHI3-8Mo）更高的强度、韧性和抗应力腐蚀性的组合，但尚未见到大尺寸截面钢材的力学性能报道。目前正在研究具有接近 2000MPa 的高强度特性的不锈钢。

5.7.4.2 在飞机轴承上的应用

德国的 FAG 公司开发了添加氮的马氏体不锈钢 Cronidur30（0.31%C-0.38%N-15%Cr-1%Mo），可用于飞机轴承，见图 5-12。它作为比 SUS440 更耐腐蚀的材料，是通过高压氮气气氛下进行电渣重熔的 PESR 工艺生产的高氮完全硬化型高温不锈钢，但因其是完全硬化型的，不适于高 DN 值（D 为轴承内径，mm；N 为轴转数，r/min）。然而，用同样的 Cronidur30 通过高频淬火，就可以 DN400 万的值，同时满足残余压缩应力以及断裂韧性值。但是回火温度低于 150℃，就不能承受引擎关闭后热冲击造成的轴承温度上升。

5.7.4.3 在飞机承力结构件上的应用

飞机承力结构件中的高强不锈钢主要有 15-5PH、17-4PH、PH13-8Mo 等，并在军用飞机上应用以替代传统的 30CrMnSiA 等高强度合金钢，其零件形式有舱盖锁闩、高强度螺栓、弹簧等各类零配件。民用飞机将此类高强度不锈钢用于机翼梁上，如波音 737-600 型机翼梁用 15-5PH 钢；A340-300 型机翼梁用 PH13-8Mo 钢。在要求高强度和高韧性，特别对横向性能有特殊要求的部位，如机身框架，使用了 PH13-8Mo。最近由于要求提高韧性和耐应力腐蚀性，试用了 Custom465 等。Custom465 是 Carpenter 公司在 Custom450 和 Custom455 的基础上发展起来的，用于制造飞机的襟翼导轨、缝翼导轨、传动装置、引擎支架等，目前已纳入 MMPDS-02，AMS5936 和 ASTMA564 技术规范。使用 HSL180 高强度不锈钢（0.21C-12.5Cr-1.0Ni-15.5Co-2.0Mo）制造飞机结构体，该钢兼有与 4340 等

图 5-12   不锈钢在飞机轴承上的应用

低合金钢相当的 1800MPa 的强度，与 SUS630 等沉淀硬化不锈钢同等的耐腐蚀性和韧性。

5.7.4.4   在飞机零件上的应用

对于一些加工变形量大的零件，如飞机襟翼整流包皮，传统上一般采用 1Cr18Ni9Ti 不锈钢，但该合金强度太低，在使用中，铆钉孔处经常发生拉坏现象。鉴于上述情况，在新型号的设计中，对座舱锁钩、齿垫、发动机吊杆螺栓、液压系统导管弯管接头（锻件）、无扩口管接头、襟翼整流包皮等部位的零件采用了我国自行研制的半奥氏体沉淀硬化型不锈钢替代传统不锈钢材料。另外，对于一些高强度螺栓，一般都是高强度结构钢加工而成，表面镀铬进行防护，但在新型号设计中，这类零件均已采用 0Cr12Mn5Ni4Mo3Al 不锈钢进行制造。

习 题

5-1 提高钢耐腐蚀性的方法有哪些？

5-2 Cr、Ni、Mo、Ti 元素在提高不锈钢抗蚀性方面有什么作用？

5-3 什么叫 $n/8$ 规律或 Tammann 定律？

5-4 铁素体不锈钢主要缺点是脆性问题，主要有哪几种脆性？是怎样产生的？

5-5 分析 12Cr13、20Cr13、30Cr13 和 40Cr13 钢在热处理工艺、性能和用途上的区别。

5-6 为什么 Cr12 型冷作模具钢不是不锈钢，而 95Cr18 钢为不锈钢？

5-7 奥氏体不锈钢热处理的目的与一般结构钢、耐磨高锰钢淬火的目的有什么异同？

5-8 为什么与奥氏体或者铁素体不锈钢相比，马氏体不锈钢的耐腐蚀性较差？

5-9 奥氏体不锈钢的主要优缺点是什么？

5-10 奥氏体不锈钢在使用中经常发生的腐蚀破坏形式有哪几种？

5-11 什么是奥氏体不锈钢的晶间腐蚀？防止方法有哪些？

6 耐热钢及耐热合金

耐热钢是指在高于 450℃ 条件下工作，并具有足够的强度、抗氧化、耐腐蚀性能和长期的组织稳定性的钢种。耐热合金是以其他金属为基（如镍基、钴基等），并满足高温条件使用要求的合金。耐热钢依据使用过程中的主要失效形式可分为抗氧化钢和热强钢两类。抗氧化钢主要失效原因是高温氧化，而承受的载荷并不大，主要用于工业炉窑的炉衬板、炉栅等加热炉件；热强钢在高温下工作时，会承受较大的载荷，失效的主要原因是高温强度不足、高温脆性和蠕变开裂，主要用于高温螺栓、蜗轮叶片和高温蒸汽管道等部件。

6.1 耐热钢及耐热合金概述

6.1.1 耐热钢及耐热合金的工作条件和性能要求

许多工业与应用领域使用的产品，如火电厂的蒸汽锅炉，蒸汽涡轮，航空发动机、火箭发动机、燃气轮机等高温热端部件，工作时都在高温下承受拉伸、弯曲、扭转、疲劳、冲击和磨损等多种机械载荷作用，并且表面还与高温蒸汽、空气或燃气接触，发生高温氧化或气体腐蚀。金属在高温条件下工作，将会促进原子扩散，并引发组织转变，从而使力学性能产生变化。因此，在高温环境下使用的零部件具有不同于低温下使用的特殊性能要求。

根据耐热钢和耐热合金的特殊工作条件，耐热钢和耐热合金应具备下列性能要求。

6.1.1.1 良好的高温强度和蠕变极限（高的热强性）

由于高温和应力作用，高温强化机制的变化材料会发生蠕变，甚至产生断裂。因此在高温和载荷长时间作用下，要求耐热钢及耐热合金具有高的抵抗蠕变和断裂的能力，即具有良好的热强性。

6.1.1.2 足够高的抗氧化性和耐腐蚀性（足够高的化学稳定性）

金属在高温下与蒸汽、空气或燃气接触，常见的腐蚀破坏是气体腐蚀，其中以氧化最为常见，由于高温引起表面的剧烈氧化和气体腐蚀，因此高温工作部件要有良好的抗氧化性和耐腐蚀性。

钢和合金在高温下与空气接触将发生氧化，表面氧化膜的结构因温度和合金的化学成分而有着不同的化学稳定性。钢在 575℃ 以下表面生成 Fe_2O_3 和 Fe_3O_4 层，在 575℃ 以上出现 FeO 层，此时氧化膜外表层为 Fe_2O_3，中间层为 Fe_3O_4，与钢的基体接触层为 FeO。当有 FeO 出现时，钢的氧化速度会快速增大。FeO 是铁的缺位固溶体，铁离子有很高的扩散速率，因而 FeO 层增厚最快，Fe_3O_4 和 Fe_2O_3 层较薄。氧化膜的生成依靠铁离子向表层扩散，氧离子向内层扩散。由于铁离子半径比氧离子的小，因而氧化膜的生成主要依靠铁离子向外扩散。要提高钢的抗氧化性，首先要阻止 FeO 出现。加入能形成稳定而致密氧化膜的合金元素，能使铁离子和氧离子通过膜的扩散速率减慢，并使膜与基体牢固结合，提高钢和合金在高温下的化学稳定性。

6.1.1.3　具有良好的抗高温疲劳性能

高温疲劳通常包括高温机械疲劳和热疲劳。高温机械疲劳是在高温下承受交变的机械应力所引起的疲劳破坏；热疲劳是由于温度循环变化所引起的交变热应力造成的疲劳。材料在高温下承受机械应力和热应力的循环作用，将产生疲劳破坏，因此要求耐热钢有好的抗高温疲劳特性。

6.1.1.4　良好的工艺性

耐热钢在实际使用中有多种规格需求，包括板材、棒材、型材等各种类型，因此，耐热钢应必须具有良好的加工工艺性能，即良好的铸造性、锻造性、焊接性、切削加工性和冷成型性。

6.1.2　钢的抗氧化性

钢的抗氧化性是指钢在高温下抗氧化或抗高温介质腐蚀的能力。钢的抗氧化能力主要取决于其化学成分。钢在高温下与氧发生化学反应，表面被迅速氧化，若能在表面形成一层连续、致密的，并能牢固地与金属表面结合的氧化膜，保护内部的基体材料，将会抑制钢的表面氧化。

6.1.2.1　氧化膜的结构

钢和合金在高温下与空气接触将发生氧化，表面氧化膜的结构与稳定性因温度和钢中所含化学元素的不同而不同。钢在 575℃ 以下，表面生成的氧化膜为 Fe_2O_3 和 Fe_3O_4 两层结构；在 575℃ 以上又会生成 FeO，氧化膜变为三层结构：最外层为 Fe_2O_3，中间层为 Fe_3O_4，与钢接触层为 FeO。氧化膜的生成依靠铁离子向表层扩散，氧离子向内层扩散。因 FeO 为铁的缺位固溶体，铁离子有很高的扩散速率，所以，当 FeO 出现时，钢的氧化速度迅速加快。要提高钢的抗氧化性，首先要阻止 FeO 出现。加入能形成稳定而致密氧化膜的合金元素，使铁离子和氧离子通过膜的扩散速率减慢，并使膜与基体牢固结合，从而提高钢和合金在高温下的化学稳定性。

合金元素对钢的氧化速度的影响如图 6-1 所示。从图中可以看出，钢中加入铬、铝、硅、钛等元素时，随这些合金元素含量增加，氧化速度降低，抗氧化能力会提高。这主要是因为钢中加入铬、铝、硅、钛，可以提高 FeO 出现的温度，改善钢的高温化学稳定性。例如，$w(Cr)=1.03\%$ 可使 FeO 在 600℃ 出现，$w(Si)=1.14\%$ 使 FeO 在 750℃ 出现，$w(Al)=1.1\%$、$w(Si)=0.4\%$ 可使 FeO 在 800℃ 出现。另一方面，当铬和铝含量高时，钢的表面可生成致密的 Cr_2O_3 或 Al_2O_3 保护膜。另外，含硅钢中生成的 Fe_2SiO_4 氧化膜，也具有良好的保护作用。铬是提高抗氧化能力的主要元素，铝也能单独提高钢的抗氧化能力。由于硅的含量过多会增加钢的脆性，因此硅只能作为辅加元素加入。其他元素对钢抗氧化能力影响不大。

6.1.2.2　抗氧化能力评价

耐热钢和耐热合金的抗氧化能力优劣可按 5 级评价：（1）完全抗氧化：腐蚀速度≤

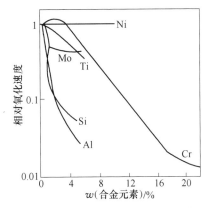

图 6-1　合金元素对钢的氧化影响

0.1mm/a；（2）抗氧化：腐蚀速度为 0.1～1.0mm/a；（3）次抗氧化：腐蚀速度大于 1.0～3.0mm/a；（4）弱抗氧化：腐蚀速度大于 3.0～10.0mm/a；（5）不抗氧化：腐蚀速度大于 10.0mm/a。

6.1.2.3　提高钢抗氧化性的措施

提高钢抗氧化性的措施主要有以下几方面：

（1）防止 FeO 形成或提高其形成温度。加入铬、铝、硅、钛，可以提高 FeO 出现的温度，改善钢的高温化学稳定性。零件工作温度越高，这些元素的含量也应越高。

（2）使表面形成致密且与基体牢固结合的合金氧化膜。例如，加入铬、铝、硅，使表面形成 Cr_2O_3、Al_2O_3 或 $FeO \cdot Cr_2O_3$、$FeO \cdot Al_2O_3$、$FeSiO_4$ 等保护膜。

（3）限制碳含量在 0.1%～0.2%，减小碳对抗氧化性的不利影响。因为碳含量过高，容易与铬形成 $Cr_{23}C_6$、Cr_7C_3 等碳化物，减少了基体中的含铬量，使基体产生晶间腐蚀。

6.1.3　钢的热强性

6.1.3.1　热强性指标

热强性是指耐热钢在高温和载荷作用下抵抗塑性变形和破坏的能力。金属零件在高温下长时间承受载荷时，可能会出现两种失效形式：一种是在应力远低于抗拉强度的情况下产生断裂；另一种是在工作应力低于屈服强度的情况下，产生连续塑性变形，使工件尺寸超过允许变形量而失效。研究表明，随着温度升高，金属材料一般是强度降低而塑性增加（见图 6-2），并且随加载时间的延长，金属的强度还要进一步降低。因此，金属材料在高温下的力学性能，既要考虑载荷因素，还应当考虑温度和时间因素的影响。高温下使用的构件不能用室温下的强度指标作为设计依据，必须依据材料的热强性指标进行设计。

表征材料的热强性指标主要有蠕变极限、持久强度、持久寿命、应力松弛、高温疲劳强度等。

（1）蠕变极限是指在一定温度下，在规定时间内使材料产生一定蠕变变形量的最大应力。蠕变极限表征了金属材料在高温长期载荷作用下的塑性变形抗力，但不能反映断裂时的强度及塑性。

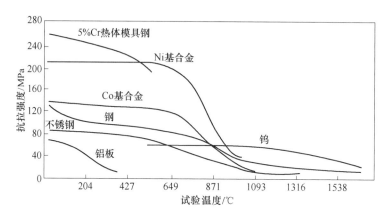

图 6-2　不同金属材料强度与温度关系

（2）持久强度是指在一定温度下，在规定时间内材料断裂所能承受的最大应力，表征在高温长期载荷作用下抵抗断裂的能力。

（3）持久寿命是指材料在某一定温度和规定应力作用下，从作用开始到拉断的时间，是表征材料在高温下对破断的抗力指标。

（4）应力松弛是指材料在高温长期应力作用下，其总变形不变，材料中的应力随时间增长而自发地逐渐下降的现象。

（5）高温疲劳强度是指在高温（再结晶温度以上）条件下，在某一规定的循环次数（一般采用 $10^7 \sim 10^8$ 次）下不发生断裂时的最大应力。

6.1.3.2　提高钢热强性的途径

提高钢热强性的基本原理是提高钢基体的原子结合力，使其具有对抗蠕变有利的组织结构。主要强化途径有基体强化、晶界强化、弥散相的析出强化（沉淀强化）、热处理强化和形变强化等。

蠕变是金属材料在某一温度和应力作用下，随着时间增长而产生塑性变形的现象。金属在高温下之所以会发生蠕变，是因为原子在高温和应力的共同作用下，一方面由于位错的运动和增殖产生加工硬化；另一方面由于原子的扩散和移动，产生回复、再结晶以及强化相溶解、析出和聚集长大等过程，使加工硬化消除而过渡到软化状态。因此，提高钢热强性的基本原理是尽可能提高基体原子间的结合力，并获得不易发生蠕变变形的组织结构。具体途径主要有提高合金基体的原子间结合力、强化基体、强化晶界、沉淀强化等。

（1）选择高熔点金属为基体，强化基体，提高再结晶温度。金属原子间结合力的大小与金属的熔点高低有直接关系，金属的熔点越高，原子间的结合力就越大，原子自扩散激活能越大，在高温下原子的扩散速度越小，再结晶温度越高，蠕变就越不易进行。因此，耐热合金要选用熔点高的金属作为基体，铁基、镍基、钼基耐热合金的熔点依次升高。此外，原子间结合力也与金属或合金的晶格类型有关，面心立方金属与体心立方金属相比，致密度大，原子间结合力强，所以奥氏体型钢要比铁素体型钢、马氏体型钢、珠光体型钢的蠕变抗力更高。因此，可运用合金化获得奥氏体基体的方法提高钢的热强性。对于已选用的基体，还可通过固溶强化提高原子间结合力，提高蠕变极限。

（2）强化晶界和改善晶界结构状态。在高温下，晶界的强度降低，原子沿晶界扩散比晶内要快得多，特别是当低熔点夹杂富集在晶界时，蠕变裂纹首先在晶界形成，并沿晶界扩展，最后导致沿晶界断裂。所以在耐热钢中要提高蠕变抗力，必须强化晶界，改善晶界结构状态。可以从净化晶界和填充晶界空位两个方面入手，以减小晶界上低熔点的夹杂形成和晶界快速扩散过程。

（3）沉淀强化。沉淀强化是过饱和固溶体在时效过程中由基体脱溶析出的细小弥散的第二相产生的强化。金属基体上分布着细小的第二相质点，与基体保持共格关系，能有效地阻止位错运动，从而提高强度。沉淀强化的效果主要取决于弥散相质点的性质、大小、分布及在高温下的稳定性。

6.1.4 耐热钢的成分特点及合金化

在耐热钢中除了含有铁和碳两个基本元素外，常用的合金元素有铬、钼、钨、铝、硅、镍、钛等，以提高钢的抗氧化性能和热强性能。

（1）碳。碳是耐热钢中的重要元素。耐热钢特别是高耐热钢中都含有一定的碳。当钢中含有强碳化物形成元素（如铬、钼、钨、钛等）时，碳与这些合金元素优先形成合金碳化物。当碳与钢中的铬形成铬碳化物时，一方面将使钢的晶界出现贫铬，从而降低钢的耐高温腐蚀性能；但另一方面，铬碳化物的形成又可提高耐热钢的热强性。耐热钢中的碳含量不宜过高。

（2）铬。铬是耐热钢中极重要的合金元素，是抗高温氧化与热强性的主要合金元素之一。当钢中含铬量足够高时，能在其表面上形成一层致密的 Cr_2O_3 膜，这种氧化膜可以阻止氧、硫、氮等腐蚀性气体向钢中扩散，也能阻碍铁离子向外扩散，并且提高基体的电极电位，从而使钢的抗氧化性、耐腐蚀性增强。耐热钢的高温抗氧化性能与其含铬量有一定的关系，当钢含铬达12%时，钢的抗高温氧化能力有了明显提高，在1000℃下其抗高温氧化的性能是极为良好的，此时在其表面上形成一层连续而又致密的氧化膜。因此常用耐热钢的铬含量应不低于12%（质量分数）。此外，由于铬的熔点高，本身具有优异的抗蠕变性能，在低合金耐热钢中加入1%（质量分数）Cr 就能明显地提高钢的抗蠕变性能，特别是 $w(Cr)=1\%$ 和 $w(Mo)=0.5\%$ 的低合金耐热钢能提高它们的热强性。

（3）钨和钼。钨、钼的熔点高，属于难熔金属，是强碳化物形成元素。在耐热钢中，钨、钼可固溶到基体金属中，能提高固溶体的强度和再结晶温度，能抑制铁的自扩散，并以复杂的碳化物形式出现，产生弥散强化，因此对提高耐热钢的热强性都有较好的作用。但是 Mo 形成的氧化物 MoO_3，熔点只有795℃，对抗氧化性不利。在奥氏体钢中，$w(Mo)$ 为 4%~6%，在钴基合金中，$w(Mo)$ 可高达10%，但对抗高温氧化无促进作用。

（4）铝。铝是耐热钢中抗氧化的重要合金元素，含铝的耐热钢和合金在其表面上能形成一层保护性良好的 Al_2O_3 膜，它的抗氧化性能优于 Cr_2O_3 膜。当耐热钢或合金中 $w(Al)$ 达6%时，可使钢在980℃下具有良好的抗氧化性能。但当钢中的 $w(Al)$ 达到或超过8%时，显著降低钢的塑性和焊接性能，所以铝不宜单独加入，且加入量不能太多，通常作为辅助合金化元素加入，耐热钢和合金中的 $w(Al)$ 一般不超过6%。

（5）硅。硅是耐热钢中抗高温腐蚀的有益元素，含硅的耐热钢在高温下表面形成一层

致密的 SiO_2 膜。钢中 $w(Si)$ 达 $1\%\sim2\%$ 时，就有较明显的抗氧化效果。当钢中 $w(Si)$ 超过 2% 时，会增加钢的脆性，使钢的力学性能降低，因此，耐热钢中的 $w(Si)$ 一般不超过 2%。

（6）镍和锰。镍主要为了改善钢的工艺性能，获得奥氏体组织而加入的，其对抗氧化性能影响不大。镍不能提高铁素体的蠕变抗力，所以在珠光体耐热钢和马氏体耐热钢中很少用。锰可以部分代替镍，是奥氏体耐热钢的常用元素。

（7）钛、铌、钒。这些强碳化物形成元素能形成稳定的碳化物，提高钢的松弛稳定性和热强性。当钢中含有 Mo、Cr 等元素时，能促进这些元素进入固溶体，提高高温强度。钒由于其氧化物熔点较低，易挥发，会使抗氧化性变差。

（8）稀土。在耐热钢及合金中加入微量的稀土元素，可以改善其抗氧化性能。稀土元素提高耐热钢高温抗氧化性的主要作用如下：稀土氧化物可以增加基体金属与氧化膜之间的附着力，并且促使铬元素的扩散速率增大，有助于在钢的表面上形成 Cr_2O_3。此外，镧和铈能降低 Cr_2O_3 的挥发性，改善氧化物的组成，变成更加稳定的 $(Cr,La)_2O_3$ 氧化物膜。

6.2　抗　氧　化　钢

抗氧化钢又称不起皮钢，是指高温下有较好抗氧化性并有适当强度的耐热钢，主要用于制作在高温下长期承受载荷的零件，如工业加热炉的炉用构件（炉底板、料盘、导轨等），它们的工作条件和热强钢有些不同，工作时所受的负荷不大，但要求抗工作介质的化学腐蚀。工业炉用抗氧化钢可以分为铁素体钢和奥氏体钢两类。

6.2.1　铁素体型抗氧化钢

铁素体型抗氧化钢具有单相铁素体基体，主要含有铝、硅、铬等合金元素，表面容易获得连续的保护性氧化膜。按照使用温度的不同，可分为 Cr13 型（如 06Cr13Al）、Cr18型（如 10Cr17）、Cr25 型（如 16Cr25N）铁素体抗氧化钢。典型铁素体耐热钢的牌号和主要成分见表 6-1，表 6-2 为典型铁素体耐热钢的热处理、力学性能及主要应用。

表 6-1　典型铁素体型耐热钢的牌号和主要成分

GB/T 20878 中序号	统一数字代号	新牌号	旧牌号	化学成分（质量分数）/%										
				C	Si	Mn	P	S	Ni	Cr	Mo	Cu	N	其他元素
78	S11348	06Cr13Al	0Cr13Al	0.08	1.00	1.00	0.040	0.030	(0.60)	11.50~14.50	—	—	—	Al 0.10~0.30
83	S11203	022Cr12	00Cr12	0.03	1.00	1.00	0.040	0.030	(0.60)	11.00~13.50	—	—	—	—
85	S11710	10Cr17	1Cr17	0.12	1.00	1.00	0.040	0.030	(0.60)	16.00~18.00	—	—	—	—
93	S12550	16Cr25N	2Cr25N	0.20	1.00	1.50	0.040	0.030	(0.60)	23.00~27.00	—	0.3	0.25	—

表 6-2　典型铁素体型耐热钢的热处理、力学性能及主要应用

类型	统一数字代号	新牌号	旧牌号	热处理温度/℃	R_{eL}/MPa	R_m/MPa	A/%	Z/%	用途举例
					不小于				
铁素体型	S12550	16Cr25N	2Cr25N	780~880 退火,快冷	275	510	20	40	抗氧化性强,1082℃以下不产生易剥落的氧化皮,用于燃烧室
	S11348	06Cr13Al	0Cr13Al	780~830 退火,空冷或缓冷	177	410	20	60	由于冷却硬化少,可用来制作燃气透平压缩机叶片、退火箱、淬火台架等
	S11203	022Cr12	00Cr12	780~820 退火,空冷或缓冷	196	365	22	60	耐高温氧化,可用来制作要求焊接的部件,如汽车排气阀净化装置、锅炉燃烧室、喷嘴等
	S11710	10Cr17	1Cr17	780~850 退火,空冷或缓冷	205	450	22	50	制作900℃以下的耐氧化部件,如散热器、炉用部件、油喷嘴等

通常情况下,铁素体型抗氧化钢在加热冷却过程中没有相变,所以有晶粒长大倾向,韧性较低,抗氧化能力强。

6.2.2　奥氏体型抗氧化钢

奥氏体型抗氧化钢是在奥氏体不锈钢基础上,经铝、硅抗氧化合金化而形成的,主要有铬-镍、铬-锰-氮和铁-铝-锰 3 类。

(1)铬-镍系抗氧化钢,含有 18% 以上的铬和 8% 以上的镍,可以在 1000~1200℃ 温度范围内长期工作。加入较多的镍是为了形成奥氏体,提高钢的工艺性能和高温强度,加入 2% 左右的硅是为了进一步提高抗氧化性。例如,16Cr20Ni14Si2、16Cr25Ni20Si2 等。

(2)铬-锰-氮系抗氧化钢,是以奥氏体形成元素碳、氮和锰来代替部分镍,如 26Cr18Mn12Si2N,固溶处理后仍可得到单相奥氏体组织,在室温下屈服强度较高,高温下仍有较高的韧性和高温强度,可制成锻件,能承受较大负荷,适于制作高温下的受力构件,如锅炉吊挂、渗碳炉构件等,最高使用温度约为 1000℃。

(3)铁-铝-锰系抗氧化钢,是用铝来提高抗氧化和抗渗碳性能,碳和锰用来扩大奥氏体相区和稳定奥氏体。铝、锰、碳的适当配合,可得到奥氏体和少量铁素体组织。

奥氏体型抗氧化钢的热处理方式为固溶处理,固溶处理温度一般为 1050~1150℃,采用水冷方式冷却。

典型奥氏体型耐热钢的牌号和主要成分见表 6-3。

表 6-3　典型奥氏体型耐热钢的牌号和主要成分

GB/T 20878 中序号	统一数字代号	新牌号	旧牌号	化学成分（质量分数）/%										
				C	Si	Mn	P	S	Ni	Cr	Mo	Cu	N	其他元素
13	S30210	12Cr18Ni9	1Cr18Ni9	0.15	1.00	2.00	0.045	0.030	8.00~10.00	17.00~19.00	—	—	0.10	—
14	S30240	12Cr18Ni9Si3	1Cr18Ni9Si3	0.15	2.00~3.00	2.00	0.045	0.030	8.00~10.00	17.00~19.00	—	—	0.10	—
17	S30408	06Cr19Ni10	0Cr18Ni9	0.08	1.00	2.00	0.045	0.030	8.00~11.00	18.00~20.00	—	—	—	—
31	S30920	16Cr23Ni13	2Cr23Ni13	0.20	1.00	2.00	0.040	0.030	12.00~15.00	22.00~24.00	—	—	—	—
32	S30908	06Cr23Ni13	0Cr23Ni13	0.08	1.00	2.00	0.045	0.030	12.00~15.00	22.00~24.00	—	—	—	—
34	S31020	20Cr25Ni20	2Cr25Ni20	0.25	1.50	2.00	0.040	0.030	19.00~22.00	24.00~26.00	—	—	—	—
35	S31008	06Cr25Ni20	0Cr25Ni20	0.08	1.50	2.00	0.045	0.030	19.00~22.00	24.00~26.00	—	—	—	—
60	S33010	12Cr16Ni35	1Cr16Ni35	0.15	1.50	2.00	0.040	0.030	33.00~37.00	14.00~17.00	—	—	—	—
66	S38340	16Cr25Ni20Si2	1Cr25Ni20Si2	0.0	1.50~2.50	1.50	0.040	0.030	18.00~21.00	24.00~27.00	—	—	—	—

6.3　热强钢

　　热强钢是指高温下不仅具有较高的强度（即热强性）而且还兼有较好抗氧化性和一定耐蚀性的耐热钢。一般情况下，耐热钢多是指热强钢，主要用于制造热工动力机械的转子、叶片、汽缸、进气与排气阀等既要求抗氧化性又要求高温强度的零件。

6.3.1　珠光体型热强钢

　　珠光体型热强钢使用状态的组织是珠光体加铁素体，其含碳量低，合金元素含量较少，工艺性好，成本低廉，工作温度不高于 500~620℃，按用途主要有锅炉钢管、紧固件和转子用钢等几大类。

　　珠光体耐热钢在使用中普遍会出现组织不稳定现象。在较高温度下，一是片状珠光体逐渐球化和碳化物的聚集长大，使钢的强度降低；二是珠光体热强钢的石墨化。因此钢中合金元素的主要作用是强化铁素体并防止碳化物的球化聚集长大以及石墨化现象，以保证热强性。

6.3.1.1　锅炉钢管用珠光体钢

　　锅炉钢管用珠光体钢属于低碳珠光体钢，$w(C)$ 一般控制在 0.2% 以下，并含有 Cr、Mo、V、Ti、Nb 等合金元素，如 12CrMo、15CrMoV 等。较低的含碳量，使钢具有优良的冷热加工性能和焊接性能，并使碳化物相对量减少，渗碳体不易球化和石墨化，有利于组织稳定；加入 Cr、Mo 元素产生固溶强化，提高基体的再结晶温度，从而提高钢的热强性；

V、Ti、Nb 等强碳化物形成元素可阻止渗碳体球化和长大，并在基体中形成弥散分布的特殊碳化物，产生沉淀强化，进一步提高热强性。

锅炉钢管用珠光体钢的热处理一般采用正火+高温回火，正火温度一般较高，以使碳化物能比较完全地溶解和均匀地分布，并得到适当的晶粒度。回火主要是使固溶体中析出弥散分布的碳化物，产生沉淀强化，使组织更加稳定。常用锅炉钢管用珠光体型热强钢的牌号、热处理工艺、性能及用途见表 6-4。

表 6-4 常用锅炉钢管用珠光体型热强钢的牌号、热处理工艺、性能及用途

类别	牌号	热处理	力学性能（不小于）				用途举例
			R_m/MPa	R_{eL}/MPa	A/%	Z/%	
低碳珠光体热强钢	锅炉钢管用钢	16Mo	880℃空冷，630℃空冷	400	250	25	60	管壁温度<450℃
		12CrMo	900℃空冷，650℃空冷	420	270	24	60	管壁温度<510℃
		15CrMo	900℃空冷，650℃空冷	450	300	22	60	管壁温度<560℃
		12CrMoV	970℃空冷，750℃空冷	450	230	22	50	
		12Cr1MoV	970℃空冷，750℃空冷	500	250	22	50	管壁温度<570~580℃
		12MoWVBR	1000℃空冷，760℃空冷	650	510	21	71	管壁温度<580℃
		12Cr2MoWSiVTiB（钢研102）	1025℃空冷，770℃空冷	600	450	18	60	管壁温度<600~620℃
		12Cr3MoVSiTiB	1050~1090℃空冷，720~790℃空冷	640	450	18		管壁温度<600~620℃

6.3.1.2 紧固件用珠光体热强钢

对于强度要求更高而使用温度低于过热蒸汽管道温度的汽轮机、锅炉等紧固件用钢，可采用中碳珠光体型热强钢。

紧固件是在应力松弛条件下工作的，工作时会承受拉伸应力或弯曲应力。为了确保汽轮机、锅炉安全可靠运行，紧固件用钢应满足下列性能要求：（1）要具有高的室温屈服强度，以保证在初紧时不产生屈服；（2）要具有高的松弛稳定性，以保持长期的预紧应力；（3）具有一定的持久塑性和一定的抗氧化性，以保证紧固件在长期使用过程中不出现脆性断裂和氧化咬合。

典型的紧固件用的珠光体热强钢为 25Cr2Mo1VA。它是在低碳珠光体型热强钢的基础上适当地提高碳含量以提高室温下的屈服极限，增加 Cr、Mo、V 含量以促进正火后的贝氏体转变量，得到具有高松弛稳定性的贝氏体组织。这种钢在螺栓的运行过程中，会发生碳化物沿晶界析出现象，易引起脆性断裂。

20Cr1Mo1VNbTiB 紧固件用钢，采用较低的碳含量，并加稳定碳化物元素 Nb、Ti 等，同时采用 B 元素强化晶界，从而使其不但具有高的持久强度，而且具有高的持久塑性，松弛稳定性高，组织稳定，热脆性低，主要用于 570℃左右工作的紧固件上。

6.3.1.3 汽轮机转子用珠光体热强钢

汽轮机转子在过热蒸汽的作用下，承受很大的复杂应力，要求具有均匀一致的综合力

学性能，以及高的蠕变强度、持久强度和组织稳定性，高的抗氧化和抗蒸汽腐蚀的能力，良好的淬透性和工艺性。与紧固件及管子用钢相比，除了碳含量较高外，还具有更高的淬透性和回火稳定性，典型的钢种如 35Cr2MoV、33Cr3WMoV 等。

紧固件及汽轮机转子用珠光体型热强钢一般采用油淬+高温回火处理。回火通常要求高于使用温度 100℃左右。常用锅炉钢管用珠光体型热强钢的牌号、热处理工艺、性能及用途见表 6-5。

表 6-5　锅炉钢管用珠光体型热强钢的牌号、热处理工艺、性能及用途

类别		牌　号	热处理	力学性能（不小于）				用途举例
				R_m/MPa	R_{eL}/MPa	A/%	Z/%	
中碳珠光体热强钢	叶轮、转子、紧固件用钢	24CrMoV	900℃油淬，600℃水或油冷	800	600	14	50	450~600℃工作的叶轮，<525℃紧固件
		25Cr2MoVA	900℃油淬，620℃空冷	950	800	14	55	<540℃紧固件
		25Cr2Mo1VA	1040℃空冷，670℃空冷	750	600	16	50	<565℃紧固件
		25Cr1Mo1VA	970~990℃及930~950℃二次正火，680~700℃空冷	650	450	16	40	<535℃整锻转子
		35CrMo	850℃油淬，560℃油或水冷	1000	850	12	45	<480℃螺栓，<510℃螺母
		35CrMoV	900℃油淬，630℃水或油冷	1100	950	10	50	500~520℃叶轮及整锻转子
		35Cr2MoV	860℃油淬，600℃空冷	1250	1050	9	35	<535℃叶轮及整锻转子
		34CrNi3MoV	820~830℃油淬，650~680℃空冷	870	750	13	40	<450℃叶轮及整锻转子
		20Cr1Mo1VNbTiB	1050℃油淬，700℃回火 4~6h（上贝氏体）					570℃紧固件
		20Cr1Mo1VTiB	1050℃油淬，700℃回火 4~6h（上贝氏体）					570℃紧固件

6.3.2　马氏体热强钢

马氏体热强钢含有较多的合金元素，具有良好的淬透性，空冷条件下即可获得马氏体，常淬火加高温回火状态下使用，主要用来制造汽轮机叶片、内燃机气阀等部件。

6.3.2.1　汽轮机叶片用钢

叶片是汽轮机和燃汽轮机的重要部件，汽轮机叶片工作温度在 450~620℃范围内，和锅炉管子工作温度相近，但工作状况更加复杂，因此，要求更高的蠕变强度、耐蚀性和耐腐蚀磨损性能。最早使用的叶片用热强钢是 12Cr13 和 20Cr13，虽具有较高的力学性能和良好的抗氧化性能，但组织稳定性较差，只能用做 450℃以下的汽轮机叶片等。在低碳

Cr13 型马氏体不锈钢的基础上进一步合金化，发展了 Cr12 型马氏体耐热钢。

Cr12 型马氏体耐热钢是通过加入 Mo、W、V、Nb、Ti、B 等元素进行综合强化。加入 W、Mo 元素后，大部分 Mo、W 进入 α 固溶体中，增加了固溶强化效果，并可形成 $(Cr,Mo,W,Fe)_{23}C_6$ 合金碳化物，V、Nb、Ti 则形成更为稳定的 VC、NbC、TiC 等特殊碳化物，起到弥散强化的作用，从而提高了热强性和使用温度。Cr12 型马氏体耐热钢也可用作 570℃ 汽轮机转子，并可用于 593℃、蒸气压 3087MPa 的超临界压力大功率火力发电机组。常用汽轮机叶片用钢马氏体型热强钢的牌号热处理工艺、性能及用途见表 6-6。

表 6-6　常用汽轮机叶片用钢马氏体型热强钢的牌号、热处理工艺、性能及用途

类别	统一数字代号	新牌号	旧牌号	热处理温度 /℃	性能及用途
叶片用钢	S45610	12Cr12Mo	1Cr12Mo	950~1000 油冷，700~750 快冷	用于制作汽轮机叶片
	S46250	18Cr12MoVNbN	2Cr12MoVNbN	1100~1700 油冷，600 以上空冷	用于制作汽轮机叶片、盘、叶轮轴、螺栓等
	S47010	15Cr12WMoV	1Cr12WMoV	1000~1050 油冷，680~700 空冷	有较高的热强性、良好的减振性及组织稳定性，用于制作工件温度小于 590℃ 的汽轮机叶片、紧固件、转子及轮盘等
	S41010	12Cr13	1Cr13	950~1000 油冷，700~750 快冷	用于制作工作温度小于 450℃ 的汽轮机变速级叶片
	S45710	13Cr13Mo	1Cr13Mo	970~1020 油冷，650~750 快冷	用于制作汽轮机叶片及高温、高压蒸汽用机械部件
	S42020	20Cr13	2Cr13	920~980 油冷，600~750 快冷	淬火状态下硬度高、耐蚀性良好，用于制作汽轮机叶片
	S43110	14Cr17Ni2	1Cr17Ni2	950~1050 油冷，275~350 空冷	用于制作能较高程度地耐硝酸及有机酸腐蚀的零件、容器和设备
	S47310	13Cr11Ni2W2MoV	1Cr11Ni2W2MoV	1000~1020 快冷，660~710 快冷	具有良好的韧性和抗氧化性能，在淡水和湿空气中具有较好的耐蚀性，用于制作工作温度小于 450℃ 的要求高耐蚀和高强度的叶片等

6.3.2.2　排气阀用钢

内燃机进气阀在 300~400℃ 环境下工作，一般采用 40Cr、38CrSi 钢就可满足要求，但排气阀的端部在燃烧室中，工作温度通常为 700~850℃，在燃气和机械运动作用下，产生严重的高温腐蚀、氧化腐蚀和冲刷腐蚀磨损，并受到摩擦磨损、机械疲劳和热疲劳作用。因此，内燃机阀门用钢应有更高的热强性、硬度、韧性、高温下的抗氧化性、耐腐蚀性以及高温下的组织稳定性和良好的工艺性能。排气阀用马氏体热强钢比叶片马氏体钢具有更高的碳含量 $w(C) = 0.4\%$、Cr、Si 元素配合添加，进一步提高钢的综合力学性能、耐磨性、抗氧化性和热强性，如 42Cr9Si2、40Cr10Si2Mo 钢。常用气阀用马氏体型热强钢的牌

号、热处理工艺、性能及用途见表6-7。

表6-7 常用气阀用马氏体型热强钢的牌号、热处理工艺、性能及用途

类别	统一数字代号	新牌号	旧牌号	热处理温度/℃	性能及用途
阀门用钢	S45110	12Cr5Mo	1Cr5Mo	900~950 油冷，600~700 空冷	能耐石油裂化过程中产生的腐蚀，用于制作再热蒸汽管、石油裂解管、蒸汽轮机气缸衬套、阀、活塞杆、紧固件等
	S48040	42Cr9Si2	4Cr9Si2	1020~1040 油冷，700~780 油冷	有较高的热强性，用于制作内燃机进气阀、轻负荷发电机的排气阀等
	S48140	40Cr10Si2Mo	4Cr10Si2Mo	1020~1040 油冷，120~160 空冷	有较高的热强性，用于制作内燃机进气阀、轻负荷发电机的排气阀等
	S48380	80Cr20Si2Ni	8Cr20Si2Ni	1030~1080 油冷，100~180 快冷	用于制作耐磨性为主的吸气阀、排气阀、阀座等

马氏体型排气阀用钢由于基体再结晶温度的限制，只能用于工作温度低于750℃的阀门。更高温度下工作的阀门需要采用奥氏体型热强钢。例如50Cr21Mn9Ni4N钢，用于850℃左右工作的高速大功率内燃机排气阀。该钢由于含有大量的Cr元素及Mn、Ni、N等奥氏体形成元素，可以形成稳定的奥氏体组织，具有良好的热强性、抗氧化性和抗腐蚀性。

6.3.3 奥氏体型热强钢

奥氏体热强钢是在奥氏体不锈钢的基础上加入W、Mo、V、Nb、Al等热强元素，以形成稳定的特殊碳化物或金属间化合物沉淀强化奥氏体，从而获得比珠光体、马氏体耐热钢更好的高温抗蠕变性能和抗氧化性能。此外，奥氏体热强钢还具有良好的塑性、韧性、可焊性和冷成型性等，但切削加工性较差。

奥氏体型热强钢可分为固溶强化型、碳化物沉淀强化型和金属间化合物沉淀强化型奥氏体耐热钢。

6.3.3.1 固溶强化型奥氏体耐热钢

固溶强化型的奥氏体热强钢以18-8奥氏体不锈钢为基础，加入Mo、W、Nb等元素，进行固溶强化，形成NbC强化晶界。由于Mo、W、Nb是铁素体形成元素，为了保持单相奥氏体组织，应适当提高镍的含量，或者同时降低铬的含量，如06Cr19Ni13Mo3、06Cr18Ni11Nb等。这类钢具有良好的焊接性能和冷热成型性能，采用固溶淬火处理达到固溶强化效果，可用于热交换器部件、高温用焊接部件等。

6.3.3.2 碳化物沉淀型的奥氏体热强钢

这类钢的特点是含有较高的铬、镍以形成奥氏体，又有钨、钼、钒、铌等强碳化物形成元素和较高的碳含量，以形成碳化物强化相，同时配合固溶处理和时效沉淀的热处理。例如4Cr13Ni8Mn8MoVNb（GH36），固溶温度为1140℃，保温1.5~2h，然后水冷，固溶处理后进行两次时效处理，第一次在670℃时效16h，第二次在760~800℃时效14~16h，然后空冷。第一次时效温度较低，VC析出呈细小而弥散分布，钢的强度虽高，但塑性和

韧性较低，且具有缺口敏感性。第二次时效温度高于工作温度，弥散的 VC 颗粒适当长大，这种组织在低于 750℃ 时有很好的稳定性，改善了在 670℃ 时效后钢在性能上的缺陷。

6.3.3.3　金属间化合物沉淀强化耐热钢

这类钢又称为铁基耐热合金，其特点是碳含量很低（$w(C) \leqslant 0.08\%$），几乎不形成碳化物，钢中的强化相是金属间化合物 $\gamma' - Ni_3(Al, Ti)$。为了获得金属间化合物强化相，钢中 $w(Ni)$ 较高，为 25%~40%；同时还应加入 Al、Ti、Mo、V、B 等元素，其中 Al、Ti 和 Ni 元素能形成 γ' 相，Mo 元素能溶于奥氏体，产生固溶强化，并减慢奥氏体中铁的扩散，从而提高合金的高温强度，改善合金的高温塑性和减小缺口敏感性。V 和 B 元素能强化晶界，B 元素的加入还可使晶界的网状沉淀相变为断续沉淀相，因而提高了合金的持久强度。例如 GH132，通常采用 980~1000℃、2h 的固溶处理，然后在 704~760℃ 范围内经过 16h 的时效处理，此时 $\gamma' - Ni_3(Al, Ti)$ 相以极微小的颗粒状分布于奥氏体基体上，从而达到了最好的强化效果。

表 6-8~表 6-11 列出了几种常用奥氏体型耐热钢的主要成分、热处理、力学性能及主要应用。

表 6-8　常用奥氏体型耐热钢的主要成分

统一数字代号	新牌号	旧牌号	化学成分（质量分数）/%										
			C	Si	Mn	P	S	Ni	Cr	Mo	Cu	N	其他元素
S31608	06Cr17Ni12Mo2	0Cr17Ni12Mo2	0.08	1.00	2.00	0.045	0.030	10.00~14.00	16.00~18.00	2.00~3.00	—	—	—
S31708	06Cr19Ni13Mo3	0Cr19Ni13Mo3	0.08	1.00	2.00	0.045	0.030	11.00~15.00	18.00~20.00	3.00~4.00	—	—	—
S32168	06Cr18Ni11Ti	0Cr18Ni10Ti	0.08	1.00	2.00	0.045	0.030	9.00~12.00	17.00~19.00	—	—	—	Ti5C~0.70
S34778	06Cr18Ni11Nb	0Cr18Ni11Nb	0.08	1.00	2.00	0.045	0.030	9.00~12.00	17.00~19.00	—	—	—	Nb10C~1.10
S51290	022Cr12Ni9Cu2NbTi		0.03	0.50	0.50	0.040	0.030	7.50~9.50	11.00~12.50	0.50	1.50~2.50	—	Ti0.08~1.40 Nb0.10~0.50
S51740	05Cr17Ni4Cu4Nb	0Cr17Ni4Cu4Nb	0.07	1.00	1.00	0.040	0.030	3.00~5.00	15.00~17.50	—	3.00~5.00	—	Nb0.15~0.45
S51770	07Cr17Ni7Al	0Cr17Ni7Al	0.09	1.00	1.00	0.040	0.030	6.50~7.75	16.00~18.00	—	—	—	Al0.75~1.50
S51570	07Cr15Ni7Mo2Al	0Cr15Ni7Mo2Al	0.09	1.00	1.00	0.040	0.030	6.50~7.75	14.00~16.00	2.00~3.00	—	—	Al0.75~1.50
S51778	06Cr17Ni7AlTi		0.08	1.00	1.00	0.040	0.030	6.00~7.50	16.00~17.50	—	—	—	Al0.40 Ti0.40~1.20
S51525	06Cr15Ni25Ti2MoAlVB	0Cr15Ni25Ti2MoAlVB	0.08	1.00	2.00	0.040	0.030	24.00~27.00	13.50~16.00	1.00~1.50	—	—	Al0.35 Ti1.90~2.35 B0.001~0.010 V0.10~0.50

表 6-9　常用奥氏体型耐热钢的热处理

统一数字代号	新牌号	旧牌号	典型的热处理制定			
S31608	06Cr17Ni12Mo2	0Cr17Ni12Mo2	固溶 1010~1150℃，快冷			
S31708	06Cr19Ni13Mo3	0Cr19Ni13Mo3	固溶 1010~1150℃，快冷			
S32168	06Cr18Ni11Ti	0Cr18Ni10Ti	固溶 920~1150℃，快冷			
S34778	06Cr18Ni11Nb	0Cr18Ni11Nb	固溶 980~1150℃，快冷			
S51740	05Cr17Ni4Cu4Nb	0Cr17Ni4Cu4Nb	固溶处理		0	1020~1060℃，快冷
			沉淀硬化	480℃时效	1	固溶后，470~490℃空冷
				550℃时效	2	固溶后，540~560℃空冷
				580℃时效	3	固溶后，570~590℃空冷
				620℃时效	4	固溶后，610~630℃空冷
S51770	07Cr17Ni7Al	0Cr17Ni7Al	固溶处理		0	1000~1100℃，快冷
			沉淀硬化	510℃时效	1	固溶后，于 955℃左右保温 10min，空冷到室温。在 24h 内冷却到-73℃左右，保持 8h，再加热到 510℃左右，保持 1h 后，空冷
				565℃时效	2	固溶后，于 760℃左右保温 90min，在 1h 内冷却到 15℃以下，保持 30min，再加热到 565℃左右，保持 90min，空冷
S51525	06Cr15Ni25Ti2MoAlVB	0Cr15Ni25Ti2MoAlVB	固溶 885~915℃或 965~995℃，快冷，时效 700~760℃，16h，空冷或缓冷			

表 6-10　常用奥氏体型耐热钢的力学性能

统一数字代号	新牌号	旧牌号	热处理状态			规定非比例延伸强度 $R_{p0.2}/N \cdot mm^{-2}$	抗拉强度 $R_m/N \cdot mm^{-2}$	断后伸长率 $A/\%$	断面收缩率 $Z/\%$	硬度 HBW
						不小于				不大于
S31608	06Cr17Ni12Mo2	0Cr17Ni12Mo2	固溶处理			205	520	40	60	187
S31708	06Cr19Ni13Mo3	0Cr19Ni13Mo3				205	520	40	60	187
S32168	06Cr18Ni11Ti	0Cr18Ni10Ti				205	520	40	50	187
S34778	06Cr18Ni11Nb	0Cr18Ni11Nb				205	520	40	50	187
S51740	05Cr17Ni4Cu4Nb	0Cr17Ni4Cu4Nb	固溶处理		0	—	—	—	—	363
			沉淀硬化	480℃时效	1	1180	1310	10	40	≥375
				550℃时效	2	1000	1070	12	45	≥331
				580℃时效	3	865	1000	13	45	≥302
				620℃时效	4	725	930	16	50	≥277
S51770	07Cr17Ni7Al	0Cr17Ni7Al	固溶处理		0	≤380	≤1030	20	—	≤229
			沉淀硬化	510℃时效	1	1030	1230	4	10	≥388
				565℃时效	2	960	1140	5	25	≥363

续表 6-10

统一数字代号	新牌号	旧牌号	热处理状态	规定非比例延伸强度 $R_{p0.2}$/N·mm^{-2}	抗拉强度 R_m/N·mm^{-2}	断后伸长率 A/%	断面收缩率 Z/%	硬度 HBW
				不小于				不大于
S51525	06Cr15Ni25Ti2MoAlVB	0Cr15Ni25Ti2MoAlVB	固溶+时效	590	900	15	18	≥248

表 6-11 常用奥氏体型耐热钢的主要应用

统一数字代号	新牌号	旧牌号	特征与用途
S31608	06Cr17Ni12Mo2	0Cr17Ni12Mo2	高温具有优良的蠕变强度，做热交换器部件、高温耐蚀螺栓
S31708	06Cr19Ni13Mo3	0Cr19Ni13Mo3	高温具有良好的蠕变强度，做热交换器部件
S32168	06Cr18Ni11Ti	0Cr18Ni10Ti	做在400~900℃腐蚀条件下使用的部件，高温用焊接结构部件
S34778	06Cr18Ni11Nb	0Cr18Ni11Nb	做在400~900℃腐蚀条件下使用的部件，高温用焊接结构部件
S51740	05Cr17Ni4Cu4Nb	0Cr17Ni4Cu4Nb	添加铜的沉淀硬化型钢种。轴类、汽轮机部件，胶合压板，钢带输送机用
S51770	07Cr17Ni7Al	0Cr17Ni7Al	添加铝的沉淀硬化型钢种。做高温弹簧、膜片、固定器、波纹管
S51525	06Cr15Ni25Ti2MoAlVB	0Cr15Ni25Ti2MoAlVB	耐700℃高温的汽轮机转子、螺栓、叶片、轴

6.4 镍基耐热合金

耐热钢和铁基耐热合金的最高使用温度一般只能达到 750~850℃，对于更高温度下使用的耐热部件，则要采用镍基和难熔金属为基的合金。镍基高温合金是目前广泛使用的一类高温合金。与铁基合金相比，镍基合金具有工作温度高、组织稳定、热强性高、抗氧化能力强的优点。

镍基高温合金在 Cr20Ni80 基础上加入大量钨、钼、钛、铝、铌、钴、钽等强化元素。铬、钨、钼、钴在镍基合金中主要固溶于镍基体中，提高原子间结合力，减小原子扩散能力，起到强化基体的作用。铝、钛是形成 γ'-Ni$_3$(Al,Ti) 相的主要元素。钴可以提高基体对钛、铝、铌的溶解度，增加 γ' 相的析出量，钴还可溶于 γ' 相，形成 γ'-(Ni,Co)$_3$(Al,Ti) 相，提高 γ' 相稳定性。

镍基高温合金中采用金属间化合物作为沉淀强化相，主要采用的是 γ'-Ni$_3$(Al,Ti) 相对合金进行强化，即共格强化和反相畴界强化。由于 γ'-Ni$_3$(Al,Ti) 相与镍基固溶体有相同的点阵类型和稍大于基体的点阵常数，且 γ' 相本身有较好的塑性。当镍基合金时效时，基体中析出的 $\gamma'\text{-}Ni_3(Al,Ti)$ 相与镍基固溶体形成具有一定的错配度共格界面，产生较高的弹性应变能，所形成的应力场阻碍位错运动，从而提高屈服强度并强化合金。由于沉淀相 $\gamma'\text{-}Ni_3(Al,Ti)$ 本身有较好的塑性，当位错切过 γ' 相，形成了新的高能量的反相畴界，需要施加更大的外力才能使位错运动，因而进一步强化了合金。因此，γ' 相是理想的沉淀强化相。

为了保持高温条件下镍基合金的热稳定性，需要增加 γ' 相的体积分数，减小 γ' 相与基体错配度，以增加 γ' 相的稳定性。因此除增加铝和钛总量（可超过8%）外，还要增大 Al/Ti 比（达到2~3），同时要增加钼、钨含量，使钼、钨溶入镍基固溶体基体，增大其点阵常数，从而降低 γ' 相与基体固溶体间的匹配度差。总之，合金中铝钛总量越高，γ' 相的体积分数越大，使用温度也越高。

镍基合金按其生产方式分类有铸造和变形合金两种。按强化方式分类主要有固溶强化型和沉淀强化型。随着合金化程度和组元数的增加，再结晶温度和热强性越来越提高，但合金的熔点则越来越降低，使变形温度范围变窄，塑性变差，故使用温度越高的镍基合金，其锻造性能也越差。

6.4.1 固溶强化型镍基高温合金

这类合金常用的牌号有 GH3030、GH3039、GH3044、GH3128 等，常用固溶强化型镍基高温合金的牌号、化学成分、热处理及性能见表 6-12、表 6-13。

表 6-12 常用固溶强化型镍基高温合金的牌号与化学成分

牌号	化学成分（质量分数）/%								
	C	Cr	Ni	W	Mo	Ti	Al	B	其他
GH3030	≤0.12	19~22	余	—	—	0.15~0.35	≤0.15		
GH3039	≤0.08	19~22	余	—	1.8~2.3	0.35~0.75	0.35~0.75		
GH3044	≤0.10	23.5~26.5	余	13~16		0.3~0.7	≤0.5		
GH3128	≤0.05	19~22	余	7.5~9	7.5~9	0.4~0.8	0.4~0.8	0.005	0.04Zr 0.05Ce

表 6-13 常用固溶强化型镍基高温合金的热处理及性能

牌号	热处理	温度/℃	力学性能（不小于）		
			σ_b/MPa	δ_5/%	σ_{100}/MPa
GH3030	980~1020℃空冷	20	730~780	38~40	—
		800	180~220	60~70	45
		900	100~120	80~90	15
GH3039	1050~1080℃空冷	20	830~860	45	—
		700	550	42	160~170
		800	290	40	60~70
		900	170~180	75	9

续表6-13

牌　号	热处理	温度/℃	力学性能（不小于）		
			σ_b/MPa	δ_5/%	σ_{100}/MPa
GH3044	1120~1160℃空冷	20	750~900	45~65[①]	—
		800	380~430	40~55	110
		900	210~250	50~60	52
		1000	130~160	50~62	—
GH3128	1215℃空冷	20	833~844	60~62	—
		800	421~423	70~86	110(>100h)
		900	248~268	72~97	60(>100h)
		1000	1137~1176	77~82	

GH3030 是最早的固溶强化型镍基高温合金，主要成分为 Ni-20Cr-Al-Ti 系列合金。它具有良好的导热性、热稳定性、抗冷热疲劳和冲压、焊接性能。可制造成冷轧薄板，制造发动机燃烧室。其热处理制度为 980~1020℃空冷，保温时间视要求而定。经 1000℃ 固溶处理后合金为单相奥氏体组织。

为了提高固溶强化镍基高温变形合金的耐热性，在 GH3030 合金基础上添加钨、钼、钒和提高铝、钛而获得一些使用温度更高的镍基高温合金，例如，加钼和铌和提高铝、钛而发展了 GH3039 合金，用于 850℃ 以下长期工作的零件；以钨进行固溶强化发展了 GH3044 合金，使用温度达 900℃；在 GH3044 基础上提高钨、钼的总量并添加晶界强化元素，又发展了 GH3128 合金，使用温度达 950℃。

6.4.2 沉淀强化型镍基合金

沉淀强化型镍基合金常用的有 GH4033、GH4037、GH4049、GH4151 等，常用沉淀强化型镍基高温合金的牌号、化学成分、热处理及性能见表 6-14、表 6-15。

表 6-14　常用沉淀强化型镍基高温合金的牌号、化学成分

牌号	化学成分（质量分数）/%									
	C	Cr	Ni	W	Mo	Ti	Al	B	V	其他
GH4033	≤0.06	19~22	余	—	—	2.3~2.7	0.55~0.95	≤0.01	—	≤0.01Ce
GH4037	≤0.1	13~16	余	5~7	2~4	1.8~2.3	1.7~2.3	≤0.02	0.1~0.5	≤0.02Ce
GH4049	≤0.07	9.5~11	余	5~6	4.5~5.5	1.4~1.9	3.7~4.4	0.015~0.025	0.2~0.5	0.02Ce 14~16Co

表 6-15　常用沉淀强化型镍基高温合金的热处理及性能

牌　号	热处理	温度/℃	力学性能（不小于）		
			σ_b/MPa	δ_5/%	σ_{100}/MPa
GH4033	(1080±10)℃ 8h空冷 (700±10)℃时效 16h空冷	20	950~1100	15~30	—
		700	800~900	15~30	450
		800	500~600	12~20	250

牌　号	热处理	温度/℃	力学性能（不小于）		
			σ_b/MPa	δ_5/%	σ_{100}/MPa
GH4037	（1180±10）℃ 2h 空冷 （1050±10）℃ 4h 空冷 （800±10）℃时效 16h 空冷	20	1140	14	—
		700	900	6~10	480
		800	750	5.5~8	280
		900	490	9~14	130
GH4049	（1200±10）℃ 2h 空冷 （1050±10）℃ 4h 空冷 （850±10）℃时效 8h 空冷	20	1000~1200	6~12	—
		700	900~1000	8~12	730~740
		800	800~900	9~12	420~440
		900	600~700	11~12	210~220
		1000	250~320	17~20	70

GH4033 是一种成分最简单的沉淀强化型镍基合金，它是在 GH3030 的成分基础上提高铝、钛含量（至 3.6%）演变而成的，组织主要为奥氏体和 γ′相。GH4033 合金经淬火时效后具有良好的综合力学性能，热膨胀小，主要用于 750℃ 以下工作的高温部。GH4037 合金是在 GH4033 基础上，提高铝、钛总量（至 4.2%）和 Al/Ti 比（为 1:1），并添加 9%~10% 的钨和钼，使用温度提高到 800℃；GH4049 合金是在 GH4037 合金基础上，将铝、钛总量进一步提高为 5.7%，Al/Ti 比提高到 2:1，再添加 15% 钴，使用温度提高到 800~900℃。

根据热处理目的不同，镍基合金的热处理有两种，一种是冷加工过程中为消除加工硬化而进行的软化退火处理；另一种是为获得一定性能而进行的固溶+时效处理。一般镍基高温合金固溶处理温度为 1040~1200℃，时效处理温度为 700~1000℃。固溶处理温度越高，晶粒尺寸越粗大。时效温度取决于合金中强化相的数量和成分，在保证不引起强化相的溶解和聚集长大情况下，时效温度可适当提高。例如，GH4033 采用 1080℃×8h 固溶处理冷，750℃×6h 时效；GH4049 采用 1200℃×2h+1050℃×4h 固溶处理，850℃×8h 时效。

镍基高温合金主要用于制造航空喷气发动机、各种工业燃气轮机的最热端部件，如涡轮部分的工作叶片、导向叶片、涡轮盘、燃烧室等。

习　题

6-1 根据服役条件，耐热钢有哪些性能要求？

6-2 什么是钢的抗氧化性？提高钢抗氧化性的措施有哪些？

6-3 钢的氧化膜结构组成是什么？分析提高抗氧化性的原理。

6-4 为什么加入铬、铝、硅等元素会显著提高钢的抗氧化性？

6-5 为什么低合金热强钢都用 Cr、Mo、V 合金化？

6-6 何为钢的热强性？要提高钢的热强性可以从哪些方面进行？

6-7 总结耐热钢的成分及合金化特点。

6-8 镍基高温合金为什么比耐热钢具有更高的使用温度和使用性能？

7 铸 铁

铸铁是 $w(C)>2.11\%$ 的铁碳合金，其化学成分一般为 $w(C)=2.0\%\sim4.0\%$，$w(Si)=1.0\%\sim3.0\%$，$w(Mn)=0.2\%\sim1.2\%$，$w(P)=0.05\%\sim1.5\%$，$w(S)=0.02\%\sim0.25\%$。为了提高铸铁的力学性能，通常在铸铁中添加少量的 Cr、Ni、Cu、Mo 等合金元素制成合金铸铁。所以铸铁和钢不同，它是一种以 Fe、C、Si 为主要成分并在结晶过程中具有共晶转变的多元铁基合金。

从人类发展史中我们可以看出，铸铁是人类最早使用的金属材料之一。到目前为止，虽然新材料层出不穷，但铸铁仍然是一种被广泛使用的金属材料。例如，按质量统计，在机床工业中铸铁件约占 $60\%\sim90\%$，在汽车、拖拉机行业中铸铁件约占 $50\%\sim70\%$。高强度铸铁和具有特殊性能的合金铸铁还可以代替部分高性能的合金钢和有色金属材料。

铸铁生产工艺和设备简单，成本低廉，并且具有优良的铸造性能、切削加工性能、耐磨性能和消振性能。这一良好的性能在于它的含碳量较高，接近于共晶合金成分，使得它的熔点低、流动性好；另外，还因为它的含碳和含硅量较高，使得它其中的碳大部分不再以化合状态（Fe_3C）而以游离的石墨状态存在，石墨在铸铁中本身具有润滑作用。因而铸铁在机械制造、冶金、矿山、石油化工、交通运输、国防等部门有着广泛的应用。

7.1 铸铁的石墨化过程及分类

7.1.1 铸铁的石墨化过程

铸铁组织中石墨的形成过程叫做"石墨化"过程。在铁碳合金中，碳可能以两种形式存在，即化合状态的渗碳体（Fe_3C）和游离状态的石墨（常用 G 来表示）。石墨的晶格形式为简单六方，如图 7-1 所示，其底面中的原子间距为 0.142nm，而两底面之间的面间距为 0.340nm。因其面间距较大，原子以较弱的金属键结合，这使石墨具有不太明显的金属性（如导电性）。由于石墨层间结合力弱，易滑移，故其结晶形态常易发展成为片状。石墨的强度和塑性极低，其强度和塑性与基体组织相比几乎为零。因此，对铁碳合金的结晶过程来说，实际上存在两种相图，如图 7-2 所示。

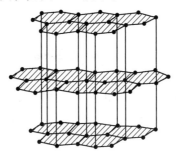

图 7-1　石墨的晶体结构

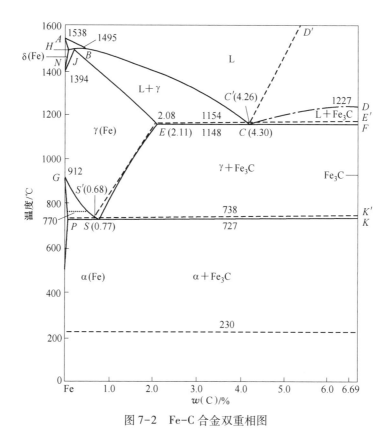

图 7-2　Fe-C 合金双重相图

相图中实线所示为亚稳定的 Fe-Fe₃C 相图，虚线所示为稳定的 Fe-G 相图。二者的主要区别为：Fe-G 相图中的 EC 线和 PS 线均上移，对应温度分别为 1154℃和 738℃（原来为 1148℃和 727℃）；E、C、S 点碳含量均相应减小，分别为 2.08%、4.26%、0.68%（原来为 2.11%、4.30%、0.77%）。

铸铁组织中石墨的形成过程称为石墨化过程。以 $w(C)$ 为 4.0% 的铸铁为例，按照稳定的 Fe-G 相图讨论碳的石墨化过程。

第一阶段：$w(C)$ 为 4.0% 的液态合金在缓慢冷却条件下，当冷至液相线的温度，首先结晶出奥氏体，由于含碳量较低的奥氏体不断结晶，促使液相成分中的含碳量沿 BC′ 线增加，到共晶温度（1154℃）时，达到共晶成分的剩余液相发生共晶转变，形成奥氏体和共晶石墨：

$$L_{C'} \longrightarrow A_{E'} + G$$

第二阶段：共晶转变后，随着温度下降，奥氏体的成分沿 E′S′ 线逐渐变化，同时析出二次石墨，这些石墨通常沉积于共晶石墨表面，使共晶石墨不断长大。

第三阶段：继续冷却至共析温度（738℃）时，剩余奥氏体成分达到共析成分，相当于 S′ 点（$w(C)=0.68\%$），于是便发生共析转变，形成铁素体和共析石墨：

$$A_{S'} \longrightarrow F_{P'} + G$$

共析石墨一般也沉积于共晶石墨的表面上而使其生长，最后得到组织是在铁素体基体上分布着片状石墨。

由于高温下原子的扩散能力强，所以第一阶段和第二阶段的石墨化过程较易进行，而第三阶段的石墨化过程，因温度较低，扩散条件差，有可能部分或全部被抑制，于是铸铁结晶后可得到三种不同基体加石墨的组织，即 F+G、F+P+G、P+G。

如何使铸铁结晶时石墨化进程得以实现？其中铸铁的化学成分和浇注时的冷却速度是两个主要的因素。

铸铁中的 C 和 Si 是促进石墨化的元素，它们的含量越高，石墨化过程越容易进行，析出的片状石墨越多越粗大；反之，石墨越少越细小。除了 C 和 Si 外，铸铁中的 Al、Cu、Ni、Co 等合金元素也会促进石墨化，而 S 及 Mn、Cr、W、Mo、V 等碳化物形成元素则会阻止石墨化。

铸件的冷却速度主要取决于浇注温度、铸型材料和铸件壁厚，对石墨化有很大影响。浇注温度越高，采用砂型铸造，铸件壁厚越大时，冷却速度越慢，即过冷度越小，越有利于原子的扩散，对石墨化越有利。

7.1.2 铸铁的分类

根据铸铁中碳的存在形式，铸铁可分为白口铸铁、灰口铸铁、可锻铸铁和球墨铸铁。见表 7-1。

（1）白口铸铁。这种铸铁中的碳全部以渗碳体的形式出现，因其断口呈亮白色故称白口铸铁。

（2）灰口铸铁。这种铸铁中的碳大部分或全部成片状石墨形式存在，因其断口呈灰色，故称灰口铸铁，也叫普通铸铁。

（3）可锻铸铁。可锻铸铁是一定成分的白口铸铁经石墨化退火而获得的一种铸铁，其中石墨呈团絮状。其塑性、韧性较高。其实，可锻铸铁并不能锻造。

（4）球墨铸铁。铁水经球化处理后再浇铸，可使其中的碳呈球状石墨形式存在，故称球墨铸铁。

（5）蠕墨铸铁。蠕墨铸铁是将高碳、低硫、低磷及含有一定硅、锰量的铁水，经蠕化剂与铁水反应后凝固得到的。它的石墨形态在光学显微镜下似片状，但不同于灰口铸铁的片状石墨，较短而厚，头部圆，形似蠕虫。

表 7-1 铸铁的分类、成分特点、热处理、组织、主要性能、典型牌号及用途

类别	成分特点	热处理	组织	主要性能	典型牌号	用途
灰铸铁	共晶点附近 $w(C)=2.5\%\sim4.0\%$ $w(Si)=1.0\%\sim3.0\%$	去应力退火消除白口组织的退火表面淬火	钢基体+片状 G	抗拉强度、韧性远低于钢，抗压强度与钢相近，铸造性能好、减振、减摩等	HT150	受力不大的零件，如底座、罩壳、刀架座等
球墨铸铁	共晶点附近 $w(C)=3.6\%\sim4.0\%$ $w(Si)=2.0\%\sim2.8\%$	根据需要选用：退火、正火、调质处理、等温淬火	钢基体+球状 G	力学性能远高于灰铸铁	QT600-3	载荷大、受力复杂的零件，如内燃机曲轴、齿轮等

类别	成分特点	热处理	组织	主要性能	典型牌号	用　途
可锻铸铁	亚共晶成分 $w(C) = 2.2\% \sim 2.8\%$ $w(Si) = 1.2\% \sim 1.8\%$	高温石墨化退火	钢基体+团絮状 G	强度、韧性比灰铸铁高很多	KTZ450-06	载荷较大、薄壁类零件，如活塞环、轴套等
蠕墨铸铁	共晶点附近 $w(C) = 3.5\% \sim 3.9\%$ $w(Si) = 2.2\% \sim 2.8\%$	同灰铸铁	钢基体+蠕虫状 G	介于灰铸铁和球墨铸铁之间	RuT300	中等载荷零件，如排气管、气缸盖等

7.2　灰口铸铁

7.2.1　灰口铸铁的化学成分、组织和性能

灰口铸铁的化学组成一般是：$w(C) = 2.5\% \sim 4.0\%$，$w(Si) = 1.0\% \sim 3.0\%$，$w(Mn) = 0.5\% \sim 1.4\%$，$w(P) = 0.01\% \sim 0.5\%$，$w(S) = 0.02\% \sim 0.2\%$。其中 C、Si、Mn 是调节组织的元素，P 和 S 是应严格控制的元素。

灰口铸铁的组织是由片状石墨和金属基体组成。以第三阶段石墨化进行程度的不同，基体组织可分为铁素体基、珠光体基、铁素体加珠光体基三种，相应就有三种不同组织的灰口铸铁，显微组织见图 7-3。它的组织特点是片状石墨分布在基体组织上，而基体则相当于钢，因此可以把灰口铸铁看成是在钢的基体上夹杂着石墨。

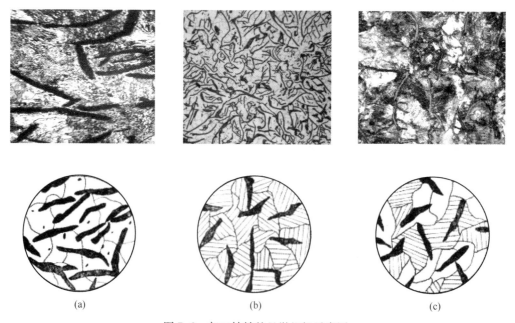

(a)　　　　　　　　　　(b)　　　　　　　　　　(c)

图 7-3　灰口铸铁的显微组织示意图
（a）铁素体灰铸铁；（b）珠光体灰铸铁；（c）铁素体+珠光体灰铸铁

灰口铸铁的成分接近于共晶点，熔点低，液态下流动性好，结晶后分散缩孔少，偏析小，而且石墨比容大，使铸件凝固时收缩量减少，故灰口铸铁具有优良的铸造性能，可以铸造形状复杂的铸件。

石墨本身是良好的固体润滑剂，脱落后形成的空洞能吸附和储存润滑油，且石墨组织松软，能吸收振动能量，因而灰口铸铁具有良好的耐磨性和减震性能。另外，受片状石墨的影响，灰口铸铁的抗拉强度、塑性、韧性及弹性模量均低于碳钢；受基体组织的影响，灰铸铁的抗压强度比抗拉强度高三四倍，而接近于钢，这是灰口铸铁的明显特性。

7.2.2　灰口铸铁的牌号和用途

常用灰口铸铁的牌号、力学性能和用途参见表7-2。牌号中"HT"是"灰铁"二字汉语拼音的第一个字母，"HT"后第一组数字（如200）代表最低抗拉强度。

表 7-2　常用灰口铸铁的牌号、力学性能和用途

类别	牌号	铸件壁厚 /mm	力学性能				用途举例
			σ_b/MPa	σ_{bb}/MPa	σ_{bc}/MPa	HBS	
铁素体灰铸铁	HT100	所有尺寸	100	260	500	<140	低负荷不重要零件，如防护罩、手轮、重锤等
铁素体+珠光体灰铸铁	HT150	15～30	150	330	650	150～200	中等负荷零件，如机座、变速箱体、皮带轮、轴承座、支架等
珠光体灰铸铁	HT200	15～30	200	400	750	170～220	较大负荷重要零件，如齿轮、支座、汽缸、飞轮、床身、轴承座等
	HT250	15～30	250	470	1000	190～240	
孕育（变质）灰铸铁	HT300	15～30	300	540	1100	187～225	高负荷、耐磨和高气密性重要零件，如齿轮、凸轮、活塞环、机床床身等
	HT350	15～30	350	610	1200	197～269	
	HT400	20～30	400	680	—	207～269	

普通灰口铸铁铸造性能、切削性能、耐磨性能和消震性能都优于其他铸铁，而且生产工艺简单，成本低廉。因此，它大量用来制造机器零件机床床身、罩壳、刀架座等。

7.2.3　影响灰口铸铁组织与性能的因素

7.2.3.1　化学成分的影响

碳是强烈促进石墨化的元素，其含量多少对石墨的形状、大小有很大影响。当铸铁中Si的质量分数在2%左右，碳的质量分数在2.6%～2.8%之间时，则铸铁组织中石墨片比较细小而且分布均匀，这时铸铁的抗拉强度最高。如果 $w(C)>2.8\%$，则使石墨粗化，强度降低。

硅也是强烈促进石墨化的元素。灰铸铁中，一般 $w(Si)>1.5\%$ ，如果小于此值，即使含碳量再高也可能出现白口。随着铸铁中含硅量的提高，将使共晶转变温度提高，同时使共晶点的含碳量显著降低，这将有利于石墨的析出。

为了综合考虑碳和硅的影响，通常将硅量折合成相当的碳量，把折合后碳的总量称为碳当量。由于共晶成分铸铁的铸造性能最好，因此在灰铸铁中，将其碳当量控制在 4.0% 左右。碳当量太高，将使石墨数量增多并使其粗化，还使基体中铁素体量增加，从而导致强度下降。碳当量太低，则石墨在枝晶间分布，甚至出现白口，使铸铁的力学性能与铸造性能变坏。

硫是强烈阻碍石墨化的元素，它基本上不溶于铁中，当硫的质量分数超过 0.02% 后形成 FeS、MnS 等。FeS 熔点很低（1190℃），它与铁生成的共晶体熔点更低（975℃）。由于硫化物凝固最晚，故大都分布在晶界上，降低了晶界强度。容易造成偏析，促使铸件产生热裂。另外，硫还降低铁水的流动性，使铸造性能变坏。所以在铸铁中硫是有害元素，一般 $w(S)<0.15\%$ 。

锰是阻碍石墨化的元素，它促使 Fe_3C 的形成。但锰与硫的亲合力较强，生成的 MnS 熔点高达 1620℃，从而抵消了硫的有害作用。所以说，锰是间接促进石墨化的元素。

磷对石墨化起促进作用，但不十分强烈。磷在铁素体中溶解度很小，且随着碳的质量分数的增加而降低。当铸铁中，磷的质量分数较高时，则形成 Fe_3P ，且往往以磷共晶的形式存在。由于磷共晶硬而脆，并沿晶界分布，这就增加了铸铁的脆性，使铸件冷却过程中容易开裂，所以磷是铸铁中的有害杂质，一般 P 的质量分数应控制在 0.3% 以下。

7.2.3.2　冷却速度的影响

铸件的冷却速度越慢，越有利于石墨化的进行，即越容易获得灰铸铁组织。铸造时，除了造型材料和铸造工艺会影响冷却速度外，铸件的壁厚对冷却速度也有很大影响，见图 7-4。

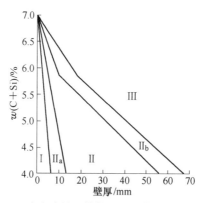

图 7-4　碳硅总量和铸件壁厚对铸铁组织的影响

Ⅰ—白口铸铁；Ⅱₐ—麻口铸铁；Ⅱ—珠光体铸铁；Ⅱᵦ—珠光体+铁素体铸铁；Ⅲ—铁素体铸铁

7.2.4　灰口铸铁的孕育处理

灰口铸铁中石墨片的存在造成基体的不连续性，并且石墨片尖角处容易产生应力集中，使力学性能降低。为了改善灰口铸铁的力学性能，关键在于改变石墨片的数量、大小和分布。

铸铁中石墨片的数量主要与碳和硅的含量有关。如果降低碳、硅含量以减弱石墨化的程度，便能够得到在珠光体基体上均匀分布细小的石墨片。问题是，随着碳、硅含量的降低，铸铁形成白口的倾向性增加，反而使铸铁的力学性能降低。

目前通常在碳、硅含量较低的灰口铸铁液中加入孕育剂（如硅铁、硅钙）进行孕育处理，促进石墨晶核的形成，经过孕育处理的灰口铸铁叫孕育铸铁或变质铸铁。孕育铸铁的金相组织是在细密的珠光体基体上分布着均匀细小的石墨片，其强度高于普通灰口铸铁，铸件整个截面上的组织和性能比较均匀一致，因而断面敏感性小。孕育铸铁常用来制造力学性能要求较高、截面尺寸变化较大的大型铸件，如重型机床床身、液压件、齿轮等。

7.2.5　灰口铸铁的热处理

原则上，用于钢的各种热处理方法也可以用于铸铁。但热处理只能改善灰铸铁的基体组织，不能改善石墨的存在形态，无法从根本上消除石墨的有害作用。因此，生产中，灰口铸铁的热处理工艺仅有退火、表面淬火等。

一些形状复杂和尺寸稳定性要求较高的零件，如机床床身、柴油机缸体等，为防止变形开裂，保证尺寸稳定，必须进行消除应力的退火，又称人工时效。退火工艺是：加热速度为 $50 \sim 100 \mathrm{℃/h}$，加热温度为 $500 \sim 560 \mathrm{℃}$，保温 $2 \sim 8\mathrm{h}$；冷却速度为 $20 \sim 50 \mathrm{℃/h}$，炉冷至 $150 \sim 200 \mathrm{℃}$ 后出炉空冷。

灰口铸铁铸件表层和薄壁处往往会因冷速较快而产生白口组织，局部出现共晶渗碳体，使之硬度和脆性增大，难以切削加工，在使用中也易剥落，需要加热至共析温度以上进行退火。退火工艺是：将铸件加热到 $850 \sim 950 \mathrm{℃}$，保温 $2 \sim 5\mathrm{h}$，然后随炉冷却至 $250 \sim 400 \mathrm{℃}$，出炉空冷。

有些铸件的工作表面，如机床导轨的表面，需要较高的硬度和耐磨性，为此可进行表面淬火处理，如感应加热表面淬火、火焰加热表面淬火、点接触电加热表面淬火等。

7.3　球　墨　铸　铁

石墨呈球状的铸铁称为球墨铸铁，简称球铁。球墨铸铁要进行球化处理和孕育处理，即铁水在浇注前加入一定数量的球化剂（如镁、钙及稀土元素等）进行球化处理，并加入少量的孕育剂（如硅铁、硅钙合金）促进石墨化。

由于球状石墨对基体的割裂作用和应力集中作用大为减小，使基体的强度利用率高达 $70\% \sim 90\%$（灰口铸铁为 $30\% \sim 50\%$），基体的塑性及韧性也得到了一定的发挥。因此，可以通过热处理及合金化等措施，来改变球铁基体的组织及成分，从而进一步提高球铁的力学性能，因而在机械制造业中运用广泛。

7.3.1　球墨铸铁的化学成分、组织和性能

球墨铸铁的化学成分范围为：$w(\mathrm{C}) = 3.6\% \sim 4.0\%$，$w(\mathrm{Si}) = 2.4\% \sim 2.9\%$，$w(\mathrm{Mn}) = 0.3\% \sim 0.8\%$，$w(\mathrm{P}) \leqslant 0.1\%$，原铁水中 $w(\mathrm{S}) \leqslant 0.1\%$，球化处理后铁水中 $w(\mathrm{S}) < 0.03\%$。与灰口铸铁相比，其含碳和含硅量较高，促使石墨球的个数增多，球径变小，球圆度好。由于锰促使 $\mathrm{Fe_3C}$ 的形成，故含锰量较低。硫与球化剂中的镁及稀土元素亲合力很强，含

硫高，导致球化剂过多的消耗，同时，又容易形成硫化物夹杂缺陷，也会造成球化不良。而磷则显著降低球铁塑性，故 P、S 含量也低。

球墨铸铁的组织取决于第三阶段石墨化过程进行的程度，按照基体组织的不同，可分为铁素体球墨铸铁、珠光体球墨铸铁以及铁素体加珠光体球墨铸铁，通过热处理手段可以控制不同基体组织的形成。在生产实践中，铸件常见的金属基体为铁素体和珠光体两类，见图 7-5。

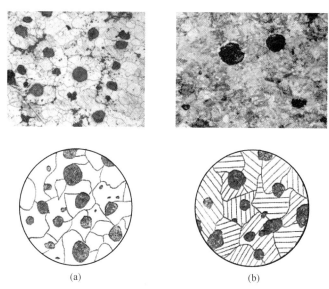

(a)　　　　　　　　　　　　(b)

图 7-5　球墨铸铁的显微组织（100×）及示意图

(a) 铁素体球墨铸铁；(b) 珠光体球墨铸铁

一般来说，以铁素体为基体的球铁具有高的韧性、塑性；以珠光体为基体的球铁具有高的强度。经热处理后，以马氏体为基体的球铁具有高的硬度。

7.3.2　球墨铸铁的牌号和用途

由于球铁具有优异的力学性能，因此可用于负荷较大、受力较复杂的零件，甚至能代替碳钢制造某些零件，例如，珠光体基体的球铁常用于制造柴油机曲轴、连杆、齿轮，机床主轴、蜗轮、蜗杆、轧钢机的轧辊、水压机的工作缸、缸套、活塞等，而铁素体的球铁多用于制造受压阀门、机器底座、汽车后桥壳等。

各种球墨铸铁的力学性能如表 7-3 所示。牌号中的符号"QT"是球铁二字的汉语拼音字首，后面两组数字分别表示球铁的最低抗拉强度和最低伸长率。

表 7-3　球墨铸铁的牌号、力学性能和用途（GB 1343—1998）

类别	牌号	力学性能					用途举例
		σ_b/MPa	$\sigma_{0.2}$/MPa	δ/%	A_K/J	HBS	
铁素体球墨铸铁	QT400-18	400	250	18	14	130~180	汽缸、后桥壳、机架、变速箱壳
	QT450-10	450	310	10	—	160~210	

类别	牌号	力学性能					用途举例
		σ_b/MPa	$\sigma_{0.2}/MPa$	$\delta/\%$	A_K/J	HBS	
铁素体+珠光体球墨铸铁	QT600-3	600	370	3	—	190~270	曲轴、连杆、凸轮轴、汽缸套、矿车轮
珠光体球墨铸铁	QT700-2	700	420	2	—	225~305	
	QT800-2	800	480	2	—	245~335	

7.3.3 球墨铸铁的热处理

球状石墨对基体的割裂作用和应力集中作用小，使得球铁的机械性能主要取决于基体。通过热处理改变球铁基体组织可以显著提高球铁的机械性能。由于其碳、硅的质量分数较高，所以热处理与钢相比具有不同的特点。

球铁的热处理工艺有退火、正火、调质和等温淬火。

7.3.3.1 球墨铸铁的退火

退火的目的是为了获得铁素体基体球墨铸铁。球墨铸铁的铸态组织中常出现渗碳体和珠光体，不仅力学性能差，而且难以加工。为了获得高韧性的铁素体基体组织并改善切削性能，消除铸造应力，必须进行退火，使其中的渗碳体和珠光体得以分解。球墨铸铁的退火分为消除内应力退火及石墨化退火，后者又分为高温与低温退火。

A 消除内应力退火

球铁的铸造内应力约比灰铁大 1~2 倍，对不再进行其他热处理的球铁件，常进行消除内应力退火。其热处理规范与灰口铸铁基本相同。

B 石墨化退火

为了防止球铁因加入镁而造成白口倾向的扩大化，当铸态组织为 F+P+Fe₃C+G 时，为获得高韧性的铁素体球墨铸铁，球铁需进行高温石墨化退火：加热温度为 920~960℃，保温 2~5h 后，随炉缓冷至 600℃出炉空冷。加热温度过低，渗碳体分解速度慢；温度高则石墨化速度快。可缩短保温时间，但亦不宜过高，否则将引起奥氏体晶粒粗大，使性能降低。

C 低温退火

当铸态组织为 F+P+G 时，只需采用低温退火，使珠光体中的共析渗碳体分解，即可获得铁素体基体。退火后的铁素体量一般大于 90%。为了避免脆性的出现，应于 600℃出炉空冷。

退火工艺是：将铸件加热到 720~760℃，保温 2~8h 后，随炉缓冷至 600℃出炉空冷。

7.3.3.2 球墨铸铁的正火

正火的目的是为了细化晶粒、获得珠光体基体，以提高球墨铸铁强度、硬度和耐磨性，这是目前国内对球铁使用最广泛的一种热处理工艺。

球墨铸铁的正火可分为高温正火和低温正火。高温正火工艺是：将铸件加热到 880~920℃，使基体完全奥氏体化，然后保温 3h 左右空冷，得到 P+G 组织。低温正火工艺是：将铸件加热到 820~860℃，使基体不完全奥氏体化，保温一定时间，然后空冷，得到 F+P+G 组织。

正火所获得珠光体量的多少，主要取决于冷却速度，增大冷却速度将会增加珠光体量。因此，一般含硅低的小件，采用静止空气冷却，含硅量高的大件，则需吹风甚至喷雾强制冷却。正火的冷却方法除空冷外，还可采用风冷和喷雾冷却等。由于正火时冷却速度较大，易在铸件中产生内应力，故在正火后可增加一次去应力退火（常称回火），即加热到500~600℃，保温2~4h空冷。

7.3.3.3 球墨铸铁的调质处理

对于要求综合力学性能较高的零件，如承受交变载荷的连杆、曲轴等，在保证完全奥氏体化的前提下，调质处理的淬火加热温度应取较低值，常常为860~880℃。淬火通常用油冷，经550~600℃回火，得到回火索氏体加球状石墨的组织。

7.3.3.4 球墨铸铁的等温淬火

对于一些综合力学性能要求较高、形状比较复杂、热处理容易变形或开裂的铸件，如齿轮、轴承套等，可采用等温淬火，工艺为：淬火加热温度840~920℃，保温一定时间后立即投入250~350℃盐浴炉中等温0.5~1.5h后空冷，得到下贝氏体加球状石墨的组织。有时等温淬火后还进行一次低温回火，使残余奥氏体转变为下贝氏体，并使淬火马氏体转变为回火马氏体，进一步提高塑性、韧性。

7.4 蠕 墨 铸 铁

蠕虫状石墨铸铁（简称蠕墨铸铁）是近些年发展起来的一种新型铸铁材料，它是通过浇注前向铁水中加入适量的蠕化剂进行蠕化处理，使石墨形态介于片状和球状石墨铸铁之间的铸铁，具有独特的组织和性能。

7.4.1 蠕墨铸铁的化学成分与金相组织

蠕墨铸铁的化学成分与球墨铸铁相似，要求高碳、高硅、低硫、低磷，并含有一定量的镁及稀土元素。蠕墨铸铁中的石墨为短小的蠕虫状，形态弯曲，端部圆钝，长宽比小。一般将长宽比为3~10的石墨称为蠕虫状石墨，它是介于球状石墨和片状石墨之间的一种石墨形态，见图7-6。

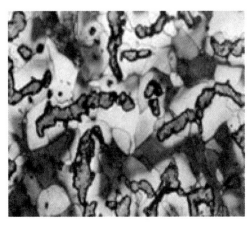

图7-6 蠕墨铸铁的显微组织

在铸态，蠕墨铸铁的基体组织主要是铁素体（约 40%～50%或更高），当加入珠光体稳定元素（如 Cu、Ni、Sn 等）可使铸态珠光体量提高到 70%左右，若进行正火处理，可使珠光体量提高到 90%～95%左右。

7.4.2 蠕墨铸铁的牌号、性能与用途

目前，我国常见的蠕墨铸铁牌号有 RuT260、RuT300、RuT380 等。牌号中的"RuT"为"蠕铁"二字的汉语拼音简写，用以表示蠕墨铸铁，其后面的数字表示最低抗拉强度。蠕墨铸铁的牌号、力学性能及用途如表 7-4 所示。

表 7-4　蠕墨铸铁的牌号、力学性能及用途（摘自 JB 4403—1987）

类　别	牌号	力 学 性 能				应用举例
		σ_b/MPa	$\sigma_{0.2}$/MPa	δ/%	HBS	
		不大于				
铁素体蠕墨铸铁	RuT260	260	195	3.0	121～197	增压器废气进气壳体，汽车底盘零件等
铁素体+珠光体蠕墨铸铁	RuT300	300	240	1.5	140～217	排气管，变速箱体，汽缸盖，液压件，纺织机零件，钢锭模等
	RuT340	340	270	1.0	170～249	重型机床件，大型齿轮箱体、盖、座，飞轮，起重机卷筒等
珠光体蠕墨铸铁	RuT380	380	300	0.75	193～274	活塞环，汽缸套，制动盘，钢珠研磨盘，吸淤泵体等
	RuT420	420	335	0.75	200～280	

蠕墨铸铁的力学性能介于基体组织相同的优质灰口铸铁和球墨铸铁之间。即其强度、韧性、疲劳极限及耐磨性都比灰口铸铁高，比球墨铸铁低。蠕墨铸铁的铸造性能、减震能力及导热性优于球墨铸铁，而接近于灰铸铁，铸造工艺方便、简单、成品率高。蠕墨铸铁和球墨铸铁的切削性能非常相似，对刀具的磨损比片状石墨铸铁要高。蠕墨铸铁主要用于生产电动机外壳、齿轮箱体、钢锭模等机件。

7.5　可　锻　铸　铁

可锻铸铁又称马铁、展性铸铁或韧性铸铁，是由白口铸铁经过退火而获得的一种高强度铸铁。白口铸铁中的渗碳体在高温长时间退火过程中分解成为团絮状石墨，减轻了石墨对金属基体的割裂作用及应力集中作用。与灰口铸铁相比，其强度和韧性有明显的提高，但是可锻铸铁实际上并不能锻造。

7.5.1 可锻铸铁的化学成分、组织及石墨化退火

生产可锻铸铁首先必须浇注成白口铸铁铸坯。为了获得纯白口铸件，应选择低的碳、

硅含量，其化学成分为：$w(C) = 2.4\% \sim 2.8\%$，$w(Si) = 0.8\% \sim 1.4\%$，$w(Mn) = 0.4\% \sim$ 1.2%，$w(P) \leqslant 0.1\%$，$w(S) \leqslant 0.2\%$。然后进行石墨化退火，将白口铸铁铸坯加热至900~1000℃，保温15h左右，使珠光体转变为奥氏体，渗碳体完全分解形成团絮状石墨。接着从高温随炉缓冷至750~720℃，从奥氏体中析出二次石墨，并沿着团絮状石墨表面长大。在750~720℃之间应该以极其缓慢速度通过共析转变温度区，避免二次渗碳体析出，保证奥氏体发生转变生成铁素体和石墨，最终得到铁素体基体的可锻铸铁，如图7-7所示。如果在共析转变过程中冷却速度较快，最终将得到珠光体可锻铸铁。

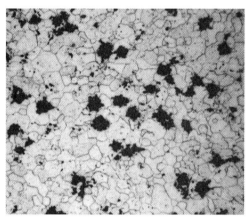

图7-7　铁素体可锻铸铁的显微组织

　　既然可锻铸铁分为铁素体基体和珠光体基体两类可锻铸铁，那么按退火条件的不同，可锻铸铁又可分为黑心可锻铸铁和白心可锻铸铁两类。黑心可锻铸铁是由白口铸铁经长期石墨化退火而制得的。若白口铸铁中的渗碳体在退火过程中全部分解而且石墨化，则最终得到的组织是在铁素体基体上分布着团絮状石墨，称铁素体可锻铸铁。其断口中心呈暗灰色，靠近表层因脱碳而呈灰白色，故有"黑心可锻铸铁"之称。若退火过程中，共析渗碳体没有石墨化，则最终组织是珠光体上分布着团絮状石墨，称珠光体可锻铸铁。其断口呈灰色，习惯上仍称"黑心可锻铸铁"。

　　白心可锻铸铁是白口铸铁在氧化性介质中，经退火及脱碳而得到的。脱碳层深1.5~2.0mm，其正常组织应为铁素体基体上分布着少量团絮状石墨。实际上由于脱碳不完全，使其组织分布不均匀，中心组织为珠光体、少量渗碳体和团絮状石墨。越到表层石墨越少铁素体越多，最外层完全没有石墨。其断口中心呈灰白色，表层呈暗灰色，故称"白心可锻铸铁"。

　　目前我国以生产黑心铁素体可锻铸铁为主，也生产少量黑心珠光体可锻铸铁。由于白心可锻铸铁强度及耐磨性较差、退火周期长等，在机械制造工业上这类铸铁应用很少。

7.5.2　可锻铸铁的牌号、性能及用途

　　表7-5展示了我国常用可锻铸铁的牌号、力学性能和用途。我国标准GB 9440—88，将可锻铸铁分为8个牌号，"KT"是可锻铸铁中"可铁"二字的汉语拼音字首，"Z"表示珠光体基体，H表示黑心可锻铸铁、"黑"字汉语拼音字首。牌号后面的两组数字分别为最低抗拉强度和最低伸长率。

表 7-5　可锻铸铁的牌号、力学性能和用途（GB 9440—1988）

类　别	牌号	试样直径 D/mm	力 学 性 能				用途举例
			σ_b/MPa	$\sigma_{0.2}$/MPa	σ/%	HBS	
铁素体（黑心）可锻铸铁	KTH300-06	15	300	—	6	<150	水暖管件、汽车后桥壳、支架、钢丝绳扎头、扳手、农机上的犁刀、犁铧等
	KTH330-08	15	330	—	8	<150	
	KTH350-10	15	350	200	10	<150	
	KTH370-12	15	370	—	12	<150	
珠光体可锻铸铁	KTZ450-06	15	450	270	6	150~200	曲轴、连杆、齿轮、活塞环、扳手、矿车轮、凸轮轴、传动链条、万向接头等
	KTZ550-04	15	550	340	4	180~230	
	KTZ650-02	15	650	430	2	210~260	
	KTZ700-02	15	700	530	2	240~290	

由于性能更为优异的球墨铸铁的迅速发展，可锻铸铁有被球墨铸铁取代的趋向。但是可锻铸铁在生产上仍有很多优点，除了有较高的强度与韧性、塑性外，与球墨铸铁相比，它还具有成本低、质量稳定、铁水处理简便和易于组织生产等特点，广泛用于水暖管件、汽车后桥壳、支架、钢丝绳扎头、扳手等场合。

7.6　特殊性能铸铁

随着石油、冶金、化工等工业对耐磨、耐热、耐蚀等特殊性能提出更高的要求，人们在铁水中加入一两种以上的合金元素构成合金铸铁。加入的合金元素有铬、镍、铜、钼、铝等。因合金铸铁具有上述特殊性能，故又称为特殊性能铸铁。

7.6.1　耐磨铸铁

耐磨铸铁分为减摩铸铁和抗磨铸铁。减摩铸铁是在润滑条件下进行工作，如机床导轨、活塞环等，不仅要求磨损小，而且要求摩擦系数小；抗磨铸铁是在干摩擦条件下进行工作，如磨煤机磨辊、破碎机锤头、球磨机磨球等，要求有高而均匀的硬度。

耐磨铸铁按照合金元素的不同可分为三大类：高磷铸铁、铬钼铜铸铁和高铬铸铁。

在普通珠光体灰铸铁中加入0.5%~0.75%的磷，构成高磷铸铁。磷与珠光体形成磷共晶（$F+Fe_3P$，$P+Fe_3P$，$F+P+Fe_3P$），呈断续网状分布于珠光体基体上，构成高硬度的组织组成物，有利于提高耐磨性。但普通高磷铸铁的强度和韧性较差，故常加入合金元素Cr、Mo、W、Cu、Ti、V等，使其组织细化，提高力学性能和耐磨性。

在普通白口铸铁的基础上，加入14%~20%的Cr以及少量的Mo、Ni、Cu等元素，构成高铬白口铸铁，使组织中出现大量（$Cr,Fe)_7C_3$碳化物，这种碳化物的硬度极高（1300~1800HV），耐磨性好，分布不连续，使铸铁的韧性也得到改善。这种高铬铸铁已用于大型磨煤机磨辊、球磨机衬板和破碎机的锤头等零件。要注意的是，高铬白口铸铁的钼含量较高，价格贵，所以，国内也有采用以锰代钼的锰钼系高铬铸铁，通过适当的热处理获得所需的性能要求。

7.6.2　耐热铸铁

在高温下工作的铸件会产生氧化和生长现象，氧化是指铸铁在高温下受氧化性气氛的侵蚀而在表面生成氧化层，生长是指铸铁在高温下由于氧化性气体渗入铸件内部造成内部氧化和渗碳体发生分解产生比容大的石墨而产生的永久性体积胀大。因此铸铁的耐热性主要是指它在高温下抗氧化和抗生长的能力，如加热炉炉底板、马弗罐、废气管道、换热器及坩埚等需要具有耐热性。

提高铸铁耐热性的途径是向铸铁中加入 Si、Al、Cr 等合金元素，以便在铸铁表面形成一层致密的氧化膜，如 SiO_2、Al_2O_3、Cr_2O_3 等，从而保护铸件不被继续氧化。此外，铬能形成稳定的化合物，硅和铝可以提高相变临界温度，是铸铁在使用温度范围内不发生相变，这些都提高了铸铁的热稳定性。

大多数耐热铸铁使用单相铁素体基体组织，而且石墨最好呈球状。这是因为铁素体基体受热时没有渗碳体分解的问题，而球状石墨因呈孤立分布互不连接，不易形成氧渗入铸铁内部的通道。

7.6.3　耐蚀铸铁

普通铸铁的耐蚀性较差，这是因为铸铁本身是一种多相合金，在电解质溶液中各相具有不同的电极电位，其中石墨的电极电位最高，渗碳体次之，铁素体最低。电位高的形成阴极，电位低的形成阳极，这样就构成一个腐蚀微电池，铁素体作为阳极不断溶解而被腐蚀，有时腐蚀可沿晶界一直深入到铸件内部。

耐蚀铸铁的腐蚀原理与不锈耐酸钢相同，为了提高铸铁的耐蚀性，常加入 Si、Al、Cr、Cu、Ni 等合金元素，用以提高铸铁基体组织的电位，并使铸铁表面形成一层致密的保护性氧化膜。应尽量降低铸铁中的含碳量或石墨含量，以获得单相基体加孤立分布的球状石墨组织。

根据所加合金元素种类的不同，常用的耐蚀铸铁可分为高硅耐蚀铸铁、高铝耐蚀铸铁、高铬耐蚀铸铁等。

高硅耐蚀铸铁中 $w(C) \leqslant 0.8\%$，因为碳的含量过高，会使石墨量增加，降低耐蚀性。硅的含量一般为 14%～18%，硅的含量应当使碳当量接近共晶成分，以改善铸造性能。高硅耐蚀铸铁的金相组织为含硅铁素体、石墨及 Fe_3Si_2（或 FeSi）。在一定的腐蚀条件下，铸铁表面形成致密、完整且耐蚀性高的 SiO_2 保护膜，因而在含氧酸类（如硝酸等）和盐类介质中，具有良好的耐蚀性。

高硅耐蚀铸铁的硬度很高，但强度和韧性都很低，如果适当降低含硅量，再加入硼、铜并用稀土进行处理，就可得到既具有较高的耐蚀性能，又具有较好的力学性能的耐蚀铸铁。

耐蚀铸铁广泛应用在化工部门，如用于制作管道、阀门、泵类、反应锅及盛贮器等零件。

习　题

7-1　什么叫铸铁？按碳在铸铁中的存在形式，铸铁可分哪几种？它们的组织、性能各有什么特点？

7-2　铸铁与碳钢相比，在化学成分、组织、性能以及应用方面有哪些主要区别？

7-3　介绍铸铁的石墨化进程，并分析其主要影响因素。

7-4　什么是铸铁的石墨化、孕育（变质）处理、球化处理？

7-5　为什么一般机器的支架、机床的床身用灰口铸铁铸造？

7-6　按基体组织，灰口铸铁可分哪几类？

7-7　灰口铸铁的力学性能主要决定于哪些方面？

7-8　指出下列铸铁的类别、用途及性能的主要指标：

　　（1）HT150、HT400；

　　（2）KTH350-10、KTZ700-02；

　　（3）QT400-18、QT420-10；

　　（4）RuT260、RuT380。

7-9　在机械加工车间加工一批灰铸铁铸件时，发现加工铸件薄壁处加工困难。试分析其原因，并提出解决办法。

7-10　什么叫特殊性能铸铁？常见的特殊性能铸铁有哪几种？

8 有色金属及其合金

有色金属是指铝、镁、铜、钛等非钢铁材料，其中铝、镁属于轻金属（$\rho < 4.5 \text{g/cm}^3$）。有色金属及合金具有比强度高、比刚度好、导电性好、耐蚀性及耐热性高等特殊的性能，在航空航天、汽车、军事、机电、仪表以及电器等领域中具有重要的作用。本章主要介绍铝、镁、铜、钛及其合金的成分、组织和性能。

8.1 铝及铝合金

8.1.1 纯铝

纯铝是一种银白色的轻金属，熔点为 660℃，具有面心立方晶格，没有同素异构转变。它的密度小（2.72g/cm³）；导电性好，仅次于银、铜和金；导热性好，比铁几乎大三倍。纯铝化学性质活泼，在大气中极易与氧作用，在表面形成一层牢固致密的氧化膜，可以阻止进一步氧化，从而使它在大气和淡水中具有良好的抗蚀性。纯铝在低温下，甚至在超低温下都具有良好的塑性和韧性，在 0~−253℃之间塑性和冲击韧性不降低。

纯铝具有一系列优良的工艺性能，易于铸造，易于切削，也易于通过压力加工制成各种规格的半成品。所以纯铝主要用于制造电缆电线的线芯和导电零件、耐蚀器皿和生活器皿，以及配制铝合金和做铝合金的包覆层。由于纯铝的强度很低，其抗拉强度仅有 90~120MPa，所以一般不宜直接作为结构材料。

纯铝按其纯度分为高纯铝、工业高纯铝和工业纯铝。纯铝的牌号用"铝"字汉语拼音字首"L"和其后面的编号表示。高纯铝的牌号有 LG1、LG2、LG3、LG4 和 LG5，"G"是高字的汉语拼音字首，后面的数字越大，纯度越高，它们的含铝量在 99.85%~99.99% 之间。工业纯铝的牌号有 L1、L2、L3、L4、L4-1、L5、L5-1 和 L6，后面的数字表示纯度，数字越大，纯度越低。

8.1.2 铝合金的分类

根据铝合金的成分、组织和工艺特点，可以将其分为铸造铝合金与变形铝合金两大类。变形铝合金是将铝合金铸锭通过压力加工（轧制、挤压、模锻等）制成半成品或模锻件，所以要求有良好的塑性变形能力。铸造铝合金则是将熔融的合金直接浇铸成形状复杂的甚至是薄壁的成型件，所以要求合金具有良好的铸造流动性。

工程上常用的铝合金大都具有与图 8-1 类似的相图。由图可见，凡位于相图上 D 点成分以左的合金，在加热至高温时能形成单相固溶体组织，合金的塑性较高，适用于压力加工，所以称为变形铝合金；凡位于 D 点成分以右的合金，因含有共晶组织，液态流动性较高，适用于铸造，所以称为铸造铝合金。铝合金的分类及性能特点列于表 8-1。

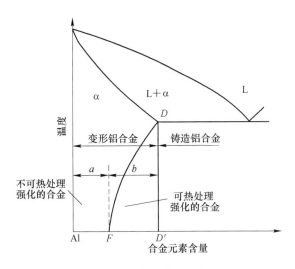

图 8-1　铝合金分类示意图

表 8-1　铝合金的分类及性能特点

分　类		合金名称	合金系	性能特点	编号举例
铸造铝合金		简单铝硅合金	Al-Si	铸造性能好，不能热处理强化，力学性能较低	ZL102
		特殊铝硅合金	Al-Si-Mg	铸造性能良好，能热处理强化，力学性能较高	ZL101
			Al-Si-Cu		ZL107
			Al-Si-Mg-Cu		ZL105，ZL110
			Al-Si-Mg-Cu-Ni		ZL109
		铝铜铸造合金	Al-Cu	耐热性好，铸造性与耐蚀性差	ZL201
		铝镁铸造合金	Al-Mg	力学性能高，耐蚀性好	ZL301
		铝锌铸造合金	Al-Zn	能自动淬火，易于压铸	ZL401
		铝稀土铸造合金	Al-RE	耐热性能好	ZL207
变形铝合金	不可热处理强化的铝合金	防锈铝	Al-Mn	耐蚀性、压力加工性与焊接性能好，但强度低	3A21
			Al-Mg		5A05
	可热处理强化的铝合金	硬铝	Al-Cu-Mg	力学性能高	2A11、2A12
		超硬铝	Al-Cu-Mg-Zn	室温强度最高	7A04
		锻铝	Al-Mg-Si-Cu	锻造性能好	2A50、2A14
			Al-Cu-Mg-Fe-Ni	耐热性能好	2A80、2A70

对于变形铝合金来说，位于 F 点以左成分的合金，在固态始终是单相，不能进行热处理强化，被称为热处理不可强化的铝合金。成分在 F 和 D′ 之间的铝合金，由于合金元素在铝中有溶解度的变化会析出第二相，可通过热处理使合金强度提高，所以称为热处理强化铝合金。

铸造铝合金按加入的主要合金元素的不同，分为 Al-Si 系、Al-Cu 系、Al-Mg 系和 Al-Zn 系四种合金。合金牌号用"铸铝"二字汉语拼音字首"ZL"后跟三位数字表示。第一位数表示合金系列，1 为 Al-Si 系合金，2 为 Al-Cu 系合金，3 为 Al-Mg 系合金，4 为 Al-Zn 系合金。第二、三位数表示合金的顺序号，如 ZL201 表示 1 号铝铜系铸造铝合金，ZL107 表示 7 号铝硅系铸造铝合金。

变形铝合金按照性能特点和用途分为防锈铝、硬铝、超硬铝和锻铝四种。防锈铝属于不能热处理强化的铝合金，硬铝、超硬铝、锻铝属于可热处理强化的铝合金。依据国家标准 GB/T 16474—2011 规定，变形铝及铝合金可直接引用国际四位数字体系牌号。未命名或未注册为国际四位数字体系牌号的变形铝及铝合金，应采用四位字符牌号命名。两种编号方法的第一位为阿拉伯数字，表示铝及铝合金的组别。1 表示 $w(\text{Al})$ 不小于 99.00% 的纯铝，2 表示以 Cu 为主要合金元素的铝合金，3 表示以 Mn 为主要合金元素的铝合金，4 表示以 Si 为主要合金元素的铝合金，5 表示以 Mg 为主要合金元素的铝合金，6 表示以 Mg 和 Si 为主要合金元素的铝合金，7 表示以 Zn 为主要合金元素的铝合金。两种编号法的第二位表示原始合金的改型情况，其中国际四位数字体系牌号的第二位为阿拉伯数字，0 表示原始合金；四位字符牌号的第二位为英文大写字母，A 表示原始合金，B～Y 则表示为原始纯铝的改型，与原始纯铝相比，其元素含量略有变化。两种编号方法的最后两位为阿拉伯数字，无特殊意义，仅用以区别同一组中的不同铝合金。例如，5A06 表示 6 号 Al-Mg 系变形铝合金；2A14 表示 14 号 Al-Cu 系变形铝合金。

8.1.3　铝合金强化

纯铝的机械性能较低，不宜制作承受较大载荷的结构零件。通过合金化、热处理或其他强化方式，可以使铝合金在保持密度小、耐蚀性好等条件下，显著得到强化。

铝合金的强化方式主要有以下几种。

8.1.3.1　固溶强化

纯铝中加入合金元素，形成铝基固溶体，造成晶格畸变，阻碍了位错的运动，起到固溶强化的作用，可使其强度提高。根据合金化的一般规律，形成无限固溶体或高浓度的固溶体型合金时，不仅能获得高的强度，而且还能获得优良的塑性与良好的压力加工性能。Al-Cu、Al-Mg、Al-Si、Al-Zn、Al-Mn 等二元合金一般都能形成有限固溶体，并且均有较大的极限溶解度，因此具有较大的固溶强化效果。

8.1.3.2　形变强化

纯铝及不能热处理强化的铝合金，例如 Al-Cu、Al-Si、Al-Mn 等合金，通常只能以退火或冷作硬化状态使用。冷作硬化可使简单形状的工件强度提高，塑性下降。例如：$w(\text{Mn}) = 1.0\% \sim 1.6\%$、$w(\text{Mg}) < 0.05\%$ 的铝合金，退火态 $\sigma_b = 127.4\text{MPa}$、$\delta = 23\%$，经过加工硬化后 $\sigma_b = 215.6\text{MPa}$、而 $\delta = 5\%$。经冷作硬化的铝合金，需进行再结晶退火，以达到消除加工硬化和获得细小晶粒的目的。大多数铝合金当变形度为 50%～70% 时，开始再结晶温度约为 280～300℃。再结晶退火温度约 300～500℃，保温时间为 0.5～3h。退火温

度亦可采用低于再结晶温度，得到多边化组织或部分再结晶组织，以获得介于冷变形和再结晶之间的性能。这种不完全退火方法通常用于不能热处理强化的铝合金。

铝合金在淬火后进行一定量的塑性变形，然后再进行时效处理的复合工艺叫做形变时效。合金经塑性变形后，位错密度显著增加，促进时效时过渡相的生成，加速人工时效过程，提高铝合金的常温力学性能及热强性。如图 8-2 所示，$w(Cu) = 4\%$ 的 Al-Cu 合金在 500℃淬火后，以 10%、50%形变量冷轧，并在 160℃进行人工时效，其屈服强度的峰值增加，出现的时间提前。

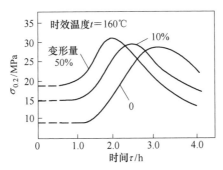

图 8-2　预变形对 $w(Cu) = 4\%$ 的 Al-Cu 合金在 160℃时效后屈服强度的影响

8.1.3.3　过剩相强化

如果铝中加入合金元素的数量超过了极限溶解度，则在固溶处理加热时，就有一部分不能溶入固溶体的第二相出现，称为过剩相。在铝合金中，这些过剩相通常是硬而脆的金属间化合物。它们在合金中阻碍位错运动，使合金强化，这称为过剩相强化。在生产中常常采用这种方式来强化铸造铝合金和耐热铝合金。过剩相数量越多，分布越弥散，则强化效果越大。但过剩相太多，则会使强度和塑性都降低。过剩相成分结构越复杂，熔点越高，则高温热稳定性越好。

8.1.3.4　时效强化

合金元素对铝的另一种强化作用是通过热处理实现的。但由于铝没有同素异构转变，所以其热处理相变与钢不同。铝合金的热处理强化，主要是由于合金元素在铝合金中有较大的固溶度，且随温度的降低而急剧减小。所以铝合金经加热到某一温度淬火后，可以得到过饱和的铝基固溶体。这种过饱和铝基固溶体放置在室温或加热到某一温度时，其强度和硬度随时间的延长而增高，但塑性、韧性则降低，这个过程称为时效。在室温下进行的时效称为自然时效，在加热条件下进行的时效称为人工时效。时效过程中使铝合金的强度、硬度增高的现象称为时效强化或时效硬化，其强化效果是依靠时效过程中所产生的时效硬化现象来实现的。

图 8-3 是 Al-Cu 合金相图，现以含 4%Cu 的 Al-Cu 合金为例说明铝的时效强化。铝铜合金的时效强化过程分为以下四个阶段：

第一阶段：在过饱和 α 固溶体的某一晶面上产生铜原子偏聚现象，形成铜原子富集区（GP Ⅰ区），从而使 α 固溶体产生严重的晶格畸变，位错运动受到阻碍，合金强度提高。

第二阶段：随时间延长，GP Ⅰ区进一步扩大，并发生有序化，便形成有序的富铜区，称为 GP Ⅱ区，其成分接近 $CuAl_2$（θ 相），成为中间状态，常用 θ″表示。θ″的析出，进一

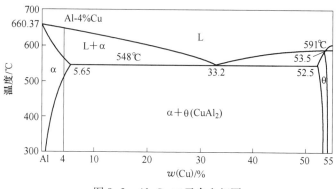

图 8-3   Al-Cu 二元合金相图

步加重了 α 相的晶格畸变，使合金强度进一步提高。

第三阶段：随着时效过程的进一步发展，铜原子在 GP Ⅱ 区继续偏聚。当铜与铝原子之比为 1∶2 时，形成与母相保持共格关系的过渡相 θ′。θ′ 相出现的初期，母相的晶格畸变达到最大，合金强度达到峰值。

第四阶段：时效后期，过渡相 θ′ 从铝基固溶体中完全脱落，形成与基体有明显相界面的独立的稳定相 $CuAl_2$，称为 θ 相。此时，θ 相与基体的共格关系完全破坏，共格畸变也随之消失，随着 θ 相质点的聚集长大，合金明显软化，强度、硬度降低。

图 8-4 是硬铝合金在不同温度下的时效曲线。由图中可以看出，提高时效温度，可以使时效速度加快，但获得的强度值比较低。在自然时效条件下，时效进行得十分缓慢，约需 4~5 天才能达到最高强度值。而在 -50℃ 时效，时效过程基本停止，各种性能没有明显变化，所以降低温度是抑制时效的有效办法。

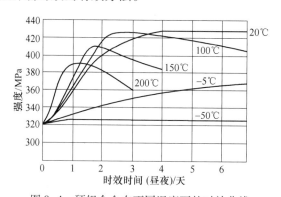

图 8-4   硬铝合金在不同温度下的时效曲线

8.1.3.5 细晶强化

许多铝合金组织都是由 α 固溶体和过剩相组成的。若能细化铝合金的组织，包括细化 α 固溶体或细化过剩相，就可使合金得到强化。

由于铸造铝合金组织比较粗大，所以实际生产中常常利用变质处理的方法来细化合金组织。变质处理是在浇注前在熔融的铝合金中加入占合金质量 2%~3% 的变质剂（如钠盐，含铝的锶、硼、稀土、碳、钛等中间合金），以增加结晶核心，使组织细化。经过变质处理的铝合金可得到细小均匀的共晶体加初生 α 固溶体组织，从而显著地提高铝合金的强度及塑性。

8.1.4 变形铝合金

8.1.4.1 不能热处理强化的变形铝合金

这类铝合金主要包括 Al-Mn 系和 Al-Mg 系合金。因其主要性能特点是具有优良的抗蚀性，故称为防锈铝合金。此外这类合金还具有良好的塑性和焊接性，适宜制造需深冲、焊接和在腐蚀介质中工作的零、部件。常用变形铝合金的主要牌号、化学成分、机械性能及用途见表 8-2。

A Al-Mn 系防锈铝合金

Al-Mn 系防锈铝合金的主要牌号是 3A21，它是 $w(Mn) = 1.0\% \sim 1.6\%$ 的二元 Al-Mn 合金。退火状态的组织为 $\alpha + MnAl_6$。锰的主要作用是产生固溶强化和提高抗蚀性，并能形成少量 $MnAl_6$，起到弥散强化作用，因此强度比纯锰高。该合金性能特点是强度较低、塑性很好、抗腐蚀性能和焊接性能优良，主要用于制造各种深冲压件和焊接件。

由图 8-5 Al-Mn 合金相图可见，Mn 在 Al 中的最大溶解度为 1.82%，合金结晶温度区间小，水平间隔很大。因此 Mn 在结晶过程中极易产生晶内偏析，造成微区分布不均匀，但 Mn 能显著提高再结晶温度，因此退火时低 Mn 部分易发生再结晶，从而使退火板材晶粒特别粗大，在随后深冲或弯曲时使表面粗糙或产生裂纹。

当加入 $w(Fe)$ 为 0.5% 左右时，形成不固溶于 Al 的（Fe，Mn）Al_6，减少 Mn 的偏析，达到细化合金组织的目的。此外，将铸锭进行 $600 \sim 620℃$ 均匀化退火，消除晶内偏析，增大板材退火加热速度，也有利于获得细小晶粒。

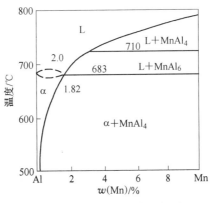

图 8-5 Al-Mn 二元合金相图

B Al-Mg 系防锈铝合金

这类合金除主要合金元素 Mg 外，还加入少量 Mn、Ti、Si 等元素。从 Al-Mg 合金相图（图 8-6）可见，Mg 在 Al 中溶解度较大，并随温度下降而显著减小。经固溶处理，可充分发挥 Mg 的固溶强化效果，理论上应具有强烈的时效硬化效应。但该合金时效产生的过渡相 β' 与基体不存在共格关系，而平衡相 $\beta(Mg_2Al_3)$ 易沿晶界分布，因此合金不具有明显的时效硬化。通常合金在退火或一定程度的冷作硬化状态使用。为了防止 β 相沿晶界呈网状析出或 β 相过多而使合金变脆；合金的 $w(Mg)$ 应小于 5%~6%。Al-Mg 系防锈铝合金常用牌号有 5A02、5A03、5A05、5A06（见表 8-2）。这类合金的主要性能特点是密度小、塑性高、强度较低、耐蚀性和焊接性优良，故在工业上得到广泛应用。

表 8-2　常用变形铝合金的牌号、化学成分、力学性能及用途

类别	牌号	化学成分（质量分数）/%								热处理状态	力学性能			用途举例
		Si	Fe	Cu	Mn	Mg	Zn	Ti	其他		σ_b/MPa	δ/%	HBW	
防锈铝	5A05	0.5	0.5	0.1	0.3~0.6	4.8~5.5	0.2	—	—	退火	280	20	70	中载零件、焊接油箱、油管、铆钉等
	3A21	0.6	0.7	0.20	1.0~1.6	0.05	0.1	0.15	—	退火	130	20	30	焊接油箱、油管、铆钉等轻载零件及制品
硬铝	2A02	0.5	0.5	2.2~3.0	0.2	0.2~0.5	0.1	0.15	—		300	24	70	工作温度不超过100℃的中强铆钉
	2A11	0.7	0.7	3.8~4.8	0.4~0.8	0.4~0.8	0.3	0.15	Ni 0.1,（Fe+Ni）0.7	淬火+自然时效	420	18	100	螺旋桨叶片等中强零件
	2A12	0.5	0.5	3.8~4.9	0.3~0.9	1.2~1.8	0.3	0.15	Ni 0.1,（Fe+Ni）0.5		470	17	105	高强、150℃以下工作零件
超硬铝	7A04	0.5	0.5	1.4~2.0	0.2~0.6	1.8~2.8	5~7	0.1	Cr 0.1~0.25	淬火+人工时效	600	12	150	飞机起落架等主要受力构件
	7A09	0.5	0.5	1.2~2.0	0.15	2.0~3.0	5.1~6.1	0.1	Cr 0.16~0.3		680	7	190	飞机起落架等主要受力构件
锻铝	2A50	0.7~1.2	0.7	1.8~2.6	0.4~0.8	0.4~0.8	0.3	0.15	Ni 0.1,（Fe+Ni）0.7	淬火+人工时效	420	13	105	形状复杂中等强度的锻件
	2A70	0.35	0.9~1.5	1.9~2.5	0.2	1.4~1.8	0.3	0.02~0.1	Ni 0.9~1.5		415	13	120	高温下工作的复杂锻件
	2A14	0.6~1.2	0.7	3.9~4.8	0.4~1.0	0.4~0.8	0.3	0.15	Ni 0.1		480	19	135	承受高载荷的锻件和模锻件

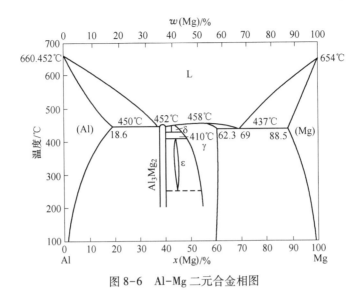

图 8-6 Al-Mg 二元合金相图

8.1.4.2 能热处理强化的变形铝合金

工业上得到广泛应用的热处理强化变形铝合金不是二元合金，而是成分更复杂的三元系和四元系合金，主要有 Al-Cu-Mg 系、Al-Cu-Mn 系合金（硬铝），Al-Zn-Mg 系、Al-Zn-Mg-Cu 系合金（超硬铝），Al-Mg-Si 系、Al-Mg-Si-Cu 系合金（锻铝）。这些合金系都可通过时效硬化来提高合金强度。

A 硬铝合金

Al-Cu-Mg 系合金是使用最早、用途很广、具有代表性的一种铝合金，由于该合金强度和硬度高，故称为硬铝。

该合金系主要强化相有 θ（$CuAl_2$）相、β（Mg_2Al_8）相、S（$CuMgAl_2$）相和 T（$CuMg_2Al_6$）相。其中 S 相强化作用最大，θ 相次之，β 相和 T 相较差，这些化合物在 Al 中均有显著的溶解度变化。因此硬铝合金具有明显的热处理强化能力。硬铝合金的相组成因合金中 Cu、Mg 的含量比不同而异，其强化效果也不同，$w(Cu)$ 高，S 相少，θ 相是主要强化相，合金强化效果不高。$w(Mg)$ 增多，θ 相少，S 相是主要强化相，合金强化效果好。$w(Mg)$ 进一步增加，则形成强化效果较差的 T 相和 β 相。研究表明，Cu、Mg 含量比为 2.61（即 $w(Cu)=4\%\sim5\%$、$w(Mg)=1.5\%\sim2.0\%$）时，合金强化相几乎全是强化效果最高的 S 相。除 Cu 和 Mg 外，硬铝合金还加入质量分数为 $0.3\%\sim1.0\%$ 的 Mn，目的是提高合金耐蚀性和再结晶温度，细化晶粒，改善机械性能。合金中加入少量 Ti，可细化晶粒，降低热脆倾向。

常用硬铝合金牌号、成分和力学性能见表 8-2。其中 2A12 是航空工业应用最广泛的一种高强度硬铝合金。经 $445\sim503\,^{\circ}\mathrm{C}$ 淬火并自然时效 4 天，具有较高强度和塑性：$\sigma_b = 391\sim441\mathrm{MPa}$，$\sigma_{0.2}=254.8\sim303.8\mathrm{MPa}$，$\delta=8\%\sim12\%$。若合金在 $150\,^{\circ}\mathrm{C}$ 以上使用，可采用 $185\sim195\,^{\circ}\mathrm{C}$ 人工时效处理。

2A12 及其他硬铝合金，由于含 Cu 固溶体和 $CuAl_2$ 电极电位比晶界高，容易产生晶间腐蚀，故自然时效态的硬铝抗海水和大气腐蚀性能差，人工时效后其抗蚀性更差。

为了提高硬铝合金的耐蚀性，通常在硬铝板材表面通过热轧包一层工业纯铝，称之为包铝。以包铝板材使用的 2A12 合金具有很高的耐蚀性，广泛用于生产锻件以外的各种类型半成品，用以制造飞机蒙皮和梁及动力骨架和建筑结构等。

B 超硬铝合金

Al-Zn-Mg-Cu 系合金是变形铝合金中强度最高的一类铝合金，因其弧度高达 588~686MPa，超过硬铝合金，故称超硬铝合金。除强度高外，塑性比硬铝低，但在相同强度水平下，断裂切性比硬铝高，同时具有良好的热加工性能，适宜生产各种类型和规格的半成品，因此超硬铝是航空工业中的主要结构材料之一。

超硬铝是在 Al-Zn-Mg 三元系基础上加入 Cu 及其他微量元素发展起来的。Zn、Mg 和 Al 能形成一系列强化相：γ（$MgZn_5$）相、β（Mg_2Al_3）相、η（$MgZn_2$）相、T（$Al_2Mg_3Zn_3$）相等。其中主要强化相 η（$MgZn_2$）和 T（$Al_2Mg_3Zn_3$）在 Al 中有很高的溶解度并随温度下降而显著减少，因此合金有强烈的时效强化效果。

增加 Zn 和 Mg 的含量，可提高合金强度，但合金塑性和抗应力腐蚀性能却显著降低。合金中加入一定量 Cu 可显著改善其塑性和抗应力腐蚀性能。同时形成 θ 和 S 相，能提高合金强度。但是 $w(Cu)$ 若超过 3%，合金耐蚀性下降，强化效果也减弱。

超硬铝合金中加入 Cr、Mn、Zr、Ti 等少量元素可进一步提高合金的力学性能，改善合金塑性和抗应力腐蚀性能。超硬铝合金的主要牌号、化学成分和力学性能如表 8-2 所示。

7A04 是超硬铝的代表性牌号，具有较高的综合力学性能，是使用最早最广泛的一种超硬铝合金。退火状态下，$\sigma_b=245MPa$，人工时效的板材 $\sigma_b=490MPa$，挤压型材料 $\sigma_b=568.4MPa$。7A04 合金抗拉强度比 2A12 高 20%，屈服极限比 2A12 高 40%，但伸长率不如 2A12。该合金的主要缺点是耐热性低，工作温度一般不超过 120℃。

7A06 合金是合金化程度和强度最高的一种超硬铝合金，经淬火并人工时效后抗拉强度高达 600~700MPa。耐热性低也是其主要缺点。

和硬铝一样，超硬铝合金耐蚀性低，故也需包铝保护，但超硬铝电位比纯铝低，故采用电位更低的 $w(Zn)=1\%$ 的 Al-Zn 合金作包铝层。超硬铝合金通常在淬火加人工时效状态使用，各种超硬铝淬火温度为 465~475℃。板材人工对效 120℃（24h），硬铝板材和型材采用 135~145℃、16h 时效，为了改善合金抗应力腐蚀性能，还可采用 120℃、3h 加 160℃、3h 的分级时效工艺，以进一步消除内应力并大大缩短时效时间。

C 锻造铝合金

Al-Mg-Si-Cu 系合金具有优良的热塑性，适于生产各种锻件或模锻件，故称锻造铝合金。该合金系是在 Al-Mg-Si 系基础上加入 Cu 和少量 Mn 发展起来的。Al 中加入 Mg 和 Si 能形成强化相 Mg_2Si，它在 Al 中有较大的溶解度，并随温度下降而显著减小。因而合金具有明显的时效强化效应。Al-Mg-Si 系中加入 Cu 能形成强化相 W（$Cu_4Mg_5Si_4Al$），$w(Cu)$ 高时还出现 $CuAl_2$（θ）和 Al_2CuMg（S）相，随 $w(Cu)$ 增加，时效强化能力增大。锻造铝合金的主要强度相是 Mg_2Si 和 W 相，它们在室温下析出速度很慢，故通常采用人工时效。

Al-Mg-Si-Cu 系合金有 6A02、2A50、2A14 等牌号，它们的 Si、Mn 的含量相同，含铜量则顺序增加。其常用牌号、合金平均化学成分、力学性能和用途见表 8-2。它们都可用热处理提高强度。6A02 淬火温度 546℃，时效温度 150~160℃（6~15h）；2A50 淬火温度 515~525℃，时效温度 150~170℃（4~5h）；2A14 淬火温度（500±5）℃，时效温度 165℃（6~15h）。

8.1.5 铸造铝合金

铸造铝合金除要求必要的力学性能和耐蚀性外，还应具有良好的铸造性能，为此铸造铝合金比变形铝合金含有较多的合金元素，可形成较多的低熔点共晶体以提高流动性，改善合金的铸造性能。

常用的铸造铝合金有 Al-Si 系、Al-Cu 系、Al-Mg 系和 Al-Zn 系四大类，其中 Al-Si 系合金是航空工业中应用最广的铸造铝合金，该合金具有良好的铸造性能、抗蚀性能和力学性能。简单的二元 Al-Si 合金虽然铸造性能和抗蚀性能优良，但弧度较低。若在 Al-Si 合金基础上加入 Mg、Cu 等合金元素，可以加强热处理强化效果，从而提高合金的力学性能。

二元 Al-Si 合金（ZL102）又称硅铝明，$w(Si) = 11\% \sim 13\%$，就其组织而言，属于过共晶合金（图 8-7），共晶温度 577℃，共晶成分中 $w(Si) = 11.7\%$。该合金铸造后的组织为粗大针状硅和铝基固溶体组成的共晶体（α+Si），以及少量块状的初晶硅（见图 8-7（a））。由于共晶硅呈粗大针状，所以合金强度和塑性都很低。若浇注前在液态合金中加入少量钠盐（$w(NaF) = 2/3$，$w(NaCl) = 1/3$）或含锶、钛、硼、碳等 Al 系中间合金进行变质处理，可以得到由初晶 α-Al 和细小共晶体（α+Si）组成的亚共晶组织（图 8-7（b））。加入变质剂，可降低 Al-Si 合金的共晶温度，并使共晶点明显右移（图 8-8）。因此，$w(Si) = 12\% \sim 13\%$ 的过共晶合金变成了亚共晶合金。在过冷条件下，形核率急剧升高，共晶组织变细，对于过共晶合金，由于共晶温度降低又使 Si 质点的形核点减少。由于共晶体细化和脆性的初晶 Si 的消失，使合金的力学性能得到明显的改善。延伸率简单的 Al-Si 合金的流动性好。铸件致密，不易产生铸造裂纹，是比较理想的铸造合金。然而即使经过变质处理，合金强度仍然较低。通常用来制作力学性能要求不高而形状复杂的铸件。为了进一步提高 Al-Si 合金的力学性能，通常需要加入 Cu、Mg、Mn 等合金元素，形成 Mg_2Si、$CuAl_2$ 或 $W(Al_xMg_5Si_4Cu)$ 等强化相，通过淬火和时效使合金进一步强化，从而形成所谓的特殊硅铝明。

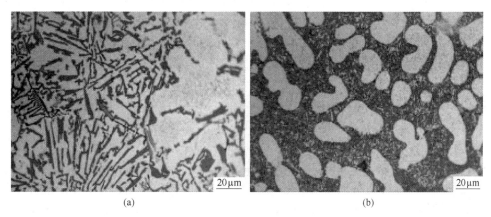

(a)   (b)

图 8-7 ZA102 合金的铸态组织

(a) 变质前；(b) 变质后

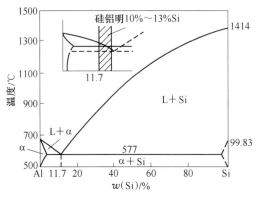

图 8-8　Al-Si 合金相图

　　常用铸造铝合金的牌号、化学成分和主要力学性能等见表 8-3。常用特殊硅铝明合金有 ZL101、ZL104、ZL107、ZL103 和 ZL105 等。

　　ZL101 和 ZL104 合金是含 Mg 的特殊硅铝明，在 Al-Si 二元合金中加入 Mg，能形成强化相 Mg_2Si，合金在变质处理后进行淬火和人工时效得到细小亚共晶+强化相 Mg_2Si 组织，使强度得到提高。ZL104 合金的强变比 ZL101 合金高，经变质处理金属模铸造后再进行淬火加完全人工时效处理，抗拉强度 $\sigma_b = 240MPa$，伸长率 $\delta = 2\%$，HB = 70。ZL101 和 ZL104 合金的铸造性能很好，前者用于铸造薄壁、形状复杂和中等负荷的零件，后者适宜铸造柴油机气缸体、排气管等大负荷零件。

　　ZL107 是含 Cu 的特殊硅铝明，在 Al-Si 合金中加入 Cu 能形成 $\theta(CuAl_2)$ 相，通过淬火和时效可进一步提高强度。该合金经变质处理金属模铸造后再进行淬火加完全人工时效，抗拉强度 $\sigma_b = 20MPa$，伸长率 $\delta = 3\%$，HB = 100。其力学性能超过 ZL101、ZL104 合金。该合金铸造性能较好，适宜铸造高强度和尺寸稳定的零件。

　　ZL103 和 ZL105 是同时含 Cu 和 Mg 的特殊硅铝明。其强化相除 Mg_2Si 和 $CuAl_2$ 外，还有 Al_2CuMg 和 $W(Al_xCu_4Mg_5Si_4)$ 相。其强度和耐热性更高，故有耐热硅铝明之称。例如，ZL105 合金经淬火和人工时效处理后的室温强度 $\sigma_b = 264.6MPa$，$\delta = 1.3\%$，HB = 70；高温（250℃）强度 $\sigma_b = 147MPa$，$\sigma_s = 58.8MPa$。这两种合金适宜金属模铸造，制作在 250℃ 以下工作的负荷较大的零件，例如内燃机缸体、缸盖曲轴箱等。

　　Al-Cu 系合金是应用最早的一种铸造铝合金，其最大特点是耐热性高，因此适宜铸造高温铸件，但铸造性能和耐蚀性较差。航空工业上常用的铝铜系铸造合金有 ZL201、ZL202 和 ZL203，其化学成分和力学性能见表 8-3。其中，ZL201 合金是 Al-Cu-Mn 系合金，加 Ti 是为了细化晶粒，改善铸态组织。Mn 在合金结晶冷却过程中具有获得过饱和固溶体的特性，该合金除含有强化相 $CuAl_2(\theta)$ 外，还生成耐热强化效果更大的 T（$CuMn_2Al_{12}$）相，因此，合金既具有高的室温强度，又具有良好的耐热性，故有高强度耐热合金之称。该合金能进行热处理强化，塑性要求较高的铸件可采用自然时效状态，要求高屈服强度的铸件则进行淬火加人工时效处理，也可以进行淬火加稳定化处理。该合金经砂型铸造并经淬火加人工时效后，$\sigma_b = 333.3MPa$，$\delta = 4\%$，适于铸造在 300℃ 以下工作的形状简单、负荷较大的零件。

表8-3　常用铸造铝合金的牌号、化学成分、力学性能及用途

类别	代号	牌号	化学成分（质量分数）/%				铸造方法	热处理	力学性能			用途举例
			Si	Cu	Mg	其他			σ_b/MPa	δ/%	HBW	
铝硅合金	ZL102	ZAlSi12	10~13	—	—	—	SB	F	145	4	50	形状复杂的零件，如飞机零件
							J	F	155	2	50	
							SB	T2	135	4	50	
							J	T2	145	3	50	
	ZL104	ZAlSi9Mg	8~10.5	—	0.17~0.3	Mn 0.2~0.3	J	T1	195	1.5	65	220℃以下形状复杂零件
							J	T6	235	2	70	
	ZL105	ZAlSi5Cu1Mg	4.5~5.5	1~1.5	0.4~0.6	—	J	T5	235	0.5	70	250℃以下形状复杂零件
							S	T7	172	1	65	
	ZL107	ZAlSi7Cu4	6.5~7.5	3.5~4.5	—		SB	T6	245	2	90	强度和硬度较高的零件
							J	T6	275	2.5	100	
	ZL109	ZAlSi12Cu1Mg1Ni1	11~13	0.5~1.5	0.8~1.3	Ni 0.8~1.5	J	T1	195	0.5	90	活塞等较高温度下工作的零件
							J	T6	245	—	100	
	ZL111	ZAlSi9Cu2Mg	8~10	1.3~1.8	0.4~0.6	Mn 0.1~0.35 Ti 0.1~0.35	SB	T6	255	1.5	90	活塞及高温下工作的其他零件
							J	T6	315	2	100	
铝铜合金	ZL201	ZAlCu5Mn		4.5~5.3		Mn 0.6~1 Ti 0.15~0.35	S	T4	295	8	70	温度为175~300℃零件
							S	T5	335	4	90	
	ZL203	ZAlCu4		4~5		—	J	T4	205	6	60	中等载荷，形状比较简单的零件
							J	T5	225	3	70	
铝镁合金	ZL301	ZAlMg10			9.5~11	—	S	T4	280	10	60	大气或海水中工作，承受冲击载荷，外形简单的零件，如舰船配件
	ZL303	ZAlMg5Si1	0.8~1.3		4.5~5.5	Mn 0.1~0.4	S，J	F	145	1	55	
铝锌合金	ZL401	ZAlZn1Si7	6~8		0.1~0.3	Zn9~13	J	T1	245	1.5	90	结构形状复杂的汽车、飞机、仪器零件等
	ZL402	ZAlZn6Mg	—		0.5~6.5	Cr 0.4~0.6 Zn 5~6.5 Ti 0.15~0.25	J	T1	235	4	70	

Al-Mg 系铸造合金的最大特点是抗蚀性高，密度小（2.55g/cm³），强度和韧性较高，切削加工性好，表面粗糙度低。该类合金的主要缺点是铸造性能差，容易氧化和形成裂纹。此外热强性较低，工作温度不超过 200℃。Al-Mg 系合金主要用于造船、食品和化学工业。主要牌号有 ZL301、ZL302，其化学成分和力学性能见表 8-3。

其中，ZL301 是高镁合金（$w(Mg)=10\%$ 的 Al-Mn 合金），利用镁在铝中的固溶强化效果获得较高的强度和优良的耐蚀性能。固溶处理是该合金唯一的热处理方式。合金经（430±5）℃加热 10~20h 后于 40~50℃油冷或 80~100℃水冷淬火，可具有综合的力学性能，$\sigma_b=300\sim400\text{MPa}$、$\sigma_{0.2}=170\text{MPa}$、$\delta_5=12\%\sim15\%$，并有良好的抗蚀性，适于铸造在海水环境下工作的、承受大载荷的、外形简单的零件。但是该合金铸造性能和高温性能较差，且具有自然时效倾向，在使用或存放过程中，塑性会明显降低，因而限制了它的广泛应用。

Al-Zn 系合金的主要特点是具有良好的铸造性能、切削性能、焊接性能及尺寸稳定性，铸态下就具有时效硬化能力，故称为自强化合金。Al-Zn 系铸造合金具有较高的强度，是最便宜的一种铸造合金，其主要缺点是耐蚀性差。常用的 Al-Zn 系铸造合金牌号有 ZL401 和 ZL402，其主要化学成分和力学性能见表 8-3。

其中，ZL401 合金属于 Al-Zn-Si 系合金，加入大量的 Si 可显著改善 Al-Zn 合金的铸造工艺性能，故有含锌硅铝明之称，可用砂型或金属型铸造，亦可压铸并进行变质处理。合金中加入少量的 Mg、Fe 和 Mn，可以提高合金的耐热性。ZL401 合金通常进行人工时效（175℃，5~10h）或退火处理（250~300℃，1~3h）即可提高强度和尺寸稳定性。ZL401 合金经人工时效后，$\sigma_b=220\sim230\text{MPa}$、$\sigma_{0.2}=150\text{MPa}$，HB=80，$\delta_5=12\%\sim15\%$。该合金主要用于制造工作温度不超过 200℃、形状复杂的压铸件，例如汽车、飞机零件及医疗器械和仪器零件等。

8.2 镁及镁合金

8.2.1 纯镁

镁是地壳中第三位丰富的金属元素，储量占地壳的 2.5%，仅次于铝和铁。纯金属镁为银白色，属于密排六方晶体结构。镁及镁合金的密度小，是最轻的金属材料。室温时金属镁的密度是 1.738g/cm³。在熔化温度下（650℃）固态金属镁的密度约为 1.65g/cm³，液态金属镁的密度为 1.58g/cm³。标准大气压下，金属镁的熔点是（650±1）℃，沸点为 1090℃。

纯镁的电极电位很低，电化学排序处于常用金属的最后一位，因此抗蚀性较差，在潮湿大气、淡水、海水和绝大多数酸、盐溶液中易受腐蚀。镁的化学活性很高，在空气中易氧化，所形成的氧化物膜疏松多孔，故对下层金属无明显保护作用。在高温下镁的氧化更为剧烈，若散热不充分，可发生燃烧。

室温下镁的滑移系少，塑性较低，伸长率仅为 10% 左右，冷变形能力差；当温度升至 150~250℃时，滑移系增多，塑性显著增加，可进行各种热加工变形。镁的弹性模量小，室温下仅为 45GPa，受外力作用时的弹性变形功较大，因此可承受较大的冲击或振动载荷。纯镁的强度不高，与纯铝相近，一般不用做结构材料。

8.2.2　镁合金

纯镁的性能较差，实际应用时，通常在纯镁中加入一些合金化元素，制成镁合金。镁的合金化原理与铝相似，主要通过加入合金元素，产生固溶强化、时效强化、细晶强化及过剩相强化作用，以提高合金的性能、抗腐蚀性能和耐热性能。

8.2.2.1　镁合金的合金化特点

（1）晶体结构因素。镁具有密排六方晶体结构（hcp），其他常用的密排六方金属（如锌和铍），不能满足 Hume-Rothery 定则条件，不能与镁形成无限固溶体。只有镉可满足上述条件，在高温（>253℃）下，能与镁形成为无限固溶体。

（2）原子尺寸因素。对镁来说，可能形成无限固溶体的金属元素约有 1/2，约 1/10 的金属元素相对差值在 15% 左右，其他则在 15% 以外。

（3）电负性因素。镁具有较强的正电性，当它与负电性元素形成合金时，几乎一定形成具有拉弗斯（Laves）型结构的化合物。这些化合物成分具有正常的化学价规律。典型的拉弗斯相包括三种：$MgCu_2$（立方）、$MgZn_2$（六方）、$MgNi_2$（六方）。$MgCu_2$ 型有 $LaMg_2$，$MgZn_2$ 型有 $BaMg_2$、$CaMg_2$。

（4）原子价因素。与低价元素相比，较高价元素在镁中的溶解度比较大。所以，尽管 Mg-Ag 和 Mg-In 之间原子价差是相同的，但一价银在二价镁中的溶解度比三价铟在镁中的溶解度要小得多。

8.2.2.2　镁合金成分与牌号标记法

镁合金牌号标记方法以美国 ASTM 标准应用最广泛，如表 8-4 所示。化学元素以 1~2 个字母标记，其后的数字表示该元素在合金中的名义成分，用平均质量分数表示。字母的顺序按在实际合金中含量的多少排列，含量高的化学元素排前，若两种元素的含量相同，则按英文字母的先后顺序排列。

表 8-4　ASTM 标准中镁合金中的英文字母代号所代表的化学元素

英文字母	元素符号	中文名称	英文字母	元素符号	中文名称
A	Al	铝	M	Mn	锰
B	Bi	铋	N	Ni	镍
C	Cu	铜	P	Pb	铅
D	Cd	镉	Q	Ag	银
E	RE	混合稀土	R	Cr	铬
F	Fe	铁	S	Sr	锶
G	Mg	镁	T	Sn	锡
H	Th	钍	W	Y	钇
K	Zr	锆	Y	Sb	锑
L	Li	锂	Z	Zn	锌

我国对镁合金的标记方法较简单，用两个汉语拼音字母和其后的合金顺序号标记。依据前两个汉语拼音字母将镁合金分为 4 类：变形镁合金、铸造镁合金、压铸镁合金、航空镁合

金。其中变形镁合金用 MB 表示，其中 M 表示镁合金，B 表示变形；铸造镁合金用 ZM 表示，Z 表示铸造，M 表示镁合金；压铸镁合金属于铸造镁合金，用 YM 表示，Y 表示压铸，M 表示镁合金；航空镁合金与铸造镁合金牌号略有区别，即在 ZM 和代号之间加一横线，如 ZM-5。

8.2.2.3　镁合金的分类

镁合金的分类方式有三种：化学成分、成型工艺和是否含锆。

（1）根据化学成分，以五个主要合金元素 Mn、Al、Zn、Zr 和稀土元素为基础，组成基本合金系：Mg-Mn、Mg-Al-Mn、Mg-Al-Zn-Mn、Mg-Zr、Mg-Zn-Zr、Mg-RE-Zr、Mg-Ag-RE-Zr、Mg-Y-RE-Zr。

（2）按有无 Al，分为含 Al 镁合金和不含 Al 镁合金；按有无 Zr，可分含 Zr 合金和不含 Zr 合金。

（3）根据加工工艺划分，镁合金可分为铸造镁合金和变形镁合金两大类（见图 8-9）。

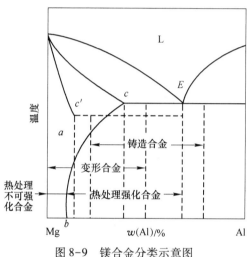

图 8-9　镁合金分类示意图

目前国外在工业中应用较广泛的镁合金是压铸镁合金，主要有以下四个系列：AZ 系列 Mg-Al-Zn；AM 系列 Mg-Al-Mn；AS 系列 Mg-Al-Si 和 AE 系列 Mg-Al-RE。变形镁合金有 Mg-Mn、Mg-Al-Zn 和 Mg-Zn-Zr。中国镁合金牌号与美国镁合金牌号对比见表 8-5。

表 8-5　中国镁合金牌号与美国镁合金牌号对比

种　类	系　列	成分（质量分数）/%					
		中国	美国	Al	Mn	Zn	其他
变形镁合金	Mg-Mn	MB1	M1	0.2	1.3~2.5	0.3	—
		MB8	M2	0.2	1.3~2.2	0.3	0.15~0.35Ce
	Mg-Al-Zn	MB2	AZ31	3.0~4.0	0.15~0.5	0.2~0.8	—
		MB3	—	3.7~4.7	0.3~0.6	0.8~1.4	—
		MB5	AZ61	5.5~7.0	0.15~0.5	0.5~1.5	—
		MB6	AZ63	5.0~7.0	0.2~0.5	2.0~3.0	—
		MB7	AZ80	7.8~9.2	0.15~0.5	0.2~0.8	—
	Mg-Zn-Zr	MB15	ZK60	0.05	0.10	5.0~6.0	0.3~0.9Zr

种 类	系 列	成分（质量分数）/%					
		中国	美国	Al	Mn	Zn	其他
铸造镁合金	Mg-Zn-Zr	ZM-1	ZK51A	—	—	3.5~5.5	0.5~1.0Zr
		ZM-2	ZK41A	—	0.7~1.7RE	3.5~5.0	0.5~1.0Zr
		ZM-4	EZ33	—	2.5~4.0RE	2.0~3.0	0.5~1.0Zr
		ZM-8	EZ63	—	2.0~3.0RE	5.5~6.5	0.5~1.0Zr
	Mg-RE-Zr	ZM-3	—	—	2.5~4.0RE	0.2~0.7	0.3~1.0Zr
		ZM-6	—	—	2.0~2.8RE	0.2~0.7	0.4~1.0Zr
	Mg-Al-Zn	ZM-5	AZ81A	7.5~9.0	0.2~0.8	0.15~0.5	—

8.2.2.4 镁合金的强化

通过合金化、热处理或其他强化方式，可以使其力学性能、耐蚀性能、抗氧化性等得到显著强化。

A 合金强化

选择合适的合金元素，利用固溶强化、沉淀强化和弥散强化来提高合金的常温和高温力学性能。

在已得到应用的镁合金强化元素中，根据合金化元素对二元镁合金力学性能的影响，可以将合金化元素分为三类：

（1）提高强度韧性的（按合金元素作用从强到弱排序）：Al、Zn、Ag、Ce、Ga、Ni、Cu、Th（以强度为评价标准），Th、Ga、Zn、Ag、Ce、Ca、Al、Ni、Cu（以韧性为评价指标）。

（2）能增强韧性而强度变化不大的，如 Cd、Ti、Li。

（3）明显增强强度，降低韧性的，如 Sn、Pb、Bi、Sb。

B 热处理强化

镁合金热处理的目的是在不同程度上改善其力学性能，如抗拉强度、屈服强度、伸长率、塑性、硬度和冲击韧性等。而有些热处理则是为了减少铸件的铸造内应力或淬火应力和在高温下工作时这些应力的生长倾向，达到稳定尺寸的目的。例如，对于 Zn 质量分数为 8% 的 Mg-Zn 合金，其原始加工状态的 $\sigma_{0.2}$ 和 σ_b 分别为 75MPa 和 170MPa，过饱和固溶体的 $\sigma_{0.2}$ 和 σ_b 分别为 75MPa 和 190MPa。但镁合金能否通过热处理来强化取决于合金中各组元在固溶体中的溶解度是否随温度变化。镁合金热处理的特点是：镁固溶体的扩散和分解过程缓慢，因此固溶处理和时效处理时需要保持较长的时间。同样的原因，铸造镁合金在淬火时，不需要快速冷却，一般在空气中或人工气流中冷却。对于一些镁合金铸件而言，其铸态力学性能可通过热处理的方法改善，而对于锻件，既可单独也可以并用冷加工、退火、固溶和时效等方式来提高镁合金的力学性能。表 8-6 和表 8-7 列出了几种典型牌号镁合金的热处理规范。

表 8-6　几种典型牌号镁合金的热处理规范

合金代号	热处理状态	固溶处理			时效处理			退火		
		加热温度/℃	保温时间/h	冷却介质	加热温度/℃	保温时间/h	冷却介质	加热温度/℃	保温时间/h	冷却介质
ZM1	T1	—	—	—	175±5	12	空气	—	—	—
					218±5	8				
ZM2	T1	—	—	—	325±5	5~8	空气	—	—	—
ZM3	F	—	—	—	—	—	—	—	—	—
	T2	—	—	—	—	—	—	325±5	3~5	空气
ZM4	T1	—	—	—	200~250	5~12	空气	—	—	—
ZM6	T6	530±5	12~16	空气	200±5	12~16	空气	—	—	—

表 8-7　ZM5 和 ZM10 合金的热处理规范

合金代号	铸件组别	热处理状态	固溶处理					时效处理		
			加热第一阶段		加热第二阶段		冷却介质	加热温度/℃	保温时间/h	冷却介质
			加热温度/℃	保温时间/h	加热温度/℃	保温时间/h				
ZM5	Ⅰ	T4	370~380	2	410~420	14~24	空气	—	—	—
		T6	370~380	2	410~420	14~24	空气	170~180	16	空气
								195~205	8	
	Ⅱ	T4	370~380	2	410~420	6~12	空气	—	—	—
		T6	370~380	2	410~420	6~12	空气	170~180	16	空气
								195~205	8	
ZM10	—	T4	360~370	2~3	405~415	18~24	空气	—	—	—
		T6	360~370	2~3	405~415	18~24	空气	185~195	4~8	空气

C　细晶强化

镁合金的细晶强化主要是通过控制镁合金晶粒度的方法实现。细晶强化时，晶界是滑移传递的有效障碍，晶界前方的应力集中使得更多的滑移系被激活，合金的整体变形更加均匀，从而合金强度和韧性得到提高。

合金的屈服应力与晶粒尺寸的关系可用 Hall-Petch 关系来表示，即：

$$\sigma_s = \sigma_0 + kd^{-\frac{1}{2}}$$

式中　σ_s——屈服强度；

　　　σ_0——晶格摩擦力；

　　　k——Petch 斜率；

　　　d——晶粒直径。

研究表明：常用镁合金的 k 值为 280~320MPa·$\mu m^{1/2}$，而铝的 k 值仅为 68MPa·$\mu m^{1/2}$。当镁合金中的细晶粒（≤10μm）达到一定比例时，合金就会表现出超塑性。

镁合金晶粒细化的方法主要有：变质处理、过热处理、铸锭挤压变形、快速凝固等。

晶粒细化添加剂主要有含 Zr 的晶粒细化添加剂和含 C 的晶粒细化添加剂。过热处理细化镁合金晶粒在于在过热过程中形成了大量的非均质形核核心。

8.2.2.5 铸造镁合金

镁合金中以铸造镁合金应用最广泛。镁合金铸造主要有重力铸造和压力铸造，包括砂型铸造、永久模铸造、熔模铸造、挤压铸造、低压铸造和高压铸造。

A Mg-Al 系

Mg-Al 合金系是最早应用于镁合金铸件的二元合金系，其三元合金包括 Mg-Al-Zn、Mg-Al-Mn、Mg-Al-Si、Mg-Al-RE。依据 Mg-Al 二元相图（见图 8-10），Mg-Al 系铸造合金组织在平衡状态下是由 α 相（Mg 基体）与 β 相（$Mg_{17}Al_{12}$）组成的。$Mg_{17}Al_{12}$ 相为体心立方（bcc）晶体结构，其点阵常数为 α = 1.05438nm。β 相的数量随铝含量的增加而增多。

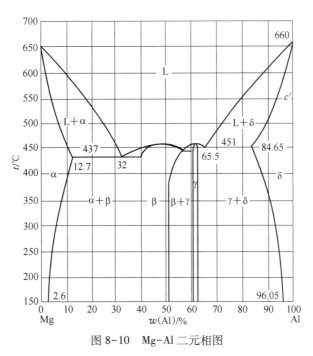

图 8-10 Mg-Al 二元相图

（1）Mg-Al-Zn 合金。Mg-Al-Zn 合金最典型和常用的镁合金是 AZ91D，其压铸组织是由 α-Mg 相和在晶界析出的 β-$Mg_{17}Al_{12}$ 相组成（见图 8-11）。Mg-Al-Zn 合金组织成分常常出现晶内偏析现象，先结晶部分含 Al 量较多，后结晶部分含 Mg 量较多。晶界含 Al 量较高，晶内含 Al 量较低；表层 Al 含量较高，里层 Al 含量较低。另外，由于冷却速度的差异，导致压铸组织表层组织致密、晶粒细小，而心部组织晶粒比较粗大，因而表面层硬度明显高于心部硬度。

随 Zn 含量的增加，β($Mg_{17}Al_{12}$）相中合金成分会变成三元金属间化合物 $Mg_xZn_yAl_z$ 型，如 AZ92 合金只有 $Mg_{17}Al_{12}$，而 AZ63 合金除 $Mg_{17}Al_{12}$ 以外，还有三元化合物 $Mg_{17}Al_{12}Zn_2$。Mg-10%Zn-4%Al 合金中只有 $Mg_{32}(Al,Zn)_{49}$；Mg-10%Zn-6%Al 合金中的金属间化合物主要是 $Al_2Mg_5Zn_2$。

（2）Mg-Al-Mn 合金。Mg-Al-Mn 合金的典型组织是除存在 α 相和在晶界沉淀析出的

β 相（$Mg_{17}Al_{12}$）以外，还存在含 Mn 的中间相（如图 8-12 所示）。根据合金 Al 的含量高低，这种中间相可能是 AlMn、Al_4Mn、Al_6Mn 或 Al_5Mn_8。

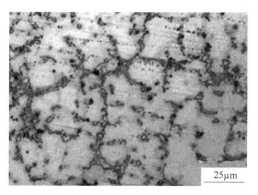

图 8-11   AZ91D 合金的铸态组织

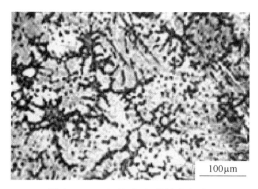

图 8-12   AM60 合金的铸态组织

AlMn 相形状多为具有规则几何形状（如四方形），少量具有圆形、短棒形等外形。长轴方向和短轴方向没有明显差异，最大尺寸在 $10\mu m$ 左右。AlMn 相有明显的偏聚趋势。

（3）Mg-Al-Si 合金。AS 系耐热镁合金组织特征是在晶界处形成细小弥散分布的稳定析出相 Mg_2Si，如图 8-13 所示。Mg_2Si 具有 Ca_2F 型面心立方晶体结构，较高的熔点（1085℃）、硬度（$460HV_{0.3}$）和较低的密度（$1.9g/cm^3$），提高合金的抗蠕变能力。其典型合金为 AS41 和 AS21，适合于较高温度（150℃）下强度较高的部件。

图 8-13   Mg-7Al-1Si 合金的铸态组织

（4）Mg-Al-Ca 合金。Mg-Al-Ca 合金组织特征是存在 Al_2Ca 和 Mg_2Ca 化合物，如图 8-14 所示。Mg-Al-Ca 合金具有较高的耐热性和阻燃性，但是耐蚀性有所降低。

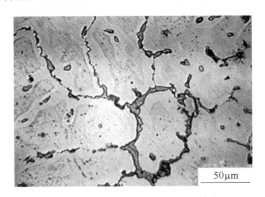

图 8-14　Mg-7.7Al-1.3Ca 的合金铸态组织

B　Mg-Zn 系

Mg-Zn 系合金组织特征是可能含有 $Mg_{51}Zn_{20}$、Mg_7Zn_3、$MgZn$、Mg_2Zn_3、$MgZn_2$ 等共晶化合物，主要包括 Mg-Zn-MM、Mg-Zn-Al（Ca）合金。

Mg-8Zn-1.5MM 合金共晶相组织有三种不同的共晶相，这三种相分别是 T 相 Mg_4Zn_7 相和 $MgZn_2$ 拉弗斯相。T 相主要为三元共晶相 $Mg_{52.6}Zn_{39.5}MM_{7.9}$ 或 $(Mg,Zn)_{92.1}MM_{7.9}$。

Mg-Zn-Al（-Ca）合金组织特征是存在 $Mn_xZn_yAl_z$ 和 MgZn 中间相，如图 8-15 所示。

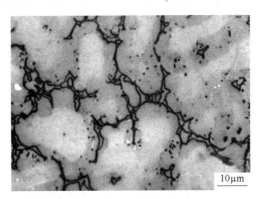

图 8-15　ZA85 合金的铸态组织

C　铸造镁合金的性能

国外常用压铸镁合金的典型力学性能见表 8-8。

表 8-8　国外常用压铸镁合金（棒料）的典型力学性能

性　能	AZ91D	AM20	AM50A	AM60B	AE42	AS41A	AS21
σ_b/MPa	250	210	230	240	230	240	220
$\sigma_{0.2}$/MPa	160	90	125	130	145	140	120
δ/%	7	20	15	13	11	15	13
E/GPa	45	45	45	45	45	45	45
a_K/J	9	18	18	12	12	16	12

8.2.2.6　变形镁合金

在变形镁合金中，常用的合金系是 Mg-Al 系与 Mg-Zn-Zr 系。Mg-Al 系变形合金一般属于中等强度，塑性较高的变形镁材料，$w(Al)$ 约为 $0\sim8\%$，典型的合金为 AZ31、AZ61 和 AZ80 合金，由于 Mg-Al 合金具有良好的强度、塑性和耐腐蚀综合性能，而且价格较低，因此是最常用的合金系列，图 8-16 为 AZ31 板材退火前后的金相组织。Mg-Zn-Zr 系合金一般属于高强度材料，变形能力不如 Mg-Al 系合金，常要用挤压工艺，典型合金为 ZK60 合金。常用变形镁合金有 AZ31B、AZ61A、AZ80A 和 ZK60 等。典型的含稀土的变形镁合金有 ZE140A（Mg-1.5Zn-0.2RE）。其中最重要的商用变形镁合金是 AZ31B 和 AZ31C，同时具有良好的强度和塑性，主要通过控制轧制、挤压、锻造以及在向室温冷却时退火或伴生退火效应保留部分加工硬化效果。在镁中添加铝和锌可以产生固溶强化和晶粒细化的效果。但高铝含量会导致轧制过程中的开裂。ZK60A 合金是一种新型的十分有前途的变形镁合金。同 Mg-Al 系变形镁合金相比，在时效后抗拉强度和抗压强度分别可以超过 280MPa 和 210MPa，断裂应变可以超过 10%。

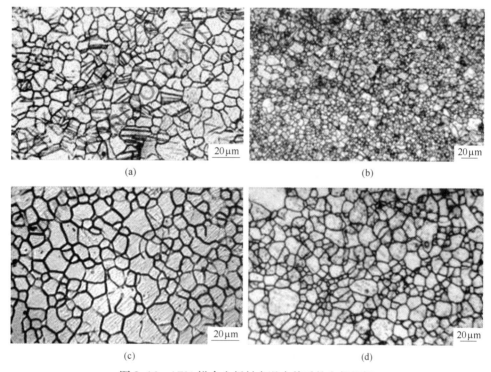

图 8-16　AZ31 镁合金板材在退火前后的金相组织

在镁中加锂元素能获得超轻变形镁锂合金，它是迄今为止最轻的金属结构材料，具有极优的变形性能和较好的超塑性能，已应用在航天和航空器上。

镁合金一般均在 300~500℃进行挤压、轧制和锻造加工。与铸造镁合金相比，变形镁合金具有更高的强度、更好的塑性和更多样化的力学性能，同时生产成本更低。变形镁合金是未来航空航天、汽车以及军工领域的重要结构材料，板材、棒材以及管材等变形镁合金产品是镁合金铸件所不能代替的。

8.3 铜及铜合金

铜及铜合金具有以下性能特点：

（1）有优异的物理化学性能。纯铜导电性、导热性极佳，许多铜合金的导电、导热性也很好；铜及铜合金对大气和水的抗腐蚀能力也很高；铜是抗磁性物质。

（2）有良好的加工性能。铜及某些铜合金塑性很好，容易冷热成型；铸造铜合金有很好的铸造性能。

（3）有某些特殊的力学性能。例如优良的减摩性和耐磨性（如青铜及部分黄铜），高的弹性极限及疲劳极限（铍青铜等）。

（4）色泽美观。

由于有以上优良性能，铜及铜合金在电气工业、仪表工业、造船工业及机械制造工业部门中获得了广泛的应用。但铜的储藏量较小，价格较贵，属于应节约使用的材料之一，只有在特殊需要的情况下，例如要求有特殊的磁性、耐蚀性、加工性能、机械性能以及特殊的外观等条件下，才考虑使用。

8.3.1 纯铜

纯铜的密度为 $8.9g/cm^3$，熔点为 1083℃。纯铜呈玫瑰红，表面形成氧化铜膜后，外观呈紫红色，故常称为紫铜。纯铜具有良好的耐蚀性、导热性和导电性，具有面心立方结构，无同素异构转变，塑性高而强度低，伸长率 $\delta = 50\%$，$\sigma_b = 240MPa$。纯铜不宜做结构材料，主要用于制作电工导体以及配制各种铜合金。

工业纯铜中含有锡、铋、氧、硫、磷等杂质，它们都使铜的导电能力下降。铅和铋能与铜形成熔点很低的共晶体（Cu+Pb）和（Cu+Bi），共晶温度分别为 326℃ 和 270℃，分布在铜的晶界上。进行热加工时（温度为 820~860℃），因共晶体熔化，破坏晶界的结合，使铜发生脆性断裂（热裂）。硫、氧与铜也形成共晶体（Cu+Cu₂S）和（Cu+Cu₂O），共晶温度分别为 1067℃ 和 1065℃，因共晶温度高，它们不引起热脆性。但由于 Cu_2S、Cu_2O 都是脆性化合物，在冷加工时易促进破裂（冷脆）。

根据杂质的含量，工业纯铜可分为四种：T1、T2、T3、T4。"T"为铜的汉语拼音字头，编号越大，纯度越低。工业纯铜的牌号、成分及用途见表8-9。

表8-9 纯铜的牌号、化学成分及用途

类别	牌号	含铜量/%	含杂质量/%		杂质总含量/%	用 途
			Bi	Pb		
一号铜	T1	99.95	0.002	0.005	0.05	导电材料和配制高纯度合金
二号铜	T2	99.9	0.002	0.005	0.1	导电材料，制作电缆、电线等
三号铜	T3	99.7	0.002	0.01	0.3	一般用作铜材，电器开关、垫圈等
四号铜	T4	99.5	0.003	0.05	0.5	

8.3.2　黄铜

铜锌合金或以锌为主要合金元素的铜合金称为黄铜。黄铜具有良好的塑性和耐腐蚀性，良好的变形加工性能和铸造性能，在工业中有很强的应用价值。按化学成分的不同，黄铜可分为普通黄铜和特殊黄铜两类。表8-10是常用黄铜的牌号、成分、性能和用途。

表8-10　常见黄铜的牌号、化学成分、力学性能及用途

| 类别 | 牌号 | 化学成分（质量分数）/% | | 状态 | 力学性能 | | | 用　途 |
		Cu	其他		σ_b/MPa	δ/%	HBS	
普通黄铜	H96	95~97	Zn 余量	T	240	50	45	冷凝管、散热器、导电零件
				L	450	2	120	
	H62	60.5~63.5	Zn 余量	T	330	49	56	铆钉、螺帽、垫圈等
				L	600	3	164	
特殊黄铜	HPb59-1	57~60	Pb 0.8~0.9 Zn 余量	T	420	45	75	用于热冲压和切削加工制作的零件
				L	550	5	149	
	HMn58-2	57~60	Mn 1~2 Zn 余量	T	400	40	90	腐蚀条件下工作的零件以及弱电流工业零件
				L	700	10	178	
	HSn90-1	88~91	Sn 0.25~0.75 Zn 余量	T	280	40	58	汽车、拖拉机弹簧元件以及其他耐蚀减摩零件
				L	520	4	148	
铸造黄铜	ZCuZn38	60~63	Zn 余量	S	295	30	59	一般结构件及耐蚀零件
				J	295	30	59	
	ZCuZn31Al2	66~68	Al 2~3 Zn 余量	S	295	12	79	制作电机、仪表等压铸件及船舶、机械等耐蚀件
				J	390	15	89	
	ZCuZn38 Mn2Pb2	57~60	Mn 1.5~2.5 Pb 1.5~2.5 Zn 余量	S	245	10	69	一般用途结构件以及船舶仪表用等外形简单的铸件
				J	345	14	79	
	ZCuZn16Si4	79~81	Si 2.5~4.5 Zn 余量	S	345	15	89	船舶、内燃机零件
				J	390	20	98	

8.3.2.1　普通黄铜

普通黄铜是铜锌二元合金。图8-17是Cu-Zn合金相图。α相是锌溶于铜中的固溶体，其溶解度随温度的下降而增大。α相具有面心立方晶格，塑性好，适于进行冷热加工，并有优良的铸造、焊接和镀锡的能力。β′相是以电子化合物CuZn为基的有序固溶体，具有体心立方晶格，性能硬而脆。

黄铜的含锌量对其力学性能有很大的影响。当$w(\text{Zn}) \leqslant 30\% \sim 32\%$时，随着含锌量的增加，强度和伸长率都升高，当$w(\text{Zn}) > 32\%$后，因组织中出现β′相，塑性开始下降，而强度在$w(\text{Zn}) = 45\%$附近达到最大值。$w(\text{Zn})$更高时，黄铜的组织全部为β′相，强度与塑性急剧下降。

普通黄铜分为单相黄铜和双相黄铜两种类型，从变形特征来看，单相黄铜适宜于冷加

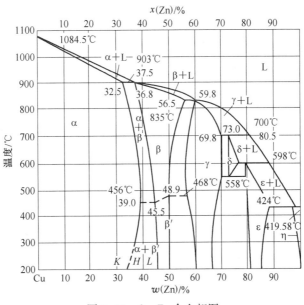

图 8-17　Cu-Zn 合金相图

工，而双相黄铜只能热加工。常用的单相黄铜牌号有 H80、H70、H68 等，"H"为黄铜的汉语拼音字首，数字表示平均含铜量。它们的组织为 α，塑性很好，可进行冷、热压力加工，适于制作冷轧板材、冷拉线材、管材及形状复杂的深冲零件。而常用双相黄铜的牌号有 H62、H59 等，退火状态组织为 α+β′。由于室温 β′相很脆，冷变形性能差，而高温 β相塑性好，因此它们可以进行热加工变形。通常双相黄铜热轧成棒材、板材，再经机加工制造各种零件。

8.3.2.2　特殊黄铜

为了获得更高的强度、抗蚀性和良好的铸造性能，在铜锌合金中加入铝、铁、硅、锰、镍等元素，形成各种特殊黄铜。

特殊黄铜的编号方法是：H+主加元素符号+铜含量+主加元素含量。特殊黄铜可分为压力加工黄铜（以黄铜加工产品供应）和铸造黄铜两类，其中铸造黄铜在编号前加"Z"。例如，HPb60-1 表示平均成分（质量分数）为 60% Cu，1% Pb，余为 Zn 的铅黄铜；ZCuZn31Al2 表示平均成分（质量分数）为 31%Zn，2%Al，余为 Cu 的铝黄铜。

（1）锡黄铜。锡可显著提高黄铜在海洋大气和海水中的抗蚀性，也可使黄铜的强度有所提高。压力加工锡黄铜广泛应用于制造海船零件。

（2）铅黄铜。铅能改善切削加工性能，并能提高耐磨性。铅对黄铜的强度影响不大，略微降低塑性。压力加工铅黄铜主要用于要求有良好切削加工性能及耐磨的零件（如钟表零件），铸造铅黄铜可以制作轴瓦和衬套。

（3）铝黄铜。铝能提高黄铜的强度和硬度，但使塑性降低。铝能使黄铜表面形成保护性的氧化膜，因而改善黄铜在大气中的抗蚀性。铝黄铜可制作海船零件及其他机器的耐蚀零件。铅黄铜中加入适量的镍、锰、铁后，可得到高强度、高耐蚀性的特殊黄铜，常用于制作大型蜗杆、海船用螺旋桨等需要高强度、高耐蚀性的重要零件。

（4）硅黄铜。硅能显著提高黄铜的力学性能、耐磨性和耐蚀性。硅黄铜具有良好的铸造性能，并能进行焊接和切削加工，主要用于制造船舶及化工机械零件。

（5）锰黄铜。锰能提高黄铜的强度，不降低塑性，也能提高在海水中及过热蒸汽中的抗蚀性。锰黄铜常用于制造海船零件及轴承等耐磨部件。

（6）铁黄铜。黄铜中加入铁，同时加入少量的锰，可起到提高黄铜再结晶温度并起到细化晶粒的作用，使力学性能提高，同时使黄铜具有高的韧性、耐磨性及在大气和海水中优良的抗蚀性，因而铁黄铜可以用于制造受摩擦及受海水腐蚀的零件。

（7）镍黄铜。镍可提高黄铜的再结晶温度和细化其晶粒，提高力学性能和抗蚀性，降低应力腐蚀开裂倾向。镍黄铜的热加工性能良好，在造船工业、电机制造工业中广泛应用。

8.3.3   青铜

青铜原指铜锡合金，但是，工业上习惯把铜基合金中不含锡而含有铝、镍、锰、硅、铍、铅等特殊元素组成的合金也叫青铜。所以青铜实际上包含锡青铜、铝青铜、铍青铜和硅青铜等。青铜也可分为压力加工青铜（以青铜加工产品供应）和铸造青铜两类。青铜的编号规则是：Q+主加元素符号+主加元素含量（+其他元素含量），"Q"表示青的汉语拼音字头。例如 QSn4-3 表示成分（质量分数）为 4%Sn、3%Zn，其余为铜的锡青铜。铸造青铜的编号前加"Z"。

8.3.3.1   锡青铜

锡青铜是我国历史上使用得最早的有色合金，也是最常用的有色合金之一。它的力学性能与含锡量有关。当 $w(Sn) \leqslant 5\% \sim 6\%$ 时，Sn 溶于 Cu 中，形成面心立方晶格的 α 固溶体，随着含锡量的增加，合金的强度和塑性都增加。当 $w(Sn) \geqslant 5\% \sim 6\%$ 时，组织中出现硬而脆的 δ 相（以复杂立方结构的电子化合物 $Cu_{31}Sn_8$ 为基的固溶体），虽然强度继续升高，但塑性却会下降。当 $w(Sn) > 20\%$ 时，由于出现过多的 δ 相，使合金变得很脆，强度也显著下降。因此，工业上用的锡青铜的含锡量一般为 3% ~ 14%。$w(Sn) < 5\%$ 的锡青铜适宜于冷加工使用，含锡 5% ~ 7% 的锡青铜适宜于热加工，大于 10%Sn 的锡青铜适合铸造。除 Sn 以外，锡青铜中一般含有少量 Zn、Pb、P、Ni 等元素。Zn 提高低锡青铜的力学性能和流动性。Pb 能改善青铜的耐磨性能和切削加工性能，却要降低力学性能。Ni 能细化青铜的晶粒，提高力学性能和耐蚀性。P 能提高青铜的韧性、硬度、耐磨性和流动性。

8.3.3.2   铝青铜

以铝为主要合金元素的铜合金称为铝青铜。铝青铜的强度和抗蚀性比黄铜和锡青铜还高，它是锡青铜的代用品，常用来制造弹簧、船舶零件等。

铝青铜与上述介绍的铜合金有明显不同的是可通过热处理进行强化。其强化原理是利用淬火能获得类似钢的马氏体的介稳定组织，使合金强化。铝青铜有良好的铸造性能。在大气、海水、碳酸及大多数有机酸中具有比黄铜和锡青铜更高的耐蚀性，此外，还有耐磨损、冲击时不发生火花等特性。但铝青铜也有缺点，它的体积收缩率比锡青铜大，铸件内容易产生难熔的氧化铝，难以钎焊，在过热蒸汽中不稳定。

8.3.3.3   铍青铜

以铍为合金化元素的铜合金称为铍青铜。它是极其珍贵的金属材料，热处理强化后的抗拉强度可高达 1250 ~ 1500MPa，HB 可达 350 ~ 400，远远超过任何铜合金，可与高强度合金钢媲美。铍青铜的 $w(Be)$ 在 $1.7\% \sim 2.5\%$ 之间，铍溶于铜中形成 α 固溶体，固溶度随温度变化很大，它是唯一可以固溶时效强化的铜合金，经过固溶处理和人工时效后，可以得到很高的强度和硬度。

铍青铜具有很高的弹性极限、疲劳强度、耐磨性和抗蚀性，导电、导热性极好，并且耐热、无磁性，受冲击时不发生火花。因此铍青铜常用来制造各种重要弹性元件、耐磨零件（钟表齿轮，高温、高压、高速下的轴承）及防爆工具等。但铍是稀有金属，价格昂贵，在使用上受到限制。表 8-11 为各种青铜的牌号、成分、性能和主要用途。

表 8-11　各种青铜的牌号、成分、性能和主要用途

类别	牌号	化学成分（质量分数）/%		状态	力学性能			用途
		主加元素	其他		σ_b/MPa	δ/%	HBS	
锡青铜	QSn4-3	Sn 3.5~4.5	Zn 2.7~3.7 Cu 余量	T L	350 550	40 4	60 160	弹性元件、化工设备的耐蚀零件、抗磁零件
	QSn7-0.2	Sn 6~8	P 0.1~0.25 Cu 余量	T L	360 500	64 15	75 180	中等负荷、中等滑速下承受摩擦的零件，如轴瓦、衬套等
	ZCuSn5 Pb5Zn5	Sn 4~6	Zn 4~6 Pb 4~6 Cu 余量	S J	180 200	8 10	59 64	在较高负荷、中等滑速下工作的耐磨、耐蚀零件
	ZCuSn10P1	Sn 9~11	P 0.5~1 Cu 余量	S J	220 250	3 5	79 89	在高负荷、高滑速下工作的耐磨零件
铅青铜	ZCuPb30	Pb 27~33	Cu 余量	J	—	—	25	要求高滑速的双金属轴瓦减摩零件
	ZCuPb15Sn8	Sn 7~9 Pb 13~17	Cu 余量	S J	170 200	5 6	59 64	制作冷轧机的冷凝管、冷冲压的双金属轴承
铝青铜	ZCuAl9Mn2	Al 8.5~10 Mn 1.5~2.5	Cu 余量	S J	390 440	20 20	83 93	耐磨、耐蚀零件，形状简单的大型铸件，气密性要求高的铸件
	ZCuAl9Fe4 Ni4Mn2	Ni 4~5 Al 8.5~10 Fe 4~5	Mn 0.8~2.5 Cu 余量	S	630	15	167	要求强度高、耐蚀性好的重要铸件，可用于制造轴承、齿轮、蜗轮、阀体等
皮青铜	QBe2	Be 1.9~2.2	Cu 余量	T L	500 850	40 4	90 250	重要的弹簧和弹性元器件、耐磨零件以及在高速、高压和高温下工作的轴承

8.4　钛及钛合金

钛及其合金是航空、航天、造船及化工工业重要的结构材料，由于具有比强度高、耐

热性好、抗蚀性能优异等突出优点，近年来发展极为迅速。但是，钛的化学性质十分活泼，因此钛及钛合金熔铸、焊接和部分热处理均要在真空或惰性气体中进行，加工工艺复杂，价格昂贵，限制了其推广应用。但随着钛及其合金生产技术的发展，必然会降低其成本并获得更广泛的应用。

8.4.1 纯钛

Ti 的性质与其纯度有关，纯度越高，硬度和强度越低。用 Mg 还原 $TiCl_4$ 制成的工业纯钛叫做海绵钛（镁热法钛），其纯度可达 99.5%，用 TiI_4 分解生产的钛（碘化法钛）属于高纯度钛，其纯度高达 99.9%。

Ti 在固态下具有同素异晶转变。在 882.5℃ 以下为 α-Ti，具有密排六方晶格，在882.5℃ 以上直至熔点为 β-Ti，具有体心立方晶格。

钛的密度小（$4.5×10^3 kg/m^3$）、熔点高（1668℃），钛及钛合金的强度相当于优质钢，因此钛及钛合金比强度很高，是一种很好的热强合金材料。钛的热膨胀系数很小，在加热和冷却过程中产生的热应力较小。钛的导热性差（约为铁的 1/6），摩擦系数大（$μ=422$），因此钛及其合金切削、磨削加工性能和耐磨性较差。此外，钛的弹性模量较低，既不利于结构的刚度，也不利于钛及钛合金的成型和矫直。钛在大气、高温气体（550℃ 以下）以及中性、氧化性及海水等介质中具有极高的耐蚀性。钛在不同浓度的硝酸、铬酸以及碱溶液和大多数有机酸中，也具有良好的耐蚀性，但氢氟酸对钛有很大的腐蚀作用。

钛中的常见杂质有 O、N、C、H、Fe、Si 等。O、N、C 与 Ti 能形成间隙固溶体，显著提高钛的强度和硬度，降低其塑性和韧性。Fe、Si 等元素与 Ti 能形成置换固溶体，亦能起固溶强化作用。H 的影响最坏，微量的氢即能强烈降低钛的冲击韧性，增大缺口敏感性，并引起氢脆。故 $w(H)$ 应当不大于 0.015%。

工业纯钛按其杂质含量及力学性能不同，分为 TA1、TA2、TA3 三个牌号，碘化法高纯钛的牌号为 TA0。牌号顺序数字增大，杂质含量增加，钛的强度增加，塑性降低。工业纯钛退火后的抗拉强度（550~700MPa）约为高纯钛（250~290MPa）的两倍。经冷塑性变形可显著提高工业纯钛的强度，例如 40% 冷变形可使工业纯钛强度从 588MPa 提高至784MPa。工业纯钛再结晶退火温度为 593~700℃，保温 0.25~3h，采用空冷方式。消除应力退火温度为 450~650℃，保温 0.25~3h，采用空冷方式。

工业纯钛是航空、船舶、化工等工业中常用的一种 α-Ti 合金，其板材和棒材可以制造 350℃ 以下工作的零件，如飞机蒙皮、隔热板、热交换器等。

8.4.2 钛合金

钛有 α-Ti（密排六方）和 β-Ti（体心立方）两种晶体结构。钛合金化的主要目的就是利用合金元素对 α-Ti 或 β-Ti 的稳定作用，改变 α 和 β 相的组成，从而控制钛合金的性能。合金元素与钛的相图主要有四种类型（见图 8-18）。按照合金元素对 α-Ti ⇌ β-Ti 转变温度的影响和在 α 或 β 相中的溶解度不同，所有合金元素分为三类。能提高 α/β 转变温度，在 α 相中比在 β 相中有较大溶解度并扩大 α 相区的元素叫做 α 稳定元素，如 Al、O、N、C、B 等（图 8-18(a)）。能降低 α/β 转变温度，在 β-Ti 中比在 α-Ti 中有较大溶解度扩大 β 相区的元素叫 β 稳定元素，其中 Mo、V、Nb、Ta 等元素与 α-Ti 同晶型，形成无限固溶体，与 β-Ti 形成有限固溶体（图 8-18(b)）。Cu、Mn、Cr、Fe、Ni、Co、H 等元素与 β-Ti 形成有限固溶体并形成共析型相图（图 8-18(c)）。Sn、Zr 等元素对 α/β 转变温度影响不大，在 α 和 β 相均能大量溶解或完全互溶，称为中性元素（图 8-18(d)）。工业钛合金的主要合金元素有 Al、Sn、Zr、V、Mo、Mn、Fe、Cr、Cu 及 Si 等。

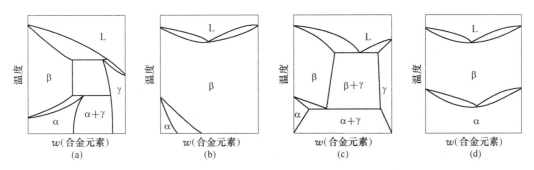

图 8-18 钛及合金元素之间的四种基本类型相图示意图
(a) α 稳定元素；(b) 同晶型 β 稳定元素；(c) 共析型 β 稳定元素；(d) 中性元素

Al 是典型的 α 稳定元素，Al 在 Ti 中主要溶入 α 固溶体，少量溶于 β 相。在室温下 Al 在 α-Ti 中的溶解度达 7%，故有明显的固溶强化效果。Al 还能提高钛合金的热稳定性和弹性模量，Ti-Al 合金的密度小，所以 Al 是钛合金中重要的合金元素。

Zr 和 Sn 同属中性元素。Zr 在 α-Ti 和 β-Ti 中均能形成无限固溶体。Sn 在 α-Ti 和 β-Ti 中的溶解度也较大。因此 Zr 和 Sn 不仅能强化 α 相，也能提高合金的抗蠕变能力，也是钛合金中的主要合金元素之一。

Mo、V 都是 β-Ti 的同晶元素，钛中加入 Mo 或 V 都能起固溶强化作用，并能提高钛合金的热稳定性和蠕变抗力。这类元素越多，钛合金中 β 相越多、越稳定。当其达到某一临界含量（如 Mo 和 V 的临界质量分数分别为 11% 和 19.3%）时，快冷至室温，可以得到全部 β 相，形成 β 型 Ti 合金。

Fe、Mn、Cr、Cu、Si 等 β 稳定元素能形成共析反应，其临界浓度比 β 同晶元素都低，故其稳定 β 相能力比 β 同晶元素还大。其中 Cu、Si 等属于活性共析型 β 稳定元素，其共析反应速度很快，在一般冷却条件下，β 相能完全分解，使合金具有时效强化能力，提高合金的热强性。例如 Cu 加入 Ti 中，β 相可以分解为 α 相和金属间化合物 TiCu₂，从而明显提高钛合金的热稳定性和热强性。Ti 合金中的 Cu 超过溶解度极限时，亦可产生弥散强化作用。

8.4.3　工业用钛合金

工业钛合金按其退火组织可分为 α、β 和 α+β 三大类，分别称之为 α 钛合金、β 钛合金和 α+β 钛合金。牌号分别以"钛"字汉语拼音字首"T"后跟 A、B、C 和顺序数字表示。例如 TA4~TA8 表示 α 钛合金，TB1~TB2 表示 β 钛合金，TC1~TC10 表示 α+β 钛合金。

8.4.3.1　α 钛合金

α 钛合金的主要合金元素是 α 稳定元素 Al 和中性元素 Sn、Zr，它们主要起固溶强化作用。α 钛合金有时也加入少量 β 稳定元素，因此 α 钛合金又分为完全由单相 α 组成的 α

合金、β 稳定元素的含量小于 20% 的类 α 合金和能时效强化的 α 合金（$w(Cu)<2.5\%$ 的 Ti-Cu 合金）。其中 TA7、TA8 是应用较多的 α 钛合金。

TA7 合金是强度比较高的 α 钛合金。它是在 $w(Al)=5\%$ 的 Ti-Al 合金（TA6）中加入 2.5% 的 Sn 形成的，其组织是单相 α 固溶体。由于 Sn 在 α 和 β 相中都有较高的溶解度，故可进一步固溶强化。其合金锻件或棒材经（850±10）℃ 空冷退火后，强度由 700MPa 增加至 800MPa，塑性与 TA6 合金基本相同，$\delta=10\%$，而且合金组织稳定，热塑性和焊接性能好，热稳定性也较好，可用于制造在 500℃ 以下长期工作的零件，例如用于冷成型半径大的飞机蒙皮和各种模锻件，也可用于制造超低温用的容器。

TA8 合金是在 TA7 合金中加入质量分数为 1.5% 的 Zr、质量分数为 3% 的 Cu 形成的一种类 α 合金。中性元素 Zr 在 α 和 β 相中均能无限固溶，既能提高基体 α 相的强度和蠕变抗力，又不影响合金塑性，加入活性共析型 β 稳定元素 Cu，既能强化 α 相，又能形成 Ti_2Cu 化合物，从而提高了合金耐热性，TA8 合金的室温和高温力学性能均比 TA7 合金高，同时具有良好的热塑性，焊接性能和抗氧化性能，可在 500℃ 温度下长期工作，用于制造发动机压气机盘和叶片等零件。

类 α 钛合金在加入足够 α 相稳定元素产生固溶强化的同时，加入少量 β 稳定元素，产生少量 β 相，可以改善合金锻造性能和抑制脆性相的析出。$w(Cu)=2.5\%$ 的 Ti-Cu 合金能产生明显的热处理强化效应，该合金经 800℃ 固溶处理后空冷或油冷至室温，再进行 400℃ 和 475℃ 双级时效处理后，$\sigma_b=805MPa$、$\sigma_{0.2}=640MPa$、$\delta=30\%$，若在时效前进行冷变形，强度可进一步提高。该合金焊接性能很好，焊后进行双级时效，强度得到恢复。该合金在 200~500℃ 的耐热性比 TA7 合金高，又具有良好的冷成型性能，主要用于制造发动机外壳，排气导管、框架等。

8.4.3.2 α+β 钛合金

α+β 钛合金是同时加入 α 稳定元素和 β 稳定元素，使 α 和 β 相都得到强化。加入 4%~6% 的 β 稳定元素的目的是得到足够数量的 β 相，以改善合金高温变形能力，并获得时效强化的能力。因此 α+β 钛合金的性能特点是常温强度、耐热强度及加工塑性比较好，并可进行热处理强化。但这类合金组织不够稳定，焊接性能不及 α 钛合金。然而 α+β 钛合金的生产工艺较为简单，其力学性能可以通过改变成分和选择热处理制度在很宽的范围内变化。因此这类合金是航空工业中应用比较广泛的一种钛合金。这类合金的牌号达 10 种以上，分别属于 Ti-Al-Mg 系（TC1、TC2）、Ti-Al-V 系（TC3、TC4 和 TC10）、Ti-Al-Cr 系（TC5、TC6）和 Ti-Al-Mo 系（TC8 和 TC9）等。

其中，Ti-Al-V 系的 Ti-6Al-4V（TC4）合金是应用最多的一种 α+β 钛合金。该合金经热处理后具有良好的综合力学性能，强度较高，塑性良好。该合金通常在 α+β 两相区锻造，经 700~800℃ α+β 相区保温 1~2h 空冷退火，可以得到等轴细晶粒的 α+β 组织。退火状态下 $\sigma_b=931MPa$、$\delta=10\%$。该合金通常可在退火状态下使用。对于要求较高强度的零件可进行淬火加时效处理。淬火温度通常在 α+β 相区，为（925±10）℃，保温 0.5~2h 后水冷，时效温度（500±10）℃，保温 4h 后空冷。经过淬火和时效后，抗拉强度可进一步提高至 $\sigma_b=1166.2MPa$，伸长率 $\delta=13\%$。合金在 400℃ 时有稳定的组织和较高的蠕变抗力，又有很好的抗海水和抗热盐应力腐蚀能力，因此广泛用来制作在 400℃ 长期工作的零件，如火箭发动机外壳、航空发动机压垂机盘和叶片以及其他结构锻件和紧固件。

8.4.3.3 β钛合金

β钛合金中含有大量β稳定元素,在水冷或空冷条件下可将β相全部保留到室温。β相系体心立方晶格,故合金具有优良的冷成型性,经时效处理,从β相中析出弥散α相,合金强度显著提高,同时具有高的断裂韧性。β钛合金的另一特点是β相合金浓度高,淬透性好,大型工件能够完全淬透。因此β钛合金是一种高强度钛合金(σ_b可达1372~1470MPa),但该合金的密度大、弹性模量低、热稳定性差,其工作温度一般不超过200℃。β钛合金有TB1和TB2两个牌号。

TB1合金(Ti-3Al-8Mo-11Cr)加热至760~800℃,保温0.5h,水冷淬火后进行双级时效处理。第一级在450℃或480~500℃保温12~15h,获得均匀分布的α相弥散质点;第二级在560℃保温0.25h,经短时间时效,使沉淀相略有长大,以改善塑性,保证合金具有优良的综合力学性能。

TB2合金(Ti-3Al-8Cr-5Mo-5V)的淬火和时效工艺与TB1合金基本相同,淬火后得到稳定均匀的β相,时效后从液相中析出弥散的α相质点,使合金强度显著提高,塑性大大降低。

TB1和TB2合金多以板材和棒材供应,主要用来制作飞机结构零件以及螺栓、铆钉等紧固件。

8.4.4 钛合金的热处理

纯钛自高温缓冷至882.5℃时,发生同素异晶转变,体心立方的β相转变为密排六方晶格的α相。

钛合金中β⇌α的同素异晶转变与过冷度有关。当过冷度很小,也就是略低于β⇌α平衡转变温度时,通常以扩散的形式发生转变,得到多边形的等轴α固溶体组织(图8-19(a));当过冷度很大时(如自β区淬火),将发生非扩散型马氏体转变,形成过饱和的α固溶体,得到针状(片状)的马氏体组织(图8-19(b))。

(a)　　　　　　　　　(b)

图8-19　TA2棒材不同冷速的显微组织

(a) 空冷;(b) 水淬

钛合金中同素异晶转变与合金系、合金成分及热处理条件有关。仅含单一稳定元素或中性元素的钛合金不能热处理强化，通常只进行退火处理。

β稳定型钛合金自高温快速冷却（淬火）时，随着合金成分和热处理条件不同，β相可以得到马氏体 α′（或 α″）、ω 或过冷 β 等不同的亚稳定相，从而改变合金的力学性能。这类钛合金可以进行热处理强化。

从图 8-20 可以看出 β 稳定元素的含量对 β 向 α 转变的影响。合金从 β 相区缓冷时，将从 β 相中析出 α 相，其成分沿 AC_α 曲线变化，β 相成分沿 AB 曲线变化。合金自 β 区快速冷却（淬火）时，将发生马氏体转变，形成过饱和的 α 固溶体。同钢中的马氏体转变一样，钛合金中的马氏体转变也存在一个马氏体转变开始温度 M_s 点和马氏体转变终了温度 M_f 点，并且 M_s 和 M_f 点随合金 β 稳定元素的增加而降低（图 8-20 之中虚线）。如果 β 稳定元素含量少，则体心立方晶格 β 相将转变为密排六方晶格的马氏体，即 α′ 相，如果合金元素含量较大，由于晶格转变阻力大，只能形成斜方晶格的马氏体，即 α″。如果合金元素含量很高（大于图 8-20 中的临界浓度 c_k），马氏体开始转变温度 M_s 点降低至室温以下，则淬火后 β 相保留至室温，不发生马氏体转变。这种 β 相称为过冷 β 相，用 β′ 表示。同样，成分一定的合金，在 α+β 相区温度范围内，随着淬火温度的降低，β 相的成分沿 AB 曲线增加。当淬火温度降低至某一临界温度 t_1 时，β 相浓度升高至临界浓度 c_k，则淬火至室温时，β 相也不发生马氏体转变。

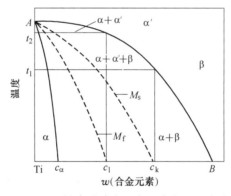

图 8-20　（α+β）钛合金淬火温度和淬火组织关系示意图

由图 8-20 可见，在 t_1 温度以下，β 相成分大于临界浓度 c_k，淬火不发生马氏体相变。淬火组织为 α+β，当加热温度在 t_1 和 t_2 之间时，β 相成分低于临界浓度 c_k，淬火冷却过程中发生马氏体转变，但是淬火至室温，β 相不能全部转变为马氏体，因为 β 相成分高于室温时 M_f 点所对应的临界浓度 c_1，淬火组织为 α+α′+β。当加热温度高于 t_2 时，β 相成分相对应的 M_f 点已高于室温，合金淬火冷却至室温时，β 相全部转变为马氏体 α′。淬火组织为 α+α′。若淬火温度高于 α+β→β 相变温度（图 8-20 中 AB 曲线），则淬火组织为 α′ 相。由于 β 相中原子扩散系数大，钛合金的加热温度超过相变点（或 β 转变温度）后，β 相晶粒极易发生异常长大，而在 α 或 α+β 相区加热时，晶粒大小变化不大。粗大的 β 相晶粒会使合金脆性显著增大。因此，在制定钛合金加热工艺时，应当注意这一特点。成分位于临界浓度 c_k 附近的合金，从高温淬火时，还能通过无扩散型相变形成 ω 相，用 ω_q 表示。这是一种特殊形式的马氏体相，具有特异的六方晶格，并且与母相 β 保持共格关系。β′

（过冷 β）相可以转变为 ω 相。这种 ω 相称为回火或时效 ω 相，用 ω_a 表示。回火时形成 ω_a 相的原因是由于不稳定的过冷 β 相，在回火时发生溶质原子偏聚，形成溶质原子的富集区和贫化区，当贫化区浓度接近 c_k 时即转变为 ω 相。

ω 相硬而脆（HB＝500，$\delta=0$），虽然使合金的硬度和强度显著提高，但塑性急剧下降，脆性显著增大。ω 相是钛合金中的一种有害相结构，应从合金成分和热处理工艺上设法避免和消除。例如钛合金中加 Al 可以抑制 ω 相的形成，淬火和回火时避开 ω 相形成区间等等。

钛合金淬火形成的上述亚稳定相 α′（或 α″）、ω 及 β′ 是不稳定相，加热时要发生分解，其分解过程比较复杂，但最终分解产物均为平衡态的 α+β。如果钛合金中有共析反应，则最终分解产物则为 $\alpha+Ti_xM_y$。

钛合金的时效强化主要依靠 β′ 和 α′ 相分解析出高度弥散的 α+β 相来提高合金的强度。时效温度较低时（250～450℃），由于原子扩散比较困难，β 相往往不能直接分解为 α+β，而是先析出 ω 相，再由 ω 相转变为平衡的 α+β。如果时效温度转高（500～600℃），可由 β′ 相直接分解出 α 相，不经 ω 相的过渡阶段。若钛合金淬火后进行适当冷塑性变形再时效，将析出更细的 α 相，使合金强度进一步提高。

合金热处理强化效果与合金中 β 稳定元素的含量及热处理工艺有关。图 8-21 是不同热处理过程中钛合金的拉伸强度与合金成分之间变化关系示意图。退火合金的强度随合金中 β 稳定元素含量增加呈线性提高。合金从 β 相区淬火后的强度与合金成分之间呈复杂的变化关系。当合金中 β 稳定元素含量低时，由 β 相到 α′ 相的马氏体转变也起到了对合金的一些强化作用，但这种强化效果远不如钢铁材料马氏体转变的强化效果大。在马氏体转变终了温度 M_f，是室温时所对应那一点的成分（图 8-21 c_1 成分），由 β 相到 α′ 相的马氏体转变引起的强化作用最大。合金中 β 稳定元素含量继续增大，由于从 β 相区或 α+β 相区淬火保留下来的 β 相逐渐增加而使淬火合金的强度逐渐下降至最小值，该成分是马氏体开始转变温度 M_s 在室温时所对应的那一点的成分，即得到 100% 亚稳定相 β′，所以强度最低。

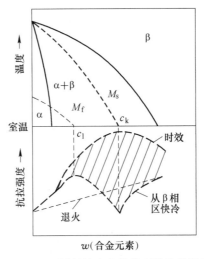

图 8-21 二元 β 同晶钛合金热处理强化效果示意图

合金淬火并时效后的强化效果随着合金中 β 稳定元素含量增多而增大，由于合金中 β 稳定元素含量越多，淬火后得到亚稳定 β 相越多，合金时效强化越大。当合金中 β 稳定元素含量达到临界浓度 c_k 时，因淬火得到 100% 亚稳定 β 相，故合金时效强化效果最大。β 稳定元素进一步增加，由于 β 相稳定性增大，时效析出的 α 相量减少，强化效果反而下降。

钛合金中不同的合金元素对热处理的强化效果不同。一般来说，临界浓度 c_k 越低的元素（即稳定 β 相能力越强的元素），热处理强化效果越大。

习　题

8-1　怎样根据相图对铝合金进行分类？试述铝合金的强化方法。

8-2　铝合金中常见的合金元素有哪些？分别起什么作用？

8-3　为什么硅对铸造铝合金是极其重要的合金元素？Al-Si 铸造合金中加入镁、铜等元素的作用是什么？

8-4　叙述 Al-Cu 合金时效处理过程中的组织变化。

8-5　铸造铝合金的热处理与形变铝合金的热处理相比有什么特点？为什么？

8-6　镁合金中常见的合金元素有哪些？分别起什么作用？镁合金有哪些常用的合金系？简述镁合金的强化方法。

8-7　简述常见的镁合金热处理工艺，并说明它们的特点。

8-8　简述纯铜的物理和化学性质，纯铜的力学性能有何特点？

8-9　铜合金的合金化原则是什么？简述铜合金中合金元素的主要作用。

8-10　锡青铜的铸造性能有哪些特点？锡含量对铸态锡青铜的强度、硬度和塑性的影响规律是什么？

8-11　哪些性能使铜铍合金成为有用的工程合金？其主要缺点是什么？

8-12　什么是白铜？白铜的化学成分和性能有哪些特点？白铜有哪些用途？

8-13　钛合金的合金化原则是什么？钛合金中主要有哪几类典型组织？形成条件是什么？这些显微组织有什么特点，主要性能特点如何？

8-14　简述钛合金的主要热处理工艺及用途。

9 新型金属材料

9.1 磁 性 材 料

　　磁性材料是指那些主要利用材料的磁性能和磁效应来实现对能量和信息的转换、传递、调制、存储和检测等功能作用的材料，它们广泛地应用于机械、电子、电力、通信和仪器仪表等领域，在国民经济发展中起着十分重要的作用。

　　磁性材料有多种分类方法，且品种繁多。按矫顽力大小可分为硬磁材料（也称永磁材料）和软磁材料。按功能可分为磁记录材料、磁致伸缩材料、磁电阻材料、磁光材料、磁流体等等。本节主要介绍常用的金属磁性材料，包括部分软磁材料、硬磁材料以及磁记录材料。

9.1.1　软磁材料

　　软磁材料是强磁性的铁磁性或亚铁磁性物质，具有高的磁导率和低的矫顽力（一般矫顽力 H_c<100A/m），其磁滞回线呈狭长型，具有较低铁芯损耗。软磁材料在使用时都要处于外加磁场中，被外磁场磁化。外磁场可分两类：一类是直流应用，另一类是交流应用。在交流应用场合下，依据变化频率又可分为低频（主要是工频）和高频应用。软磁材料应用范围广，不同的应用场合，对材料等特性要求不同，但其共同的特点要求是：矫顽力和磁滞损耗要低；电阻率较高，磁通变化时产生的涡流损耗小；高的磁导率，有时要求在低的磁场下具有恒定磁导率；高的饱和磁感应强度；某些材料的磁滞回线呈矩形，要求高的矩形比。

　　软磁材料正是由于以上这些特性，因此其可用作变压器等铁芯、电机和开关元件等。软磁材料矫顽力小，很容易磁化至饱和，且当外磁场退去后，基本可完全失去磁性。这主要是软磁材料中磁畴壁很容易运动造成等。因此任何能阻碍磁畴壁运动的因素都能增加材料的矫顽力，如杂质、缺陷、应力、非磁性相的粒子等，都会对畴壁运动起到钉扎作用，从而阻碍磁畴壁的运动，提高矫顽力，降低磁导率，增加铁芯损耗。故软磁材料中应该尽量减少缺陷和杂质含量，并减小机械加工过程中的应力，避免碰撞。

　　另一方面，通过降低磁材的磁晶各向异性能也可起到减小矫顽力及提高磁导率的作用。以 Ni-Fe-Mo 合金为例，当三者成分含量比例为 79∶16∶5 时，合金中磁晶各向异性常数 K_1 和磁致伸缩系数 λ 可同时为零，因此其具有极高的磁导率和极低的矫顽力。而低的矫顽力有利于降低动态磁化下的磁滞损耗。

　　另外，非晶态合金由于无磁晶各向异性，也具有较高的磁导率。同时非晶合金还具有较高的电阻率，这也有利于降低铁芯损耗。

　　在高频应用场合下，磁材极易产生较大的涡流损耗。而铁氧体则非常适合高频应用，因为其具有高的电阻率，电阻是金属的 10^6 倍。

常用的软磁材料可分为纯铁和低碳钢、铁硅合金、铁铝合金和铁铝硅合金、镍铁合金、铁钴合金和软磁铁氧体，以及非晶态合金。表 9-1 列出了几种典型软磁材料的磁性能。

表 9-1　典型软磁材料磁性能

名　称	主要成分/%	相对磁导率		矫顽力 H_c/A·m^{-1}	剩磁 B_r/T	最大磁感应强度/T	电阻率/μΩ·cm
		初始	最大				
工业纯铁	99.8Fe	150	5000	80	0.77	2.16	10
低碳钢	99.5Fe	200	4000	100	0.77	2.14	112
无取向硅钢片	3Si 余 Fe	270	10000	60	0.77	1.9	44
1J50 铁镍合金	49Ni 余 Fe	2500	25000	14	1.1	1.50	45
超坡莫合金	5Mo79Ni 余 Fe	100000	800000	0.4	0.003	0.75	55
1J22 合金	2V50Co 余 Fe	800	8000	140	1.40	2.40	40
非晶合金	铁基非晶薄带	1000	50000	1.3	0.80	1.35	130
MnZn 铁氧体	$Zn_xMn_{1-x}Fe_2O_4$	13000	—	4.4	0.1	0.36	15×10^6
NiZn 铁氧体	$Zn_xNi_{1-x}Fe_2O_4$	550	—	35	0.15	0.33	10^{12}

9.1.1.1　电工纯铁

电工纯铁中碳的质量分数不高于 0.04%，突出特点是：饱和磁感高（室温下达 2.16T），资源丰富、价格低廉。但另一方面，其具有低的电阻率，限制了它主要应用于直流场中，如直流电机和电磁铁等铁芯及轭铁等。我国电工用纯铁牌号为 DT3～DT8，在牌号后以字母 A、E、C 区别材料的磁性等级，分别代表高级、特级、超级。国产电工纯铁的磁性如表 9-2 所示。

表 9-2　国产电工纯铁的磁性

磁性等级	牌　号	H_c/A·m^{-1}（不大于）	μ_m（不小于）	不同磁场下磁感应强度最低值/T				
				B500	B1000	B2000	B5000	B10000
普通	DT3～DT6	95	6000	1.4	1.5	1.62	1.71	1.8
高级	DT3A～DT6A	72	7000					
特级	DT4E、DT6E	48	9000					
超级	DT4C、DT6C	32	12000					

9.1.1.2　Fe-Si 合金

Fe-Si 合金又称硅钢，是用量最大的软磁材料，其产量为总钢产量的 1% 左右（我国 2011 年钢产量达 6.8 亿吨）。硅钢是在纯铁中加入少量硅（0.38%～4%），形成固溶体，从而提高合金电阻率；另外，使用时一般轧制成薄片，主要产品厚度为 0.35mm 和 0.5mm 两种，常称硅钢片，这样可大幅降低磁滞损耗。硅钢的发明和生产使其成为历史上第一种可以经济地应用于交变强磁场中的软磁材料，使电力等普及应用成为现实。

硅钢片性能要比纯铁优越得多。但是硅钢片不论是力学性能还是磁性能都要受到硅含量、冶炼过程、轧制工艺、晶粒大小等因素的影响。一般说，Si 含量高、晶粒大、杂质少，磁性能要高些。但含 Si 量不能超过 4%，否则会降低力学性能和加工性能。硅钢片按生产方法、是否取向可分为四类：（1）热轧无取向（如 D11、D13）；（2）冷轧无取向（如 DW270、DW310-35）；（3）冷轧单取向（如 DQ122G）；（4）冷轧双取向。

热轧硅钢片是 Fe-Si 软磁合金问世后最早的产品，其硅含量可达 4.5%，但其损耗较高，钢板表面质量较差，因此热轧技术在一些技术先进的国家已经被淘汰。冷轧硅钢片的饱和磁感应强度高、磁滞损耗低，使用过程中的能耗低，同时，板材厚度精确、均匀，表面质量好，可提高制品中磁性材料的填充系数，还可通过改善冲裁工艺性能提高材料利用率，但要求生产设备投资大、工艺较严格。无取向冷轧硅钢片，主要用于电机制造，硅含量一般控制在较低范围内。

另外，通过晶粒的织构化可明显改善磁性能。19 世纪 30 年代，戈斯（Goss）通过二次冷轧制得了具有戈斯织构的取向硅钢，大大提高了材料的磁性能。如果将硅钢片在叠加拉伸应力的条件下冷轧，然后再结晶退火，就会形成一种特殊结构，即高斯结构。这种结构中，所有晶粒具有同一取向，也就是晶粒的易磁化方向［100］轴与轧制方向平行，难磁化方向［111］轴与轧制方向成 55°，而中等磁化轴［110］轴与轧制方向垂直，如图 9-1 所示。具有这种织构的取向硅钢，磁性能呈现出明显的各向异性。由于轧向为易磁化方向，沿着钢带的轧向进行磁化可以显著降低材料的磁滞损耗。

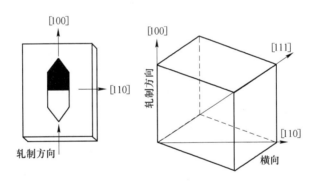

图 9-1 冷轧单取向硅钢示意图

9.1.1.3 Fe-Al 合金及 Fe-Co 合金

Fe-Al 软磁合金中（Fe 和 Al 是主要成分，一般要添加其他多种微量元素），铝的质量分数 $w(Al) \leqslant 16\%$。此类合金为单相固溶体，体心立方结构。铝的添加可显著提高合金的电阻率，但会降低合金的饱和磁感应强度及居里温度，并使合金具有冷脆性，不易冷加工成型。典型牌号如 1J16，其基本组成为 16%Al-Fe，μ_m 为 50000，H_c 为 3.2A/m，B_s 为 0.78T；其硬度高，适合作磁头。

Fe-Co 系软磁合金，突出特点是饱和磁感高，是现有普通工艺生产制备的磁性材料中最高的。代表性合金牌号为 1J22，基本组成为：$w(V) = 0.8\% \sim 1.80\%$，$w(Co) = 49\% \sim 51\%$，余下为 Fe。其 B_s 高达 2.4T，初始磁导率为 1000，最大磁导率可达 8000 以上，矫顽力小于 100A/m。钒的加入主要起到有效抑制二元合金冷却过程中的有序转变，从而避免其对磁性能的不利影响，同时也克服了因有序转变造成的二元合金的脆性，提高合金的塑性，使其具有良好的冷加工性能；同时，还适当提高了合金的电阻率。该合金适用于磁透镜、继电器、电磁铁极头和极靴等。不过，该合金因含有大量的金属钴，价格高。

9.1.1.4　Fe-Ni 系软磁合金

与电工纯铁相比，它有高的磁导率和低的饱和磁感应强度、低的损耗，而且加工成型性能也比较好，但价格昂贵。这些材料用于高质量要求的电子变压器、电感器和磁屏蔽应用上。通常也称为坡莫合金，其含镍量的范围很广，在 35%～90% 之间。

这类合金的著名代表为 79Ni21Fe，具有很高的磁导率。虽然它的饱和磁感应强度不高，一般不大于 1.6T，但它的磁化率极高（150000 或更高）且矫顽力很低（约 0.4A/m），反复磁化损失更低，只有热轧硅钢片的 5% 左右。其主要用于在低磁场下对磁导率要求高的弱磁场中，如电信、仪器仪表中的互感器、音频变压器、磁头、磁屏蔽、继电器、磁放大器等。当 $w(Ni)=45\%～50\%$ 时，合金属于中饱和磁感、中导磁合金。典型牌号如 1J50，其 μ_m 达 52000，矫顽力小于 8.8A/m，$B_s=1.5T$。

Ni-Fe 合金不仅可以通过轧制和退火获得，而且还可以在居里点之下进行磁场冷却，强迫 Ni 和 Fe 原子定向排列，从而得到矩形磁滞回线的 Ni-Fe 合金，扩大使用范围。

坡莫合金为单相固溶体，但在热处理冷却过程中易形成无序-有序转变，从而生成 Ni_3Fe 有序相，其转变温度为 506℃。原子有序化对合金的电阻率、磁晶各向异性常数、磁致伸缩系数、磁导率和矫顽力都有影响。因此通常为了获得较小的矫顽力，要避免有序相的形成。另外，要想得到较高的磁导率，$w(Ni)$ 必须为 76%～80%，因为此时可使其磁晶各向异性常数、磁致伸缩系数都等于零，从而大大降低矫顽力，提高磁导率。一般情况下，还要在合金中加入 Mo、Co、Cu 等元素，以减缓合金有序化的速度，改善磁性能。

9.1.1.5　软磁铁氧体

铁氧体也称为磁性陶瓷材料，20 世纪 40 年代磁性陶瓷材料已成为重要的磁性材料领域，由于它有强的磁性耦合，高的电阻率和低损耗，并且种类十分繁多，因此应用十分广泛，主要用于通讯变压器和电感器及制作微波器件，应用领域包括家电、汽车、通讯、办公自动化设备、新能源及各种电子设备等。其总的特征是饱和磁感应强度不高，绝大多数材料的 B_s 小于 0.5T；电阻率较大，最高可达 $10^8\Omega\cdot m$；由于种类繁多，铁氧体的频率适应性很强，适应范围为 1kHz～100MHz，通常应用于低频的材料时具有较高初始磁导率和较低的矫顽力和电阻率，而高频下的则具有较低的初始磁导率和较高的矫顽力和电阻率。

铁氧体主要有两类：一类是具有尖晶石结构，化学结构式为 MFe_2O_4 的铁氧体材料。结构式中 M 在锰锌铁氧体中代表锰、锌和铁，而在镍锌铁氧体中代表镍、锌和铁。锰锌铁氧体和镍锌铁氧体根据制备工艺、性能的不同又可分为多种牌号。总体上，前者具有高的初始磁导率和饱和磁感，以及较低的矫顽力和电阻率，适用于低频状态；而后者则具有较低的初始磁导率和饱和磁感，但电阻率和矫顽力较高，适用于高频状态下（如表 9-1 所示）。

另一类是石榴石磁性结构，其化学式为 $R_3Fe_5O_{12}$，其中 R 代表铱或稀土元素，它们也用于微波器件，比尖晶石结构铁氧体的饱和磁化强度低，用于 1～5GHz 频率范围。

9.1.1.6　非晶态软磁合金

自 1973 年首次非晶带材商品化后，非晶态软磁合金已得到广泛应用。其通常具有较高电阻率，且矫顽力小，交流损失很小，而且制造工艺简单，成本也低，还有高强度、耐腐蚀等优点。非晶态合金的主要制备方法是通过甩带快速冷却，即利用飞速旋转的飞轮将合金液逐渐带走，从而急速冷却形成薄带。另外，为促进合金非晶化形成能力，要添加较多的类金属，如 C、Si、B 等元素，这样也可通过高能球磨制得非晶粉末。

非晶态软磁合金主要分为铁基、铁镍基和钴基合金。其中铁基非晶态软磁合金饱和磁感应强度高（1.6~1.8T），矫顽力低（小于 10A/m），耗损特别小，但磁致伸缩大，可部分代替取向硅钢用于变压器，减小损耗，如 $Fe_{78}(Si, B)_{22}$ 合金，其 B_s、H_c、ρ 分别约为 1.6T、3A/m、130μΩ·m；钴基非晶态软磁合金饱和磁感应强度较低，只有铁基的一半，但磁导率高，矫顽力极低（小于 1A/m），损耗小，磁致伸缩几乎为零；铁镍基非晶态软磁合金基本上介于两者之间。

非晶软磁合金具有很大的应用潜力，但目前其价格较昂贵。大块非晶合金制备困难，目前仍处于实验室研究阶段，因为其需要非常大的过冷度。另外，非晶态合金还具有以下缺点：温度对磁的不稳定性影响比较大，尤其当开始出现结晶态时，矫顽力就增加，随之将引起铁损及磁导率的急剧变化。

9.1.2 硬磁材料

硬磁材料又称永磁材料，其被外磁场磁化后，外磁场时仍有较强的剩磁。硬磁材料通常作为磁场源或磁力源，即提供磁场。通常情况下，这个磁场越大越好，那么就要求永磁材料的剩余磁感应强度 B_r 和矫顽力 H_c 比较大。

硬磁材料磁化后可长久保持很强磁性，难退磁，适于制成永久磁铁。除高矫顽力外，磁滞回线包容的面积，即磁能积 $(BH)_m$ 对硬磁材料而言也是重要的参数。用最大磁能积 $(BH)_m$ 可以全面地反映硬磁材料储存磁能的能力。最大磁能积 $(BH)_m$ 越大，则在外磁场撤去后，单位面积所储存的磁能也越大，性能也越好。H_c 是衡量硬磁材料抵抗退磁的能力，一般 $H_c > 100A/m$。B_r 值要求也要大一些，一般不得小于 0.1T。此外，对温度、时间、振动和其他干扰的稳定性也要好。

硬磁性材料也可分为金属硬磁材料和硬磁铁氧体的两大类。金属硬磁材料包括铝镍钴、稀土钴以及稀土铁类合金。图 9-2 是硬磁材料最大磁能积的发展。

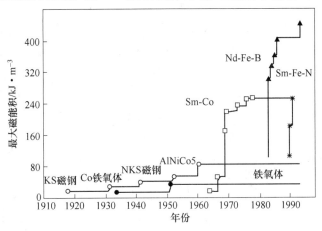

图 9-2 硬磁材料最大磁能积的发展

9.1.2.1 硬磁铁氧体

较早的一种硬磁铁氧体是由 $CoFeO_4$ 与 Fe_3O_4 粉末烧结并经磁场热处理而成。虽然出现很早，但由于性能差，且制造成本高，应用不广。到 20 世纪 50 年代，钡铁氧体（$BaFe_{12}O_{19}$）出现，才使硬磁铁氧体的应用领域得到了扩展。钡铁氧体是用 $BaCO_3$ 相 Fe_3O_4 合成的，工艺简单，成本低；后来用 Sr 代 Ba 得到锶铁氧体，其 $(BH)_m$ 值提高很多。由于铁氧体磁性材料是以陶瓷技术生产，所以常称为陶瓷磁体。

可用的硬磁铁氧体为 $MO_6 \cdot Fe_2O_3$，M 为 Ba 或 Sr，具有六方晶体结构，其磁晶各向异性常数高（$K_1 = 0.3MJ/m^3$），矫顽力高（可达 $300kA/m$），但饱和磁化强度低（$M_s = 0.47T$）。例如 Ba 铁氧体（$BaO_6 \cdot Fe_2O_3$）的典型磁性能为：$B_r = 0.44T$，$H_c = 170kA/m$，$(BH)_m = 38kJ/m^3$；而 Sr 铁氧体的典型磁性能为：$B_r = 0.41T$，$H_c = 260kA/m$，$(BH)_m = 35kJ/m^3$。硬磁铁氧体的居里温度较低，约为 $450℃$，远低于 AlNiCo 和 SmCo 磁体，所以磁性能对温度十分敏感。

9.1.2.2 铝镍钴合金

铝镍钴合金具有较高的 $(BH)_m$（$8 \sim 80kJ/m^3$），高的剩磁（$B_r = 0.7 \sim 1.35T$），适中的矫顽力（$H_c = 40 \sim 160kA/m$），其成分除了 Al、Ni、Co 和 Fe 外，还要添加少量增强磁性的成分，如 Cu、Ti、Nb 等。例如 AlNiCo2、AlNiCo5、AlNiCo6 的成分分别为 10Al19Ni13Co3Cu 余 Fe、8Al14Ni24Co3Cu 余 Fe、8Al16Ni24Co3Cu1Ti 余 Fe（质量分数）。在 20 世纪 30 年代后这种材料被广泛应用于永磁电机、扬声器中。在 20 世纪 60 年代以后，随着铁氧体和稀土永磁的相继问世，这种磁体逐渐被取代。根据生产工艺不同铝镍钴磁体可分为烧结铝镍钴和铸造铝镍钴。铸造工艺可以加工生产成不同的尺寸和形状；与铸造工艺相比，烧结产品局限于小的尺寸，其生产出来的毛坯尺寸公差比铸造产品毛坯要好，磁性能要略低于铸造产品，但可加工性要好。需要注意的是，在永磁材料中铸造铝镍钴永磁有着最低可逆温度系数，且工作温度可高达 $600℃$ 以上。

烧结铝镍钴磁能积较小，为 $8 \sim 42kJ/m^3$，如牌号为 FLNGT42 的磁体（L、N、G、T 分别代表铝镍钴钛），$B_r = 0.88T$，$H_c = 120kA/m$，$(BH)_m = 42kJ/m^3$。铸造铝镍钴可分为各向同性和各向异性磁体，后者具有更高的磁性能。AlNiCo1 ~ 4（美国标准，数字代表磁能积级别）型是各向同性的，而 AlNiCo5 及以上各型号是各向异性的硬磁材料。由于适中的价格和实用的 $(BH)_m$，使 AlNiCo5 型成为该合金系中使用最广泛的合金。铝镍钴部分型号的磁性能对比见表 9-3。

表 9-3 铸造铝镍钴的磁性能

牌 号	美国标准	$(BH)_m$		H_{cb} /kA·m^{-1}	B_r/T	温度系数/%·K^{-1}		居里温度/ 工作温度/℃
		kJ/m^3	MGOe			剩磁	矫顽力	
LNG12	AlNiCo2	12.4	1.55	45	0.72	-0.03	+0.02	810/450
LNG13		13.0	1.60	48	0.7			
LNG40	AlNiCo5	40.0	5.0	48	1.22	-0.02	+0.02	860/525
LNG44		44.0	5.5	52	1.22			

牌　号	美国标准	$(BH)_m$		H_{cb} /kA·m⁻¹	B_r/T	温度系数/%·K⁻¹		居里温度/ 工作温度/℃
		kJ/m³	MGOe			剩磁	矫顽力	
LNGT28	AlNiCo6	28.0	3.50	58	1.0	-0.02	+0.03	860/550
LNGT60	AlNiCo9	60.0	7.50	110	0.9	0.025	+0.02	
LNGT72		72.0	9.00	112	1.05			

　　AlNiCo 硬磁合金是在金属间化合物 Fe_2AlNi 合金的基础上，通过添加 Co 和其他少量元素，并通过改进工艺发展而来的。在铁镍铝合金中，主要有四个相，按温度从高到低大致可分为 α、γ、α₁ 和 α₂ 相。α₁ 为富铁、钴的强磁性相，具有面心立方结构，α₂ 是富镍、铝，为弱磁性或非磁性相，γ 相是以 Ni 为基的面心立方结构的弱磁性相。钴的加入基本不改变铁镍铝合金中的相结构，但会使高温 α 相转变为 α₁+α₂ 相的分解温度下降，且 γ 相区和 α+γ 相区向低温扩展，并提高合金居里温度。合金相图如图 9-3 所示，其是 Fe 和 Ni 元素的变量，Al 和 Co 的含量是确定的，分别是 8% 和 24%。

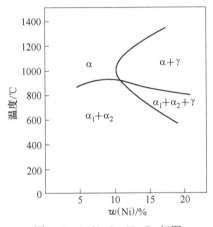

图 9-3　8Al24Co-Ni-Fe 相图

　　铝镍钴合金由高温冷却时，高温 α 相经 Spinodal 分解得到 α₁ 和 α₂ 相。Spinodal 分解是过饱和固溶体的分解方式，即新相的脱溶可以不通过成核长大的过程，而是通过原子的上坡扩散（溶质原子由低浓度区向高浓度区扩散），过饱和固溶体分解为具有不同成分的两相结构。上坡扩散通常造成溶质原子富集区内浓度进一步增加，而浓度低区进一步降低，且在合金中呈交替变化，最后形成成分的调幅结构。AlNiCo 磁体高的磁性能即来源于由 Spinodal 分解形成的细微富 FeCo 的 α₁ 强磁性相和富 NiAl 的 α₂ 非磁性相构成的周期性结构。由图 9-3 可知，高温单一 α 相在冷却过程中要经过 α+γ 相区（当 $w(Ni)$ 大于 10%），如果冷却速度小，就可能产生 γ 相，其在随后的冷却过程中会转变为晶格常数与 α₁ 相同的体心立方结构的 αγ 相，此相会使磁体磁性能降低，因此设计工艺时，一定要避免 αγ 相的析出。各向异性 AlNiCo 磁体的制备需要借助磁场退火。在磁场作用下，α₁ 相将沿外磁场方向长大并规则排列，从而有助于各向异性的形成。

　　尽管 AlNiCo 含有较多 Co 元素价格较高，现已被性价比更高的铁氧体、稀土永磁取代，但其居里温度高的特性是其他合金无法取代的，现多用于航空航天领域。

9.1.2.3　稀土永磁合金

稀土永磁材料是稀土元素（以下用 R 表示）与过渡族金属 Fe、Co、Cu、Zr 等或非金属元素 B、C、N 等组成的金属间化合物。自 20 世纪 60 年代开始至今，稀土永磁材料的研究与开发经历了四个阶段：第一代稀土永磁合金是 60 年代开发的 RCo_5 型合金（1∶5）型，如 $SmCo_5$，$(SmPr)Co_5$ 等，于 70 年初投入生产。第二代稀土永磁合金为 R_2TM_{17} 型（2∶17 型，TM 代表过渡族金属），其中起主要作用的稀土和金属间化合物的组成比例是 2∶17(R/TM 原子数比)。第二代产品大约 1978 年投入生产。第三代为 Nd-Fe-B 合金，于 1983 年研制成功，由于磁性能高，且不含有贵重元素 Co，价格便宜的 Fe 占重量的绝大多数，因此成本优势明显。烧结 NdFeB 的磁性能为永磁铁氧体的 12 倍，因此，在相似的情况下，体积、质量均大幅减小，从而实现高效、低能的目的。目前国内外正在进行第四代稀土永磁材料的研究与开发，主要是 R-Fe-C 系与 R-Fe-N 系。此类合金主要应用于制作黏结磁体，方便成型和批量生产，适用于制备微型、异型电机。稀土永磁的发展见图 9-4。

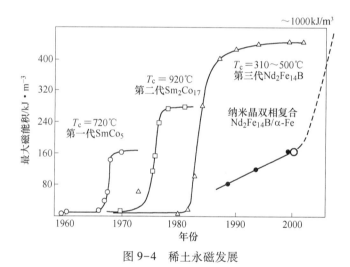

图 9-4　稀土永磁发展

$SmCo_5$ 金属化合物具有 $CaCu_5$ 型的六方结构。饱和磁化强度适中（$M_s = 0.97T$），但具有极高的磁晶各向异性（$K_1 = 17.2MJ/m^3$）。1967 年 Strnad 等人采用粉末冶金法制造出了 $(BH)_m$ 达 40.8kJ/m³ 的 $SmCo_5$ 永磁体，自此第一代稀土永磁材料诞生。1968 年，Buschow 等人采用等静压工艺使 $SmCo_5$ 的致密度提高至 95%，其 $(BH)_m$ 提高到了 148kJ/m³，刷新了当时永磁材料磁性能的记录。为获得更高密度的 $SmCo_5$ 磁体，1972 年，Charless 等人首次用还原扩散法制造出了 $(BH)_m$ 达 207kJ/m³ 的 $(Pr_{0.5}Sm_{0.5})Co_5$ 磁体，开拓了制造 $SmCo_5$ 永磁材料的新途径。至此 $SmCo_5$ 永磁的制造工艺逐步走向完善和成熟，标志着第一代稀土永磁材料走向了实际应用。$SmCo_5$ 具有超高的理论矫顽力，但必须使磁体中晶粒足够小，达微米级才可获得高的矫顽力，这对其制备工艺（制粉-成型-高温烧结）有较高要求，目前此类合金的矫顽力可达 3500kA/m。

金属间化合物 Sm_2Co_{17} 在高温下具有 Th_2Ni_{17} 型六方晶体结构，在低温下转变为 Th_2Zn_{17} 菱方晶体结构。其具有较高的饱和磁化强度（$M_s = 1.20T$），但各向异性常数较低（$K_1 = $

3.3MJ/m³），并具有比 SmCo₅ 更高的理论磁能积。通常磁体是以 Sm₂Co₁₇ 为基添加过渡族元素 Fe、Zr、Cu 等取代部分 Co，构成多元 Sm₂Co₁₇ 系合金，并经适当热处理来提高矫顽力。此类合金矫顽力主要来源于第二相对畴壁的钉扎作用。实用型的 Sm₂Co₁₇（添加其他元素）经过固溶和多级时效处理后，由第二相析出形成一种胞状组织结构，胞内为基体相（2∶17 相），胞壁为 1∶5 相，两相共格。钉扎场大小与这种胞状结构、胞径、胞壁厚度等因素有关。

下面结合制备工艺简要介绍一种实用型 Sm₂Co₁₇ 磁体。合金成分为 Sm（Co₀.₆₅ Cu₀.₀₅ Fe₀.₂₈Zr₀.₀₂）₇.₄，熔炼后破碎制得细小粉末，将粉末压成型（在磁场中成型，提高取向度），压坯在 1200℃ 烧结 0.5~2h，1170℃ 固溶 0.5~1h 后淬火到室温，随后进行多级时效，即 830℃/0.5h~700℃/0.5h+600℃/1h+500℃/2h+400℃/10h。多级时效的作用是使合金单一的固溶体析出第二相，造成沉淀硬化，提高矫顽力。其典型的磁性能为 $(BH)_m = 262\text{kJ/m}^3$，$B_r = 1.2\text{T}$，$H_{ci} = 1034\text{kA/m}$。

Nd-Fe-B 系合金是 1983 年日本住友特殊金属株式会社的佐川真人（Sagama）等人用粉末冶金方法研制的，经过 30 年的研究，目前最大磁能积已达 460kJ/m³（实验室水平），而批量生产的磁体磁能积也已达 414kJ/m³。此类合金中起主要作用的是硬磁相 Nd₂Fe₁₄B 相，其具有较高的各向异性常数和饱和磁化强度，但居里温度较低。以 Nd₂Fe₁₄B 相为依据，当稀土含量大于 12%（原子比）时，合金主要由 Nd₂Fe₁₄B 相组成，且 Nd₂Fe₁₄B 晶粒之间填充着低熔点的富 Nd 相，富 Nd 相可很好起到隔离硬磁相，钉扎畴壁的作用，从而提高磁体矫顽力。目前，此类成分多以烧结法制备，磁性能较高，生产量较大。

另外一种是当稀土含量小于 12% 时，合金主要由 Nd₂Fe₁₄B 相和 α-Fe 相组成，两相晶粒足够小，达到纳米级时，两相之间有着强的交换耦合作用，因此磁体可同时具有硬磁相高的矫顽力和软磁相高的饱和磁化强度。所以，为提高磁体磁性能往往通过甩带、破碎、晶化热处理制得纳米晶磁粉。磁粉与黏结剂混合，并经压制成型，可得黏结磁体。黏结磁体一般密度较低（约为 6.0~6.5g/cm³），虽然磁性能不高，但成型性好，可制得各种复杂形状的器件。表 9-4 列出部分烧结 Nd-Fe-B 磁体和黏结 Nd-Fe-B 磁体的磁性能。

表 9-4　部分烧结 Nd-Fe-B 磁体和黏结 Nd-Fe-B 磁体的磁性能

磁体类型	牌　号	B_r/T	H_{ci}/kA · m⁻¹	$(BH)_m$/kJ · m⁻³（MGOe）	最高工作温度/℃
烧结磁体	N27	1.03~1.08	≥955	199~231（25~29）	80
	N40	1.25~1.28	≥955	302~326（38~41）	80
	N52	1.43~1.48	≥876	398~422（50~53）	60
黏结磁体	BNP-6	0.55~0.62	600~755	44~56（5.5~7）	100
	BNP-8	0.62~0.69	640~800	64~72（8.0~9.0）	120
	BNP-12L	0.74~0.80	520~600	84~92（10.5~11.5）	110

9.1.3　磁记录材料

磁性材料在信息存储领域内的作用越来越重要，例如磁带、硬盘等都是靠磁性材料来记录信息。磁记录材料的记录密度以 10 年增加 10 倍的速度发展，如 2002 年时个人计算机硬盘容量以 80GB 为主，而 2011 年时硬盘容量则达 500~1000GB。磁记录按照原理可分为电磁记录和磁光记录，而本节所介绍的磁记录均以电磁感应为记录。

磁记录的基本原理就是将电信号转换为磁信号，即利用电磁感应原理将介质磁化，退去外磁场后介质中仍保留较强剩磁，即储存信息读出介质中所存信息则是一个相反的过程。按照记录方式可分为模拟记录和数字记录；前者是指需要记忆和存储的信息是随时间连续变化的，记录介质上留下按一定规律变化的磁场，如录音机中的磁带通常为模拟记录；而后者指被记录的信号是脉冲信号，记录介质上留下的是一连串等距或不等距的饱和磁化翻转，介质上两个相反的磁极方向分别表示 1 和 0，如硬盘为数字记录。按照磁化方式的不同可分为水平记录和垂直记录，如图 9-5 所示。

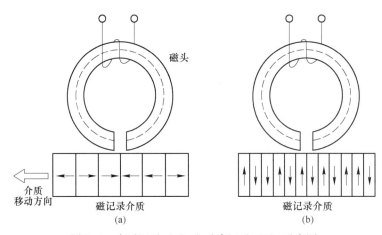

图 9-5　水平记录（a）和垂直记录（b）示意图

下面以水平记录过程为例简要说明其工作原理。来自麦克风、摄像机的电信号或者微机的数据，通过电子线路调制处理后，再通过记录磁头的绕组，在磁头的铁芯内产生磁通，此磁通经过铁芯缝隙形成闭合回路；当磁记录介质紧贴磁头的表面匀速通过时，就会被磁头缝隙处的磁场所磁化。当它离开磁头时，仍保留一定的剩余磁化强度。由于磁头缝隙处的磁场是随记录电流的方向和振幅的大小而变的，所以磁记录介质中的剩余磁化强度的变化记录了信号随时间的变化。记录密度是磁记录介质的一个重要参数，通常采用垂直记录方式可大幅提高记录密度。

需要说明的是，磁记录是一门综合技术，并非仅包括磁头和磁记录介质，由于篇幅和重点不同，这里着重介绍磁头材料和磁记录介质材料。

9.1.3.1　磁头材料

电磁感应型磁头应用的高密度软磁材料，记录时为了能使记录介质全厚度达到完全饱和磁化，要求使用高饱和磁通密度的材料；而且，再生时为了能高灵敏度检出记录介质较弱的磁场，要求使用高磁导率材料。对磁头材料有以下具体要求：

（1）最大磁导率 μ_m 和饱和磁化强度 B_s 要高，以实现对输入信号灵敏度高，输出信号大。

（2）矫顽力 H_c 和剩余磁化强度 B_r 要低，以减少磁头的磁损耗和剩磁，降低剩磁引起的噪声与非线性，提高效率。

（3）电阻率 ρ 要高，以降低涡流损耗，改善高频记录的频率响应特性。

9.2 电 阻 合 金

9.2.1 精密电阻合金

精密电阻合金是电阻值的温度系数（TCR）小并且长期稳定的合金。作为电路的基本组成元件，电阻值稳定，直接提高仪器的精度及可靠性。另外，该类合金的电阻随温度变化的线性度要好，对铜的热电势低；从利于生产使用的角度出发，希望加工性能良好，抗腐蚀，抗氧化，耐磨，易于焊接等。此外，电阻率处于不同范围的精密电阻合金，可适应不同的需要。

精密电阻合金主要有 Cu-Mn、Cu-Ni、Ni-Cr、Fe-Cr-Al 及贵金属合金。20 世纪 60 年代发展起来的非晶态合金，作为精密电阻合金显示了良好的性能。

9.2.1.1 Cu-Mn 合金

Cu-Mn 系精密电阻合金是向铜中加入锰，并且在此基础上再加入少量第三乃至第四合金元素组成的合金。

Cu-Mn 二元合金在 $w(Mn) < 20\%$ 时，保持单相状态（图 9-7）。锰使合金电阻率较铜大幅度提高，同时它的残余电阻率温度系数 α_ξ 为 -2.65×10^{-4}，使电阻温度系数 α 和 β 同时降低。其中，α 在 $x(Mn) = 11\%$ 左右达到最低，锰含量继续增加时会回升；β 随锰含量的增加直线降低，在 $x(Mn) = 7\%$ 附近通过零点，由正变负。锰导致合金对铜的热电势 E_{Cu} 增大，当 $x(Mn) > 10\%$ 以后增大很迅速，见图 9-8。

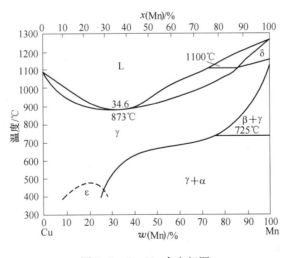

图 9-7 Cu-Mn 合金相图

实际使用的 Cu-Mn 系精密电阻合金，$w(Mn)$ 一般不超过 13%，并再加入少量的镍、铝、硅、锗、镓、铁等改善性能。作用是降低热电势 E_{Cu}、提高电阻率及抗蚀性、进一步改善电阻温度系数。"锰加宁"（manganin，又称"锰铜"）和"锗拉宁"（zeranin，"锗锰铜"）是该合金系中比较具有代表性的。其成分及性能如表 9-5 所示。

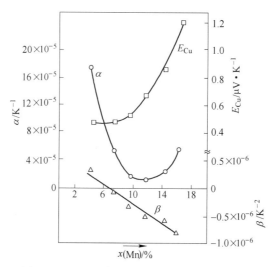

图 9-8　Cu-Mn 合金的性质与 Mn 含量的关系

表 9-5　锰铜与锗锰铜精密电阻合金及其性能

合金	化学成分（质量分数）/%					$\rho/\mu\Omega\cdot m$	$\alpha/10^{-6}K^{-1}$	$\beta/10^{-6}K^{-2}$	$E_{Cu}/\mu V\cdot K^{-1}$
	Mn	Ni	Fe	Ge	Cu				
锰铜	11~13	2~3	<0.3	—	余	0.47	±10	-0.5	≤1
锗锰铜	5~7	—	—	5.5~6.5	余	0.43	±3	-1.3	≤1.7

　　Cu-Mn 系精密电阻合金，一般经加工成型后在 500℃进行再结晶退火处理。合金具有"K 状态"（见下面的 Cr-Ni 合金），电阻率提高，从而获得非常低的电阻温度系数。

9.2.1.2　Cu-Ni 系合金

　　铜与镍均为面心立方结构，其合金均为单相固溶体，电阻率 ρ 的最高值出现在两元素摩尔分数各为 50%的成分下，符合一般规律。合金的电阻率温度系数 α 的最低值出现在 $w(Ni)=40\%$ 左右。Cu-Ni 系合金一般都选择在 α 最低、ρ 接近最高值的成分范围附近，即铜含量略高于镍，康铜（constantan）是典型代表，性能为：$\alpha=\pm20\times10^{-6}/K$，$\beta=-0.1\times10^{-6}/K^{2}$，$\rho=0.49\mu\Omega\cdot m$，$E_{Cu}=-43\mu V/K$。

　　Cu-Ni 合金中加入少量的锰、铁、钴、硅、铍，可使电阻温度系数进一步降低至 0，有提高耐热性等作用。

　　Cu-Ni 系合金的特点是：电阻线性好，可在较宽的温度范围使用，最高使用温度为 400℃，耐蚀性、耐热性较好；不足之处是对铜的热电势高，通常限用于交流。

9.2.1.3　Cr-Ni 系合金

　　Cr-Ni 系精密电阻合金是在 Cr20Ni80 电热合金基础上改良而得的。其突出特点是电阻率高，可达 $1.3\mu\Omega\cdot m$。此外，它的电阻率随温度变化的线性非常好，$\beta<0.05\times10^{-6}/K^{2}$。

　　合金中铬的质量分数一般在 20%左右，使二元合金的电阻率温度系数降低至最低。继续提高其含量，可使电阻率进一步提高，对铜的热电势也继续降低。对电热合金的改良，主要是向二元合金中又添加了新的合金元素，包括少量的铝、铜、锰、铁、钼、硅、钇等。新加入的合金元素一般都使合金的电阻率提高，温度系数降低，对铜的热电势下降，从而提高合金的性能，除锰外，其他元素的质量分数不超过 4%。

卡玛（Karma）合金是 Cr-Ni 系合金精密电阻合金的代表之一。其中，$w(\text{Fe})$ 与 $w(\text{Al})$ 各为 2%~3%，$w(\text{Mn})$ 为 1.5%~2.5%，还有少量的稀土（Y）。其性能为：$\alpha = \pm 20 \times 10^{-6}/\text{K}$，$\beta = \pm 0.05 \times 10^{-6}/\text{K}^2$，$\rho = 1.33\mu\Omega \cdot \text{m}$，$E_{\text{Cu}} \leq 2.5\mu\text{V/K}$。Cr-Ni 系合金精密电阻合金的性能，对塑性加工后的热处理非常敏感。以卡玛合金为例，980℃退火消除加工硬化后快冷的合金，其电阻率随温度的升高，从 350℃ 至约 850℃ 范围内出现一个峰，偏离正常的直线增长，如图 9-9 所示。这就是所谓的"K 状态"。它与合金内原子微观分布的变化形成短程有序态有关。这种变化始于 350℃，在 850℃ 以上又完全消失。具有高电阻率的"K 状态"是获得良好的性能的需要。在热处理过程中，要使其充分形成。卡玛合金退火后，要在 550℃ 左右进行回火处理得到"K 状态"，一方面使电阻率升高、温度系数趋于 0，同时降低对铜的热电势。Cr-Ni 系精密电阻合金的不足之处是其长期稳定性较差，另外焊接性也不好。

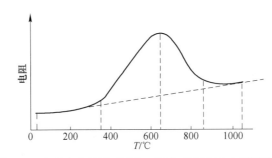

图 9-9 卡玛合金快冷或冷加工后加热过程中电阻的变化

9.2.1.4 Fe-Cr-Al 合金

Fe-Cr-Al 合金是 20 世纪 60 年代发展起来的精密电阻合金，与 Fe-Cr-Al 电热合金有密切关系。它的特点与 Ni-Cr 合金相同，电阻率较高。成本低是该合金的优势，相对于 Fe-Cr-Al 电热合金而言，其改进主要是铝、铬含量的选取及严格控制，另外加入少量的钴、钛、锆、钒、钼等以改进性能，合金的缺点是，性能对铝、铬含量比较敏感，对铜的热电势较高。另外，Fe-Cr-Al 合金的加工和焊接性能差。

9.2.1.5 贵金属系合金及其他精密电阻合金

贵金属精密电阻合金包括贵金属铂、银、金与其他元素组成的精密电阻合金。主要特点是抗氧化、抗腐蚀性能强，通过其表面与其他导体实现良好的电接触。受价格因素的影响，只用于特殊需要场合。

人们还研究过多种其他的合金来作为精密电阻材料。如锰基合金，其突出特点是电阻率非常高，在 $1.8 \sim 2.2\mu\Omega \cdot \text{m}$ 的范围；钛基合金（以铝为主要合金化元素）的电阻率也达到与锰基合金相当的水平，而它的密度低，具有良好的抗氧化、抗腐蚀能力。

9.2.1.6 非晶态精密电阻合金

在非晶态合金的研究中，人们发现其导电性与晶态合金的规律有很大的区别。首先，非晶态合金的电阻率都显著高于晶态合金，一般都在 $1\mu\Omega \cdot \text{m}$ 以上。非晶态合金的电阻率值在 300K 与 4.2K 下几乎相同，即 $R_{300\text{K}}/R_{4.2\text{K}} \approx 1$，而晶态金属此值要高得多，相差数百，甚至上千倍。非晶态合金的电阻温度系数较低，并且可为正，也可为负值。这些特性，为它作为精密电阻合金提供了非常有利的条件。非晶态合金的缺点在于它处于亚稳态而造成性能长期稳定性较差，使用温度较低等。

有两种途径可改变这类材料的电阻温度系数。第一是改变合金成分，如处于非晶态的合金（$Ni_{0.5}Pd_{0.5}$）$_{1-x}P_x$，$x \leqslant 23$ 时，TCR 为正；而 $x \geqslant 25$ 的合金的 TCR 实验值为负。改变合金 TCR 的另一种方法是对非晶态合金进行适当的热处理，可以使其 TCR 值发生变化。原因是热处理过程中发生晶化。晶化相的 TCR 为正。对于非晶态下 TCR 为负的合金，两者的作用相互抵消，使得整体合金的 TCR 能够调整到 0。这种获得零 TCR 的机制仅限于非晶态下 TCR 为负的合金。

9.2.2　电热合金

很多情况下，需要将电能转化成热能。实现这种转化主要有两种方式，电流通过电阻产生焦耳热及使气体电离产生电弧发热。电热合金是通过其自身电阻将电能转化成热能的合金。种类繁多的电热合金与非金属的石墨、碳化硅、二氧化钼等是主要的电热转化材料。电弧发热中也常用到高熔点的金属及合金作为电极材料。

作为电热合金，主要性能要求是电阻率值。另外，合金必须是高温，具有高温下的化学稳定性、一定的高温强度及显微组织的稳定性。此外，要求材料易于加工、价格低。

高电阻率可使设备重量轻、体积小；电阻率随温度变化率小，有利于温度调节及控制。合金的性能优于纯金属，单相、无相变合金最佳。

金属电热材料包括纯金属和合金两类。纯金属电热材料主要是钨、钼等，主要应用是产生高温。应用最广泛的合金是 Ni-Cr 系、Fe-Cr-Al 系及 Fe-Al-Mn 系电热合金。

9.2.2.1　金属电热材料

纯金属电热材料用于高温条件下，一般是熔点特别高的金属。过渡族元素的熔点较高，同一族元素中随原子序数的增大而增加。在同周期元素中，第 ⅥB 族的金属（铬、钼、钨）的熔点最高。实际应用的主要是钨、钼及钽、铂等。其中钨的熔点最高，达 3400℃，钼、钽、铂的熔点分别是 2600℃、3000℃及 1769℃。它们的最高工作温度分别达 2400℃、1800℃、2200℃和 1600℃。不过它们自身不具备足够的高温抗氧化、抗腐蚀能力，因而使用时应适当进行保护。钨、钼需要在非氧化性环境中使用。

9.2.2.2　Ni-Cr 系合金

Ni-Cr 二元合金在镍含量较高时为面心立方点阵型的固溶体。室温下的铬的最大溶解度 $w(Cr)$ 可达 30%，加热时直至开始熔化均为单相合金、无相变。

熔入镍中的铬，使合金电阻率大幅度升高，电阻温度系数降低。$w(Cr)$ 一般在 20% 左右。该合金系的代表性合金是 Ni80Cr20，熔点是 1400℃，室温电阻率 $1.1\mu\Omega \cdot m$，最高使用温度为 1150℃，常用温度是 1000~1050℃。

Ni-Cr 系合金发生氧化后的产物 NiO 和 Cr_2O_3 都具有显著降低氧扩散速度的作用，形成良好的抗氧化保护层，因而合金具有良好的抗高温氧化性。面心立方点阵类型的镍基合金具有较高的高温强度。

二元合金中加入少量的硅、锆、铝、钡，微量的稀土（铈等）以及铁、钴、铌、钙，可进一步提高性能，最高使用温度提高至 1200℃以上。合金中如含有碳、硫、磷、氧等，对性能不利。高温下碳与氧化膜中的氧生成 CO 气体，逸出时使保护性氧化膜破坏；硫、磷会造成合金的热、冷加工脆性。消除方法是用锰、硅脱氧、固硫。

Ni-Cr 系合金具有良好的冷加工性能。

9.2.2.3 Fe-Cr-Al 系合金

Fe-Cr-Al 系电热合金是 20 世纪 30 年代发展起来的，迟于 Ni-Cr 系。该合金不含镍，原料便宜；合金电阻率高，密度低，是目前应用最为广泛的电热合金。Fe-Cr-Al 系电热合金以铁为基，其中 $w(Cr)$ 为 13%～27%，$w(Al)$ 为 3.5%～7%，形成具有体心立方点阵类型的单相合金。图 9-10 所示为 Fe-Cr-Al 三元合金相图局部。在电热合金局部附近，合金可能发生的相变包括铬含量较低时的 Fe_3Al 有序转变，和铬含量较高而铝含量较低时的 σ 相析出。合金中形成 σ 相后变脆，在常温下无法进行加工成型。有序转变也将对合金电阻率及其塑性加工带来不利影响。因而合金在成分选取及加工、热处理过程中应避免出现这两种转变。

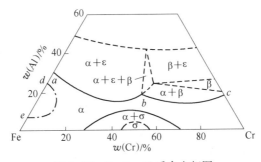

图 9-10　Fe-Cr-Al 系合金相图

合金中的铝和铬均使其电阻率升高，电阻温度系数降低。由于铝的结构属于面心立方点阵，而铬与铁的结构属于体心立方点阵，铝的作用效果比铬更强烈。

铝和铬明显提高合金高温抗氧化能力。其机理是形成具有保护性的铝及铬的氧化物薄膜，有效地阻止了氧化过程的发展。铝和铬含量较高，而且温度更高时，铝的氧化物更稳定，合金表面的氧化物以 Al_2O_3 为主，因而其作用更加重要。

合金中 $w(Al)$ 一般不高于 7%。原因是它使得合金在强度增加的同时，塑性大幅度降低。提高铬的含量，有一定的缓解作用。因此，含量较高的合金中，铝含量也略高一些，从而合金的电性能与耐高温性能均较好，可在更高温度下使用；而铬和铝的含量较低时，合金价格较低，使用温度略低。受到合金中 σ 相形成的限制，$w(Cr)$ 上限一般不高于27%。在这个成分范围的 Fe-Cr-Al 电热合金可分为三类，它们的成分及性能见表9-6。再增加合金中铬与铝的含量，可将合金的使用温度提高。如 $w(Cr)=35\%～45\%$、$w(Al)=5\%～12\%$ 的合金，可用至 1350℃。合金中会形成 σ 相，其成型可通过热加工完成。

表 9-6　Fe-Cr-Al 电热合金的成分及性能

合金	$w(Cr)/\%$	$w(Al)/\%$	其　他	Fe	$\rho_{300K}/\mu\Omega\cdot m$	最高温度/℃	常用温度/℃
Cr13Al4	13～15	3.5～5.5	$w(C)\leqslant0.15\%$	余	1.26	850	650～750
Cr17Al5	16～19	4.0～6.0	$w(C)\leqslant0.05\%$	余	1.3	1000	850～950
0Cr25Al5	23～27	4.5～6.5	$w(C)\leqslant0.06\%$	余	1.45	1200	950～1100

续表9-6

合金	$w(Cr)/\%$	$w(Al)/\%$	其 他	Fe	$\rho_{300K}/\mu\Omega\cdot m$	最高温度/℃	常用温度/℃
FeCrAl	25.6~27.5	6~7	$w(Mo)=1.8\%\sim2.2\%$ $w(Ti)=0.1\%$ $w(稀土)=0.3\%$	余	1.5	1400	1350

Fe-Cr-Al 系电热合金因其结构属于体心立方点阵而高温强度较差。高温下晶粒长大明显，使用后常有变形、变脆现象。添加微量元素，可细化铸态晶粒，使晶界弯曲，抑制晶粒长大，还能增强氧化膜与基体合金的结合力，从而提高了合金的使用温度及寿命。微量钛也能阻止晶粒长大。碱土金属（钙、钡）也可有效提高合金寿命。合金中碳含量对其冷加工性能的不利影响很大，$w(C)$ 一般应控制在 0.07%以下。

9.2.3 热电偶合金

利用电热效应用热电偶进行实际测温，是从 1886 年开始的。原则上，几乎所有导电材料（导体及半导体）都可作为热电极材料组成热电偶。实际应用中，对热电极材料的具体要求有以下几个方面：

（1）热电势足够大，并且随温度变化具有单值性、变化率（赛贝克系数）大。以保证组成的热电偶具有高热电势、高可靠性和高灵敏度。

（2）组成热电偶的两种电极材料的热电势随温度的变化尽量一致，使得热电偶的热电势与温度的关系尽量接近线性。

（3）电极材料稳定性非常高，组织均匀，使用温度范围内不发生相变、有序转变、偏聚等变化；抗氧化、抗腐蚀性能好（工业上，要求热电偶在上限使用温度 1000h 使用后，热电势变化所对应温度值的相对变化低于 0.75%）。

（4）用于测量高温的热电极材料，其自身熔点要高。

（5）具有良好的塑性及足够的强度，便于拉制成丝材。

9.2.3.1 热电偶电极材料

热电偶分为正、负两极，相应的热电极材料也分为正极和负极，分别在材料类型符号后以 P 和 N 标示。国际标准化的热电偶有 8 种类型，另外各国还有一些用量较大的标准化热电偶。我国已定国标（GB）或国家专业标准（ZBN）的热电偶材料有 12 种，其中包括上述 8 种国际标准化的热电偶，见表9-7。

表 9-7 我国的热电偶丝标准

热电偶	分度号	正极代号	名义成分/%	负极代号	名义成分/%	使用最高温度/℃ 长期	使用最高温度/℃ 短期	分度表温区/℃	标准号
铂铑 30-铂铑 6	B	BP	PtRh30	BN	PtRh6	1600	1800	0~1820	GB 2902—82
铂铑 13-铂	R	RP	PtRh13	BN	Pt	1400	1600	-50~1769	GB 1598—86
铂铑 10-铂	S	SP	PtRh10	SN	Pt	1300	1600	-50~1769	GB 3772—83
镍铬-镍硅	K	KP	NiCr10	KN	NiSi3	1200	1300	-270~1373	GB 2614—85
镍铬-铜镍（康铜）	E	EP	NiCr10	EN	CuNi45	750	900	-270~1000	GB 4993—85

热电偶	分度号	正极代号	名义成分/%	负极代号	名义成分/%	使用最高温度/℃		分度表温区/℃	标准号
						长期	短期		
铁-铜镍（康铜）	J	JP	Fe	JN	CuNi45	600	750	-210~1200	GB 4994—85
铜-康铜	T	TP	Cu	TN	CuNi45	350	400	-270~400	GB 2903—82
镍铬-金铁	NiCr-AuFe	NiCr	NiCr10	AuFe	AuFe0.07（原子）	0	—	-273.15~0	GB 2904—82
铜-金铁	Cu-AuFe	Cu	Cu	AuFe	AuFe0.07（原子）	0	—	-270~0	GB 2904—82
镍铬硅-镍硅	N	NP	Ni14.5 CrSi1.5	NN	NiSi4.5	1200	1300	-270~1300	ZBN 05004—88
钨铼3-钨铼25	WRe3-WRe25	WRe3	WRe3	WRe25	WRe25	2300	—	0~2315	ZBN 05003—88
钨铼5-钨铼26	WRe5-WRe26	WRe5	WRe5	WRe26	WRe26	2300	—	0~2315	ZBN 05003—88

在热电偶电极材料中，纯金属铂是一种常见的材料。它是 R、S 两种类型的热电偶的负极材料，同时，人们选它作为表征材料热电势的标准电极，即将一种材料作为正极、纯铂作为负极的热电偶的热电势，作为这种材料的热电势。这种热电势，实际上是材料相对于铂的绝对热电势的数值，相当于将各温度下铂的热电势均视为零。铂适合于此用途，是因为该材料熔点高（1769℃），无相变，热电势重复性好，抗氧化能力强，化学稳定性好，高纯度的材料易得。因而测温范围大，可靠性高。

纯组元的热电极材料还有铜和铁。铜作正极组成的热电偶适合于低温及深低温的测量。需要注意的是，铜中如果含有铁磁性的杂质如铁，其热电势再低温区（50K 以下）与杂质的纯铜偏差很大，会出现负峰值。对于低温（液氮）的测量，应当选用无磁铜，其中铁的质量分数控制在 0.0002% 以下。纯铁作 J 型热电偶的正极，由于 540℃ 以上氧化迅速，限定它的使用温度不高于此值。为了防止铁的电化学腐蚀（氧化生锈），可进行发蓝或磷化处理。

热电极材料也大量使用合金。如 Pt-Rh、Ni-Cr、Ni-Si（康铜）、Cu-Ni、W-Re 合金等。合金元素的主要作用是改变材料的热电势，使其适合于实际需要。例如，B、R、S 型热电偶的 Pt-Rh 合金，铑的含量明显影响其热电势，如图 9-11 所示。不同的铑含量的合金，分别作为正、负极，组成热电偶，如 B 型。此外，合金元素导致合金的其他性能发生变化。在 Pt-Rh 合金中，铑的添加提高其熔点、增加合金强度；N 型、K 型负极镍合金中加入的硅，有提高合金抗氧化能力的作用等，对材料的实际应用产生有利的影响。这些合金的共性是：加入合金元素后，形成均匀的固溶体，至少在使用温度范围内不发生相变，也不出现有序转变。这是有热电偶材料的特性要求决定的。

9.2.3.2　热电偶的使用

使用热电偶进行温度测量，必须根据待测点的温度范围、气氛条件，选择适当的热电偶。否则，不能保证测量结果的正确性，还有可能损坏热电偶。可参考图 9-12 加以选择。

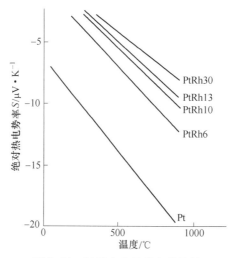

图 9-11　铂铑合金的热电势特性

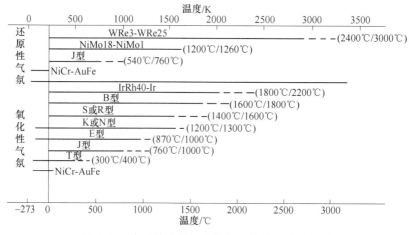

图 9-12　各种热电偶适合的气氛及使用温度范围

9.3　形状记忆材料

形状记忆材料是一种特殊功能材料，这种集感知和驱动于一体的新型材料可以成为智能材料结构，而备受世界瞩目。1951 年美国 Read 等人在 Au-Cd 合金中首先发现形状记忆效应（shape memory effect，简称 SME）。1953 年在 In-Tl 合金中也发现了同样的现象，但当时未能引起人们的注意。直到 1964 年布赫列等人发现 Ti-Ni 合金具有优良的形状记忆性能，并研制成功实用的形状记忆合金"Nitinol"，引起了人们的极大关注，世界各国科学工作者和工程技术人员进行了广泛的理论研究和应用开发。形状记忆合金已广泛用于人造卫星天线、机器人和自动控制系统、仪器仪表、医疗设备和能量转换材料。近年来，又在高分子聚合物、陶瓷材料、超导材料中发现形状记忆效应，而且在性能上各具特色，更加促进了形状记忆材料的发展和应用。

9.3.1 形状记忆效应及机理

9.3.1.1 形状记忆效应

具有一定形状的固体材料，在某一低温状态下经过塑性变形后，通过加热到这种材料固有的某一临界温度以上时，材料又恢复到初始形状的现象，称为形状记忆效应。具有形状记忆效应的材料称为形状记忆材料。例如，在高温时将处理成一定形状的金属急冷下来，在低温相状态下经塑性变形成另一种形状，然后加热到高温相成为稳定状态的温度时通过马氏体逆相变会恢复到低温塑性变形前的形状。具有这种形状记忆效应的金属，通常是由 2 种以上的金属元素构成的合金，故称为形状记忆合金（shape memory alloys，简称 SMA）。

形状记忆效应可分为 3 种类型：单程形状记忆效应、双程形状记忆效应和全程形状记忆效应。图 9-13 表示 3 种不同类型形状记忆效应的对照。所谓单程形状记忆效应就是材料在高温下制成某种形状，在低温时将其任意变形，再加热时恢复为高温相形状，而重新冷却时却不能恢复低温相时的形状。若加热时恢复高温相时的形状，冷却时恢复低温相形状，即通过温度升降自发可逆地反复恢复高低温相形状的现象称为双程形状记忆效应。当加热时恢复高温相形状，冷却时变为形状相同而取向相反的高温相形状的现象称为全程形状记忆效应。它是一种特殊的双程形状记忆效应，只能在富 Ti-Ni 合金中出现。

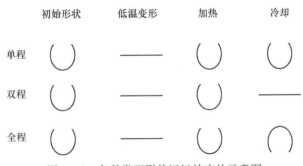

图 9-13　各种类型形状记忆效应的示意图

9.3.1.2 形状记忆效应机理

大部分合金和陶瓷记忆材料是通过马氏体相变而呈现形状记忆效应。马氏体相变具有可逆性，将马氏体向高温相（奥氏体）的转变称为逆转变。形状记忆效应是热弹性体马氏体相变产生的低温相在加热时向高温相进行可逆转变的结果。

设 M_s、M_f 分别表示冷却时奥氏体向马氏体转变的开始温度和终了温度，A_s、A_f 表示加热时马氏体向奥氏体逆转变的开始温度和终了温度。具有马氏体逆转变，且 M_s 和 A_s 温度相差（称为转变的热滞后）很小的合金，将其冷却到 M_s 点以下，马氏体晶核随着温度下降而逐渐长大；温度回升时，马氏体相变又反过来同步地随温度上升而缩小，马氏体相的数量随温度的变化而发生变化，这种马氏体称为热弹性马氏体。在 M_s 以上某一温度对合金施加外力也可以引起马氏体的相转变，所形成的马氏体叫应力诱发马氏体。若热弹性马氏体相变驱动力小，在低于 M_s 点的温度下，通过降温进行热弹性马氏体相变，从而呈现形状记忆效应。这种特性与参数关系见图 9-14。因此，形状记忆效应是热弹性马氏体相变产生的低温相在加热时向高温相进行可逆转变的结果。

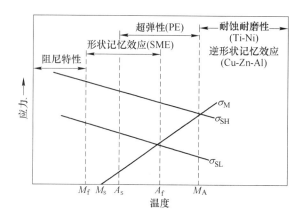

图9-14　形状记忆合金的各种特性和应力与工作温度关系

σ_M—应力诱发马氏体相变临界应力；σ_{SL}—母相低屈服应力；σ_{SH}—母相高屈服应力

研究表明，合金呈现形状记忆效应必须具备如下条件：

（1）马氏体相变是热弹性的；

（2）母相与马氏体相呈现有序点阵结构；

（3）马氏体内部是孪晶变形的；

（4）相变时在晶体学上具有完全可逆性。

由于有序点阵结构的母相与马氏体相变的孪生结构具有共格性，在母相→马氏体→母相的转变循环中，母相完全可以恢复原状。这就是单程记忆效应的原因。形状记忆时晶体结构变化的模型如图9-15所示。形状记忆效应历程可用图9-16表示，图中：（1）将母相冷却到 M_s 点以下进行马氏体相变，形成24种马氏体变体，由于相邻变体可协调地生成，微观上相变应变相互抵消、无宏观变形；（2）马氏体受外力作用时（加载），受体界面移动，相互吞食，形成马氏体单晶、出现宏观变形（ε）；（3）由于变形前后马氏体结构没有发生变化，当去除外应力时（卸载）无形状改变；（4）当加热高于 A_f 点的温度时，马氏体通过逆转变恢复到母相形状。

双程记忆效应和全程记忆效应的机理比较复杂，有许多问题尚未搞清楚。

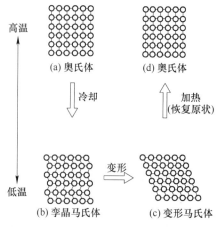

图9-15　形状记忆过程中晶体结构的变化

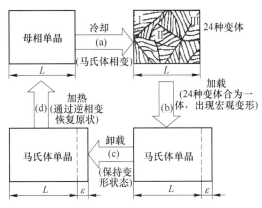

图 9-16 形状记忆机制示意图（拉应力状态）

9.3.2 形状记忆合金

迄今为止，人们发现具有形状记忆的合金有 50 多种。按照合金组成和相变特征，具有较完全形状记忆效应的合金可分为三大系列：钛镍系形状记忆合金，铜基系形状记忆合金和铁系形状记忆合金。它们的主要性能见表 9-8。

表 9-8 部分形状记忆合金性能比较

项 目	量纲	Ni-Ti	Cu-Zn-Al	Cu-Al-Ni	Fe-Mn-Si
熔点	℃	1240~1310	950~1020	1000~1050	1320
密度	kg/m³	6400~6500	7800~8000	7100~7200	7200
电阻率	$10^{-6}\Omega$	0.5~1.10	0.07~0.12	0.1~0.14	1.1~1.2
热导率	W/(m·℃)	10~18	120（20℃）	75	—
热膨胀系数	10^{-6}/℃	10（奥氏体） 6.6（马氏体）	— 16~18 （马氏体）	— 16~18 （马氏体）	15~16.5
比热容	J/(kg·℃)	470~620	390	400~480	540
热电势	10^{-6}V/℃	9~13 （马氏体） 5~8 （奥氏体）	—	—	—
相变热	J/kg	3200	7000~9000	7000~9000	—
E（模数）	GPa	98	70~100	80~100	
屈服强度	MPa	150~300 （马氏体） 200~800 （奥氏体）	150~300	150~300	—
抗拉强度（马氏体）	MPa	800~1100	700~800	1000~1200	700
伸长率（马氏体）	%（应变）	40~50	10~15	8~10	25
疲劳极限	MPa	350	270	350	—

项　目		量纲	Ni-Ti	Cu-Zn-Al	Cu-Al-Ni	Fe-Mn-Si
晶粒大小		μm	1~10	50~100	25~60	—
转变温度		℃	-50~100	-200~170	-200~170	-20~230
滞后大小（$A_s - A_f$）		℃	30	10~20	20~30	80~100
最大单程形状记忆		%（应变）	8	5	6	5
最大双程形状记忆	$N=102$	%（应变）	6	1	1.2	—
	$N=105$		2	0.8	0.8	
	$N=107$		0.5	0.5	0.5	
上限加热温度（1h）		℃	400	160~200	300	—
阻尼比		(SDC)%	15	30	10	—
最大为弹性应变（单晶）		%（应变）	10	10	10	—
最大为弹性应变（多晶）		%（应变）	4	2	2	—
恢复应力		MPa	400	200	—	190

9.3.2.1　Ti-Ni 系形状记忆合金

Ti-Ni 合金是目前所有形状记忆合金中研究得最全面、记忆性能最好、实用性强的合金材料。表 9-9 列出了 Ti-Ni 形状记忆合金的各种性能。

表 9-9　Ti-Ni 形状记忆合金有关性能

项　目			单程形状记忆合金	全程形状记忆合金
材料牌号			MAT-10	MAT-100
相变特性	相变温度 M_s/℃		-80~80	-40~0
	相变温度 A_s/℃		-70~90	-10~40
	滞后/℃		20~30	约70（全程）
	形变恢复率/%		重复使用次数少 ≤8 多次反复使用 ≤3	≤2（全程）
	形变恢复力/MPa		<400	<400（升温） <130（降温）
物理特性	熔点/℃		1300	1300
	密度/kg·m⁻³		6500	6500
	热膨胀系数 /10⁻⁶℃⁻¹	奥氏体	11	11
		马氏体	6.6	6.6
	电阻率 /10⁻⁶Ω·cm	奥氏体	70~90	70~90
		马氏体	50~80	50~80
力学特性	硬度 HV	奥氏体	200~350	200~350
		马氏体	180~200	180~200
	抗拉强度/MPa		700~900	700~900
	屈服强度/MPa		100~150	100
	伸长率/%		50~70	50~70

Ti-Ni 合金有 3 种金属化合物：Ti_2Ni、$TiNi$ 和 $TiNi_2$。图 9-17 为 Ti-Ni 合金的相图。Ti-Ni 的高温相为 CsCl 结构的体心立方晶体（B2），低温相是一种复杂的长周期堆垛结构（B19），属单斜晶系。Ti-Ni 形状记忆合金具有优良的力学性能，抗疲劳、耐磨损、抗腐蚀，形状记忆恢复率高，生物相容性好，是目前唯一用作生物医学材料的形状记忆合金。而且 Ti-Ni 合金热加工成型性能好，通过在 1000℃ 左右固溶后，在 400℃ 进行时效处理，再淬火得到马氏体。时效处理一方面能提高滑移变形的临界应力，另一方面能引起 R 相变。R 相变是 B2 点阵受到沿［111］方向的菱形畸变的结果。通过时效处理，以及加入其他元素，可以提高 Ti-Ni 的记忆效应和加工性能，拓宽应用范围。

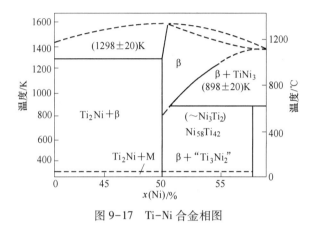

图 9-17　Ti-Ni 合金相图

例如，Ti-Ni 合金通过添加第三种元素、增加 Ni 的含量、低温时效处理等方法，可以提高母相的屈服强度，制成高屈服形状记忆合金，可用于机械能贮能装置的贮能元件。

在 Ti-Ni 合金中添加一定量的 Nb，可制得宽滞后的 Ti-Ni-Nb 合金。例如，Ni47Ti44Nb9 滞后宽度由 34℃ 增到 144℃，且 A_s 高于室温（54℃）。这种 Ti-Ni-Nb 宽滞后记忆合金在室温下既能存储又能工作，工程使用极为方便。美国 Raychem 公司于 1986 年 12 月申请了该项技术专利，1987 年起生产这类宽滞后形状记忆合金器件，用于航空航天、船舶舰艇和海上石油平台等方面，作为液压管路接头。

近年来，由于高温热敏器件的大量应用，如防火装置和汽车发动机等热动元件的工作温度均超过 100℃，核反应堆工程中要求记忆合金热敏驱动器件的动作温度高达 600℃，为此开发出了 $TiNi_{1-x}R_x$（R＝Au、Pt、Pd 等）和 $Ti_{1-x}NiM_x$（M＝Zr、Hf 等）系列高温记忆合金。例如，Ti-Ni-Pd 或 Ti-Pd 合金的 M_s 点可达 200~500℃，而 Ti-Ni-Pt 或 Ti-Pt 合金的 M_s 点可达 200~1000℃。研制中的 Ti-Pd-Fe、Ti-Pd-Cr 高温系列形状记忆合金，可用作核反应堆工程的热敏元件。

9.3.2.2　铜基系形状记忆合金

铜基系形状记忆合金种类比较多，主要包括 Cu-Zn-Al 及 Cu-Zn-Al-X（X＝Mn、Ni），Cu-Al-Ni 及 Cu-Al-Ni-X（X＝Ti、Mn）和 Cu-Zn-X（X＝Si、Sn、Au）等系列，表 9-10 列出了具有代表性的 3 类铜基形状记忆合金的成分和性能。铜基系合金只有热弹性马氏体相变，比较单纯。在铜基系形状记忆合金中，以 Cu-Zn-Al 合金的性能较好，可以根据实际需要，调整合金的成分，以改变材料的热弹性马氏体相变温度，应用日益广泛。

表 9-10 铜基形状记忆合金的成分与性能

分类	合金系	成分（质量分数）/%	熔点/℃	密度/kg·cm⁻³	M_s/℃
I	Cu-Zn-Al	25.9Zr, 4.04Al	957	7940	40
II	Cu-Al-Ni	13.89Al, 3.47Ni	1060	7150	40
	Cu-Al-Ni-Ti	13.5Al, 3.48Ni, 0.99Ti	1045	7060	26
	Cu-Al-Ni-Mn-Ti	11.68Al, 5.03Ni, 2.0Mn, 0.96Ti	—	—	120
III	Cu-Al-Be	9.02Al, 0.77Be	1033	7420	36

铜基系合金的形状记忆效应明显低于 Ti-Ni 合金。而且形状记忆稳定性差，表现出记忆性能衰退现象。这种衰退可能是马氏体转变过程中产生范性协调和局部马氏体变体产生"稳定化"所致。逆相变加热温度越高，衰退速度越快；载荷越大，衰退也越快。为了改善铜基系合金的循环特性，提高其记忆性能，可加入适量稀土和 Ti、Mn、V、B 等元素，以细化晶粒，提高滑移形变抗力；也可采用粉末冶金和快速凝固法等以获得微晶铜基系形状记忆合金。通过变性处理，可得到有利的组织结构，提高记忆性能，避免铜系记忆合金热弹性马氏体的"稳定化"。

铜基系形状记忆合金的优点是原料来源充足，容易加工成型，价格较 Ti-Ni 合金低得多，转变温度较宽，热滞后小，导热性好，因此有一定的发展潜力。

9.3.2.3 铁基系形状记忆合金

继钛镍和铜基合金之后，20 世纪 70 年代以来，在许多铁基合金中发现了形状记忆效应，这些合金的成分和性能见表 9-11。

表 9-11 铁基形状记忆合金的结构和性能

合金	成分	马氏体晶体结构	相变特性	形状记忆恢复率/%	M_s/K
Fe-Pt	~25%（摩尔分数）Pt	b.c.t（α′）	热弹性	40~80	280
Fe-Pd	~30%（摩尔分数）Pd	f, c, t	热弹性	40~80	180~300
Fe-Ni-Co-Ti	Fe33Ni10Co4Ti	b.c.t（α′）	热弹性	80~100	~150
Fe-Ni-C	Fe31Ni0.4C	b.c.t（α′）	非热弹性	50~85	77~150
Fe-Cr-Ni	Fe19Cr10Ni	b.c.t（α′）	非热弹性	25	—
Fe-Mn-Si	Fe(28~33) Mn(4~6) Si	h.c.p（ε）	非热弹性	30~100	200~390
Fe-Mn-Si-Cr	Fe28Mn6Si5Cr	h.c.p（ε）	非热弹性	100	300

注：表中元素符号前面的数字为质量分数（%）。

铁基合金的形状记忆效应，既有通过热弹性马氏体相变来获得，也有通过应力诱发 ε-马氏体相变（非热弹性马氏体）而产生形状记忆效应。例如，Fe-Mn-Si 合金经淬火处理所得的马氏体为热非弹性马氏体，属应力诱导型记忆合金。在应力作用下马氏体不会发生再取向，其室温形状是通过在高于 M_s 温度的变形来成型的。在此过程中，发生应力诱导 γ-ε 马氏体相变，当加热到高于 A_f 温度时，发生 ε-γ 逆相变，从而实现形状记忆。

铁基形状记忆合金价格较 Ti-Ni 系和铜基系合金便宜得多，易于加工。强度高，刚性好，因此受到国内外科学界的重视。目前的研究集中在 Fe-Mn-Si 系合金上，它具有良好的形状记忆效应。单向记忆性能完全恢复的变形量接近 5%，其中 M_s 温度在室温附近，A_s 大约为 120℃，相变滞后较大。其特性见表 9-12。为了改善铁基系合金的形状记忆效应，可加入 Ti、Cr、Co、Ni 等元素，改进合金成分，改善加工工艺，促进其实用化。例如，Fe14Mn6Si9Cr5Ni 合金的形状恢复率可达 5%，具有实用性。

表 9-12 两种铁基形状记忆合金的特性

特 性	Fe-32Mn-6Si	Fe-28Mn-6Si-5Cr
M_s/℃	25	20
A_s/℃	115	120
A_f/℃	185	180
滞后/℃	~100	~100
形状恢复率/%	3（最大 4）	2（最大 2.7）
恢复应力/MPa	196（最大 294）	177（最大 196）
密度/kg·m^{-3}	7200	7200
熔点/℃	1315	1330
电阻率/10^{-5}Ω·cm	110（室温）	110（室温）
	120（变形后）	130（变形后）
抗拉强度/MPa	687	1079
屈服强度/MPa	324	314
伸长率/%	28	35
硬度（HV）	190（奥氏体）	200（奥氏体）
切削性	良好	良好
焊接性	可能	可能

尽管铁基系合金的形状记忆特性比 Ti-Ni 合金差，但由于原料易得，成本低廉，可以采用现有的钢铁工艺进行冶炼和加工，适用作结构材料，也可作特种用途材料。在应用方面具有明显的竞争优势，是很有发展前途的形状记忆合金材料。

9.3.3 形状记忆陶瓷

陶瓷材料具有许多优良的物理性质，尤其是功能陶瓷的大量涌现，在许多应用中显示出奇特优异的性能。但陶瓷材料不能在室温下进行塑性加工，性质硬脆，因而限制了它的许多应用。如果陶瓷材料具有形状记忆特性，则为陶瓷的成型加工开辟一条新的途径。

近 10 年来，某些陶瓷和无机化合物的位移和马氏体相变已得到公认。研究表明，二氧化锆陶瓷中无论是应力还是热力学，由于相变塑性和韧化的存在，都能激发四方晶体（t）向单斜晶体（m）的转变，而且是可逆的变化，也是马氏体相变。例如，高温状态的 ZrO_2 是立方结构，中温状态为四方晶体，在较低温度下则是单斜对称结构。当加热到 950℃ 及随后冷却就发生四方晶体（t）向单斜晶体（m）的转变；再加热至 1150℃，就会发生逆转变，意味着马氏体形状记忆效应的出现。此外，在 $BaTiO_3$、$KNbO_3$ 和 $PbTiO_3$ 等钙钛石类氧化物陶瓷中所共有的立方晶（c）向四方晶（t）系的转变均具有明显的马氏体相变，表现出形状记忆的特征。

目前广泛研究的形状记忆陶瓷是以氧化物为主要成分的形状记忆元件，引起塑性变形的温度为 0~300℃，负荷应力为 50~3000MPa，其形状记忆受陶瓷中 ZrO_2 的含量以及 Y_2O_3、CaO、MgO 等添加剂的影响。例如，将 Mg-半稳定二氧化锆（PSZ）陶瓷试样在负载条件下冷却到 M_s 点及以下，变形开始；再加热到 A_s 点，形状开始恢复，温度达到 A_f 点，变形完全恢复。表明这类陶瓷具有形状记忆效应。而且调整化学成分，可以控制操作温度。这类形状记忆陶瓷材料可能成为能量储存执行元件和特种功能材料。

9.3.4 形状记忆聚合物

20 世纪 50 年代初，Charlesby 和 Dule 发现聚乙烯在高能射线作用下能产生辐射交联反应。其后 Charlesby 进一步研究发现辐射交联聚乙烯当温度超过熔点达到高弹性态区域时，施加外力随意改变其外形，降温冷却固定形状后，一旦再加热升温至熔点以上时，它又恢复到原来的形状，这就是形状记忆聚合物（shape memory polymer，简称 SMP）。形状记忆聚合物以其优良的综合性能，较低的成本，加工容易，巨大的潜在实用价值而得到迅速的发展。20 世纪 80 年代法国煤化学公司开发出聚降冰片烯 SMP。日本投入大量人力物力进行研究，目前已拥有聚降冰片烯、反式聚异戊二烯（TPI）、苯乙烯-丁二烯共聚物以及聚氨酯（PU）等 SMP 工业生产应用技术。我国中科院化学研究所和上海交通大学等单位开展了 SMP 的研究工作，并取得了可喜的进展。

9.3.4.1 聚合物形状记忆机理

高聚物的各种性能是其内部结构的本质反映，而聚合物的形状记忆功能是由其特殊的内部结构决定的。目前开发的形状记忆聚合物一般是由保持固定成品形状的固定相和在某种温度下能可逆的发生软化-硬化的可逆相组成。固定相的作用是初始形状的记忆和恢复，第二次变形和固定则是由可逆相来完成。固定相可以是聚合物的交联结构、部分结晶结构、聚合物的玻璃态或分子链的缠绕等。可逆相则为产生结晶与结晶熔融可逆变化的部分结晶相，或发生玻璃态与橡胶态可逆转变（玻璃化温度 T_g）的相结构。

通常是借助热刺激形状记忆，其热刺激机理可用聚降冰片烯为例说明。具体过程如图 9-18 所示。

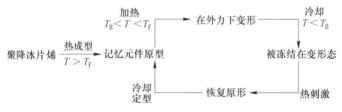

图 9-18　聚降冰片烯热刺激机理

聚降冰片烯平均相对分子量达 300 万以上，T_g 为 35℃，其固定相为高分子链的缠结交联，以玻璃态转变为可逆相，在黏流态的高温下进行加工一次成型，分子链间的相互缠绕，使一次成型形状固定下来。接着在低于 T_f 高于 T_g 的温度条件下施加外应力作用，分子链沿外应力方向取向而变形，并冷却至 T_g 点温度以下使可逆相硬化，强迫取向的分子链"冻结"，使二次成型的形状固定。二次成型的制品若再加热到 T_g 以上进行热刺激，可逆相熔融软化其分子链解除取向，并在固定相的恢复应力作用下，逐渐达到热力学稳定状态，材料在宏观上恢复到一次成型品的形状。应该指出，不同的形状记忆聚合物，其固定相和可逆相各不相同，因而热刺激的温度也不相同。

除了热刺激方法产生形状记忆外，通过光照、通电或用化学物质处理等方法刺激也可产生形状记忆功能。例如，偶氮苯在紫外光照射下，从反式结构变为顺式结构，光照停止后发生逆向反应，又转变为反式结构，可见光的照射可加速其恢复过程。又如，将交联聚丙烯酸纤维浸入水中，交替地加酸和加碱，就会出现收缩和伸长。说明 pH 值的变化导致聚丙烯酸反复离解、中和，而产生分子形态的变化。

9.3.4.2 形状记忆聚合物的重要品种及其特性

凡是具有固定相和转化-硬化可逆相结构的聚合物都可作为形状记忆聚合物。SMP 可以是单组分聚合物，也可以是软化温度不同、相容性好的两种组分嵌段或接枝共聚物或共混物。根据固定相的结构特征，形状记忆聚合物可分为热塑性 SMP 和热固性 SMP。下面简述其重要品种及其特性。

（1）聚降冰片烯。法国煤化学公司于 1984 年开发的环戊烯橡胶是在 Dles-Alder 催化条件下由乙烯和环戊二烯合成降冰片烯，然后开环聚合得到含双键和五元环交替键合的无定形聚合物。日本杰昂公司发现它具有形状记忆功能并投入市场。该聚合物平均相对分子质量达 300 万以上，固定相为高分子链的缠绕交联，以玻璃态与橡胶态可逆变化的结构为可逆相。

聚降冰片烯属热塑性树脂，可通过压延、挤出、注塑等工艺加工成型；T_g 为 35℃，接近人体温度，室温下为硬质，适于作人用织物制品；而且强度高，有减震作用；具有较好的耐湿气性和滑动性。除聚降冰片烯外，降冰片烯与其烷基化、烷氧基化、羧酸衍生物等共聚得到的无定形或半结晶共聚物也有形状记忆功能。

（2）反式 1,4-聚异戊二烯。反式 1,4-聚异戊二烯（TPI）是采用 A1R3-VCl3 系 Ziegler 催化剂经熔液聚合制得。TPI 是结晶性聚合物，结晶度为 40%，熔点为 67℃，可通过硫磺或过氧化物进行交联，交联得到的网络结构为固定相，能进行熔化和结晶，可逆变化的部分结晶相为可逆相。TPI 具有变形速度快、恢复力大，形变恢复率高等特点。但 TPI 属热固性树脂，不能再度加工成型. 而且耐热性和耐候性也较差。

（3）苯乙烯-丁二烯共聚物。日本旭化成公司于 1988 年开发成功的由聚苯乙烯和结晶聚丁二烯的混合聚合物，商品名为阿斯玛。其固定相是高熔点（120℃）的聚苯乙烯单元，可逆相为低熔点（50℃）的聚丁二烯单元的结晶相。将它在 120℃ 以上加工成型，得到一次成型制品。然后在 69～90℃（高于聚丁二烯熔点）施加外力使其产生变形，并冷却至 40℃ 以下，以固定二次形变。当需要显示记忆性能时，只需加热到高于 60℃ 时，使聚丁二烯结晶相熔化，在聚苯乙烯内应力作用下，即可恢复到一次成型时的形状。

苯乙烯-丁二烯共聚物属热塑性 SMP，变形量大，可高达 400%，形状恢复速度快。重复形变时，恢复率虽有所下降，但至少可使用 200 次以上。而且具有优良的耐酸耐碱性，着色性好，应用范围广泛。

（4）聚氨酯。聚氨酯是由异氰酸酯、多元醇和链增长剂等三种单体原料聚合而成的含有部分结晶的线性聚合物。该聚合物以其部分结晶相为固定相，在 T_g 发生玻璃态与橡胶态可逆变化的聚氨酯软段为可逆相。形状恢复温度为 -30～70℃，选择适宜的原料种类和

配比就可以调节 T_g。目前已制得 T_g 分别为 25℃、35℃、45℃、55℃ 的形状记忆聚氨酯材料。

聚氨酯形状记忆材料可以制成热塑性的，也可制成热固性的。前者形变量大，可达 400%，重复形变效果和耐候性也较好，而且质轻价廉，加工和着色容易。

上述几种重要的形状记忆聚合物的性能见表 9-13。目前已发现的 SMP 还有交联聚乙烯、聚乙烯醇缩醛凝胶、乙烯-醋酸乙烯共聚物、聚己内酯、聚酰胺、聚氟代烯烃、聚酯系聚合物合金等。

表 9-13　形状记忆聚合物的组成及性能

SMP	聚降冰片烯	反式 1,4-聚异戊二烯	苯乙烯-丁二烯共聚物	聚氨酯
相对分子质量	>300 万	25 万	数十万	—
形状记忆机理	分子链相连	交联、加硫化学交联	分子链相连	交联、高分子内结晶部分
形状记忆温度/℃	<150	—	<120	~20
二次成型的形状固定的内部结构	玻璃化转移	结晶变态	结晶变态	玻璃化转移
形状恢复温度/℃	35	67	60~90	-30~60
颜色	白色	白色	白色	透明
密度/g·cm^{-3}	0.96	0.96	0.97	1.04
硬度（常温）	<100	50（邵氏 D）	43（邵氏 D）	70（T_g 以上）
拉伸强度/MPa	34.3	28.42	9.8	34.3（T_g 以上）
伸长率/%	<200	180	400（常温） 500（60~90℃）	100
拉伸应力/MPa	—	16.66	7.81	—
弯曲模量/MPa	—	—	225.1	—

SMP 与形状记忆合金相比具有如下特点：

（1）SMP 的形变量高，如形状记忆 TPI 和聚氨酯均高于 400%，而形状记忆合金一般在 10% 以下。

（2）SMP 形状恢复温度可通过化学方法加以调整，对于确定组成的形状记忆合金的形状恢复温度一般是固定的。

（3）SMP 的形状恢复应力一般比较低，在 9.81~29.4MPa 之间，形状记忆合金则高于 1471MPa。

（4）SMP 耐疲劳性较差，重复形变次数均为 5000 次，甚至更低；而形状记忆合合的重复形变次数可达 10^4 数量级。

（5）SMP 只有单程形状记忆功能，在形状记忆合金中已发现了双程形状记忆和全程形状记忆。

9.3.4.3　形状记忆聚合物材料的生产方法

形状记忆聚合物材料的生产工艺因应用领域的不同而有所不同。目前应用最多的是作为热收缩材料。其生产工艺过程大致为：配料→混合造粒→成型→交联→扩张→冷却定型→热收缩材料产品。

（1）化学配方和配料。化学配方是制造不同性能的热收缩材料的关键。对于各种不同用途的产品，通过计算机进行模拟和设计，可以得到相应的配方。表9-14列举了TPI形状记忆材料的通用配方。

表 9-14 形状记忆 TPI 的配方及形变恢复性能

配方与形变恢复结果		1	2	3	4	5	6
柔软型反式1,4-聚戊二烯		—	—	—	—	—	100
反式1,4-聚异戊二烯		100	100	100	70	100	
顺式1,4-聚异戊二烯		—	—	—	30		
轻质碳酸钙		30	150	150	30	30	30
环烷系操作油		—	—	30			
氧化锌		5	5	5	5	5	5
硬脂酸		1	1	1	1	1	1
硫磺		0.5	0.5	0.5	0.5	0.3	0.3
过氧化二异丙苯		3	3	3	3		3
硫化促进剂		—	—	—		3	
试样浸渍水温/℃		70	90	70	60	90	55
试样浸渍时间/min		10	10	10	10	1	10
形变恢复率	直径/%	100	98.3	97.9	100	99.6	100
	高度/%	100	96.3	95.3	100	99.5	100
发生破损或裂纹		无	无	无	无	无	无

热收缩管的基材是均聚物，随着高技术材料发展的需要，现已更多地应用聚合物合金来代替单一品种的聚合物。例如，聚乙烯单独使用时比较僵硬，引入一些弹性体或低结晶度的树脂共混后，可以使聚乙烯变得柔软些。为了改善其物理性能和加工性能，需要加入各种助剂，如抗氧化剂、增塑剂、阻燃剂、稳定剂、分散剂以及必要的填料。

（2）造粒和成型。将高聚物原料与各种助剂或添加剂用混炼法或挤出进行高温混合、塑化和造粒，然后将粒料吹塑成膜、压延成板、挤出成管或注塑成各种异形管和不规则部件的半成品。

（3）交联。交联是生产形状记忆聚合物材料的重要环节，关系SMP材料的性能和应用，主要有化学交联和辐射交联法。化学交联法通常采用过氧化物作为交联反应引发剂，有时还加入适量的强化交联剂如氰脲酸三烯丙酯、异氰脲酸三烯丙酯、二甲基丙烯酸乙二醇酯等。化学交联需要较长的时间，成型热处理中较难控制。辐射交联法是采用高能射线（如β射线、γ射线）使聚合物发生交联反应，该法制造工艺简单，易于控制，生产效率高，而且产品无残留的催化剂污染，产品质量较好。

9.3.5 形状记忆材料的应用

形状记忆材料作为新型功能材料在航空航天、自动控制系统、医学、能源等领域具有

254

重要的应用。

9.3.5.1 形状记忆合金的应用

表9-15列举了形状记忆合金的一些应用实例，下面选择重点应用加以概述。

表9-15 形状记忆合金的应用实例

工业上形状恢复的一次利用	工业上形状恢复的反复利用	医疗上形状恢复的利用
紧固件	温度传感器	消除凝固血栓过滤器
管接头	调节室内温度用恒温器	管钳矫正棍
宇宙飞行器用天线	温室窗开闭器	脑瘤手术用夹子
火灾报警器	汽车散热器风扇的离合器	人造心脏、人造肾的瓣膜
印刷电路板的结合	热能转变装置	骨折部位固定夹板
集成电路的焊接	热电继电器的控制元件	矫正牙排用拱形金属线
电路的连接器夹板	记录器用笔驱动装置	人造牙根
密封环	机器手、机器人	

（1）高技术中的应用。形状记忆合金应用最典型的例子是制造人造卫星天线，如图9-19所示。由Ti-Ni合金板制成的天线能卷入卫星体内，当卫星进入轨道后，利用太阳能或其他热源加热就能在太空中展开。美国宇航局（NASA）曾利用Ti-Ni合金加工制成半球状的月面天线，并加以形状记忆热处理，然后压成一团，用阿波罗运载火箭送上月球表面，小团天线受太阳照射加热引起形状记忆而恢复原状，即构成正常运行的半球状天线，见图9-20，可用于通讯。

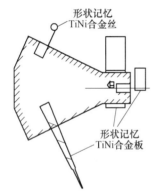

图9-19 人造卫星天线的示意图

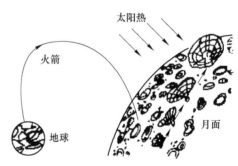

图9-20 形状记忆合金月面天线的自动展开示意图

大量使用形状记忆合金材料的是各种管件的接头。美国古德伊尔公司最早发明形状记忆合金管接头。将Ti-Ni合金加工成内径稍小于欲接管外径的套管（管接头内径比待接管外径小约4%），使用前将此套管在低温下加以扩管，使其内径稍大于欲接管的外径，将接头套在欲连接的两根管子的接头部位，加热后，套管接头的内径即恢复到扩管前的口径，从而将两根管子紧密地连接在一起。由于形状记忆恢复力大，故连接得很牢固，可防止渗漏，装配时间短，操作方便。美国自1970年以来，已在F14喷气战斗机的油压系统配管上采用了这种管接头，其数量超过10万个，迄今未发生一例泄漏事故。这类形状记忆合金管接头还可用于核潜艇的配管、海底管道，电缆系统的连接等。我国已研制成 Ti-Ni-5Co、Ti-Ni-2.5Fe 形状记忆合金管接头。试验表明，它们具有双向形状记忆，密封性好，耐压强度高，抗腐蚀，安装方便。

（2）智能方面的应用。形状记忆合金作为一种兼有感知和驱动功能的新型材料，若复合在工作机构中并配上微处理器，便成为智能材料结构，可广泛用于各种自动调节和控制装置，如农艺温室窗户的自动开闭装置，自动电子干燥箱，自动启闭的电源开关，火灾自动报警器，消防自动喷水龙头。尤其是形状记忆合金薄膜可能成为未来机械手和机器人的理想材料，它们除了温度外不受任何外界环境条件的影响，可望在太空实验室、核反应堆、加速器等尖端科学技术中发挥重要作用。

（3）能量转换材料的应用。形状记忆合金可作为能量转换材料用于热发动机。它是利用形状记忆合金在高温和低温时发生相变，伴随形状的改变，产生极大的应力，从而实现热能与机械能的相互转换。1973 年，美国试验制成第一台 Ti-Ni 热发动机，当时只产生 0.5W 功率（至 1983 年功率已达 20W）。原联邦德国克虏伯研究院也制作了形状记忆发动机，其中大部分元件由 Ti-Ni 合金管制成，热水和冷水交替流过这些管子，管子由于收缩而把扭转运动传到飞轮上，推动飞轮旋转。日本研制的涡轮型发动机的最大输出功率约为 600W。尽管目前这些热机的输出功率还很小，但发展前景非常诱人，它可以把低质能源（如工厂废气、废水中的热量）转变成机械能或电能，也可用于海水温差发电，其意义是十分深远的。

（4）医学上的应用。作为医用生物材料使用的形状记忆合金主要是 Ti-Ni 合金。Ti-Ni 合金强度高，耐腐蚀，抗疲劳，无毒副作用，生物相容性好，可以埋入人体作生物硬组织的修复材料。例如，Ti-Ni 合金丝插入血管，由于体温使其恢复到母相的网状，作为消除凝固血栓用的过滤器。用 Ti-Ni 合金制成的肌纤维与弹性体薄膜心室相配合，可模仿心室收缩运动、制造人工心脏。用 Ti-Ni 合合制成的人造肾脏微型泵、人造关节、骨骼、牙床、脊椎矫形棒、骨折固定连接用的加压骑缝钉、颅骨修补盖板，以及假肢的连接等，疗效较好。

9.3.5.2 形状记忆聚合物的应用

SMP 主要应用在医疗、包装材料、建筑、运动用品、玩具及传感元件等方面，见表 9-16。

表 9-16 SMP 的应用领域

应用领域	应用举例
土木建筑	固定铆钉、空隙密封、异径管连接
机械制造	自动启闭阀门、热收缩套管、防音辊、防震器、连接装置、衬里材料、缓冲器
电子通讯	电子集束管、电磁屏蔽材料、光记录媒体、电缆防水接头
印刷包装	热收缩薄膜、夹层覆盖、商标
医疗卫生	绷带、夹板、矫形材、扩张血管、四肢模型材料
日常用品	便携式饮具、餐具、头套、乳罩、人造花、领带、衬衣领、残疾人用勺
文体娱乐	文具、教具、玩具、体育保护器材
其他	商品识伪、火灾报警装置

（1）异径管接合材料。目前，SMI 应用最多的是热收缩套管和热收缩膜材料。先将 SMP 树脂加热软化制成管状，趁热向内插入直径比该管子内径稍大的棒状物，以扩大口径，然后冷却成型抽出棒状物，得到热收缩管制品。使用时，将直径不同的金属管插入热收缩管中，用热水或热风加热，套管收缩紧固，使各种异径的金属管或塑料管有机地结合，操作十分方便。这种热收缩套管广泛用于仪器内线路集合、线路终端的绝缘保护、通信电缆的接头防水、各种管路接头以及包装材料。

（2）医疗器材。SMP 树脂用作固定创伤部位的器具可替代传统的石膏绷扎，这是医用器材的典型事例。首先将 SMP 树脂加工成创伤部位的形状，用热风加热使其软化，在外力作用下变形为易装配的形状，冷却固化后装配到创伤部位，再加热便恢复原状起固定作用。取下时也极为方便，只需热风加热软化，这种固定器材质量轻，强度高，容易做成复杂的形状，操作简单，易于卸下。SMP 材料还用作牙齿矫正器、血管封闭材料、进食管、导尿管，采用可生物降解的 SMP 树脂可作为外科手术缝合器材、止血钳、防止血管阻塞器等。

（3）缓冲材料。SMP 材料用于汽车的缓冲器、保险杠、安全帽等，当汽车突然受到冲撞保护装置变形后，只需加热，就可恢复原状。

将 SMP 树脂用来制作火灾报警感温装置、自动开闭阀门、残疾病人行动使用的感温轮椅等。采用分子设计和材料改性技术，提高 SMP 的综合性能，赋予 SMP 的优良特性，必将在更广阔的领域内拓宽其应用。

总之，随着形状记忆材料的理论研究和应用开发的不断深入，将使形状记忆材料向多品种、多功能和专业化方向发展，进一步拓宽其应用领域，使形状记忆材料可能成为 21 世纪重点发展的新型材料。

9.4　其他功能材料

9.4.1　热膨胀合金

热冷缩是材料的共性。热膨胀特性一般用体膨胀系数 β_T 或线膨胀系数 α_T 表示，其定义分别是：

$$\beta_T = \frac{1}{V} \cdot \frac{\mathrm{d}V}{\mathrm{d}T} \quad 及 \quad \alpha_T = \frac{1}{l} \cdot \frac{\mathrm{d}l}{\mathrm{d}T}$$

式中，V、l 分别为材料的体积、长度；T 为温度。

金属材料的热膨胀特性主要取决于其化学组成。具有立方与六方点阵类型结构的纯金属熔化前的体积膨胀总量一般约为 6%，线膨胀总量约是 2%。因而金属的熔点越高，热膨胀系数越低：熔点最高的钨（$T_m = 3673K$），$\alpha_{293K} = 4.6 \times 10^{-6} K^{-1}$；铝的熔点仅为 933K，$\alpha_{293K} = 23.6 \times 10^{-6} K^{-1}$。合金材料的热膨胀系数，近似地等于各组元的热膨胀系数按其含量进行加权平均的结果，可能存在一定程度的有规律的偏差。金属及合金的热膨胀，与温度密切相关。图 9-21 给出了铝的线性膨胀系数随温度的变化。温度为 0K 时，膨胀系数为 0，随温度升高膨胀系数增大。

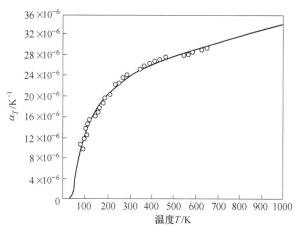

图 9-21　铝的线膨胀系数 α_T 随温度的变化

（曲线为理论计算结果，点为实验数据）

热膨胀性质有一定特殊性的金属及合金材料，构成一类功能材料——热膨胀合金，包括低膨胀、定膨胀和高膨胀合金三种。膨胀合金的特殊膨胀性能，许多情况下都是偏离正常热膨胀规律的，即利用"反常"膨胀特征获得的。

1896 年，法国吉洛姆首先发现了 $w(\text{Ni}) = 36\%$ 的 Fe-Ni36 合金在室温附近 α_T 仅为 $1.2 \times 10^{-6}\text{K}^{-1}$，比 Fe-Ni 合金的"正常值"低一个数量级。该合金被称作因瓦合金（Invar alloy），表示尺寸几乎不随温度改变。1927 年，增本量发现了 Fe-Ni32Co4 的低膨胀合金，它的 α_T 降到 $0.8 \times 10^{-6}\text{K}^{-1}$ 以下，被称作超因瓦合金。低膨胀合金主要用于精密仪器仪表中，作为对尺寸变化量要求很高的元件材料。

电子、电讯仪器中，真空电子元件使用量大。这里同时使用玻璃、陶瓷、云母等绝缘材料和导电合金材料。两类材料的热膨胀性能应接近，实现匹配封接，从而保证元器件的气密性。若两类材料的热膨胀系数的差异较大，在较高温度下封接及随后的冷却过程中，可能在结合部形成高的热应力，造成密封不严，甚至使玻璃等脆性材料炸裂。为解决这一问题，人们研制了热膨胀系数限制在某一特定范围内的合金，这类合金就是定膨胀合金。1930 年，斯考特和豪尔最早研制出 Fe-Ni29Co18 合金，被称作"可伐合金"，适用于与硬玻璃封接。定合金还广泛应用于晶体管和集成电路中作为引线和结构材料，用量很大。

高膨胀合金是指具有较高线膨胀系数的合金，热膨胀系数一般不低于 $15 \times 10^{-6}\text{K}^{-1}$，主要用作热双金属片的主动层。

9.4.1.1　低膨胀合金

（1）Fe-Ni36 因瓦合金。Fe-Ni 合金的热膨胀性能随镍含量的变化如图 9-22 所示。合金的热膨胀系数在一个较宽的镍含量区间内均低于正常热膨胀值。当 $w(\text{Ni})$ 约为 36% 时，合金的热膨胀系数达到最低值，这就是因瓦合金。

因瓦合金是单相固溶体，处于亚稳态，其晶体结构属于面心立方点阵。低温下会发生马氏体相变，对热膨胀性能产生严重不利的影响，必须避免。$w(\text{Ni})$ 高于 5% 时，合金的马氏体转变开始温度 T_M 低于 $-100℃$，可以确保可靠性。因瓦合金呈铁磁性，居里点 T_c 为

232℃。合金中 $w(\mathrm{Ni})$ 增加将使 T_c 迅速提高。另外，在室温以上范围内，因瓦合金的饱和磁化强度随温度升高，降低速度异常得高，明显偏离一般铁磁性合金的理论曲线，表现出反常的热磁特性。

Fe-Ni36 合金的因瓦效应，源自其磁致伸缩效应。该合金在自发磁化至饱和的过程中体积要发生明显的膨胀，其磁致伸缩系数为异常高的正值。当温度升高时，合金的自发磁化减弱，体积必然收缩，相应的热膨胀系数为负（$\alpha_{\mathrm{M}} < 0$）。这种收缩与合金的正常膨胀（$\alpha'_T > 0$）相互抵消。随温度改变发生的这两种尺寸变化共同决定合金的热膨胀系数，即 $\alpha_T = \alpha_{\mathrm{M}} + \alpha'_T$。图 9-23 给出了因瓦合金热膨胀系数的构成。其中温度超过合金 T_c 后仍存在的热膨胀反常，与合金中短程自发磁化（有序态）相对应。磁致伸缩效应也是许多铁磁性、亚铁磁性及反铁磁性低膨胀合金性质反常的内在原因。

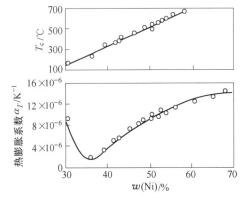

图 9-22   Fe-Ni 合金的热膨胀系数与镍含量关系

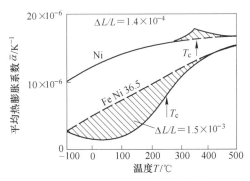

图 9-23   因瓦合金的热膨胀曲线

如果磁致伸缩量正比于饱和磁化强度 M_s，则反常热膨胀系数 $\alpha_{\mathrm{M}} \propto \partial M_s / \partial T$。因而合金的 α_{M} 数值随 T_c 降低、M_s 增高而增大。为使 α_{M} 在较宽的温度范围内都具有较大数值，要求合金的 M_s 在相应的温度范围内变化速率比较一致。Fe-Ni36 合金的热磁曲线反常，有利于合金在较宽的温度范围内 α_T 都保持较低。

因瓦合金的热膨胀特性受到合金状态的影响。冷加工使 α_T 降低，甚至变成负值。但是，合金处于这种状态下性能不稳定，一般都要回火使合金充分再结晶。通常还要进行人工时效老化处理，使组织充分稳定。

Fe-Ni36 因瓦合金中碳为杂质，含量需要严格控制。因为它会引起时效析出碳化物，使合金组织发生变化，影响合金性能的稳定性。

Fe-Ni36 因瓦合金的热加工性能差，易开裂，加入少量锰、硅可明显改善；合金切削时粘刀比较严重，加入硒（$w(\mathrm{Se}) = 0.1\% \sim 0.25\%$），可明显改善其切削性，成为易切因瓦。不过这些合金元素都使热膨胀系数有所增大。

（2）超因瓦合金。超因瓦合金是人们在 Fe-Ni-Co 合金系中发现的，其热膨胀系数比因瓦合金更低。合金的成分范围是 $w(\mathrm{Ni}) = 31\% \sim 35\%$，$w(\mathrm{Co}) = 5\% \sim 10\%$ 及余量的铁。合金中 $w(\mathrm{Ni}) + w(\mathrm{Co})$ 在 36.5% 时，热膨胀系数比较低，并且该值一般不超过 37.5%。其中，Fe-Ni32.5Co4 及 Fe-Ni31.5Co5 的热膨胀系数 $\alpha_{20 \sim 100℃}$ 均小于 $0.8 \times 10^{-6}\mathrm{K}^{-1}$。

超因瓦合金低膨胀效应的机理与 Fe-Ni 系合金相同。合金的居里点为 230℃，马氏体点较高，为-80℃，稳定性比因瓦合金差。为改善稳定性，常加入少量铜或铌，如 $w(\mathrm{Cu})=$ 0.4%~0.8%，$w(\mathrm{Nb})=0.1\%\sim0.5\%$，它们对合金热膨胀系数的影响不大。

（3）不锈因瓦及其他低膨胀合金。具有低膨胀系数的合金还有许多种，如耐蚀能力明显优于 Fe-Ni36 因瓦合金和 Fe-Ni-Co 超因瓦合金的 Fe-Co54Cr9 合金，$\alpha_{20\sim100℃}=0.42\times10^{-6}\mathrm{K}^{-1}$。该合金含钴，价格昂贵，加工性差。

以上几种低膨胀合金均是铁磁性的。对磁场有特殊要求的场合中，它们的使用受到限制。此时可以使用非磁性合金，如 Cr-Fe5.5Mn0.5 铬基反磁性合金，其低膨胀特性起因于尼尔点（$T_\mathrm{N}=50℃$）以下温度范围内的磁致伸缩效应，室温下 $\alpha=1.0\times10^{-6}\mathrm{K}^{-1}$，该合金塑性差、难于加工的问题最近已得到解决。非磁性低膨胀合金还有 Pd-Mn35 合金、Fe-Ni28/32-Pt5.5/10 合金等。这些合金因含钯而价格昂贵，难于大量应用。

9.4.1.2 定膨胀合金

定膨胀合金按用途可以分为封接材料和结构材料两种。作为封接材料，要求合金在封接温度至元器件最低使用温度的区间内，平均热膨胀系数与对接材料差别很小（不大于10%），从而降低接触面上的应力，实现匹配封接。由于合金发生相变时通常有体积突变，因而定膨胀合金在使用过程中一般不允许发生相变。此外，定膨胀合金的性能要求还涉及到它的导热、导电、力学性能以及加工性能等多个方面。

定膨胀合金主要有两类：一类是借助因瓦反常热膨胀达到特定热膨胀系数要求的合金，主要是 Fe-Ni 和 Fe-Ni-Co 合金系定膨胀合金；另一类是高熔点金属及合金，利用它们的低膨胀系数达到特定性能要求。

（1）Fe-Ni 系合金。Fe-Ni 系合金由于磁致伸缩效应引起的热膨胀反常存在于 $w(\mathrm{Ni})$ 在 30%~70% 的宽成分范围内。此范围内的合金均为单相固溶体，晶体结构属于面心立方点阵。其热膨胀系数在 $1.2\times10^{-6}\mathrm{K}^{-1}$（Fe-Ni36 合金）至约 $12\times10^{-6}\mathrm{K}^{-1}$（纯铁或纯镍）的区间内，随镍含量的改变连续变化，是重要的定膨胀合金。

该合金系中常用的定膨胀合金为 $w(\mathrm{Ni})=42\%\sim54\%$ 的二元合金。合金的 T_c 在 420~550℃ 之间，其反常热膨胀温度区间的最高温度一般不低于 450℃。随合金中 $w(\mathrm{Ni})$ 的增加，平均热膨胀系数增大，$\overline{\alpha}_{20\sim400℃}$ 从 $5.4\times10^{-6}\mathrm{K}^{-1}$（Fe-Ni42 合金）一直到 $11.4\times10^{-6}\mathrm{K}^{-1}$。它们主要用于与软玻璃、陶瓷及云母进行封接，可满足与多种不同热膨胀系数材料的匹配封接。此外，Fe-Ni42 合金大量用作集成电路引线框架材料。

Fe-Ni 系合金具有良好的塑性。其抗拉强度一般在 550MPa 左右。碳、硫、磷属有害元素，含量必须控制在较低水平。合金中常含有少量的硅和锰，可改善其热加工性能，一般情况下，$w(\mathrm{Si})\leqslant0.3\%$，$w(\mathrm{Mn})\leqslant0.6\%$。

（2）Fe-Ni-Co 系合金。Fe-Ni-Co 系合金的居里点与合金中镍及钴的含量有关。适当调整二者的比例，可以达到热膨胀系数与 Fe-Ni 二元合金相当，而 T_c 明显高于后者的目的。此外三元合金中铁的含量低于二元合金。提高 T_c 可以使合金的热膨胀系数在较宽的温度范围内具有较低的数值，从而满足上限温度较高条件下的匹配封接。如可伐合金（Fe-Ni29Co18）的热膨胀性能为：$\overline{\alpha}_{20\sim400℃}=(4.6\sim5.2)\times10^{-6}\mathrm{K}^{-1}$，$\overline{\alpha}_{20\sim450℃}=(5.0\sim5.6)\times10^{-6}\mathrm{K}^{-1}$。

Fe-Ni-Co 系合金由于含钴，较相同镍含量的二元 Fe-Ni 合金的马氏体点 T_M 明显升高，合金稳定性变差。提高合金的镍含量可以降低 T_M，一般要将 T_M 控制在-80℃以下。

（3）Ni-Mo 定膨胀系合金。有些使用场合对合金磁性能的要求严格，需用无磁性合金。这类定膨胀合金中，Ni-Mo 系合金已经实用化。镍中加入钼、钨、硅、铜等，均可降低其磁性。从热膨胀及其他性能综合对比，Ni-Mo 系合金较好。该合金系在钼含量较低一侧，形成属于面心立方点阵的 α 相；$w(Mo) \geqslant 8\%$ 时，居里点降到室温；$w(Mo)$ 达到 15% 时，α 相的原子磁矩降为零，保证无磁（顺磁性）。定膨胀合金中 $w(Mo)$ 为 17%～25%，也可用钨部分取代钼。该系定膨胀合金的热膨胀系数为 $\overline{\alpha}_{20\sim600℃} = (12.1\sim13.6)\times10^{-6}K^{-1}$。

除上述合金外，实用定膨胀金属材料还有 Fe-Ni-Co 系、Fe-Ni-Cr 系、Fe-Cr 系等合金和难熔金属（W、Mo、Ta、Zr、Ti、Hf）等。此外，人们也试验用粉末冶金方法生产热膨胀合乎要求的金属混合物。

9.4.1.3 热双金属

热双金属是由两种热膨胀性能有很大差异的金属片状材料，沿层面牢固结合在一起构成的片状复合材料。有时两种层状材料中间还要加上第三层材料，习惯上仍称作热双金属。它们在实际中应用广泛，特别是在自动控制方面。

当热双金属的温度变化时，热膨胀系数不同的两层合金，倾向于按各自的热膨胀系数改变其长度。接触面上的合金，限制它们的"自由"膨胀，从而形成内部作用应力。在材料的热膨胀与内应力的共同作用下，温度改变时，热双金属的外形将发生明显变化，如图 9-24 所示，一端固定、另一端自由的平直双金属条会弯曲。

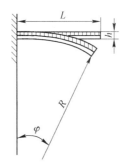

图 9-24   热双金属受热弯曲变化

计算表明，偏转角 φ 与温度的变化及双金属自身参数的关系如下：

$$\varphi = \frac{3\Delta\alpha \cdot L(T - T_0)}{2h}$$

式中，$\Delta\alpha = \alpha_2 - \alpha_1$，是两种膨胀合金的热膨胀系数之差；$L$、$h$ 分别是热双金属条的长度与厚度，$(T-T_0)$ 表示温度的变化量；T_0 是热双金属处于平直状态时的"起始温度"。如果将热双金属制成盘状或者螺旋状，受热时自由端会发生转动。利用这种特性，可以制成温度指示、控制元件等。

热双金属元件的主要使用性能指标包括：

（1）热灵敏度。我国用比曲率表示，即单位厚度的热双金属片，与单位温度变化相对应的曲率变化量。它正比于偏转角 φ。显然，两种合金的热膨胀系数差越大，灵敏度越高。

（2）温度范围。其一是热双金属弯曲的位移量与温度呈线性关系的温度范围，称线性温度范围，是热双金属最灵敏的温度区间。其二是指温度变化引起的热应力达到热双金属片弹性极限时的温度，为允许使用温度范围。温度的变化超出此范围，热双金属将有残余变形，在温度回复到初始温度时，不能完全恢复原形。热双金属组成合金的热膨胀特性，决定了其线性温度区间。同时，它们的力学性能对后者有明显的影响。

（3）弹性模量。热双金属的使用，常常是感温（测温）兼执行元件。当温度变化超过一定值时，元件的变形量达到预定值而使受控机构发生突变，如断开电路等。此过程中要反抗外部应力做功，因而要求热双金属具有一定的力学性能，弹性模量不能太低。

（4）电阻率。热双金属常用于电路中，作为导电元件。电阻率对于其发热起到决定性影响，具有特定的电阻，经常成为实际应用的需要。不同的热双金属，其电阻率的差别达数倍，甚至接近 10 倍。热双金属的电阻率，是其中各层合金并联的结果。

热双金属中，膨胀系数较低的合金层，被称作被动层；高膨胀系数的合金为主动层。被动层选用因瓦合金，可以达到较高的灵敏度。该合金的居里点低，热双金属的线性温度区间较小，一般在 $-20 \sim 180 ℃$。使用温度较高时，可选用 Fe-Ni42、Fe-Ni50 等居里点较高的合金，因膨胀系数较高，其灵敏度稍微低一些。

主动层选用高膨胀合金，要求具有适当高的熔点、高弹性模量 E、较好的焊接性能等。实际使用的高膨胀合金主要是 Cu-Zn 合金（黄铜）、Fe-Ni 和 Mn-Ni-Cu 合金。其中 $w(Zn)$ 为 10% 和 38% 的黄铜，膨胀系数高（均在 $20 \times 10^{-6} K^{-1}$ 左右），导电、导热性好，易于塑性加工，但合金的弹性模量比较低。Fe-Ni 合金（$w(Ni)$ 一般不超过 25%）膨胀系数较高，弹性模量很高（190GPa 或更高），强度高，但导热、导电性明显低于黄铜；锰基合金的膨胀系数比黄铜还高，强度也较高，不过导电、导热性差，弹性模量也比较低。

9.4.2 弹性合金

弹性是材料在外力作用下发生弹性变形，并且在外力去除后恢复受力前的形状、尺寸的特性。这种特性通常用杨氏弹性模量 E 及剪切弹性模量 G 分别表征受正应力和切应力作用时的弹性。金属材料弹性的一般特征是：

（1）在弹性范围内，应力与应变近似为线性比例关系，即弹性模量（E、G）近似为常数。

（2）金属材料的弹性变形过程，被塑性变形的开始所中断，一般的最大变形量不超过 1%，因而更高应变量下的特征观察不到。

（3）实际的金属材料在不同程度上有滞弹性，即应变的变化在时间上落后于应力。具体表现为弹性滞后、应力松弛，以及材料受到循环应力的作用时产生内耗。

金属弹性的本质是材料内原子结合能。反应材料弹性的弹性模量 E 与材料内相邻原子之间的距离 a 的关系近似为：

$$E = C/\alpha^m$$

式中，C、m 为材料常数。随温度的升高，原子间距增大，结合力下降，弹性模量也因而降低。金属材料弹性模量的温度系数定义为：

$$\beta_E = \frac{1}{E} \cdot \frac{dE}{dT}$$

弹性模量 E 与同样反应材料中原子结合能的熔点 T_m 之间的关系是：

$$E = KT_m^p/v^q$$

式中，v 为比热容；K、p、q 为常数，$p \approx 1$，$q \approx 2$。

金属材料的弹性模量受多方面因素的影响。单一合金相的弹性模量主要取决于其化学组成及晶体结构、合金材料的弹性模量的变化。相对于金属材料的许多性质而言，它的弹性模量是组织不敏感量。

绝大多数的金属材料是晶态的。单晶体不同晶体学方向上原子排列方式不同，因而弹性模量具有明显的各向异性，体现在单晶材料及具有明显织构的多晶材料中。多晶材料往往因晶粒取向的随机性在宏观上表现为各向同性。

作为一类功能材料，弹性合金在弹性方面具有一定的特殊性，主要包括高弹性合金、恒弹性合金。

9.4.2.1　高弹性合金

高弹性合金的基本要求是具有较高的弹性极限 σ_e、抗拉强度 σ_b 以及比较高的弹性模量 E，一般要求 $E \geqslant 140\mathrm{GPa}$。此外，根据具体需要往往还要求合金具有某些特殊性能，如低耗、弱弹性后效、高疲劳强度、高耐磨性，以及弱磁性、高抗腐蚀能力等。实际中大量应用的高弹性合金可分为铜基、铁基、镍基和钴基合金等 4 类。

铜基合金的特点是导电、导热性能优异，无磁，易于塑性加工成型。不足之处是合金的弹性极限和弹性模量均较低，工作温度上限不高。这类合金包括黄铜、磷青铜、铍青铜等，其中以铍青铜的性能最高、应用最广泛。今天铜基高弹性合金主要用于电气仪表。

铁基合金的特点是弹性模量与弹性极限高，成本较低；高弹性铁基合金基本上限定于不锈钢，以达到较高的抗腐蚀性要求。为提高弹性极限，采用了各种强化方法。这类合金有形变强化的 18-8 型奥氏体不锈钢、弥散强化的 Ni36CrTiAl 奥氏体不锈钢、相变强化的马氏体不锈钢 2Cr13、3Cr13、4Cr13 等，以及弥散和相变共同强化的马氏体时效钢。

镍基高弹性合金的特点是耐热、抗蚀，多数无磁；不足之处是弹性极限和抗拉强度不如铁基合金那样高。合金主要包括 Ni-Cu、Ni-Be、Ni-Cr 及镍基多元合金。

钴基高弹性合金各方面性能均较好，弹性极限高、弹性模量高、弹性后效极低、疲劳强度高、抗腐蚀、无磁、工作温度上限高。其应用很广泛，代表性合金有 Co40NiCrMo、Co40NiCrMoW、Co40Ti 等。

具有代表性的各类高弹性合金的典型性能汇总于表 9-17 中。

表 9-17　典型高弹性合金的性能

合　金	主要成分	E/GPa	σ_e 或 σ_e^*/MPa	σ_b/MPa
QBe1.9	Cu-Be2.0-Ni0.3-Ti0.18	121.5	833[a]	
Ni36CrTiAl	Fe-Ni35.5-Cr12.5-Ti3.0-Al1.4	176/196	716[a]	1380
NiBe2	Ni-Be2	196	883/1079[b]	1670/1800
Co40NiCrMo	Co40-Ni15-Cr20-Mo7-Mn2.0-Fe	204	1668[b]	2453/2649

注：1. 残余变形量 ε：[a] 0.002%，[b] 0.005%；

　　2. 成分以元素的质量百分比的中间值给出。

高弹性合金中所选用的合金元素可大致分为 3 类：第一类是固溶于基体相中的代位元素，一般为高熔点的金属钨、钼、铼、铌等。为达到提高合金弹性模量的明显作用效果，含量一般都比较高。第二类合金元素加入后，形成较高弹性模量的强化第二相，如含镍合金中加入钛、铝，形成 Ni(Ti, Al) 析出强化相；含铍的铜基合金，通过时效，铍析出成为第二相，其弹性模量明显高于基体。这类合金元素的含量一般不高，只要保证析出相的量达到要求即可。第三类合金元素的主要作用是改善合金的抗蚀性或解决特殊问题，如提高抗蚀性的铬、改善加工性的锰，二者的加入量均较高。

合金的热处理工艺一般都围绕着合金达到较高弹性极限的原则选择，主要保证合金中的强化相具有合理的尺寸及分布特征，又不出现有害组织。与一般金属及合金的强化方法有很多的相同之处。不过，高弹性合金在处理后，位错开始运动的阻力一定要尽量高，使用过程中不允许发生塑性变形，因而加工硬化提高强度的方法是不能利用的。

9.4.2.2 恒弹性合金

A 恒弹性机理

一般金属及合金的弹性模量 E 随温度升高而降低，温度系数 β_E 在低于其自身熔点一半 $T_m/2$ 的温度范围内一般为 $(3 \sim 10) \times 10^{-6} K^{-1}$。恒弹性合金在一定温度范围内 E 基本恒定，β_E 可低至 $2 \times 10^{-6} K^{-1}$，又称艾林瓦合金。获取恒弹性的途径目前主要有两种：第一种是利用铁磁性及反铁磁性材料（处于磁有序状态）的"弹性模量损失"现象，或 ΔE 效应；第二种途径是利用某些合金弹性模量自身随温度变化的反常性。

铁磁性、亚铁磁性及反铁磁性合金具有磁致伸缩效应。这类合金受应力作用时，有磁弹性能 $E_\sigma = \frac{3}{2} \lambda_s \sin^2 \theta$。磁化时伸长（$\lambda_s > 0$）的合金，原子磁矩取向情况正好相反，使磁弹性能降低。一种原子磁矩处于有序状态的合金，只要其磁致伸缩系数 λ_s 不为零，承受外力作用时，受该项能量的驱使，其原子磁矩必然选择相对于应力而言适当的方向，并由此产生应力作用下的磁化。在铁磁性合金中，该过程通过磁化强度转动或磁畴壁移实现。伴随着该磁化过程，由于磁致伸缩效应，合金沿外应力方向发生附加变形，与正常弹性变形同方向，因而使得材料的总变形量增加，由此导致其弹性模量降低，这就是铁磁性材料的"模量损失"，或称 ΔE 效应。反铁磁性合金在尼尔温度 T_N 以下，分成许多畴，称为反相畴。受外应力作用时，反相畴界面移动，因磁致伸缩效应引发附加变形，因而反铁磁性合金中同样存在着类似的"模量损失"。

材料的正常弹性变形与其中原子结合力相对应。随温度升高，原子结合力降低，弹性模量下降，其温度系数 β_E^n 是一个绝对值比较大的负数。随着温度升高，合金的磁有序程度降低，因而磁致伸缩量减小，由此引起的"模量损失"也减小。这使得合金的弹性模量呈上升趋势，该部分的温度系数 β_E^m 数值为正。合金弹性模量的温度系数为二者之和：$\beta_E = \beta_E^n + \beta_E^m$。在适当条件下，能够得到温度系数很低（$\beta_E \approx 0$）的恒弹性合金。

铁磁性合金在外应力作用下磁化状态改变，是合金弹性反常的根本原因。如果合金已经被外磁场磁化到饱和，受力时不再发生畴壁移动或磁矩转动，相应的"模量损失"消失，恒弹性不复存在。因而，这种类型的恒弹性，与磁化状态改变直接联系在一起，对合金的磁化状态非常敏感。图 9-25 所示为纯镍在不同磁场下弹性模量随温度变化

（$E-T$）的曲线，从中可以清楚地看到这种影响。另外，铁磁性材料中，多种显微组织结构因素都对其磁化状态改变的难易有影响。因此，铁磁性材料的弹性模量成为组织敏感参量。而反铁磁性合金的弹性反常，对外磁场不敏感，因为外磁场不会使反相畴界面移动。

　　铁磁性合金出现弹性反常的原因不仅限于受力作用时的铁磁性磁化。磁畴壁移动和磁矩转动两种机制下的磁化完成后，继续增加外磁场强度，通常温度下还会出现顺磁磁化过程，被称作"强迫磁化"。在因瓦合金中，这种过程的磁化率相当高，能使磁化强度增加较多。该过程中的磁致伸缩量也达到较高数值。外应力还能通过磁弹性能诱发顺磁磁化导致附加变形，产生"模量损失"。图 9-25 中同时给出了 Fe-Ni36 合金在不同磁场 H 下弹性模量 E 随温度变化的曲线。可见，在室温附近，与铁磁性磁化对应的弹性反常使 E 从 153GPa（$H=57.1$kA/m，已磁化至饱和）降低到 143GPa（$H=0$，热退磁状态）。而由高温顺磁区外推得到室温下"非磁性状态"合金是 170GPa，它与磁化饱和状态下的 153GPa 的差值，就是对应着"强迫磁化"的弹性反常。后者导致的"模量损失"已超过铁磁性磁化的效果而起到主要作用。

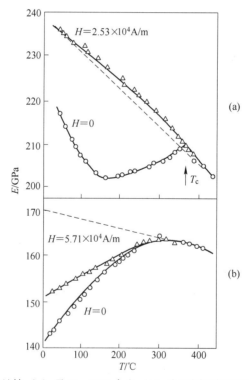

图 9-25　纯镍（a）及 Fe-Ni36 合金（b）在不同磁场下的 $E-T$ 关系

　　另一种获得恒弹性的途径是利用合金弹性模量自身随温度变化的反常性。其典型代表是铌及部分铌合金。图 9-26 给出了纯铌单晶体的某特定方向上的弹性模量随温度变化的曲线。可见，<100>方向上的弹性模量符合一般规律，而在<110>和<111>方向上出现反常变化。在单晶体的某特定方向上可能得到恒弹性，而得到某种特殊织构的多晶材料，也同样能够获得恒弹性。

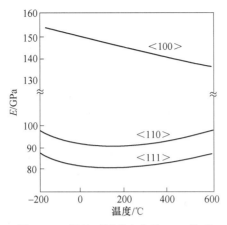

图 9-26　铌的不同晶向上的 E-T 关系

B　主要的恒弹性合金

依据弹性反常的机理，恒弹性合金可分为铁磁性弹性合金、反铁磁性恒弹性合金和顺磁性恒弹性合金。铁磁性恒弹性合金是人们最早研究、应用，并且至今仍在大量使用的恒弹性材料。主要有 Fe-Ni 系合金，如 Fe-Ni30Cr12、Ni42CrTi；Co-Fe 系合金，如 Co-Fe-V-Ni、Co-Fe-Mo-Ni、Co-Fe-W-Ni、Co-Fe-Mn-Ni 分别被称为 V-、Mo-、W-、Mn-艾林瓦。反铁磁性恒弹性合金主要是 Fe-Mn 基、锰基和铬基合金。顺磁性恒弹性合金主要包括铌基合金，如 Nb-Zr、Nb-Ti 合金及钯基合金。

（1）Fe-Ni 系合金。最早人们研究发现二元合金的弹性模量温度系数随 $w(\text{Ni})$ 变化很大，在 20%~50% 的范围内 β_E 先从 $-350 \times 10^{-6} \text{K}^{-1}$ 增加到 $500 \times 10^{-6} \text{K}^{-1}$，再降至 $-200 \times 10^{-6} \text{K}^{-1}$，$w(\text{Ni})$ 为 28% 和 44% 的两种合金 $\beta_E = 0$，然而这两个合金的 β_E 对 $w(\text{Ni})$ 都过于敏感，合金冶炼技术不能保证其性能的稳定，无法实用。后来发现加入铬可以使合金的 β_E 随 $w(\text{Ni})$ 变化的峰值下降、趋势变缓。$w(\text{Cr}) = 12\%$ 且 $w(\text{Ni}) = 36\%$ 的 Fe-Ni36Cr12 合金，$\beta_E = 0$ 且正好处于峰位，其 β_E 对成分的敏感性降至最低。它就成为最早的恒弹性合金。

Fe-Ni36Cr12 合金具有单相奥氏体组织，其强度、硬度低，弹性模量也不高，需要添加合金元素进行强化，如加入钼、钨和碳，通过时效形成弥散 $M_{23}C_6$ 及 M_7C_3 型碳化物，实现强化。另一种典型的恒弹性合金 Ni42CrTi 中采用金属间化合物 $Ni_3(\text{Ti}, \text{Al})$（$\gamma'$ 相）进行强化。合金的成分为（质量分数）：$w(\text{Ni}) = 41.5\% \sim 43\%$，$w(\text{Cr}) = 5.2\% \sim 5.8\%$，$w(\text{Ti}) = 2.3\% \sim 2.7\%$，$w(\text{Al}) = 0.5\% \sim 0.8\%$，$w(\text{C}) \leqslant 0.05\%$，$w(\text{Mn}) \leqslant 0.8\%$，$w(\text{Si}) \leqslant 0.8\%$，$w(\text{S 或 P}) \leqslant 0.02\%$ 和剩余的 Fe。钛和铝一部分形成 γ' 相，另一部分则固溶于属于面心立方点阵的基体 γ 相中，影响合金的弹性模量温度系数。形成 γ' 相需消耗镍，为保持其在基体相中的含量，总含量适当增加。受其他元素的影响，合金中 $w(\text{Cr}) = 5.5\%$ 为佳。合金的热处理工艺为：950~980℃ 均匀化后淬火，然后进行回火，温度为 50~600℃，使均匀化加热时溶解的 γ' 相析出，达到强化目的。回火前进行冷变形，将使回火时 γ' 相弥散强度增加，提高强化效果。变形量很大时还会形成织构，使合金的弹性模量增大，同时合金性能产生各向异性。该合金的典型性能为：$\sigma_b \geqslant 1370 \text{MPa}$，$E = 186 \sim 196 \text{GPa}$，$\beta_E \leqslant 5 \times 10^{-6} \text{K}^{-1}$。

（2）Co-Fe 系合金。该合金以钴、铁、铬为基本组成元素，统称钴-艾林瓦，一般情况下其弹性模量的温度系数都能调整到正值。一般可用镍来同时替换合金中部分的钴和铬，而铬可以由钒、钼、钨、锰全部替换，得到恒弹性合金。同时含铬、钼、钨的恒弹性合金的屈服强度 $\sigma_{0.2}$ 高达 1350MPa，抗拉强度 $\sigma_b = 1750$MPa。

（3）Fe-Mn 合金。Fe-Mn 恒弹性合金是反铁磁性恒弹性合金之一，其特点是合金的 T_N 接近室温，实用意义大。合金价格低廉。$w(\mathrm{Mn}) = 25\% \sim 27\%$ 的合金，为单相奥氏体，弹性模量温度系数 β_E 为 $\pm 5 \times 10^{-6} \mathrm{K}^{-1}$。

（4）铌合金。铌合金是主要的顺磁性恒弹性合金。主要有 Nd-Zr 和 Nb-Ti 合金。Nd-Zr 合金中 $w(\mathrm{Zr})$ 一般在 19% ~ 22%。Nb-Ti 合金的钛含量有所不同，具有代表性的 55NbTiAl 的成分为：$w(\mathrm{Nb}) = 55\%$，$w(\mathrm{Ti}) = 39.5\%$，$w(\mathrm{Al}) = 5.5\%$。该合金强化热处理工艺是：1000℃固溶处理→冷变形→回火时效（温度在 650 ~ 725℃之间）。700℃时效 1h 后的性能为：$\sigma_{0.2} = 1020$MPa，$\sigma_b = 1049$MPa，$E = 107.9$GPa，在 20 ~ 600℃的温度范围内 β_E 为 $(70 \sim 80) \times 10^{-6} \mathrm{K}^{-1}$。其最高使用温度可达 600℃以上，是典型的高温恒弹性合金。合金通过 $(\mathrm{Nb},\ \mathrm{Ti})_3 \mathrm{Al}$ 析出相实现强化。一般认为合金由于形成形变织构而获得恒弹性。

9.4.3　减振合金

噪声是社会的一大公害，重要起因之一是机械振动。减振降噪的方法主要有两种：第一，通过改进机械装置的结构设计、提高零件的加工及装配精度，尽量减低装置的振动；第二是设法将已发生的振动吸收转换成其他形式的能量。可以附加减振器或吸（隔）音器。采用高阻尼的减振合金制作零件是重要途径之一。减振合金也称高阻尼合金。

阻尼，是指一个自由振动的固体，即使与外部完全隔离，也会发生机械能向热能的转换，从而使振动减弱的现象。表征固体材料阻尼本领的高低，常用比阻尼（S. D. C. ）表示。它是通过扭摆实验测定的，其定义是：

$$\mathrm{S.\,D.\,C.} = \frac{A_n^2 - A_{n+1}^2}{A_n^2} \times 100\%$$

式中，A_n 和 A_{n+1} 分别为扭摆实验中的第 n 与 $n+1$ 次振动的振幅。

S. D. C. 实质上是振动能量在相邻的两次振动中相对衰减的百分值。利用扭摆法，还可以测定出另一个常用的阻尼本领表征量——对数衰减率 δ：

$$\delta = \ln \frac{A_n}{A_{n+1}}$$

表征阻尼本领的另一种方法是采用品质因数的倒数 Q^{-1}，一般通过共振频率法测定。定义是：

$$Q^{-1} = \frac{f_2 - f_1}{\sqrt{3} f_0}$$

式中，f_0、f_1、f_2 分别为内耗峰中的共振频率和振幅下降一半时的两个频率（$f_2 > f_1$）。

当振动衰减比较缓慢时，以上三个量间的近似关系为：

$$Q^{-1} = \frac{\delta}{\pi},\quad Q^{-1} = \frac{\mathrm{S.\,D.\,C.}}{2\pi}$$

阻尼是材料受周期性应力作用时表现出来的一种性质。具有理想弹性的材料，其受力变形过程是完全可逆的，即应力-应变之间为单值对应关系。实际材料中并不存在这种理想弹性。所以实际材料在受力的作用时，其应变与应力都不同步，应变滞后于应力。在循环应力作用下形成应力应变回线，吸收外部能量，并将其主要部分转变成热量。这种能量消耗，对于做机械运动的物体，特别是振动物体，将使其运动减慢，起到一种对运动的阻碍作用，被称作阻尼。这是所有材料的共性。减振合金是阻尼合金本领非常高的一类金属材料，又称高阻尼金属，是柏寇 1964 年首先命名的。

应变滞后于应力有两种基本类型：静态滞后与动态滞后。实际材料中，可能以某一种为主，也可能二者并重，决定其阻尼的高低。

动态滞后与滞弹性有关。齐纳的标准线弹性固体模型给出，由滞弹性导致的阻尼（较低时）为：

$$Q^{-1} = Q_0^{-1} \cdot \frac{\omega\tau}{1 + (\omega\tau)^2}$$

式中，ω 为应力的原频率；τ 为阻尼微观过程弛豫时间；Q_0^{-1} 为材料的阻尼特性常数。这种动态滞后最大的特点是：材料的阻尼与振动的频率密切相关，在某一频率（共振频率）下具有最高的阻尼。

静态滞后是指应力应变曲线是不受时间因素影响的恒定多值回线的情况。经受力作用后，再去除应力（完全卸载），应变将保持在某一个不为零的数值上，并且不随时间变化，即出现残余变形。而动态滞后则表现为应变随时间逐渐衰减为零。静态滞后的特点是：阻尼的大小与振动（或应力）的频率无关，而与振幅密切相关。

材料的阻尼不论属于哪种类型，都是与其微观组织密切相关的。特别是晶体缺陷的影响常常是决定性的。其中，复相、位错、孪晶三方面的显微组织特征，以及材料的铁磁性，对减振合金的高阻尼特性起到重要贡献。

目前人们开发应用的高阻尼材料可以分为均质材料、复合材料和粉末材料三种，实际应用材料以均质材料为主。其中，金属及合金材料，既有传统的铸铁、纯铁、纯镍、12Cr 钢，它们早被人们从其他力学性能出发加以应用，又兼有高阻尼特性，也有突出利用材料的高阻尼特性的"专门"减振材料。表 9-18 简单汇总了高阻尼减振金属材料及其特性。

表 9-18 典型高阻尼金属材料及阻尼本领

合金名称	合金成分（质量分数）	阻尼类型	S. D. C
铸铁	Fe-C 合金	复相	2%~20%
Zn-Al	Zn-22%Al	复相	—
	纯 Fe	铁磁性	16%
	纯 Ni	铁磁性	18%
铁素体不锈钢	Fe-12%Cr-0.5%Ni	铁磁性	3%
12Cr 钢	Fe-12%Cr	铁磁性	8%
Silent alloy	Fe-Cr-Al	铁磁性	40%
纯 Mg/Mg-Zr 合金	Mg/Mg-0.6%Zr	位错	60%

合金名称	合金成分（质量分数）	阻尼类型	S.D.C
Proteus	Cu-（13~21）%Zn-（2~8）%Al	孪晶	—
Sononston	Mn-37%Cu-4%Al-3%Fe-2%Ni	孪晶	40%

注：表中所给出的 S.D.C. 值，在应力为拉伸屈服强度的 1/10 的条件下测得。

9.4.3.1   复相型减振合金

复相型减振合金的阻尼主要来源于其复相结构，是受力作用变形过程中，相界面发生黏性移动从而吸收外部能量的结果。

铸铁是最普通的减振合金。它广泛应用于机械制造中，如机床的底座。利用其高阻尼特性，吸收机床工作时的振动能量，达到很好的减振目的。铸铁可在较高温度下使用。

铸铁的阻尼源于金属基体与分散的石墨的两相结构。在铸铁的碳含量确定的情况下，石墨相的形态与分布对阻尼性能有很大的影响。片状石墨铸铁因两相界面大，阻尼高，S.D.C. 可达 6%；球状石墨（可锻球墨铸铁）的阻尼性能最低，S.D.C. 仅为 2%。高阻尼的铸铁，通过提高碳含量，并加入镍（$w(Ni)=20\%$ 时），S.D.C. 可达 20%。

属于复相型的减振合金还有 Zn-Al 二元合金，典型的合金中 $w(Al)$ 约为 22%，它具有超塑性。合金由富铝的 α 相和富锌的 β 相组成。合金在不同的温度范围显示有三个内耗峰，分别与 α 相的晶界滑移、两相的相界滑移以及 β 相的晶界滑移过程联系在一起。这种晶界滑移，受晶界原子扩散控制。与之相对应的阻尼属于动态滞后型，对作用力的频率有强烈的依赖性。

9.4.3.2   铁磁性减振合金

铁磁性减振合金具有磁致伸缩效应，外加应力作用下，通过微观上磁畴的壁移或磁矩转动，磁化状态发生变化。此过程中，在正常的弹性变形之外，还有附加的变形。磁畴壁移过程中有各种阻力，畴壁的位置不能随应力可逆的改变，落后于后者，与其相对应的变形因而落后于应力的变化，从而使合金的应变落后于应力，故循环应力作用下形成内耗，产生阻尼。

铁磁性材料的磁致伸缩系数 λ_s 及其磁化过程特性（磁畴壁移、磁矩不可逆转动的阻力），是影响材料阻尼本领大小的主要因素。磁致伸缩系数影响附加变形量，同时影响力对磁化过程的推动力，因而影响阻尼。应力是磁化过程的动力源。如果磁畴壁移或磁矩不可逆转动的阻力较大时，磁化过程将发生于较高的应力下，这样将增大应变相对于应力的滞后，从而提高阻尼。

铁磁性阻尼属于静态滞后型，阻尼的高低与作用力的幅值密切相关。随着应力幅值的增大，阻尼相应增加。对于一种确定的材料，存在一个临界应力，当应力高于此值时，应力循环一次过程中消耗的能量（滞后回线的面积，数值上并不与阻尼大小相对应）保持恒定，不再增大。

这类阻尼合金的典型代表是 Fe-Cr-Al 合金。

9.4.3.3   位错型减振合金

一般而言，合金中总存在各种各样的晶体缺陷，它们对合金中的位错构成钉扎点，阻碍其运动。各缺陷处的最大钉扎力并不完全相同。当合金受到外力的作用时，位错受力，在相邻的两个钉扎点之间弧形弯出，并倾向于脱钉向前移动。随着应力的逐渐增大，位错在某些钉扎点处的受力超过了其最大钉扎力后，局部脱钉，向前移动至下一个更高钉扎力的钉扎点。此过程伴随着一定的塑性变形，因而总的变形量高于单纯的弹性变形量。应力减小时，缺陷的钉扎点力又反过来阻碍位错回复原位的逆向移动，使得应力应变曲线上形成回线，产生内耗，形成阻尼。

位错型阻尼属于典型的静态滞后，阻尼与应力幅值有关，与应力的频率无关。

Mg-Zr 合金的阻尼与合金中的位错运动密切相关。

奥氏体无磁不锈钢的阻尼也源于位错运动，作为广泛使用的钢铁材料，在要求无磁的场合，作为减振材料，具有较好的实际使用性能。

9.4.3.4 孪晶型减振合金

存在孪晶的合金，受力的作用时，孪晶界面移动，宏观上发生变形。而孪晶界移动过程中的阻力，使得变形落后于应力，从而产生内耗，形成阻尼。

属于孪晶型的减振合金很多，其中 Mn-Cu 系合金已经在工程实际中广泛应用。在 20 世纪 80 年代，Fe-Mn 系合金又得到广泛研究开发。

$w(Mn)$ 在 50% 以上的 Mn-Cu 二元合金具有非常高的阻尼本领，且在 $w(Mn)=60\%$ 左右时达到最高。合金中形成非常细小的孪晶，其孪晶界具有良好的可动性。这种合金的不足之处是减振性能随时间变化较大，稳定性差；此外合金的力学性能较低，抗蚀性也不高。为此，人们又加了少量的铝、铬、镍等进行改性，提高了合金的组织稳定性及其他性能。典型的代表合金是 MnCu37Al4Fe2Ni2（Sonoston）。该合金已用于制造凿岩机、船舶的推进器以及冲压机等。Fe-Mn 二元合金在 $w(Mn)=5\%\sim30\%$ 的范围具有高减振性能，在 $w(Mn)=17\%$ 时达到最高。

习 题

9-1 软磁材料与永磁材料的主要区别是什么，各自最主要的用途体现在什么地方？常见有哪些典型的软磁材料和永磁材料？

9-2 电阻合金主要有哪些？其各自的性能特点是什么？

9-3 实际应用中，对热电极材料的具体要求有哪些？

9-4 形状记忆效应类型及其机理是什么？形状记忆效应出现的条件是什么？

9-5 什么是热弹性马氏体、应力诱发马氏体？

9-6 铁基形状记忆合金具有良好的记忆效应的前提条件是什么？

9-7 简述形状记忆合金的应用。

9-8 热膨胀合金的种类及其特点有哪些？

9-9 什么是双金属片？分别由哪两种膨胀合金构成？简述其工作原理。

9-11 高弹性合金有哪些？各自有什么特点？

9-12 简述减振合金的分类及阻尼机制，各类减振合金的特点。

参 考 文 献

[1] 戴起勋. 金属材料学 [M]. 北京：化学工业出版社，2015.

[2] 吴承建，陈国良，强文江. 金属材料学 [M]. 2 版. 北京：冶金工业出版社，2009.

[3] 文九巴. 金属材料学 [M]. 北京：机械工业出版社，2011.

[4] 赵莉萍. 金属材料学 [M]. 北京：北京大学出版社，2012.

[5] 伍玉娇. 金属材料学 [M]. 北京：北京大学出版社，2011.

[6] 唐代明. 金属材料学 [M]. 成都：西南交通大学出版社，2014.

[7] 齐锦刚，王兵，李强. 金属材料学 [M]. 北京：冶金工业出版社，2012.

[8] 凤仪. 金属材料学 [M]. 北京：国防工业出版社，2009.

[9] 杨朝聪，张文莉. 金属材料学 [M]. 沈阳：东北大学出版社，2014.

[10] 王晓敏. 工程材料学 [M]. 哈尔滨：哈尔滨工业大学出版社，2005.

[11] 左汝林，曾军，张建斌. 金属材料学 [M]. 重庆：重庆大学出版社，2008.

[12] 朱日彰，卢亚轩. 耐热钢和高温合金 [M]. 北京：化学工业出版社，1996.

冶金工业出版社部分图书推荐

书 名	作 者	定价(元)
中国冶金百科全书·金属材料	编委会 编	229.00
冶金与材料近代物理化学研究方法（上）	李 钒 等编著	56.00
现代材料表面技术科学	戴达煌 等编	99.00
物理化学（第4版）(本科教材)	王淑兰 主编	45.00
理科物理实验教程（本科教材）	吴 平 主编	36.00
金属材料学（第3版）(本科教材)	强文江 主编	66.00
现代冶金工艺学——钢铁冶金卷（第2版）(本科教材)	朱苗勇 主编	75.00
冶金与材料热力学（本科教材）	李 钒 编著	70.00
耐火材料工艺学（本科教材）	武志红 主编	49.00
电磁冶金学（本科教材）	亢淑梅 编著	28.00
传热学（本科教材）	任世铮 编著	20.00
合金相与相变（第2版）(本科教材)	肖纪美 主编	37.00
金属学原理（第2版）(本科教材)	余永宁 编	160.00
金属学原理习题解答（本科教材）	余永宁 编著	19.00
金属学及热处理（本科教材）	范培耕 主编	38.00
传输原理应用实例（本科教材）	朱光俊 主编	38.00
现代焊接与连接技术（本科教材）	赵兴科 编著	32.00
有色金属塑性加工（本科教材）	罗晓东 主编	30.00
固态相变原理及应用（第2版）(本科教材)	张贵锋 编著	35.00
材料成形技术（本科教材）	张云鹏 主编	42.00
洁净钢与清洁辅助原料（本科教材）	王德永 主编	55.00
加热炉（第4版）(本科教材)	王 华 主编	45.00
冶金热工基础（本科教材）	朱光俊 主编	36.00
材料科学基础教程（本科教材）	王亚男 等编	19.00
材料现代测试技术（本科教材）	廖晓玲 主编	45.00
相图分析及应用（本科教材）	陈树江 等编	20.00
热工实验原理和技术（本科教材）	邢桂菊 等编	25.00
传输原理（本科教材）	朱光俊 主编	42.00
材料研究与测试方法（本科教材）	张国栋 主编	20.00
金相实验技术（第2版）(本科教材)	王 岚 等编	32.00
金属材料工程专业实习实训教程（本科教材）	范培耕 主编	33.00
特种冶炼与金属功能材料（本科教材）	崔雅茹 等编	20.00
耐火材料（第2版）(本科教材)	薛群虎 主编	35.00
机械工程材料（本科教材）	王廷和 主编	22.00
冶金工程实验技术（本科教材）	陈伟庆 主编	39.00